V&R

Hypomnemata

Untersuchungen zur Antike und zu ihrem Nachleben

Supplement-Reihe

Band 2

Walter Burkert, Kleine Schriften

Herausgegeben von Christoph Riedweg,
M. Laura Gemelli Marciano, Fritz Graf, Eveline Krummen,
Wolfgang Rösler, Thomas A. Szlezák

Band II

Vandenhoeck & Ruprecht

Walter Burkert

Kleine Schriften II
Orientalia

Herausgegeben von

M. Laura Gemelli Marciano

in Zusammenarbeit mit

Franziska Egli, Lucius Hartmann und

Andreas Schatzmann

Mit 19 Abbildungen

Vandenhoeck & Ruprecht

Bibliografische Information Der Deutschen Bibliothek

Die Deutsche Bibliothek verzeichnet diese Publikation in der
Deutschen Nationalbibliografie; detaillierte bibliografische Daten sind
im Internet über <http://dnb.ddb.de> abrufbar.

ISBN: 3-525-25271-4

Hypomnemata. Supplement-Reihe ISSN 1610-9147

Gedruckt mit Unterstützung der Goethe-Stiftung für Kunst und Wissenschaft, Zürich

Druck: Hubert & Co., Göttingen
Einbandkonzeption: Markus Eidt, Göttingen

Gedruckt auf alterungsbeständigem Papier.

Inhaltsverzeichnis

ANHANG

Vorwort

Der vorliegende zweite Band der Kleinen Schriften enthält Beiträge aus einem Bereich, in dem Walter Burkert in verschiedener Hinsicht Pionierarbeit geleistet hat und heute eine anerkannte Autorität ist: die Beziehungen zwischen der sich entwickelnden griechischen Zivilisation und den älteren, bereits konsolidierten orientalischen Kulturen.

"Die Ionier sind gekommen. Sie haben die Städte angegriffen ... auf ihren Schiffen ... mitten durch das Meer". So lesen wir in einem Keilschrifttext, der auf die Zeit kurz nach 738 v.Chr. datiert wird und ein Zeugnis für frühe und durchaus nicht immer friedliche Beziehungen zwischen der Bevölkerung östlich des Mittelmeeres und den unternehmungslustigen "Ioniern" darstellt. Letztere hatten in Syrien Handelsposten eingerichtet und schreckten nicht davor zurück, sich gelegentlich nebst dem Handel auch der Piraterie zu widmen. Andererseits erfahren wir schon seit dem 9. Jahrhundert v.Chr. von wiederholten Einfällen, die verschiedene, einander ablösende militärische Mächte auf griechisches Territorium, insbesondere die Inseln der Ägäis, unternahmen. Die meisten Kontakte kamen jedoch nicht direkt, sondern durch Vermittlung anderer Völker zustande: Genannt seien die Phryger, Lyder, Lykier, Phönizier, Aramäer – sie alle hinterliessen bei diesem Austausch ihre Spuren.

In diesem komplexen Panorama von Völkern und Sprachen bewegt sich Walter Burkert mit grosser Ungezwungenheit und gelangt so zu einem umfassenden Überblick über den Hintergrund, auf dem sich die griechische Kultur seit ihren Ursprüngen entwickelte.

Die Anordnung der in diesem Band gesammelten Artikel erwies sich wegen der Vielfalt der behandelten Themen und der inhaltlichen Komplexität vieler Aufsätze als besonders schwierig. Dennoch wurde versucht, die Beiträge vier "Blöcken" zuzuordnen, die thematische Einheiten bilden: 1. Mythologisch-religiöse Themen (1–8). 2. Bräuche und Feste (9–10). 3. Philosophische Themen (11–14). 4. Historische Themen (15–16).

Trotz der thematischen Breite der ausgewählten Artikel lässt sich – abgesehen von gewissen wiederkehrenden Motiven – ein Leitfaden erkennen, den man für das Vorgehen Walter Burkerts überhaupt als charakteristisch bezeichnen könnte:

- in erster Linie die Leichtigkeit, mit der sich Walter Burkert in allen Gebieten der Altertumswissenschaft bewegt, und das besondere Interesse, das er dabei der Archäologie, der bildenden Kunst und den orientalischen Texten entgegenbringt, zu denen er grossenteils durch direkte Sprachkenntnis Zugang hat. Durch diesen enormen Wissensreichtum entstehen so farbenprächtige Gemälde wie beispielsweise die Darstellung der "Wanderung" von Göttergestalten und von mythologischen Themen in der ersten Artikelgruppe.

- der genaue Blick auf das Konkrete, das Besondere, das im Licht des grösseren kulturellen Kontextes Sinn erhält und das seinerseits dem Kontext, in dem es erscheint, Sinn verleiht. Man denke nur an den epochemachenden Artikel "Iranisches bei Anaximandros", der von der Beobachtung der seltsamen Anordnung der Himmelskörper bei Anaximandros ausgeht und in eine Rekonstruktion eines eindrucksvollen Bildes anaximandreischer Kosmologie mündet, die ihrerseits auf der iranischen Religion basiert.
- die Fähigkeit zur Synthese, die es erlaubt, die diachrone Entwicklung eines Motivs in seinen verschiedenen Manifestationen zu verfolgen: so etwa das Motiv der "Götterspiele" in der griechischen und orientalischen Kultur im Artikel "Götterspiele und Götterburleske" und die Entwicklung von mythischen Kosmologien zu "philosophischen" in den Artikeln "Orientalische und griechische Weltmodelle von Assur bis Anaximandros" und "The Logic of Cosmogony".

Was die formale Gestaltung des Bandes angeht, verweise ich auf die allgemeinen Bemerkungen im Vorwort des ersten Bandes der Kleinen Schriften, den Christoph Riedweg herausgegeben hat.

Es bleibt mir am Schluss zu danken: Allen voran Franziska Egli, Lucius Hartmann und Andreas Schatzmann, die wiederum die Arbeit des Scannens, Formatierens und den Hauptanteil am Korrekturlesen übernommen haben. Ohne ihren engagierten Einsatz hätte dieser Band nicht entstehen können. Dank geht auch an Christoph Riedweg, der mir freundlicherweise Arbeitskräfte und Infrastruktur des Klassisch-Philologischen Seminars zur Verfügung gestellt hat. Schliesslich danke ich Walter Burkert, nicht nur für seinen wertvollen Rat und die tatkräftige Hilfe, mit der er alle Phasen der Entstehung dieses Bandes begleitet hat, sondern vor allem dafür, dass er durch seine Persönlichkeit und als begeisternder Lehrer unser Interesse über die engen Grenzen des Fachgebiets hinaus gelenkt hat.

Die Veröffentlichung dieses Bandes wurde ermöglicht durch den grosszügigen Beitrag der Goethe-Stiftung für Kunst und Wissenschaft (Zürich).

Zürich, im März 2002 M. Laura Gemelli Marciano

Erschienen in: J. Assmann, W. Burkert, F. Stolz, Hg., Funktionen und Leistungen des Mythos, Freiburg/Göttingen 1982, 63–82.

1. Literarische Texte und funktionaler Mythos: Zu Ištar und Atraḫasis*

An Theorien über 'den Mythos' ist kein Mangel;[1] inwieweit sie in weiterer Forschung sich fruchtbar erweisen, ist eine andere Frage. Innerhalb der einzelnen Philologien herrscht nicht ohne Grund eher eine Haltung vorsichtigen Abwartens, wenn nicht gar deutlicher Abwehr gegen hochfliegende Verallgemeinerungen.[2] Der Gräzist freilich kann nicht umhin, sich 'dem Mythos' zu stellen, handelt es sich doch um ein griechisches Wort[3] und einen griechischen Begriff, die nun allenthalben, von den nächst verwandten Literaturen bis zu den entferntesten ethnologisch erfassten Primitiven verwendet werden, und zwar anscheinend sinnvoll und mit Erfolg. Es muss sich doch wohl um ein recht allgemeines Phänomen handeln, das im Griechischen modellhaft fassbar geworden ist. Es ist also verständlich, dass auch Gräzisten immer wieder versucht haben, über 'den Mythos' überhaupt Aussagen zu machen.

In einem kürzlich vorgelegten Versuch wird – im Anschluss an G.S. Kirk – vorgeschlagen,[4] zunächst vom allgemeineren Phänomen der Erzählung auszugehen, wie es die Erzählforschung im Rahmen der Volkskunde seit langem verfolgt: 'Mythos' meint eine noch genauer zu bestimmende Gruppe traditioneller Erzählungen. Damit wird auch der Rolle der mündlichen Überlieferung[5] von vornherein Rechnung getragen. Ein einzelner Mythos ist demnach nicht identisch mit einem einzigen, bestimmten Text, er ist durch einen solchen nicht vollständig repräsentiert; es gibt Varianten. Ein Mythos, qua Erzählung, kann in sehr verschiedenen Texten vor-

---

* Abkürzungen:

AHw W.v. Soden, Akkadisches Handwörterbuch, Wiesbaden 1965–1981.

ANET Ancient Near Eastern Texts Relating to the Old Testament ed. J.B. Pritchard, Princeton 1955² Supplement = 3rd ed. 1969.

CAD The Chicago Assyrian Dictionary.

1 Vgl. als repräsentativen Querschnitt Poser (1979), als Überblick über die Forschungsgeschichte Burkert (1980).

2 Ein Beispiel: Dörrie (1978).

3 Die falsche Bildung 'die Mythe' (Dornseiff [1950] 89 vergleicht die ebenso falsche Bildung 'die Hymne'), seit J. Görres nachweisbar, erfreut sich bei Ägyptologen und Akkadologen noch einer gewissen Beliebtheit.

4 Burkert (1979a; 1979b); Kirk (1970).

5 Zu dieser Frage im Bereich der Keilschriftliteraturen Alster (1972); Afanasjeva (1974).

liegen, ausführlich oder kurz, gut oder schlecht erzählt, auf Andeutung reduziert oder zum Roman ausgeschmückt. Eine solche Gruppe von Texten steht auch nicht im Verhältnis von einem einzigen Original zu immer schlechter werdenden Kopien; eine Nacherzählung kann auch besser sein: es wird nicht kopiert, sondern generiert. Dies trifft sich mit der Unterscheidung, die Jan Assmann[6] zwischen Mythos als 'Geno-Text' und 'mythischen Aussagen' macht: "'Mythos'... ist etwas Abstraktes: der Kern von Handlungen und Ereignissen, Helden und Schicksalen, der einer gegebenen Menge mythischer Aussagen als thematisch Gemeinsames zugrunde liegt". Wir können uns, wie jeder weiss und erfahren kann, eine Erzählung ohne weiteres durch einmaliges Anhören 'merken', ohne dass wir einen Text memorieren: wir erfassen den Handlungskern, von dem aus wir Texte 'generieren' können. *[64]*

Jenen 'Handlungskern' präzis zu erfassen, ist freilich eine Aufgabe, die im Prinzip übers Sprachliche hinausführt – Erzählungen sind bekanntlich auch ohne weiteres übersetzbar –. Es handelt sich offenbar um Bedeutungsstrukturen noch jenseits der einzelsprachlichen Zeichen und ihrer Syntax. Einen Weg der Beschreibung, der sich weithin bewährt, hat Vladimir Propp in seiner 'Morphologie der Erzählung'[7] gewiesen: eine Erzählung, einschliesslich der mythischen Erzählungen, ist eine Sequenz von Handlungsschritten; Propp nannte sie 'Funktionen', Alan Dundes[8] 'Motifeme'. Der Strukturalismus von Lévi-Strauss,[9] der die zeitliche Folge aufbricht und rein logische Beziehungen zu destillieren sucht, mag hier beiseite bleiben, ebenso die in die Gegenrichtung zielende Frage, inwieweit gerade die Abfolge der Handlungsschritte in aussersprachlichen, biologischen Programmen vorgegeben ist.[10] Auch die Frage, wieviele grundlegende Erzählsequenzen oder Handlungsprogramme es denn gebe, harrt weiterer Diskussion. Die von Propp behandelte Sequenz kann man 'die Suche', 'the quest', auch Abenteuer- oder Heldenpattern nennen; es gibt daneben mindestens auch eine Opfer-Sequenz, aber seit je auch Erzählungen von List, Betrug, Übertölpelung.

Mythos definieren, hiesse nun in diesem allgemeinen Rahmen eine Klasse von Erzählungen eindeutig einzugrenzen. Hierüber allerdings hat sich Einigung bisher nicht erzielen lassen; offenbar handelt es sich um einen vieldimensionalen Komplex,[11] der ganz verschiedene Ebenen der Einteilung zulässt. Was sich indessen zur Gliederung anbietet, gilt in der Regel nur innerhalb der einzelnen Kulturen, Sprachen und Literaturen, sei es dass man Gattungen, Erzählsituation und Erzählstil[12] zu fassen sucht, sei es dass man von den einzelsprachlich bereitgestellten Ter-

---

6 Assmann (1977) 38.

7 Propp (1928/1975).

8 Dundes (1964).

9 Lévi-Strauss (1958; 1964/71; 1973); vgl. Kirk (1970) 42–83; Burkert (1979a) 10–14.

10 Burkert (1979a) 14–18.

11 Jason (1969).

12 Als feinsinnigen Versuch, das europäische Volksmärchen nach seinem Stil zu charakterisieren, vgl. Lüthi (1975; 1976).

mini sich leiten lässt – in unserer Sprache hiesse dies, 'Mythos' von Sage, Märchen und Legende abzuheben; Griechen haben seit Thukydides zumindest Mythos und Historie zu scheiden unternommen; einige Ethnologen fanden bei den von ihnen untersuchten Stämmen besonders hilfreiche Terminologie –.[13] Am meisten verwendet und gleichsam als Faustregel durchaus nützlich ist die Definition des Mythos als Erzählung über Götter oder göttliche Wesen;[14] sie ist freilich teilweise zirkulär, insofern manche göttliche Wesen ja ihrerseits erst durch den Mythos konstituiert werden, und sie ist auch offenbar zu eng: ist die Geschichte von Ödipus kein Mythos? Sehr erfolgreich ist auch die von Pettazzoni und Eliade geprägte Auffassung des Mythos als Erzählung von den grundlegenden Ereignissen der Urzeit, 'in illo tempore', geworden;[15] indem sie ein inhaltliches mit einem funktionalen Merkmal koppelt, ist sie freilich noch *[65]* weit enger als die zuvor erwähnte. Als viel zu einschränkend hat sich auch die funktionale Definition der 'myth-and-ritual'-Schule erwiesen, Mythos sei die auf Ritual bezogene Erzählung oder gar nur die in rituellem Kontext verwendete Erzählung.[16] Mein eigener Versuch zielt daher auf eine Erweiterung dieses funktionalen Ansatzes:[17] Mythos als 'angewandte Erzählung', Erzählung als primäre Verbalisierung von überindividuellen, kollektiv wichtigen Aspekten der erfahrenen Wirklichkeit. In urtümlichen Kulturen sind Mythen die grundlegende, allgemein akzeptierte, de facto oft die erste und älteste Mitteilungsform für komplexe Wirklichkeitserfahrung. Mythos hat insofern mindestens zwei Dimensionen, denen die Interpretation nachzugehen hat, eine 'konnotative' und eine 'denotative': Die Erzählung hat ihre Sinnstruktur, ja ihren 'Eigensinn', doch wird sie erzählt um ihrer Beziehung auf die Realität willen, Realität im diesseitigen, handfesten Sinn. Die Bezeichnungsfunktion ihrerseits wird vor allem in den im Mythos auftretenden Eigennamen deutlich, unter denen ja oft echte, realitätsbezogene, hic et nunc gültige Eigennamen sind; hierzu gehören auch die Götter- und Heroennamen, insofern Götter und Heroen auch ausserhalb der Erzählung durch das Faktum des Kultes, der Opferstätten, Altäre, Grabmäler, Tempel gegeben sind. Insofern sind Göttererzählungen Mythen, auch wenn der Bereich des Mythos damit nicht ausgeschöpft ist. Ähnliches gilt von der Beziehung zum Ritual, nur dass Mythen und Riten eine besonders innige Symbiose eingehen können, insofern beide auf Handlungsstrukturen zurückführbar sind. In der historischen Entwicklung eines traditionellen Mythos freilich werden die Dimensionen vielschichtig: es gibt eine 'Kristallisation' der Erzählung an sich, es gibt wechselnde Möglichkeiten der Anwendungen, die sich überlagern; so kommt es zu Spannungen, Einflüssen, Veränderungen; oft werden Elemente früherer 'Anwendungen' gleichsam als survivals in

---

[13] Malinowski (1954) 101–6; Baumann (1959) 15f.; vgl. Kirk (1970) 20.

[14] Fontenrose (1966) 54f.: "traditional tales of the deeds of daimones"; vgl. Reiner (1978) 159; zur Kritik Kirk (1970) 9–12.

[15] Eliade (1949); Pettazzoni (1950).

[16] Sie geht zurück auf Harrison (1890), vgl. Burkert (1980) 174–7.

[17] Burkert (1979a) 22–26, (1979b) 29–38.

der Erzählung weitergetragen. Insofern kann man die historische Perspektive nie ausser acht lassen, wenn man vorliegende mythische Texte voll verstehen will.

Von dieser allgemeinen, vorwiegend aus der Beschäftigung mit griechischen Mythen gewonnenen Position aus sei nun versucht, zwei akkadische Mythen zu interpretieren. Dieser Einbruch von aussen wird nicht etwa das neuerdings eifrig diskutierte Problem der Gattungen der Keilschriftliteraturen fördern können und erhebt keineswegs den Anspruch, nunmehr eine Gruppe 'sumerischer Mythen' oder 'akkadischer Mythen' als Textsorten zu bestimmen. Ziel ist lediglich zu zeigen, dass auch akkadische Mythen als 'angewandte Erzählungen' verständlich werden, wobei vielleicht auch für den Spezialisten einige neue Aspekte zu gewinnen sind. *[66]*

1.

Die 'Höllenfahrt' der Ištar ist wohl einer der bekanntesten und eindrucksvollsten akkadischen Mythen, nicht nur dank dem durch christliche Theologen verliehenen schaurig-schönen Titel. An der Charakterisierung als Mythos besteht kein Zweifel, stehen doch im Mittelpunkt der Erzählung zwei der wichtigsten Gottheiten des mesopotamischen Pantheons, Ištar und Ereškigal. Auch wie der eine Mythos durch verschiedene Texte repräsentiert ist, lässt sich fast modellhaft zeigen: die letzte Textausgabe nennt drei akkadische Rezensionen,[18] dazu kommt der weit ältere und längere sumerische Text;[19] es gibt auch 'Zitate' im Gilgameš-Epos und im Mythos 'Nergal und Ereškigal';[20] inwieweit es sich um rein literarische Abhängigkeiten oder auch um Einwirkungen mündlichen Erzählens handelt, kann hier nicht untersucht werden.

Was nun die Dimension der Erzählung als Bedeutungsstruktur anlangt, so fügt diese sich erstaunlich gut in das von Propp entworfene Schema – das doch auf Grund russischer Zaubermärchen ohne alle Berücksichtigung des Alten Orients entworfen worden war –. Etwas vereinfacht und verkürzt sei aus Propp zitiert – wobei nach dessen Prinzipien die Kette der 'Funktionen' Lücken aufweisen kann, aber keine Umstellungen –:

I. Ein Familienmitglied verlässt das Haus – Ins Land ohne Wiederkehr setzt Ištar ihren Sinn.
IV. Der Gegenspieler versucht, Erkundigungen einzuziehen – Der Torwächter berichtet Ereškigal.
V. Der Gegenspieler erhält Informationen über sein Opfer.
VI. Der Gegenspieler versucht, sein Opfer zu überlisten.

[18] Borger (1979) I 95–104, II 340–3; vgl. Jensen (1900); zum Schlusspassus v. Soden (1967); Übersetzung ANET 106–9; Labat (1970) 258–65.

[19] Eine definitive Neubearbeitung scheint noch zu fehlen; vgl. Borger (1967/75) II 143f.; Kramer (1950/51); (1963) 153–5; Falkenstein (1968); Jacobsen (1976) 55–63.

[20] Borger (1979) I 95.

VII. Das Opfer fällt auf das Betrugsmanöver herein.
VIII. Der Gegenspieler fügt einen Schaden oder Verlust zu – Ištar ist in der Unterwelt gefangen, das Leben der Welt ist bedroht.
IX. Ein Unglück wird verkündet; dem Helden wird ein Befehl übermittelt – Ea erhält die Nachricht, und er erschafft den *assinnu* bzw. *kulu'u*; in der sumerischen Version sind es *kurgarra* und *kalaturra*.
X. Der Sucher ist bereit.
XI. Der Held verlässt das Haus; das folgende, eigentlich Hauptteil der Abenteuer-Handlung, scheint im Sumerischen verloren, wird im Akkadischen sehr kurz erzählt; dazu gehört
XV. Der Held wird zum Aufenthaltsort des Gesuchten geführt – die Abgesandten *[67]* fliegen wie Fliegen durch die Tore, schlüpfen wie Eidechsen unter den Pfosten durch.[21]
XVI. Der Held und sein Gegner messen ihre Kräfte – an Stelle des offenen Kampfes tritt hier eine Überlistung gerade durch die Formen zivilisierter Gastfreundschaft.[22]
XVII. Der Held wird gekennzeichnet – Ereškigal spricht ihren Fluch über den *assinnu*.
XVIII. Der Gegenspieler wird überwunden.
XIX. Das gesuchte Objekt wird gewonnen, das anfängliche Unglück wird gutgemacht.
XX. Der Held kehrt zurück.
XXII. Der Held wird verfolgt.

Im akkadischen Text endet hier der erzählende Teil; im sumerischen folgt eine lange, nun erst recht dramatische Fortsetzung: es geht um den Ersatz für Inanna, als der schliesslich dann Dumuzi in die Unterwelt muss; daran schliesst sich die Suche der Schwester und zuletzt der Ausgleich: 'Du ein halbes Jahr, deine Schwester ein halbes Jahr'.[23] Hier haben wir einen neuen Helden und eine neue Sequenz um Stolz und Untergang. Die Verbindung beider Erzählungen dürfte einen kultischen Hintergrund haben, doch ist nichts davon direkt fassbar.[24] Die akkadische Fassung gibt uns das Recht, uns auf die erste und eigentliche 'Höllenfahrt' zu beschränken. Diese also stellt sich als ein typisches Exempel der Proppschen 'Quest'-Sequenz dar, Verlust, Suche, Rückgewinnung. Ein Detail freilich zeigt diese Perspektive, auf das die bisherigen Interpreten m.W. kaum geachtet haben: der 'Held' der Erzählung ist der *assinnu* oder *kurgarru*. Wer möchte diesen outsider, der wie ein Clochard geschildert wird, gross beachten? Und doch bildet seine Gestalt die Brücke vom Mythos zur Realität.

---

[21] Jacobsen (1976) 58.
[22] Kilmer (1971).
[23] Jacobsen (1976) 61.
[24] Vgl. Anm. 27.

Damit ist die zweite Dimension des Mythos angesprochen, die denotative Bedeutsamkeit. Sie ist in diesem Fall, wie gesagt, durch die Götternamen Ištar / Inanna und Ereškigal, auch Ea, Dumuzi etc. von vornherein gegeben: dies sind Götter, die in Kulten und Festen und damit überhaupt in der Lebenswirklichkeit jedem vertraut sind. Die sumerische Fassung endet als Hymnus auf Ereškigal. Verwiesen ist im Text auch ausdrücklich auf den allgemeinsten Gegensatz zwischen der Welt der 'Lebenden' und jener der 'Toten', die doch die grösseren Heere sind. In der Auseinandersetzung und Ausmarchung dieser existenziellen Bereiche könnte sich der Sinn des Mythos als Verbalisierung von Wirklichkeitserfahrung bereits erfüllen. Doch die 'Anwendung' ist vielschichtiger *[68]* und präziser. Der assyrische Text nimmt Bezug auf ein Fest: "am Tag, wenn Dumuzi heraufkommt, wenn mit ihm die Lapislazuliflöte und der Karneolring zu mir heraufkommt, wenn die klagenden Männer und die klagenden Frauen zu mir heraufkommen – dann mögen die Toten heraufkommen und den Weihrauch riechen". Dies sind die Realitäten eines Totenfestes: Weihrauch, Klagechöre, Flötenmusik. Vermutlich ist das Gedicht bestimmt, an diesem Fest vorgetragen zu werden; leider scheint dafür bisher kein weiteres Zeugnis gefunden zu sein. Im Sumerischen fehlt diese 'Anwendung', es bleibt beim allgemeinen Hymnus: "Dich zu preisen, Ereškigal, ist schön". Die deutlichste denotative Beziehung aber ist eben mit dem *assinnu, kulu'u, kurgarra, kalaturra* gegeben; denn diese merkwürdigen 'Priester' oder 'Tempeldiener' mit Musikinstrumenten, unterhaltenden Künsten und eigenartigem Zivilstand – "weder Mann noch Frau"[25] – gab es ja in der aussermythischen Realität. Der Fluch der Ereškigal in der akkadischen Fassung ist sozusagen der Gründungsmythos für diesen Stand: auf der Strasse sollst du leben, aus Pfützen Wasser trinken... Die Diskussion um diese Gestalten scheint sich vor allem darauf konzentriert zu haben, ob sie nun Eunuchen, Homosexuelle, beides oder keines davon waren. Doch sind sie immerhin die einzigen, die das Lebensprinzip aus der Unterwelt zurückholen können. Nimmt man ihren ambivalenten Sexualstatus, ihre Musikinstrumente und insbesondere dann noch die Rolle des Klagegesangs bei Ereškigal in der sumerischen Fassung dazu, so ist m.E. evident, dass hier die älteste ausführlichere Bezeugung für den Typ des Schamanen vorliegt, den die Griechen γόης nannten.[26] Ihre Leistung gleicht bis in Einzelheiten der, die ein Eskimo-Schamane durch den Besuch bei Sedna, der Herrin der Robben, vollbringt. Dass bei Eskimos auf eine Schamanensitzung ein Masken-

---

[25] Vgl. CAD A II 341f. (assinnu), K 529 (kulu'u), 557–9 (kurgarru), wo betont wird, dass Eunuchentum und Homosexualität nicht zweifelsfrei bezeugt sind (vgl. Burkert 1979a 105 m. Anm. 32); AHw 75f. ("Buhlknabe im Kult"), 274, 505, 510; Kilmer (1971) 300.

[26] Vgl. Burkert (1962); zur Aufgabe, die essbaren Tiere und damit die Lebensbasis aus dem Jenseits zurückzugewinnen, Burkert (1979a) 88–94; im übrigen sei für Schamanismus auf Hultkrantz (1973) und Siikala (1978) verwiesen. Hermanns (1970) I 23 schreibt zum sumerischen Bereich: "Wir suchen vergeblich nach einem Typ, der dem Schamanen entsprechen würde"; schamanistische Motive fand Hatto (1980) 122 in 'Gilgameš und der Huluppu-Baum' sowie in 'Nergal und Ereškigal', übersah aber die 'Höllenfahrt'.

umzug folgen kann,[27] ist im Hinblick auf die Verbindung der beiden Teile des Inanna-Mythos besonders merkwürdig. Allerdings hat es in den sumerischen Stadtstaaten und erst recht in der assyrischen Epoche gewiss keinen ausgebildeten Schamanismus mehr gegeben. Der *kurgarra, kulu'u, assinnu* war, soweit wir sehen, zu einem bloss unterhaltenden Spassmacher herabgesunken. So erweist sich denn schliesslich auch die historische Perspektive als notwendig: in der Tradition des Mythos sind weit ältere Elemente enthalten und mitgetragen; ihr Sinn kann sich wandeln und geht doch nicht ganz verloren. Auch wenn die Wiedergewinnung des Lebens nun mit dem Spassmacher verknüpft ist, existenzielle Angst und entsprechende Erleichterung und Freude bleiben als Hintergrund doch fühlbar. Dass die Forderung nach dem Ersatz auch gerade mit der Tierherrin in urtümlichen Kulturen sich verknüpfen liesse,[28] sei nur eben noch angedeutet. *[69]*

2.

Die 'Höllenfahrt' liegt seit 1900 in deutscher Bearbeitung vor; 'Atraḫasis' oder 'die Geschichte der Menschheit'[29] ist einigermassen vollständig erst 1969 veröffentlicht worden und als ganzes m.E. in deutscher Übersetzung noch gar nicht greifbar. Der Haupttext in 3 Tafeln ist vom Schreiber Ku-Aya zur Zeit des Ammiṣaduqa im 17. Jh. redigiert. Mehrere Exemplare in verschiedenen Versionen fanden sich aber auch noch in der Bibliothek Assurbanipals. Eine Tafel, die nur die Sintflutgeschichte enthält, stammt aus Ugarit.[30] Die elfte Tafel des Gilgameš-Epos, die bislang berühmteste Fassung der Fluterzählung, erweist sich nun weithin als Entlehnung aus 'Atraḫasis'. 'Atraḫasis' ist also einer der ältesten und weitestverbreiteten und somit wichtigsten Texte der akkadischen Literatur.

Um den Inhalt kurz zu resümieren: Am Anfang, 'als die Götter Menschen waren', mussten sie selber alle Arbeit verrichten; bald einmal aber rebellierten die kleineren Götter gegen Enlil, ihren Boss – auch der Streik hat sein mythisches Vorbild –. Die Lösung des Konflikts ist die Erschaffung des Menschen: "Soll er das Joch tragen, soll er die Mühe der Götter auf sich nehmen".[31] Aber bald, nach kaum 1200 Jahren, nehmen die Menschen überhand und werden lästig, und die Götter, Enlil voran, wollen sie wieder los werden. Drei Versuche unternehmen die Götter, sie senden die Seuche, die Hungersnot und schliesslich die Sintflut. Aber Enki hat seinen Schützling unter den Menschen, Atramhasis 'Herausragend an Weisheit',

---

27 Boas (1907) 138–40.

28 Vgl. Burkert (1979a) 89f. mit Verweis auf Reichel-Dolmatoff (1973) 104–111.

29 Lambert-Millard (1969); v. Soden (1978); 'History of Mankind' betitelt durch Laessøe (1956), zustimmend Kilmer (1972); zur Interpretation Moran (1970); Kilmer (1972), v. Soden (1973). Diskussion um den 1. Vers W.v. Soden Orientalia 38 (1969) 415–32; W.G. Lambert ib. 533–8; v. Soden ib. 39 (1970) 311–4. Vgl. auch Reiner (1978) 168f.

30 Ugaritica 5 (1968) 300–304 Nr. 167; Lambert-Millard (1969) 34; 131–3.

31 Lambert-Millard (1969) 54–7 (G ii 10–12).

und er gibt ihm die klugen Ratschläge, dank denen die Menschheit, Enlil zum Trotz, überleben kann. Am einfachsten geht es im ersten Akt: Man baut Namtara, dem Pestgott, einen neuen Tempel und bringt ihm allein ungewöhnliche Opfergaben dar: Namtara ist geschmeichelt, und die Pest verschwindet. Das zweite Mal wird es schwieriger: zwar lässt, als Enlil den Regen stoppt, Adad sich zunächst in gleicher Weise dank einem neuen Tempel gegen Enlil ausspielen, er schickt wenn nicht Regen so doch heimlich den Nebel und morgendlichen Tau, und die Saat gedeiht. Als dann aber Enlil die Götter zur Ordnung ruft und alle Bereiche des Kosmos überwacht, geht es den Menschen schlechter und schlechter, bis sie anfangen, die eigenen Kinder aufzufressen. Wie Enki doch noch half, ist durch eine grosse Lücke im Text nicht ganz klar; später, vor der Götterversammlung zur Rechenschaft gezogen, verteidigt er sich, ihm sei ein Riegel gebrochen und ein Schwarm Fische entkommen; der säumige Wächter sei bereits bestraft.[32] Dank den Wassern der Tiefe also, über die Enki herrscht, und dank seinen Fischen überleben die *[70]* Menschen. Jetzt setzt Enlil seine letzte Waffe ein, die Sintflut. Das weitere ist aus Gilgameš seit langem bekannt: Enki, angeblich ohne seinen Eid zu verletzen, sagt der Schilfhütte Bescheid, Atraḫasis baut sein Schiff und überlebt. Enlil ist wütend: "Wie hat der Mensch die Vernichtung überlebt?" (III vi 10) – diese seine Frage ist gleichsam das Leitmotiv des Werks. Nun, Enlil akzeptiert schliesslich das fait accompli; doch werden neue Bestimmungen getroffen: künftig soll es neben fruchtbaren auch unfruchtbare Frauen geben, soll es den Pasittu-Dämon geben, der kleine Kinder raubt, und Priesterinnen, die tabu und damit jungfräulich sind; mit einem Wort: 'Geburtenbeschränkung'.[33]

Ist dies nun ein Mythos? In welchem Sinn sind diese nun edierten Texte als mythische Texte zu bezeichnen? Man ist vielleicht versucht zu sagen: dies ist ein durchdachter, geradezu konstruierter und obendrein recht unfrommer Text; er wirkt 'aufgeklärt', 'modern'; ein Stück Literatur also, von einem individuellen Autor selbständig verfasst? Dabei ist der Text, um zu wiederholen, älter als 'Gilgameš' und wesentlich älter als 'Enuma eliš', jenes so oft besprochene Muster einer rituell verwendeten mythologischen Komposition.[34] Es gibt offenbar keine einsträngige Entwicklung vom mythischen Urgrund zur Aufklärung. Und doch: auch unter den Ursprungsmythen gibt es nicht nur den feierlichen Typ, wie ihn 'Enuma eliš' repräsentiert, mit Drachenkampf und Opferung; es gibt auch, wie vor allem anhand von Indianermythen aufgefallen ist, die Gestalt des 'Tricksters',[35] der alle Tabus bricht und doch eben so den Menschen hilft, ja gegen die Götter für sie eintritt. Man hat

---

32 Lambert-Millard (1969) 118–121.

33 III vii 9, Lambert-Millard (1969) 102f.: *aladam pursi* bringt den wörtlichen Begriff der 'Geburtenkontrolle'; dazu Kilmer (1972), wo auch bereits auf die griechische Parallele, den Anfang des Epos 'Kypria', verwiesen ist (175); v. Soden (1973) 358 widerspricht zugunsten einer eher theologischen Deutung des 'Lärms' der Menschenmassen.

34 Vgl. Hooke (1933), Cornford (1952) 225–49.

35 Radin (1954); Ricketts (1965).

bereits den griechischen Prometheus in diese Typologie eingereiht; der Parallelität von Prometheus und Atraḫasis wiederum ist Jacqueline Duchemin bereits 1974 nachgegangen; sollte Προμηθεύς der 'Vorbedachte' gar eine Übersetzung des Namens Atraḫasis sein?[36] Dies sei hier nicht diskutiert. Soviel aber lässt sich zunächst feststellen: die auffällig symmetrische äussere Form der Atraḫasis-Erzählung, die Einleitung bis zur Menschenschöpfung, und dann die drei Akte der Auseinandersetzung, Massnahme und Gegenmassnahme, ist nicht eine Erfindung der schriftlichen Literatur, sondern eine Form der traditionellen Erzählung, die gerade im Trickster-Bereich zu Hause ist. Auch die Auseinandersetzung von Prometheus und Zeus bei Hesiod, die ja die Menschenschöpfung voraussetzt – "als Götter und Menschen sich auseinandersetzten"[37] – hat bekanntlich drei Akte: zuerst die Opferteilung: Prometheus teilt listig, Zeus wählt scheinbar falsch. Dann der Feuerdiebstahl: Zeus hält das Feuer zurück, Prometheus stiehlt es im Narthex-Stengel. Schliesslich der dritte Zug: Zeus schickt *[71]* die Frau, und weil diesmal statt Prometheus Epimetheus an der Reihe ist, stehen schliesslich doch die Menschen betroffen da. Eine ähnliche Dreiteilung hat die so erfolgreiche Geschichte vom Meisterdieb, von Herodots Rhampsinit-Novelle bis zu den Brüdern Grimm,[38] sie ist aber überraschend auch in einem andersartigen akkadischen Text aufgetaucht, der gleichsam eine voll säkularisierte Trickster-Erzählung enthält: 'Der arme Mann von Nippur'.[39] Hier fand man den ältesten Beleg einer längst bekannten Volkserzählung, Aarne-Thompson Nr. 1538:[40] ein armer Mann wird von einem hohen Beamten schlecht behandelt, rächt sich jedoch, indem er dreimal jenen durch List in eine Situation bringt, wo er ihn nach Herzenslust verprügeln kann.

Zurück zu Atraḫasis: Für die Dimension der Erzählstruktur ergibt sich, dass hier nun allerdings nicht die Propp-Sequenz vorliegt, wohl aber eine andere Form volkstümlicher, traditioneller Erzählung, die auch ohne weiteres zu merken ist. In diese Gesamtstruktur sind nun – wie es Erzählung und Sprache überhaupt zulässt – zwei Erzähltypen 'eingebettet', die an sich auch selbständig vorkommen, und die auch sonst im Bereich des Mythos produktiv geworden sind: der Schöpfungsmythos, in seiner Opfer-Variante, und der Sintflutmythos. Die potentielle Selbständigkeit beider Stücke ist gerade vom sumerisch-akkadischen Befund aus evident: Wie Enki und die Muttergöttin die Menschen aus Lehm schaffen, um die Götter zu ent-

---

36 Vgl. Duchemin (1974); für die griechische Bedeutung des Namens Prometheus vgl. V. Schmidt, Zeitschrift für Papyrologie und Epigraphik 19 (1975) 182–90.

37 Hes. Theog. 535; für Interpretation und Literatur sei auf West (1966) verwiesen, ferner Vernant (1974); zur novellistischen Erzählform Wehrli (1956).

38 Hdt. 2,121; Kinder- und Hausmärchen Nr. 192, Bolte-Polivka (1918) III 379–406; das entscheidende Zwischenglied ist der 'Dolopathus' im 12. Jh., Historia septem sapientium II ed. A. Hilka, Wiesbaden 1913; Fehling (1977) 89–97.

39 Gurney (1956); vgl. Reiner (1978) 201f.

40 Aarne-Thompson (1964); Gurney (1972).

lasten, ist als eigener sumerischer Text, 'Enki und Ninmah',[41] überliefert; die Menschenschöpfung aus Lehm und dem Blut eines erschlagenen göttlichen Wesens findet sich in einem zweisprachigem sumerisch-akkadischen Text aus Assur,[42] im 'Enuma eliš' (VI 1–34), und noch in Berossos;[43] merkwürdig weitergebildet wurde die Menschenschöpfung aus den geschlagenen Rebellengöttern, den Titanen, dann in der griechischen Anthropogonie des 'Orpheus'.[44] In diesem Mythos scheint ein spekulatives Element, die Frage nach dem, was über die Materie 'Lehm' hinaus den Menschen ausmacht, merkwürdig verschränkt mit dem Ritual des Schlachtens und Hantierens mit Fleisch und Blut; hier wirkt das Paradox des Opfers, dass gerade aus dem Töten Leben entsteht.[45] Übrigens mag man auch im 'Enuma eliš' beobachten, dass dieser Mythos mit dem anderen von Drachenkampf und Kosmosbau nur äusserlich verbunden ist: ohne rechten Zweck und ohne eigene Taten steht Kingu neben Tiamat, bereitgestellt als zweites Opfer für den zweiten Akt. Soviel zur Eigendynamik des Schöpfungsmythos im Einleitungsteil des Atraḫasis-Textes.

Die Selbständigkeit des Sintflutmythos ist nicht weniger evident. Da ist die *[72]* ältere, sumerische Fassung mit Ziusudra,[46] die bekannt geblieben ist bis Berossos;[47] da ist die eine Tafel des Atraḫasis-Textes, die nur das Flut-Teilstück enthält, in Ugarit;[48] da ist die Übernahme dieses und nur dieses Teils in 'Gilgameš' XI; und da ist schliesslich die Übernahme des Sintflutmythos samt Arche ins Buch Genesis wie auch nach Griechenland: Noah und Deukalion.[49] Wann, wo und wie dies übernommen wurde, ist noch dunkel; doch an der Entlehnung ist nicht zu zweifeln. Was die Erzählform betrifft, mag man geneigt sein, einen eigenen Typ anzusetzen, die totale Vernichtung im Versinken als eigentümlich ergreifende Grundvorstellung; genauer besehen geht es dabei um den Kontrast zwischen dem einen, scheinbar Ausgestossenen und den vielen, die dem Untergang geweiht sind, und den zweimaligen Umschlag zur Wiederherstellung der Ordnung auf Erden.

Das Ergebnis der Analyse in der Dimension der Erzählform ist demnach: 'Atraḫasis' im ganzen wie in seinen Elementen ordnet sich durchaus der Typologie der

---

[41] Pettinato (1971) 69–73; Benito (1969) (nicht zugänglich); vgl. Kramer (1961) 68–72, (1963) 149–51; Kilmer (1972) 161,7.

[42] Der 'KAR 4-Mythos', Pettinato (1971) 74–81; Heidel (1942), 68–72.

[43] Fragmente der griechischen Historiker 680 F 1, p. 373 Jacoby; vgl. Maag (1954); speziell zum Atraḫasis-Text Lambert-Millard (1969) 21f.; Moran (1970); Kilmer (1978) 162–6; während I 217 allgemein *eṭemmu* '(Toten)-Geist' gelesen wird, sucht v. Soden (1973) und (1978) 80f. ein Wort *edimmu* 'Wildmensch' zu gewinnen.

[44] Zu diesem Mythos Linforth (1941) 307–64; Burkert (1977) 442f.

[45] Burkert (1972).

[46] ANET 42–4; M. Civil bei Lambert-Millard (1969) 138–45.

[47] Fragmente der griechischen Historiker 680 F 3, p. 374–7 Jacoby; Lambert-Millard (1969) 134–7; Ziusudra ist Ξίσουθρος transskribiert.

[48] Vgl. Anm. 30.

[49] Vgl. Der Kleine Pauly I 1498–1500.

traditionellen Erzählungen ein. Die Varianten konvergieren auch hier auf Grundstrukturen, die in Texten präsent, doch mit keinem gegebenen Text einfach identisch sind. Was nun die andere, die denotative Dimension betrifft, Mythos als Verbalisierung menschlicher Wirklichkeit, so ist diese in dem spekulativen, umfassenden Inhalt dieser 'Geschichte der Menschheit' von vornherein gegeben. Dies ist massgebende Aussage über die Situation des Menschen im Verhältnis zu den Göttern; 'Überleben im Verderben' ist das wahrhaft existenzielle Thema. Im einzelnen gehört zur denotativen Funktion die Nennung der Götter. So wird gleich zu Anfang das Pantheon systematisch und offenbar massgebend vorgestellt: "Anu, ihr Vater, ist der König, ihr Berater ist der Recke Enlil, ihr Minister Ninurta, ihr Deichgraf Ennugi", und es wird kosmisch verankert in jenen Versen, die so sehr an Verse der homerischen Ilias erinnern: "Die Götter warfen die Lose, sie teilten: Anu ging hinauf zum Himmel, Enlil erhielt die Erde, Enki das Meer...".[50] Auch Namtar als Pestgott, Adad als Wettergott sind kultische Realitäten, die Opferprozessionen, die Tempel sind alltägliche Gegenwart. In die Rezeptsammlung eines assyrischen Zauberers des 8.Jh. ist jener Passus aufgenommen, wie Adad veranlasst wird, heimlich Nebel und Tau zu senden:[51] mag die Anweisung, wie man einen Gott herumkriegt, uns und Platon unfromm erscheinen, für den Menschen in Mesopotamien kommt es auf die praktische Wirkung an. So wird der Atraḫasis-Text zum Muster und Garanten alltäglicher Praxis und bestätigt sich damit in seiner mythischen Funktion. *[73]*

Spezieller sind die denotativen Beziehungen in den eingebetteten Mythen. Der Menschenschöpfungsmythos wurde bereits als besonders eigentümliche Symbiose von Erzählung, Spekulation und Ritual angesprochen. Bezeichnenderweise wurde ein Fragment dieses Passus, das schon 1898 veröffentlicht wurde, zunächst nur in seiner rituellen Funktion und nicht als Teil des Epos erkannt, wird so noch in ANET vorgestellt.[52] Denn in der Tat sind hier Elemente der Geburtsmagie in den erzählenden Text aufgenommen, und dieser verweist seinerseits explizit auf die so begründete Praxis: "Die Entwürfe der Menschen zeichnete Mami: im Haus der gebärenden Frau soll sieben Tage lang ein Backstein hingelegt sein, geehrt werde die Muttergöttin, die weise Mami".[53] Jede Geburt ist eine Wiederholung der ersten Menschenschöpfung; der Mythos erzählt vom Urereignis, auf das in der Realität dann durch magische Zeichen zu verweisen ist. So erscheinen Hinweise auf diese Stelle auch wiederum in Zaubertexten.[54] Dabei ist – und dies ist typisch für die Symbiosen von Ritual und Mythos – keineswegs alles explizit und durchsichtig. Warum ein göttliches Wesen sterben muss, wird nicht eigentlich erklärt. Man kann Leben ja nicht eigentlich 'geben', der Begriff der 'Blutmagie' hilft auch nicht weiter, zumal der Atraḫasis-Text gar nicht vom 'Blut', sondern vom 'Fleisch der Göt-

[50] I 7–16, p. 42f. Lambert-Millard, vgl. p. 116f.; 166f.; Ilias O 187–93.

[51] Lambert-Millard (1969) 27f.

[52] ANET 99; Berichtigung ANET ^{3}513.

[53] Lambert-Millard (1969) 62f. (S iii 14f.), vgl. p. 23.

[54] Van Dijk (1973) bes. 507.

ter' spricht;[55] was dabei die Bedeutung des Namens des getöteten Gottes ist, We-ila, ist auch nicht eindeutig geklärt. Offensichtlich ist jedenfalls das Ineinander von Erzählung, Spekulation und Ritual; und eben dies ist Mythos.

Lockerer ist die denotative Beziehung beim Sintflutmythos, der dafür ja einfach aus sich selbst heraus von grandioser Wucht ist. Und doch gibt es auch hier die speziellen 'Anwendungen'. So wird eine explizite Aitiologie gegeben: zur Erinnerung an die Sintflut wird die Göttin Nintu künftig ein 'Fliegen'-Halsband tragen. Diese Stelle ist im 'Atraḫasis'- wie im 'Gilgameš'-Text lückenhaft und nicht ganz verständlich; wir wundern uns über die Doppelbeziehung: erst trieben die Leichen 'wie Fliegen' in der Flut, dann sammelten sich die Götter 'wie Fliegen' zum Opfer.[56] Nur dass damit auf die realen Kultbilder der Muttergöttin Bezug genommen ist, steht wohl fest. Wichtiger erscheint uns die zweite Aitiologie am Schluss: drei Klassen von Priesterinnen werden eingerichtet, Ugbabtu, Entu, Igisitu, zur Kinderlosigkeit verpflichtet.[57] Die kultische Institution wird rational und historisch zugleich begründet aus dem Mythos. In einer Textlücke bis auf einen kleinen Rest verschwunden, aber vielleicht noch bedeutsamer ist die Szene, die auch bei Utnapištim, Noah und Deukalion grundlegend ist: das erste Opfer nach der Sintflut, das die Beziehungen zwischen Menschen und Göttern neu und dauerhaft *[74]* begründet.[58] So ist denn auch die Sintflutgeschichte mehr als eine beliebige Katastrophenstory; sie entwickelt aus dem Gegenbild der Zerstörung die Normalordnung der Welt. Gerade in dieser begründenden Funktion ist die Erzählung ein Mythos.

Die Dimensionen der behandelten Texte sind damit keineswegs ausgeschöpft; und auf die Einzelprobleme ist gar nicht eingegangen. Es sollte nur untersucht werden, was eine aus dem Griechischen gewonnene Bestimmung des 'Mythos' am scheinbar fernliegenden akkadischen Material erbringt. Die Analyse folgte den beiden Dimensionen der Bedeutungsstruktur – in der auch das 'Archetypische' zu suchen wäre – und der realitätsbezogenen 'Anwendung'. Im Mythos zeigt sich dabei eine traditionelle, doch weder simple noch stumpfe, sondern differenzierte und ausbaufähige Form der sprachlichen Realitätsbewältigung. Mythos, als Erzählung, ist dabei immer anthropomorph und eben darum von allgemeinerem, 'anthropologischem' Interesse. *[79]*

---

[55] Vgl. Anm. 43.

[56] III v 46ff., Lambert-Millard p. 98–101; Gilgameš XI 162–4; Kilmer (1972) 170.

[57] Kilmer (1971) 171–3, vgl. Anm. 33. Kinderlosigkeit bedeutet nicht Keuschheit in unserem Sinn, *entu ... quinassa ušnak* CAD E 325b.

[58] Vgl. Rudhardt (1970).

Bibliographie

A. Aarne, S. Thompson, The Types of the Folktale, Helsinki 1964[3].

V. Afanasjeva, Mündlich überlieferte Dichtung ('Oral Poetry') und schriftliche Literatur in Mesopotamien, in: Acta Antiqua Academiae Scientiarum Hungaricae 22 (1974) 121–35.

B. Alster, Dumuzi's Dream, Aspects of Oral Poetry on a Sumerian Myth, Kopenhagen 1972.

J. Assmann, Die Verborgenheit des Mythos in Ägypten, Göttinger Miszellen 25 (1977) 7–43.

H. Baumann, Mythos in ethnologischer Sicht, Studium Generale 12 (1959) 1–17.

C. Benito, Enki and Ninmah and Enki and the World Order, Diss. Univ. of Pennsylvania 1969.

F. Boas, The Eskimo of Baffin Land and Hudson Bay, Bulletin of the American Museum of Natural History 15, 1907.

J. Bolte, G. Polivka, Anmerkungen zu den Kinder- und Hausmärchen der Brüder Grimm III, Leipzig 1918.

R. Borger, Handbuch der Keilschriftliteratur I–III, Berlin 1967/75.

Ders., Babylonisch-Assyrische Lesestücke I/II, Rom 1979[2].

W. Burkert, ΓΟΗΣ, Zum griechischen 'Schamanismus', Rheinisches Museum 105 (1962) 36–55.

Ders., Homo necans, Interpretationen zu altgriechischen Opferriten und Mythen, Berlin 1972.

Ders., Griechische Religion der archaischen und klassischen Epoche, Stuttgart 1977.

Ders., Structure and History in Greek Mythology and Ritual, Berkeley 1979 (= 1979a).

Ders., Mythisches Denken, in: Poser (1979) 16–39 (= 1979b).

Ders., Griechische Mythologie und die Geistesgeschichte der Moderne, in: Entretiens de la Fondation Hardt 26: Les Études Classiques aux XIXe et XXe Siècles, Vandœuvres-Genève 1980, 159–99. *[80]*

F.M. Cornford, Principium Sapientiae, Cambridge 1952.

H. Dörrie, Sinn und Funktion des Mythos in der griechischen und der römischen Dichtung, Opladen 1978.

F. Dornseiff, Die griechischen Wörter im Deutschen, Berlin 1950.

J. Duchemin, Prométhée, Histoire du mythe de ses origines orientales à ses incarnations modernes, Paris 1974.

A.G. Dundes, The Morphology of North American Indian Folktales, Helsinki 1964.

M. Eliade, Le Mythe de l'éternel retour, Paris 1949 – Der Mythos der ewigen Wiederkehr, Düsseldorf 1953.

Ders., Kosmos und Geschichte, Hamburg 1966.

A. Falkenstein, Der sumerische und der akkadische Mythus von Inannas Gang zur Unterwelt, Festschrift W. Caskel, Leiden 1968, 97–110.

D. Fehling, Amor und Psyche, Abh. Ak. Mainz 1977, 9.

J. Fontenrose, The Ritual Theory of Myth, Berkeley 1966.

O.R. Gurney, The Sultantepe Tablets V: The Tale of the Poor Man of Nippur, Anatolian Studies 6 (1956) 145–64.

Ders., The Tale of the Poor Man of Nippur and its Folktale Parallels, Anatolian Studies 22 (1972) 149–58.

J.E. Harrison, Mythology and Monuments of Ancient Athens, London 1890.

A.T. Hatto, Essays on Medieval German and Other Poetry, Cambridge 1980.

A. Heidel, The Babylonian Genesis, Chicago 1942.

M. Hermanns, Schamanen – Pseudoschamanen: Erlöser und Heilbringer, Wiesbaden 1970.

S.H. Hooke, Myth and Ritual, Oxford 1933.

A. Hultkrantz, A Definition of Shamanism, Temenos 9 (1973) 25–37.

Th. Jacobsen, The Treasures of Darkness, A History of Mesopotamian Religion, New Haven 1976.

H. Jason, A Multidimensional Approach to Oral Literature, Current Anthropology 1969, 413–20.

P. Jensen, Ištar's Höllenfahrt, in: Assyrisch-Babylonische Mythen, Keilinschriftliche Bibliothek VI 1, Berlin 1900. *[81]*

A.D. Kilmer, How was Queen Ereshkigal tricked? Ugarit-Forschungen 3 (1971) 299–309.

Dies., The Mesopotamian Concept of Overpopulation and its Solution as Reflected in Mythology, Orientalia 41 (1972) 160–77.

G.S. Kirk, Myth, Its Meaning and Functions in Ancient and Other Cultures, Berkeley 1970.

S.N. Kramer, Inanna's Descent to the Netherworld Continued and Revised, Journal of Cuneiform Studies 4 (1950) 199–214; 5 (1951) 1–17.

Ders., Sumerian Mythology, New York 1961[2].

Ders., The Sumerians, Chicago 1963.

R. Labat, Les religions du proche-orient asiatique, Paris 1970.

J. Laessøe, The Atraḫasis Epic, A Babylonian History of Mankind, Bibliotheca Orientalis 13 (1956) 90–102.

W.G. Lambert, A.R. Millard, Atraḫasis: The Babylonian Story of the Flood (with the Sumerian Flood Story by M. Civil), Oxford 1969.

C. Lévi-Strauss, Anthropologie structurale, Paris 1958.

Ders., Mythologiques I–IV, Paris 1964/71.

Ders., Anthropologie structurale deux, Paris 1973.

I.M. Linforth, The Arts of Orpheus, Berkeley 1941.

M. Lüthi, Das europäische Volksmärchen, München 1976[5].

Ders., Das Volksmärchen als Dichtung, Düsseldorf 1975.

V. Maag, Sumerische und babylonische Mythen von der Erschaffung des Menschen. Asiatische Studien 8 (1954) 85–106 = Kultur, Kulturkontakt und Religion, Göttingen 1980, 38–59.

B. Malinowski, Myth in Primitive Psychology, New York 1926 = Magic, Science and Religion, New York 1954, 93–148.

W.L. Moran, The Creation of Man in Atraḫasis I, 192–248, Bulletin of the American Schools of Oriental Research 200 (1970) 48–56.

R. Pettazzoni, Die Wahrheit des Mythos, Paideuma 4 (1950) 1–10.

G. Pettinato, Das altorientalische Menschenbild und die sumerischen und akkadischen Schöpfungsmythen, Abhandlungen der Ak. Heidelberg 1971, 1.

H. Poser (Hg.), Philosophie und Mythos, Ein Kolloquium, Berlin 1979.

V. Propp, Morfologija skaski, Leningrad 1928 – Morphologie des Märchens, München 1975[2]. *[82]*

P. Radin, K. Kerényi, C.G. Jung, Der göttliche Schelm, Zürich 1954.

P. Radin, The Trickster, London 1956.

D. Reichel-Dolmatoff, Desana, Le symbolisme universelle des Indiens Tukano de Vaupés, Paris 1973.

E. Reiner, Akkadische Literatur, in W. Röllig (Hg.), Altorientalische Literaturen, Neues Handbuch der Literaturwissenschaft I, Darmstadt 1978.

M.L. Ricketts, The North American Indian Trickster, History of Religion 5 (1965) 327–50.

J. Rudhardt, Les mythes grecs relatifs à l'instauration du sacrifice: les rôles corrélatifs de Prométhée et de son fils Deukalion, Museum Helveticum 27 (1970) 1–15.

A.L. Siikala, The Rite Technique of the Siberian Shaman, Helsinki 1978.

W.v. Soden, Kleine Beiträge, Zeitschrift für Assyriologie 58 (1967) 189–95.

Ders., Der Mensch bescheidet sich nicht, Überlegungen zu Schöpfungserzählungen in Babylonien und Israel, in: Symbolae biblicae et mesopotamicae F.M.Th. de Liagre Böhl dedicatae, Leiden 1973, 349–58.

Ders., Die erste Tafel des altbabylonischen Atramhasis-Mythus, 'Haupttext' und Parallelversionen, Zeitschrift für Assyriologie 68 (1978) 50–94.

J. van Dijk, Une incantation accompagnant la naissance de l'homme, Orientalia 42 (1973) 502–7.

J.P. Vernant, Le mythe prométhéen chez Hésiode, in: Mythe et société en grèce ancienne, Paris 1974, 177–94.

F. Wehrli, Hesiods Prometheus, in: Navicula Chiloniensis (Festschrift F. Jacoby), Leiden 1956, 30–6 = Theoria und Humanitas, Zürich 1972, 50–55.

M.L. West, Hesiod Theogony, Oxford 1966.

Erschienen in: A. Ovadiah, ed., Mediterranean Cultural Interaction (The Howard Gilman International Conferences, II), Tel Aviv 2000, 1–21.

2. Migrating Gods and Syncretisms: Forms of Cult Transfer in the Ancient Mediterranean

Religions have the power to divide peoples. We are still witnessing the tragic consequences of this fact in the Near East. Europeans were shocked to see the same happen in Yugoslavia, where Catholic and Orthodox Christianity have created barriers no less rigid than those of Islam.

Things appear to have been different with the earlier, polytheistic religions which dominated Mediterranean interactions for thousands of years. It is impossible of course to reinstall polytheism, and nostalgia is not a scholarly option. But alternatives from the past invite interest. It may also be consoling to realize that the "multicultural society" is not just a problem of the present or a threat for the future, but has been there all the time.[1]

Polytheism is an open system, endorsing, nay encouraging diversity with some promise of coexistence, even if this means a lower degree of stability and a greater tendency to change. Two characteristics of polytheism in particular will strike the modern observer in this context, because they are foreign to Judaism, Christianity and Islam: the "migrations" of gods from one civilization to another, or rather diffusions of cults across existing borderlines, mostly without traumatic battles or attempts at repression, even without noticeable effect for the overall conglomerate; and the "translations" of gods from one language and civilization to another; that is to say: there is the conviction that there exist the same gods for diverse peoples or civilizations, even if their names are different. *[2]*

Cultural interactions and influence occur, of course, hand in hand with economic exchange between neighbours. This requires a degree of personal mobility and results in some cultural transfer. We must also acknowledge that certain slopes lead to "higher" or "lower" civilizations, which means that certain civilizations present a model that will be imitated by others, often eagerly imitated; this does not necessarily presuppose military domination. Adoption of a writing system constitutes one of the most momentous events along such a slope. Although it is less popular nowadays to speak of "migrations", transfer seldom occurs, even of fashions, without migrating people; and far-reaching migrations did take place, often from the "lower"

1 The rapid survey presented here cannot provide all the relevant bibliography in each case; the following indications of sources and secondary literature are to be taken *exempli gratia*.

towards the "higher" civilizations. But migrations were not necessarily a great cataclysm in every case; there were effects of migrating groups even on a small scale, even of individuals disseminating cultural and religious messages.

Thus we should acknowledge at least four models of interactions within the sphere of polytheism:

1) "Translations", or equations of gods' names, as a consequence of cultural proximity, such as Mesopotamians, Syrians, Greeks, Etruscans, and Romans; e.g. Inanna-Ishtar-Ashtart-Aphrodite-Turan-Venus, the goddess of love; as a consequence, the planet which was Ishtar's in Mesopotamia is *Venus* today. Such translations presume the universal existence of the gods, who simply have different names in different languages, and who may require different ways of communication. Note that large-scale translations of sacred texts, hymns or myths are comparatively rare, presupposing intensive interaction; even, as a rule, shared literacy.[2]

2) Transfer of religious iconography, such as "the Smiting God" or "the Nude Goddess". Such transfer may happen accidentally, through objects, especially luxury articles being exchanged by gift, by trade, or as a result of theft; this can lead to some strange but creative misunderstandings. The idea of a common understanding, however, is not excluded. The transfer of images may be accompanied by some special use of an image in a religious or magical way: as sacred image, or an amulet. Thus some religious "idea" may be transmitted together with the image. It is even possible that a special name or the germ of a myth sticks to an image, and is transmitted together with it.

3) Personal mobility, often but not necessarily with trade. There were migrating religious specialists, seers, purification priests, such as the priests of the Phrygian Mother Goddess, as well as magicians and their like, and finally apostles such as St. Paul.

4) Migrations that make history and are duly recorded in our historical handbooks. There were large-scale invasions – the Hyksos in Egypt, the Mycenaeans in Crete; there was colonization, especially by Phoenicians and Greeks in the West; there *[3]* was the expansion of empires, first the Assyrian and the Persian ones from the east, followed by the Romans from the other side, and finally by Islam.

When we speak of "migration", "expansion", "transfer" and "influence", we should not presume that the contents transferred and accepted were left unchanged in the process. New functions, perspectives and interpretations will always arise. In consequence, new cults and new gods may come into existence, syncretizing elements of different origins in a new arrangement, such as Sarapis at Hellenistic Alexandria, or Mithras in the Roman empire.

---

2 There are Sumerian-Akkadian and Hurrite-Hittite bilingual texts; there are translations from Akkadian to Hittite; see notes 7 and 8. The first great translation across a cultural watershed may have been the Septuagint. Translation became common with Christianity.

Let us look first at the Near Eastern Bronze Age, which was characterized by polytheism. It is important to realize that we should not stick solely to the model of the Homeric pantheon. The Near Eastern scene is much more chaotic than that, because of the sheer multitude of gods, who have never been organized in an either theological or poetical system. The oldest cuneiform list of gods has some 560 names, while the standard list of the 2nd millennium has about 1900,[3] and a modern handbook will furnish about 4000 names. The Hittites routinely speak of the 'one thousand gods of Hatti-Land', which seems an understatement. Salman Rushdie, by the way, has remarked that even in contemporary India there are more gods than humans. This was, and still is, due to a society which is growing and becoming ever more complex, comprising many cities, tribes, families and professional groups. With the invention of writing, however, the divine became the object of bureaucracy, and some reduction of complexity[4] was sought. The simplest way to achieve this was to assume that many names applied to the same divinity. Indeed, one king often had many titles, as did the pharaoh in Egypt.

Mesopotamia, from the beginning, possessed a bilingual culture: Sumerians and Akkadians, with two totally different languages. Sumerian took precedence in the writing system, but as a spoken language it was dying out and being replaced by Semitic Akkadian. One could write the names of persons and objects in Sumerian and pronounce them in Akkadian. All the gods' names become bilingual in this way. The Sun god is Utu in Sumerian, Shamash in Akkadian; the reference is clear. Enki, the god of water and wisdom, equals Ea; and Inanna, Queen of Heaven, the goddess of love and war, equals Ishtar. Thus we get a science of equations and "translations", with corresponding lists. To some extent even ritual remained bilingual, with bilingual texts of hymns and incantations which were probably recited in Sumerian but understood in Akkadian – something like the Latin liturgy in a modern Catholic church.

The situation was not too dissimilar in Egypt, albeit not bilingual. There were Upper Egypt and Lower Egypt, united at an early date, but distinct in symbolism. Several cities had important temples with groups of priests attached to them, each of which went on to develop their own special theology; but they were also engaged *[4]* in seeking a "reduction of complexity" by speculative equations. There resulted a highly complex system of thinking in terms of "unity" and "infinite diversity".[5] In Egypt too it was the Sun God who proved to be most easily translatable: Amun of Thebes in Upper Egypt is Re of Memphis in Lower Egypt.

As cuneiform literacy spread to the West, towards the Mediterranean, Western gods were drawn into the established systems and languages, which resulted in further equations and lists of gods. Important archives have been preserved from the

3 Lambert 1969; cf. Tallquist 1938.

4 'Reduction of complexity' is claimed as the main function of religion by Luhmann 1977.

5 See Hornung 1993.

minor kingdom of Ugarit on the Mediterranean coast; the Ugaritic language is close to Hebrew. Bilingual lists of gods were drawn up in Akkadian-Ugaritic, but Hurrite gods are included too.[6] Still more complicated was the situation with the Hittites in Anatolia, who spoke an Indoeuropean idiom. They established a great kingdom which lasted for several centuries and incorporated many tribes and languages, while literacy came from Akkadian cuneiform. The Hittites apparently held the conviction that it was profitable to bring all kinds of rituals together, in order to please "all the gods", by addressing each one in his proper language. Hence Hittite ritual is multilingual, with hymns and prayers in Protohattian, Hittite, Luwian, and even Hurrian.[7] Piety became multicultural, multilingual. Military and political expansion led to even greater diversification: one cannot simply annihilate a local god; hence the pantheon expands.

In the greater society of the Late Bronze Age, myths and even literary texts crossed borderlines. We find texts of Gilgamesh both at Ugarit and in Hittite translation at Hattusa. We find a Canaanite myth about Astarte and the Sea in the Egyptian language.[8] We have a long and complicated bilingual poem, the "Song of Liberation", in Hurrian and Hittite at Hattusa.[9] The myths of Kumarbi and Ullikummi, so close to Greek Hesiod, which have now been known for half a century, are in the Hittite language, but dwell on Hurrian gods' names, and somehow became known to the Greeks.[10]

Translation is indispensable in high diplomacy. There is an extant treaty (ca. 1280 BCE) between Ramses II of Egypt and Hattusilis, King of the Hittites, both the Egyptian and Hittite versions.[11] Peace and friendship, the text says, has been decreed by the gods of the countries. These are the Sun-God, Re, for Egypt, and the Storm-God – whose name we do not know, because he is always written with the Sumerogramm 'Storm' – for Hatti-Land; but the Egyptian text mentions Re and Seth, the two well-known Egyptian gods, while the Akkadian text has 'God Sun' and 'God Storm', with their Sumerian ideograms. Seth equalling the Storm-God is somewhat surprising, but later Greeks in any case called this Seth Typhon.[12] To guarantee the treaty, 'the one thousand gods of Egypt' and 'the one thousand gods of Hatti-Land' are invoked (p. 200/201). At the end of the documents, there is the

---

6 Bilingual list: Nougayrol 1968: 42–64; Hurrite gods: *ibid.*: 497–527. The equation Ugaritic El = Hurrite Kumarbi, often referred to since the discovery of the Kumarbi text, is not tenable, *ibid.*: 523–525.

7 See, in general, Haas 1994; Yoshida 1996.

8 *ANET* 17 f.

9 Neu 1996.

10 West 1966: 18–31.

11 *ANET* 199–201; 201–205. The language used by the Hittites is "international" Akkadian. The equation of the Hittite Storm-God with Egyptian Seth appears also in the seal as described in the text, *ANET* 201.

12 Identification *expressis verbis* in Plut. *Is.* 41,367D; 49,371B. Cf. already Pherecydes of Syros B 4.

oath formula which invokes a great number of gods as witnesses, of which only the Egyptian part has been preserved, but which lists the Hittite gods – which *[5]* would appear to confirm that the other party has also sworn. About twenty individual gods are mentioned by name, as well as a few groups of gods, and the cosmic witnesses: Mountains, Rivers, Sky and Earth, the Sea, the Winds, the Clouds.[13] We can understand from this that it was imperative for the Egyptians that the Hittites have their own gods; reliable partners must have their own gods. For monarch or state – and indeed also for individual contracts – atheism would be impossible. One therefore also accepted the existence of other, and different gods within the vast multitude of divine beings. Theological definitions or decisions were unnecessary; diplomatic acknowledgment alone would suffice. Of course problems may occasionally arise with translations: in this treaty the great female goddess of the Hittites is the 'Sun of Arinna', who, in the Egyptian copy of the treaty, becomes 'Re of Arinna', even if Re of course is male. Diplomacy is complicated; so is the world...

If we cross the Aegean to reach what was to become Europe, Crete and Greece, Minoan and Mycenaean, we end up in partial darkness. We have not yet managed to decipher the Cretan script, Linear A; and the archives of Mycenaean Greek, Linear B, bear no comparison with the richness of Egyptian, Mesopotamian, Hittite or even Ugaritic archives. What we can perceive here is interaction by iconography.

One curious transformation is that of the image of the Egyptian Hippopotamus goddess Tawurt (Taweret, Taurt, Greek Thueris) into the so-called demons of Minoan-Mycenaean iconography. The iconographic similarity, nay identity, is undeniable and was immediately recognized; but the outcome was quite different.[14] We do not know of either a Cretan or a Greek name for these creatures. In contrast to the original Hippopotamus goddess, these "demons" usually come in groups. They act as servants of the gods in the hunt and sacrifice, in procession and libation. Sometimes they themselves seem to be the center of veneration, and are thus conceived as "intermediates", and hence "demons". There is no clue as to whether they were in fact "masks", as indeed they may well have been, in a real cult, for the artists chose not to indicate this; they have neither hands nor feet, but animal claws. Whether their mystery will ever be solved, possibly by the decipherment of Linear A, lies in the future.

From the third shaft grave at Mycenae, i.e. 16th century BCE, come two little golden images of a naked female with doves. This has immediately suggested "Aphrodite" to educated moderns, the goddess who is "golden Aphrodite" in the

---

13 The formula is still quite similar in the treaty concluded by Hannibal with Philipp V of Macedonia in 216 B.C.: Polyb. 7,9,2 f.; cf. the earlier treaties Polyb. 3,22, with the oaths, Polyb. 3,25,6.

14 Evans 1921–1936, IV 433 ff.; Nilsson 1950: 376–382; Baurain 1985; Sambin 1989; Weingarten 1991; Marinatos 1993: 196–198.

Homeric formula. Matters, however, are more complicated.[15] The iconography of the nude goddess no doubt comes from Syria-Palestine, where we find such a nude goddess in various compositions, including the doves. Yet even here her name and function are unclear. There is nothing to prove that she is Ashtart; she seems rather to be a minor figure, whereas the secure representations of Ishtar-Astarte *[6]* show her as an armed goddess, and not in the nude. Even in Greece nude Aphrodite had her breakthrough only with Praxiteles in the 4th century BCE; in this form, Venus became dear to the Romans, and hence to the Renaissance. These gold images from the shaft grave were probably just little adornments for a royal robe; they would have drawn men's attention even then, but would hardly have commanded adoration. Nudes do not appear elsewhere in the momentous Minoan-Mycenaean iconography, the frescoes, seals or rings. The shaft grave appears to have preserved an isolated piece of Syrian iconography, creating a "Venus mirage" just for the modern observer.

It is a different matter entirely with the import of Bronze statuettes of the so-called "Smiting God".[16] Bronzes of this type, normally about 10–12 cm in size, are quite common in the late Bronze Age; such objects are highly durable and can be kept and used for centuries. This iconography began in Egypt at the beginning of the 3rd millennium, representing the pharaoh. The oldest of the bronze statuettes, however, come from Hittite sites. Remarkable exemplars are found in Syria, especially at Ugarit, where the gilding makes it clear that we are dealing with a god. They became common on Cyprus, where a bigger exemplar, undoubtedly a "cult image", was found in a shrine from the 12th century BCE.[17] There are also single exemplars from Mycenae, Tiryns and Phylakopi at Melos from the very late Bronze Age. An intriguing fact is that these statuettes did not disappear with the catastrophe that ended the Bronze Age about 1200, but somehow managed to bridge the great divide. One exemplar was found in the 8th century votive deposit at Delos, below the temple of Artemis. The statuettes were being imitated by the Greeks by the 8th and 7th centuries BCE, before finally developing into images of the most important Greek gods, Apollo, Poseidon and Zeus, down to the oversize masterpiece which today stands in the center of the National Museum at Athens. This was not the result of direct religious influence, for the image evidently bore different names with their relevant interpretations – Baal, Hadad, or Resheph in Syria, Resheph in Egypt, Poseidon, Zeus, or Apollo in Greece. They were also not just items of commercial trade, since the images were evidently used in religious contexts on both sides of the Aegean. We must conclude, I think, that there was a common under-

---

15 Nilsson 1967: pl. 23, 3/4; the oriental affinities have always been mentioned, but Winter 1977 seems to have been the first to document them. See figs. II. Cf. Helck 1971; Winter 1983: 192–199; Blocher 1987; Böhm 1990; van Loon 1990.

16 Burkert 1975a, cf. Bonnet 1952: 638; Helck 1979: 179–182; Seeden 1980; Gallet de Santerre 1987; Byrne 1989; Cornelius 1994. See figs. I.

17 The 'god on the ingot', Burkert 1975a: 67 f.; Seeden 1980: no. 1794.

standing beyond the particular cults and creeds, which conceived an image of a particular divinity in the form of aggressive power. Greeks would speak of the "stronger one", *kreitton*; while Baal, Akkadian Belu, means simply "Lord". We may ponder on the fact that the Lord appears in the pose of an aggressive champion, which is foreign to Christian iconography; but the Lord has an army even in Israel, and the Christmas message "Peace on earth" is sung by an army (*stratiá*) of angels.[18] It is the victorious champion who can provide security – if you stand behind him, and not in his way. Thus he is venerated around the Mediterranean. The idea, however, is nonetheless not universal. The warrior *[7]* figure is strikingly absent from the Minoan civilization in Crete, and only appears in Late Mycenaean Greece; hardly an advance in civilization.

Both the Smiting God and the Nude Goddess made their impact in Egypt by the 13th century BCE. We find Egyptian monuments, normally stone stelae, with Egyptian texts which finally give names to the unquestionably Syrian iconography; and these are original Semitic names: the smiting god is Resheph, or Rashpu – vocalization is open to debate in hieroglyphic as in alphabetic writing. Resheph also occurs in the Bible, and in later dedications from Cyprus, where he is equated with Apellon-Apollon.[19] He is the god who "slays the enemies", meaning he battles disease. The nude goddess is Qadesh, or Qudshu, "the Holy One". The same designation occurs for the female temple servants in the Bible[20] – but let us not get into the problems of the alleged sacred prostitution in Semitic cults. Qudshu and Rashpu are also grouped together in Egyptian monuments, with the Egyptian phallic god Min as the third in the company.[21] Qudshu evidently is amalgamated with Hathor, the Egyptian goddess of love: the nude goddess adopted the typical Hathorian hairdressing, even in Syria and later in Cyprus. In any case, we are dealing here with an "import" to Egypt, evidently a consequence of Egypt's rule over Palestine and Phoenicia at the time. In a kind of countermove that brought typical Canaanite gods to Egypt, they were adopted for personal cult, especially, it would seem, among the lower-class population. In this case iconography accompanied and indicated a truly "religious movement".

If we take a giant leap to the Iron Age, to the first millennium, we encounter Greek Homer. Homer's works still form the center of a turmoil of controversies which cannot be discussed here.[22] There appears to be some agreement, however, that the Homeric age was the "orientalizing" age, somewhere between 750 and 650

---

18 *Luke* 2,13.

19 Burkert 1975a and 1975b.

20 *HAL* 1005; *AHw* 891b / 906a. *Gen.* 38,21; *Dt.* 23,18; II Reg. 23,7; *Hos.* 4,14 (qedeshah). Bonnet 1952: 362 f., *s.v.* 'Kadesh'.

21 Cornelius 1994.

22 For a survey of problems and approaches see Latacz 1991; Carter-Morris 1995 [Zusatz 2001: Burkert, Kleine Schriften I, 2001].

BCE; one may even venture to speak of an "Orientalizing Revolution".[23] Most important, of course, was the adoption of the Semitic alphabet, some time between 800 and 750 BCE. Homer's divine tales, the so-called "apparatus of the gods", owes much to literary Eastern prototypes, to Atrahasis, Enuma Elish and Gilgamesh; the very idea of the "assembly of the gods", *puhur ilani*, is rooted in Eastern epic. Some passages and scenes in the Iliad and (fewer) in the Odyssey, come close to being copies of Eastern epics.

Homer's success and great influence, however, had a strange result for the Greek world: it closed the doors to further "invasions". For the next 1000 years "the Greek pantheon" was to be the Homeric pantheon, which differed from Eastern pantheons by drastically reducing the number of gods to about one dozen. The divine senate became one divine family. We need not dwell here on the prehistory of the Homeric gods; just note that of the twelve gods represented in the Parthenon frieze at least eight are mentioned in Mycenaean.[24] There must have been some *[8]* changes, developments, even "migrations" of gods in the meantime; regarding Athena, for example, I am convinced that the place name is prior to the goddess' name, but *Athanas Potnia* appears at Mycenaean Knossos, and later Athena was to be found in nearly every city.[25] There remains just one member of the glorious Olympic family with a very dubious past: Aphrodite.[26] Aphrodite Ourania doubtlessly owes much to the oriental "Queen of Heaven" – Inanna, the Sumerian name, means simply "Lady of Heaven". No mention of Aphrodite has been found so far in Mycenaean; Greeks thought her cult originated from Paphos at Cyprus, but her native name there was just "Queen", *Wanassa*. Her epithet "golden" in Homer may have had something to do with golden ornaments; relief plaques with the nude goddess reached Greece in the 8th century. The Aphrodite cult accompanied the import of South Arabian incense, which retains the Semitic names in Greek, *libanon* – frankincense – and *myrrha*. One could possibly take the name Aphrodite as a corruption of Ashtorith, but there is no proof. The process of Aphrodite's adoption must have been highly complex, anything but a simple "import"; and not all the steps are documented. A "goddess of Love", of course, is as easy to recognize, in a way, as the sun; even moderns can experience sexuality as a very special, quasi-divine attribute.

By the time of the archaic epoch there were at least two gods with wide-spread cults that were not included in the Homeric pantheon: the Mother Goddess from Asia Minor, and Semitic Adonis. The Mother Goddess has at least a double lineage: Kubaba from Bronze Age Karkemish, and Matar Kubileya from Phrygia; hence the

---

[23] Burkert 1992; cf. West 1997.

[24] Zeus, Hera, Poseidon, Athena, Artemis, Dionysos, Hermes, Hephaistos; missing are Demeter (but *Korwa*=Persephone?), Aphrodite, Apollon; disputable is Ares. Burkert 1985a: 43–46.

[25] Burkert 1985a: 139 f. Cf. also Demeter Eleusinia (Graf 1985, 274–277); the case is clearer, and later, for Apollo Pythaeus/Pythios.

[26] Pirenne-Delforge 1994.

two Asiatic names she bears in Greece – Kybebe and Kybele or Kybeleia. "Matar" was easy to recognize for Greeks – Phrygian is an Indoeuropean language. Rock monuments of this *matar* have been found in Phrygia; their later counterparts abound in Greece, from Chios to Sicily; we know of the followers of the cult, the "beggars of Mother", *metragyrtai*, who made people pay for sacrifices and for monuments. One awful aspect of their cult was ritual castration. The accent on "Phrygia" which accompanied this cult seems to point back to the heydays of Phrygia, the kingdom of Midas in about 700 BCE. On the whole, the Meter cult was mainly a matter of private worship, albeit producing quite durable stone monuments. The cult could be adopted by a city such as Athens, where the Metroon became the state archive. Even more important was the introduction in 203 BCE of Mater Magna Idaea to Rome, which became the new and expansive center of the Cult of the Great Mother, up to the 4th century CE.[27]

Regarding Adonis, it is difficult to deny that he bears a Semitic name; *adon* means "Lord" in West Semitic, and has been found in votive inscriptions as the title of various gods; *adonai*, in Hebrew, substitutes for the god's name Jahwe in the reading of the Torah. Adonis' cult is a very special one; a cult of women weeping for a dying god, as already attested to by Sappho in about 600 BCE, and *[9]* then found in Athens in the 5th and 4th centuries. There appears to be a long line of tradition all the way back to Sumerian Dumuzi and Semitic Tammuz.[28] Not surprisingly, Cyprus seems to have been an intermediate station in the transfer; Greek myth tends to localize Adonis at Cyprus. The Adonis cult may be termed a kind of "fashion" that pervaded the Mediterranean through its appeal to a particular group – mainly women – providing them with their own special activity and an outlet for emotional outbursts.

From the 7th century, Ionia's economic ties with Egypt became increasingly important. Finds from Samos and Chios are just as impressive as the installation of the Greek *emporion* Naukratis in Egypt, where the Greeks installed their own gods and goddesses of their respective cities. Confronted with Egyptian polytheism, the Greeks found striking similarities and figured out "translations" – our main source for this is Herodotus.[29] Most important, and most intriguing, is the equation of Osiris with Dionysus. This is taken for granted by Herodotus,[30] and probably goes farther back. There is no doubt nowadays that Dionysus is one of the old Greek

[27] See Burkert 1979: 99–122; 1985a: 177–179; 1987: 5 f., 98; Graf 1985: 107–120, 419 f.; Borgeaud 1996. Comparable, and partly parallel, is the diffusion of the cult of the "Syrian Goddess".

[28] See Burkert 1979: 105–111; 1985a: 176 f.; B. Servais-Soyez, *LIMC*, I (1981): 222–229, *s.v.* 'Adonis'. – With the sea trade of Phoenicians, the cult of Melqart the god of Tyre was disseminated in other places, especially Italy and Spain. Greeks were quick to recognize him as Herakles; see Bonnet 1988.

[29] See Burkert 1985b.

[30] Hdt. 2,42,2; 144,2. See Casadio 1996.

gods, attested in Mycenaean Pylos and at Kydonia-Chania in Crete.[31] His function and essence may still have changed through the encounter with Egypt, by the 6th century. Some syncretism is apparent in iconography. The famous ship of Dionysus, paraded in procession at Dionysia festivals, seems to have derived from Egyptian practices.[32] There is also some interweaving of the Hathor cult with the Dionysus cult, once more via Cyprus. The most intriguing characteristic of Dionysus, which has been in evidence since about the end of the 6th century, is his connection with the dead, or rather his power to help against the terror of death. It is still unclear how old the myth of Dionysus dying and being reborn really is. But there is new evidence for mysteries of Dionysus already existing by the 5th century at least, mysteries that gave the initiates hope for a blissful existence in the Beyond.[33] Dionysiac imagery, with vines, grapes and ivy, became the most common funerary symbolism in Greece – and in Italy – from an early date. The Greeks did not consider this to have originated in Egypt. However, if those mystery texts feature a central scene in which the deceased, arriving at a "lake of memory", is allowed to drink by the guardians after pronouncing a certain formula, this is so similar to a scene from the Egyptian "Book of the Dead", that influence is undeniable.[34] Osiris has long been the god of the dead for Egyptians, and his fate and transformation give hope for an afterlife in the context of the elaborate funeral rituals of Egypt. Such cross-cultural contact was more than merely commercial; it resulted in a transformation of the attitude to death; we might almost say that a change was taking place in Greece from the Mesopotamian to the Egyptian paradigm.

With the rise of the Persian empire, an intriguing name became known to the Greeks: Magos.[35] The diffusion of this name with its various meanings in the *[10]* Greek world requires a chapter of its own, however, and I shall not deal with it here.

Instead, we shall take a look at the West. By the time of the Archaic age, we can recognize a strong Greek influence in Etruria – hand in hand with its Phoenician contacts. There is an incredibly rich corpus of Etruscan iconography, matched by the obscurity of the Etruscan language. It is clear that the Etruscans took over large parts of Greek mythology, including the Trojan sagas, the Theban sagas, the Argonauts, and much else.[36] They "translated" the gods' names into those of their own gods, such as *Tinia* for Zeus, *Menrva* – Latin Minerva – for Athena, *Turan* for Aphrodite, while modifying Apollo to *Aplun*, and usually keeping the heroes'

---

[31] Khania's text is decisive, published in *Kadmos* 31 (1992): 75–81.

[32] Boardman 1980: 137 f. with fig. 162/3; *LIMC*, III (1986): *s.v.* 'Dionysos', nr. 827–829; Kristensen 1992: 126–128; Casadio 1996: esp. 220,73.

[33] The decisive evidence came from the gold plates of Hipponion and Pelinna, 4th century, see G. Pugliese Carratelli, *Le lamine d'oro 'Orfiche'*, Milano 1993: 20–31, 62–64.

[34] Zuntz 1971: 370–376.

[35] Graf 1997: 20–35.

[36] Cf. Hampe-Simon 1964; Dohrn 1966/7; Krauskopf 1974.

names with only slight alteration. Did they understand, or did they misunderstand the Greek originals? We have no Etruscan texts. At the same time, there was intensive interaction between Etruscans and Romans. Menrva-Minerva is probably Etruscan, but Iuno who appears as *Uni* in Etruscan is a Latin name.[37] Both Etruscans and Romans adopted Apollo with his Greek name. This transfer was not imposed by military power, but was a conscious decision to become part of the Mediterranean cultural-religious community. It was Apollo's function as a god of oracles that appears to play the decisive role. For the Romans, initially there was the connection with the Sibyl of Cumae,[38] and the collection of Sibylline oracles, which were in Greek; while later it was Delphi which was directly consulted by Rome. Romans remained conscious of the fact that Apollo was a Greek god, requiring *cultus Graecus*, and special Greek forms of the cult were adopted, especially the *lectisternium*, inviting the gods to dinner.[39] Apollo was also a major god for the Romans, reaching his peak with Augustus who ascribed his victory at Actium to Apollo of Leukas, and made his house on the Palatine hill an Apollonian sanctuary.

The Romans also imported the Dioscures, Castor and Pollux – originally Podlouqes-Polydeukes – with their Greek names;[40] these came from Southern Italy, probably from Lokroi. The Dioscures made their epiphany as helpers in battle in 499, and received pride of place at the Forum Romanum. Ceres, too, to whom a temple was dedicated on the Aventine hill in 496, together with Liber and Libera, was a Greek goddess, in spite of her Latin name; she required Greek priestesses from Elea or Naples.[41] The *haruspices*, on the other hand, the soothsayers, specialists in liver-inspection, were genuine Etruscans; curiously enough, *HAR* is the Sumerian word for liver, but it is unclear what we should make of that.[42] At any rate, the multi-cultural, multilingual cult of the Hittites seems to recur in Republican Rome.

Finally, a few glimpses at what is rightly considered the heyday of Mediterranean interaction: the Hellenistic and the Roman imperial period. Theirs *[11]* was a relatively open society, with vast possibilities for migration, whether for business, or simply as an opportunity for a new life for the underprivileged or homeless. Hence local cults spread all over the civilized world, including the expansion of the Jews and, later, of the Christians. On the one hand, it was respected that everyone 'by

---

37 Pfiffig 1965; *Akten* 1981; Bonnet 1996: 120–125.

38 Wissowa 1912: 294 f.; 433 (temple); 496 (consultation of Sibylline oracles); Gagé 1955.

39 Livy 5,13,6; Burkert 1993: 29–31.

40 Wissowa 1912: 268–271; the earliest dedicatory inscription: Wachter 1987: 85–92.

41 Wissowa 1912: 297–304. Another important case in Rome is the reception of the cult of Venus. Although the Roman name was used, Aphrodite seems to have been in the background from the start; see C. Koch, *RE*, VIII A (1955): 828–887; Schilling 1982. For Venus Erucina (Koch 852–854) the reference to the goddess of Eryx in Sicily was clear – who herself seems to have been a syncretism of some native ('Elymian') goddess and Phoenician Astarte (Bonnet 1996: 115–120).

42 Burkert 1992: 50 f.

strong necessity has to venerate the gods of his fathers with the rites from at home', as Dionysius of Halicarnassus puts it;[43] on the other hand, temples and groups of priests engaged in conscious propaganda for their own particular god, especially by broadcasting the miracles wrought in the respective cult. This resulted not in religious wars, but in intense competition for the worshippers' contributions. Religion costs money. On the whole, there was an East-to-West movement, from the old civilizations to the new provinces of the Mediterranean world. No gods of Gaul spread eastward, as far as we know; there were no migrating Druids. But there was persistent "influence" from Egypt, Syria, Anatolia and Persia.

An impressive documentation of syncretism was left by the last Hellenistic stratum: King Antiochos of Kommagene, from the royal line of the Seleucids, was lucky enough to survive the turmoils of the Eastern breakdown between Pompey and Augustus (by divine protection, as he felt), and to show this piety he constructed both temple and grave monuments (*hierothesia*) to his gods. At Nimrud Dagh, he erected the colossal statues of "Zeus Oromasdes", "Apollon Mithres Helios Hermes" and "Artagnes Herakles Ares". These are three Iranian Gods, Ahura Mazda, Mithra and Verethragna, equated with Greek gods, who themselves become an amalgam in this connection: Apollo is both Helios and Hermes, and the "Killer of Vrtra" is Ares as well as Herakles.[44] Antiochos, who traced his family back to both Seleukos and the Achaemenids, proclaimed: 'Piety is most important for man's well-being'. Religion, one might say, is "circumspection", recognizing the divine in all its faces.

One goddess who achieved great success, at least for a certain period, was Egyptian Isis.[45] Well-organized priesthoods created effective propaganda. Isis specialized in healing; she could change destiny and avert death. In such propagandistic texts, now in the international Greek language, Isis was equated with all the other goddesses: she was *myrionymos*, bearer of ten thousand names. It would be tedious to reproduce the entire list; Isis is Demeter, Aphrodite, Athena, Astarte, Anahita, and whatever you like. This goddess and her cult was ready to embrace, nay to swallow all the other cults. Nonetheless, the Isis cult did not succeed in becoming a "world religion".

The same is true of the Mithras mysteries. This cult addressed an Iranian god, who is attested already in Bronze Age evidence; his name means "treaty of allegiance". The cult retained one Persian word, *nama*, for "veneration, dedication"; for the rest the language became Greek, and the iconography was *[12]* basically Greek. The center of the organization, however, was Rome, where this cult seems to have originated slightly before 100 CE, not earlier. It is really syncretistic through its fusion of elements, rather than a downright import. In the form of an influential

43 Dion. Hal. *Ant.* 2,19,3.

44 The inscriptions found in the 19th century are published in *OGI* 384–386; for the new texts found by Doerner, see Dörrie 1964.

45 Malaise 1972; Turcan 1989: 77–127; Merkelbach 1995.

men's club, it was disseminated through the Roman army and by Roman traders.[46] Despite the famous dictum of Ernest Renan,[47] however, it never posed a serious alternative to Christianity.

This is not the place to discuss the superiority of "world religions" with their revelations, sacred text, missionaries and organized churches. What is required, rather, is to maintain a critical look at the apparent "tolerance" at the pre-Christian stage. Was this true tolerance, or was tolerance only apparent? There may have been social pressures at the time which are less visible to us today.

For example, an Assyrian king would order his leaders to 'teach the subjects the fear of the gods and of the king'.[48] Perhaps such a policy would still have been applauded in the last century. While this is hardly tolerance in its presently accepted sense, there was no special religious pressure either, neither reformation nor revolution; it was simply another ingredient in the traditional conglomerate. The Persian empire was, as far as we know, neutral in principle regarding existing religions.[49] Even the Jews got on surprisingly well with the Persian kings.

In classical Athens, on the other hand, we find a law against "introducing new gods", which indeed proved fatal for Socrates.[50] It meant that only the polis had the prerogative to decide about cults. The Polis indeed admitted "new gods", such as Thracian Bendis, and they allowed foreign merchants to establish their own particular cult centers – Syrians and Egyptians got their temples in Piraeus in the 4th century, just as the Greeks had established their trade center with their respective sanctuaries at Naukratis. A similar prerogative was exercised by the Roman senate, which decided about *religiones licitae* or else *illicitae*; on several occasions the cult of Isis was banned from Rome.

The one catastrophe was the suppression of the *Bacchanalia* in 186 BCE. Our main source is the account by Livy, which is vitiated by novellistic traits and senatorial or Augustan bias. The accusation seems to have been that this cult practiced a form of homosexual initation – a recurring idea in fiction about secret cults, but difficult to substantiate. Repression was brutal; Livy speaks of some 6000 executions.[51] We may see it as a conflict of private *Selbstverwirklichung* and traditional public control of behavior, a conflict that exploded in the midst of social changes in the wake of the devastating, though victorious Second Punic war.

---

46 Turcan 1981 and 1989: 193–241; Merkelbach 1984; Burkert 1987: 6 f., 83 f., 111 f.; Clauss 1990.

47 E. Renan, *Marc Aurèle et la fin du monde antique*, Paris 1882, 579: "si le christianisme eût été arrêté dans sa croissance par quelque maladie mortelle, le monde eût été mithriaste". Cf. Burkert 1987.

48 Cylinder inscription of Sargon II § 74, Luckenbill 1927: 66.

49 For the discussion on 'imperial authorization' of provincial decisions in religious matters, see Frei-Koch 1996.

50 See Garland 1992; Parker 1996: 199–217.

51 Liv. 39,8–19; Pailler 1988; Giovannini 1996: 104–112.

Myths recount the battles of the gods, and it seems natural that such myths may also reflect real political and military conflicts. Modern mythologists have strained this hypothesis to the utmost;[52] in fact it is seldom applicable. The wars *[13]* of the Egyptian Pharaoh could be described as a repetition of the fight of Horos against Seth; the main text is Hellenistic.[53] There was a persistent problem between god Marduk of Babylon and god Assur who represented the Assyrian empire with Niniveh. A sensible decision was to do proper homage to both.[54] In Greek literature, I know of just one passage in Euripides about 'Athena being superior to Hera', that is, Athens will win against Argos.[55] Of course one always hopes that a god will help in battle – as Christ did for Constantine. But the events of war are unpredictable. In Virgil, Iuno takes her stand against Aeneas, because she hates Troy (see Homer). But the conflict of Carthage and Rome does not really become a conflict of Tinith, alias Iuno, and Roman Jupiter. Even though Iuno poses a problem in Virgil's plot, she still has her temple on the Capitol, and more temples and cults at other sites in Rome. Indeed, it is quite clear that the same gods are on both sides, worshipped from either side, just as the same Zeus will provide – or withhold – rain in all the various countries.

The ancient great religious conflicts had their roots in monotheism: there was the episode of Amenophis IV Echnaton in Egypt, who proclaimed his aggressive solar monotheism.[56] The only major and lasting exception to polytheism, however, was Israel, which led it into isolation; although the great conflict began only in 166 BCE with the famous resistance of Jerusalem to the Greek cults imposed by Antiochos Epiphanes, and the revolt of the Maccabees.

Much later, we get the persecution of Christians by the Roman state, as well as the persecution of Christians and Manicheans by the Sassanid kingdom; somewhat later still the Christian empire began persecuting pagans and heretics. This long and sad story has, unfortunately, not yet reached its end. *[16]*

---

52 In the first study of the Hittite Kumarbi text, Forrer (1936: 689) assumed from the start that this 'succession myth' was retelling some historical conflict; since then the common structure of the succession myth with Hurrites/Hittites, Babylonians, Phoenicians, and Greeks has been stressed: this is a form of mythical thinking, not history in disguise.

53 *OGI* 90,25; see Hornung 1966.

54 Sanherib in Livingstone 1989: no. 33; Burkert 1996: 109f. – A famous but difficult text, "The ordeal of Marduk", has been related to some disaster of Babylon, reflected in the sufferings of Babylon's chief god, but this is by no means certain, see W. Röllig *RLAss* VII (1987): 66; Bottéro-Kramer 1989: 735.

55 Eur. *Heraclid.* 347 f., cf. Burkert 1995. Forrer (1936: 689) quotes a comparable Hittite text.

56 See Keel 1980.

Bibliography

AHw: W. v. Soden, *Akkadisches Handwörterbuch*, Wiesbaden 1965–81.

Akten 1981: *Akten des Kolloquiums zum Thema Die Göttin von Pyrgi*, Firenze 1981.

ANET: J. B. Pritchard (ed.), *Ancient Near Eastern Texts relating to the Old Testament*, Princeton 1955.

Baurain 1985: C. Baurain, "Pour une autre interprétation des génies minoens", *L'Iconographie Minoenne*, 1985 (*Bulletin de Correspondance Hellénique* Suppl. 11), 95–118.

Blocher 1987: F. Blocher, *Untersuchungen zum Motiv der nackten Frau in der altbabylonischen Zeit*, München 1987.

Boardman 1980: J. Boardman, *The Greeks Overseas*, London 1980.

Böhm 1990: S. Böhm, *Die 'nackte Göttin'. Zur Ikonographie und Deutung unbekleideter weiblicher Figuren in der frühgriechischen Kunst*, Berlin 1990.

Bonfante 1993: L. Bonfante, "Fufluns Pacha: The Etruscan Dionysus", in: T. H. Carpenter and C. A. Faraone (eds.), *Masks of Dionysus*, Ithaca 1993, 221–235.

Bonnet 1988: C. Bonnet, *Melqart. Cultes et mythes de l'Héraclès Tyrien en Méditerranée*, Leuven 1988.

Bonnet 1996: C. Bonnet, *Astarté*, Rome 1996.

Bonnet 1952: H. Bonnet, *Reallexikon der ägyptischen Religionsgeschichte*, Berlin 1952 (= 1971).

Borgeaud 1996: Ph. Borgeaud, *La Mère des Dieux*, Paris 1996.

Bottéro 1994: J. Bottéro, "Les étrangers et leurs dieux, vus de Mésopotamie", *Israel Oriental Studies*, 14 (1994), 23–38.

Bottéro-Kramer 1989: J. Bottéro, S. N. Kramer, *Lorsque les dieux faisaient l'homme*, Paris 1989.

Burkert 1975a: W. Burkert, "Rešep-Figuren, Apollon von Amyklai und die 'Erfindung' des Opfers auf Cypern", *Grazer Beiträge*, 4 (1975), 51–79.

Burkert 1975b: W. Burkert, "Apellai und Apollon", *Rheinisches Museum*, 118 (1975), 1–21.

Burkert 1979: W. Burkert, *Structure and History in Greek Mythology and Ritual*, Berkeley 1979.

Burkert 1985a: W. Burkert, *Greek Religion Archaic and Classical*, Cambridge, Mass. 1985.

Burkert 1985b: W. Burkert, "Herodot über die Namen der Götter: Polytheismus als historisches Problem", *Museum Helveticum*, 42 (1985), 121–132.

Burkert 1987: W. Burkert, *Ancient Mystery Cults*, Cambridge, Mass. 1987.

Burkert 1992: W. Burkert, *The Orientalizing Revolution*, Cambridge, Mass. 1992.

Burkert 1993: W. Burkert, "Lescha-Liškah. Sakrale Gastlichkeit zwischen Palästina und *[17]* Griechenland", in: B. Janowski, K. Koch, G. Wilhelm (eds.), *Religionsgeschichtliche Beziehungen zwischen Kleinasien, Nordsyrien und dem Alten Testament*, Fribourg 1993, 19–38. *[= Nr. 9 in diesem Bd.]*

Burkert 1995: W. Burkert, "Greek Poleis and Civic Cults: Some further Thoughts", in: M. H. Hansen, K. Raaflaub (eds.), *Studies in the Ancient Greek Polis*, Stuttgart 1995, 201–210.

Burkert 1996: W. Burkert, *Creation of the Sacred*, Cambridge, Mass. 1996.

Byrne 1989: M. Byrne, *The Greek Geometric Warrior Figurine*, Louvain 1989.

Carter-Morris 1995: J. B. Carter, S. P. Morris (eds.), *The Ages of Homer: A Tribute to Emily Townsend Vermeule*, Austin 1995.

Casadio 1996: G. Casadio, "Osiride in Grecia e Dioniso in Egitto", in: I. Gallo (ed.), *Plutarco e la Religione*, Napoli 1996, 201–227.

Clauss 1990: M. Clauss, *Mithras: Kult und Mysterien*, München 1990.

Cornelius 1994: I. Cornelius, *The Iconography of the Canaanite Gods Reshef and Baal*, Fribourg-Göttingen 1994.

Dörrie 1964: H. Dörrie, "Der Königskult des Antiochos von Kommagene im Lichte neuer Inschriften-Funde", *Abhandlungen der Göttingischen Akademie der Wissenschaften* III. Folge 60 (1964).

Dohrn 1966/7: T. Dohrn, "Die Etrusker und die griechische Sage", *Mitteilungen des Deutschen Archäologischen Instituts, Römische Abteilung*, 73/4 (1966/7), 15–28.

Evans 1921–1936: A. Evans, *The Palace of Minos*, I–IV, London 1921–1936.

Forrer 1936: E. O. Forrer, "Eine Geschichte des Götterkönigtums aus dem Hatti-Reiche", *Mélanges Cumont* (1936), 687–713.

Frei-Koch 1996: P. Frei, K. Koch, *Reichsidee und Reichsorganisation im Perserreich*, Göttingen (1984) 1996[2].

Gagé 1955: J. Gagé, *L'Apollon Romain*, Paris 1955.

Gallet de Santerre 1987: H. Gallet de Santerre, "Les statuettes de bronze mycéniennes au type dit du 'dieu Reshef' dans leur contexte égéen", *Bulletin de Correspondance Hellénique*, 111 (1987), 7–29.

Garland 1992: R. Garland, *Introducing New Gods*, London 1992.

Giovannini 1996: A. Giovannini, "L'interdit contre les chrétiens: Raison d'état ou mesure de police?", *Cahiers Glotz*, 7 (1996), 103–134.

Graf 1985: F. Graf, *Nordionische Kulte*, Rom 1985.

Graf 1997: F. Graf, *Magic in the Ancient World*, Cambridge (Mass.) 1997.

HAL: L. Koehler, W. Baumgartner (eds.), *Hebräisches und Aramäisches Lexikon zum Alten Testament*, Leiden 1967–90[3].

Haas 1994: V. Haas, *Geschichte der hethitischen Religion*, Leiden 1994.

Hampe-Simon 1964: R. Hampe, E. Simon, *Griechische Sagen in der frühen etruskischen Kunst*, Mainz 1964.

Helck 1971: W. Helck, *Betrachtungen zur Großen Göttin und den ihr verbundenen Gottheiten*, München 1971.

Helck 1979: W. Helck, *Die Beziehungen Ägyptens und Vorderasiens zur Ägäis bis ins 7. Jh. v. Chr.*, Darmstadt 1979.

Hornung 1966: E. Hornung, *Geschichte als Fest*, Darmstadt 1966. *[18]*

Hornung 1993: E. Hornung, *Der Eine und die Vielen*, Darmstadt (1971) 1993.

Keel 1980: O. Keel (ed.), *Monotheismus im Alten Israel und seiner Umwelt*, Fribourg 1980.

Krauskopf 1974: I. Krauskopf, *Der Thebanische Sagenkreis und andere griechische Sagen in der etruskischen Kunst*, Mainz 1974.

Kristensen 1992: W. B. Kristensen, *Life out of Death*, Louvain 1992.

Lambert 1969: W. G. Lambert, "Götterlisten", *RLAss* III (1969), 473–479.

Latacz 1991: J. Latacz (ed.), *Zweihundert Jahre Homer-Forschung*, Stuttgart 1991 (Colloquium Rauricum 2).

Leclant 1996: J. Leclant, "L'Égypte et l'Égée au second millénaire", in: E. De Miro *et al.* (eds.), *Atti e Memorie del Secondo Congresso Internazionale di Micenologia* II, Rome 1996, 613–625.

LIMC: *Lexicon Iconographicum Mythologiae Classicae*, Zürich and München 1981ff.

Livingstone 1989: A. Livingstone, *State Archives of Assyria IV: Court Poetry*, Helsinki 1989.

Luckenbill 1927: D.D. Luckenbill, *Ancient Records of Assyria and Babylonia* II, Chicago 1927.

Luhmann 1977: N. Luhmann, *Funktion der Religion*, Frankfurt 1977.

Malaise 1972: M. Malaise, *Les conditions de pénétration et de diffusion des cultes égyptiens en Italie*, Leiden 1972.

Marinatos 1993: N. Marinatos, *Minoan Religion: ritual, image and symbol*, Columbia 1993.

Merkelbach 1984: R. Merkelbach, *Mithras*, Meisenheim 1984.

Merkelbach 1995: R. Merkelbach, *Isis Regina – Zeus Sarapis*, Stuttgart/Leipzig 1995.

Neu 1996: E. Neu, *Das hurritische Epos der Freilassung*, I, Wiesbaden 1996.

Nilsson 1950: M.P. Nilsson, *The Minoan-Mycenaean Religion and its Survival in Greek Religion*, Lund 1950[2].

Nilsson 1967: M.P. Nilsson, *Geschichte der Griechischen Religion*, I, München 1967[3].

Nougayrol 1968: J. Nougayrol *et al.* (eds.), *Ugaritica* V, Paris 1968.

OGI: W. Dittenberger, *Orientis Graeci Inscriptiones Selectae*, Leipzig 1903–5.

Pailler 1988: J.M. Pailler, *Bacchanalia. La répression de 186 av. J.-C. à Rome et en Italie*, Rome 1988.

Parker 1996: R. Parker, *Athenian Religion. A History*, Oxford 1996.

Pfiffig 1965: A.J. Pfiffig, *Uni – Hera – Astarte*, Wien 1965.

Pirenne-Delforge 1994: V. Pirenne-Delforge, *L'Aphrodite grecque*, Liège 1994.

RE: *Pauly's Realencyclopädie der classischen Altertumswissenschaft*, Stuttgart 1894–1980.

RLAss: *Reallexikon der Assyriologie*, Berlin 1932ff.

Sambin 1989: Ch. Sambin, "Génie minoen et génie égyptien, un emprunt raisonné", *Bulletin de Correspondance Hellénique*, 113 (1989), 77–96.

Schilling 1982: R. Schilling, *La religion romaine de Vénus depuis les origines jusqu' aux temps d'Auguste*, Paris 1982.

Seeden 1980: H. Seeden, *The Standing Armed Figurines in the Levant*, München 1980.

Singer 1994: I. Singer, "The Thousand Gods of Hatti: The Limits of an Expanding Pantheon", in: I. Alon *et al.* (eds.), *Concepts of the Other in Near Eastern Religions, Israel Oriental Studies*, 14 (1994), 81–102. *[19]*

Tallquist 1938: K. L. Tallquist, *Akkadische Götterepitheta*, Helsinki 1938.

Turcan 1981: R. Turcan, *Mithra et le mithriacisme*, Paris 1981.

Turcan 1989: R. Turcan, *Les cultes orientaux dans le monde Romain*, Paris 1989 (1992[2]).

van Loon 1990: M. van Loon, "The Naked Rain Goddess", P. Matthiae *et al.* (eds.), *Resurrecting the Past. A Joint Tribute to A. Bounni*, Istanbul 1990, 363–378.

Wachter 1987: R. Wachter, *Altlateinische Inschriften*, Bern 1987.

Weingarten 1991: J. Weingarten, *The Transformation of Egyptian Taweret into the Minoan Genius*, Goeteborg 1991 (Studies in Mediterranean Archaeology 88).

West 1966: M. L. West (ed.), *Hesiod, Theogony*, Oxford 1966.

West 1997: M. L. West, *The East Face of Helicon. West Asiatic Elements in Greek Poetry and Myth*, Oxford 1997.

Winter 1977: U. Winter, "Tauben und Göttin(nen)", in: O. Keel (ed.), *Vögel als Boten*, Fribourg-Göttingen 1977, 53–78.

Winter 1983: U. Winter, *Frau und Göttin*, Freiburg 1983.

Wissowa 1912: G. Wissowa, *Religion und Kultus der Römer*, München 1912[2].

Yoshida 1996: D. Yoshida, *Untersuchungen zu den Sonnengottheiten bei den Hethitern*, Heidelberg 1996.

Zivie-Coche 1994: C. Zivie-Coche, "Dieux autres, dieux des autres. Identité culturelle et alterité dans l'Égypte ancienne", *Israel Oriental Studies*, 14 (1994), 39–80.

Zuntz 1971: G. Zuntz, *Persephone. Three Essays on Religion and Thought in Magna Graecia*, Oxford 1971.

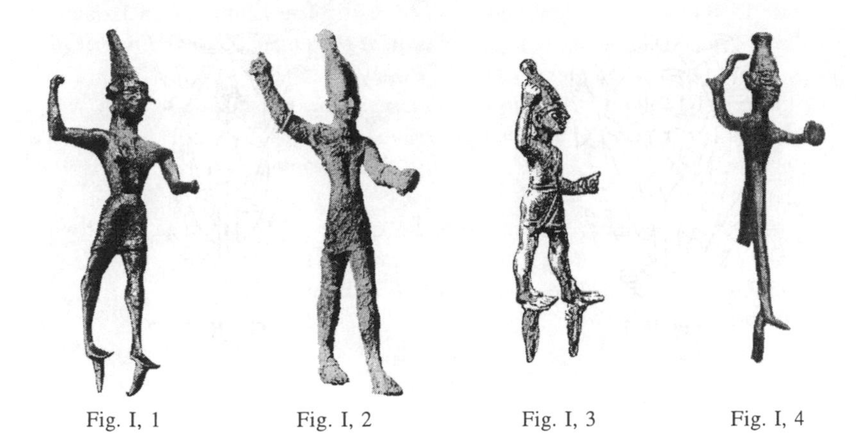

Fig. I, 1 Fig. I, 2 Fig. I, 3 Fig. I, 4

Fig. I, 5

Fig. I, 6

Fig. I, 1: Statuette from Dövlek (Turkey). Ankara, Archaeological Museum 8825, ca. 1500 BCE (E. Akurgal, *Die Kunst der Hethiter*, München 1961, Pl. 44; Seeden 1980: no. 1828; M. van Loon, *Anatolia in the Second Millennium B.C.*, Leiden 1985 [Iconography of Religions XV, 12], Pl. X, c)

Fig. I, 2: Statuette from Minet-el-Beida (Ugarit). Paris, Louvre AO 11.598, 15th/14th century BCE (*Syria*, 10 [1929], Pl. 53; J.B. Pritchard [ed.], *The Ancient Near East in Pictures Relating to the Old Testament*, Princeton 1954, no. 481; A. Caquot and M. Sznycer, *Ugaritic Religion*, Leiden 1980 [Iconography of Religions XV, 8], Pl. IX, d; Seeden 1980: no. 1693)

Fig. I, 3: Statuette from Tiryns. Athens, National Museum, ca. 1200 BCE (H. Schliemann, *Tiryns*, Leipzig 1886, 187, Fig. 97; Evans III, 1921–1936: 477, Fig. 331; Seeden 1980: no. 1816)

Fig. I, 4: Statuette from Delos. Foundation deposit of Artemis temple (8th century BCE – statuette may be older) (H. Gallet de Santerre and J. Tréheux, *Bulletin de Correspondance Hellénique*, 71/2 [1947/8], 221–30, Pl. 39; H. Gallet de Santerre, *Délos primitive et archaïque*, Paris 1958, 120, Pl. 24)

Fig. I, 5: Statuette from Olympia. Under the Hera temple, Olympia, 680/70 BCE (H.-V. Herrmann, *Olympia, Heiligtum und Wettkampfstätte*, München 1972, 91, Fig. 26, c)

Fig. I, 6: Statue of Poseidon or Zeus from Artemision. Athens, National Museum 15161, ca. 460 BCE (G.M.A. Richter, *A Handbook of Greek Art*, London 1959, 89 f.; J. Boardman, *Greek Art*, London 1964, 123–126, Ill. 112)

Fig. II, 1

Fig. II, 2

Fig. II, 3

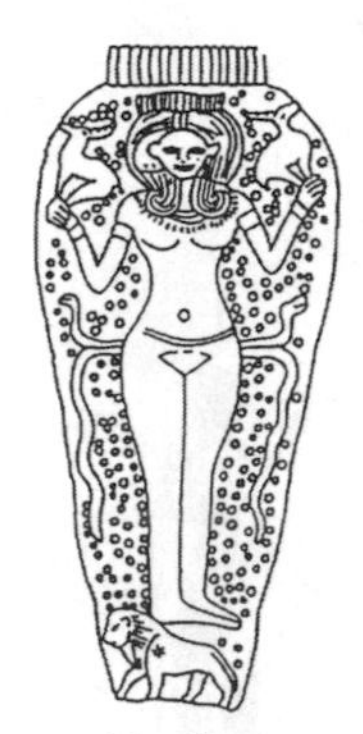

Fig. II, 4

Fig. II, 5

Fig. II, 1: Mould from Kültepe, ca. 1700 BCE (Winter 1977: Fig. 21; Winter 1983: Fig. 290)

Fig. II, 2: Terracotta relief from Alalakh, 14th/13th century BCE (L. Woolley, *Alalakh*, Oxford 1955, Pl. 540; Winter 1977: Fig. 22; Winter 1983: Fig. 291)

Fig. II, 3: Gold figurine, Mycenae, Shaft grave III. Athens, National Museum no. 72, 16th century BCE (Nilsson I, 1967. 291, Pl. 23,3; Winter 1977. Fig. 28; *Troja, Mykene, Tiryns, Orchomenos. Heinrich Schliemann zum 100. Todestag*, Athens 1990, 280, no. 220)

Fig. II, 4: Gold pendant, Minet el-Beida (Ugarit). Louvre AO 14.7144, 13th century BCE (A. Caquot and M. Sznycer, *Ugaritic Religion*, Leiden 1980 [Iconography of Religions XV, 8], Pl. XIX, b; Winter 1983: Fig. 42)

Fig. II, 5: Painted stele, Winchester College (I.E.S. Edwards, "A relief of Qudshu-Astarte-Anath in the Winchester-College-Collection", *Journal of Near Eastern Studies*, 14 [1955], 49–51, Pl. 3/4; Winter 1983: Fig. 37)

Erschienen in: S. Ribichini, M. Rocchi, P. Xella, ed., La questione delle influenze vicino-orientali sulla religione greca, Roma 2001, 21–30

3. La religione greca all'ombra dell'Oriente I livelli dei contatti e degli influssi*

Sembra che sia venuto il momento delle discussioni interdisciplinari trascendenti l'ambito esclusivo della civiltà "classica". Nel nostro secolo, che ormai si avvicina alla fine, scoperte importantissime riguardanti le civiltà orientali hanno cambiato la fisionomia e gli orientamenti dello studio dell'antichità; a seguito di questo cambiamento di prospettive, siamo oggi confrontati con molti nuovi problemi di ricezione e d'interpretazione, specialmente nella sfera delicata e complessa della religione. La sfida con cui dobbiamo confrontarci è quella di ricostruire un quadro più ampio e più equilibrato della civiltà orientale e occidentale.

All'ottocento risalgono le due scoperte basilari per lo studio delle civiltà orientali: la decifrazione dei geroglifici, che ha fornito la chiave d'interpretazione della civiltà egiziana, e la decifrazione della scrittura cuneiforme che ha permesso l'accesso ad una ricchissima documentazione che copre tre millenni di storia del Vicino Oriente. Prima di queste scoperte, l'unica via di approccio all'Oriente pregreco, al di là delle notizie spesso tendenziose e quasi-mitiche greche, era la Bibbia; nel 1771 fu pubblicato a Parigi l'*Avesta* iraniano. Ma allora l'Iran, l'Egitto e Babilonia sembravano assai lontane dalla civiltà classica, che continuava a godere di uno splendido isolamento. La situazione è cambiata nel nostro secolo in seguito alle nuove scoperte che hanno portato l'Oriente alla soglia della Grecia.[1]

---

* Abbreviazioni:

AJA	American Journal of Archaeology
PP	La Parola del Passato
BSA	Annual of the British School at Athens
RA	Revue Archéologique
RE	Paulys Realencyclopädie der classischen Altertumswissenschaft
UF	Ugarit-Forschungen
JBAC	Jahrbuch für Antike & Christentum
ANET	J.B. Pritchard, ed., Ancient Near Eastern Texts relating to the Old Testament, Princeton 1964³.

1 W. Burkert, "Homerstudien und Orient", in J. Latacz (ed.), *Zweihundert Jahre Homer-Forschung*, Stuttgart 1991, pp. 155–81 *[= Kleine Schriften I, 30–58]*; Id., *Da Omero ai Magi. La tradizione orientale nella cultura greca*, Venezia 1999.

Almeno quattro sono i punti salienti di questo percorso di avvicinamento:
1. La scoperta dell'Ittito, la lingua dell'archivio di Boghazköy, decifrato da Hrozny all'inizio del secolo, che ha rivelato la presenza di Indoeuropei vicini ai Greci nella civiltà cuneiforme sul territorio microasiatico; si ricordi la cosidetta Niobe del Sipilo presso Magnesia / Manissa, a 50 chilometri da Smirne / Izmir.[2] La discussione su Ahhijawa e Wilusa, Achaioi e Wilios / Troia, è più vivace che mai, anzi ancora aperta.[3]
2. La scoperta degli archivi di Ugarit, cioè di una civiltà semitica dell'Ovest sulle rive del Mediterraneo, con una scrittura alfabetica-cuneiforme, anteriore all'Israele ebreo, in stretto contatto non soltanto coll'Ittito e l'Urrito, ma anche con Cipro e col mondo miceneo.[4]
3. La decifrazione del Lineare B, che ha permesso di retrodatare il greco all'età del Bronzo e ha documentato la presenza di Greci con una civiltà di tipo "palaziale" a Creta e nel continente, in relazione con l'Egitto e con la Siria.
4. Infine gli scavi di Ebla, con un archivio cuneiforme del terzo millennio, che hanno documentato l'esistenza di relazioni fra Siria e Mesopotamia già in questa epoca.[5]

Ma le scoperte non finiscono qui. Vorrei menzionare i testi di Emar – Tell Meshkene –, interessantissimi documenti letterari e giudiziari del 1200 circa a.C., pubblicati negli anni 1985–1987.[6] Particolarmente significativo per lo storico della religione è un ampio testo rituale sull'insediamento di una sposa del Dio della Tempesta, con una grande festa, processioni, sacrifici in stile, direi, pressocché miceneo.

Accanto al ritrovamento di documenti scritti sono da segnalare le continue e ricchissime scoperte archeologiche. La più sensazionale è forse la città minoica di Thera, Akrotiri, sepolta da un'eruzione vulcanica in una data ancora controversa, poco meno sensazionali gli affreschi Minoici di Auaris-Tell Dabaa in Egitto, capitale del regno del Faraone Amosis.[7] Degna di nota è anche la menzione del "paese Danaia", insieme a Keftiu-Creta, "Mukana" e altre località, in una iscrizione di Amenophis III

---

2 J. Börker-Klähn, *Altvorderasiatische Bildstelen und vergleichbare Felsreliefs*, Mainz 1982, nr. 310; B. André-Salvini – M. Salvini, "*Fixa cacumine montis*. Nouvelles considérations sur le relief rupestre de la prétendue «Niobe» du mont Sipyle", in H. Gasche (ed.), *Collectanea Orientalia. Études offertes en hommage à A. Spycket*, Paris 1996, pp. 7–20.

3 H.G. Güterbock, "The Ahhijawa Problem Reconsidered": AJA, 87 (1983), pp. 133–41; "Troy in Hittite Texts?", in M. Mellink (ed.), *Troy and the Trojan War*, Bryn Mawr 1986, pp. 33–44; C. Watkins, "The Language of the Trojans", in Mellink, *cit.*, pp. 45–62; "The Language and Poetry of the Trojans", in C. Watkins (ed.), *How to kill a Dragon*, Oxford 1995, pp. 144–51.

4 J.C. de Moor, *An Anthology of Religious Texts from Ugarit*, Leiden 1987.

5 Per uno sguardo d'assieme, si veda PP, 46 (1991), fasc. 3/4.

6 *Emar. Recherches au pays d'Aštata*, VI: D. Arnaud, *Textes sumériens et accadiens*, Paris 1985–7; cf. *Reallexikon der Assyriologie*, VIII (1993), pp. 83–93.

7 Esistono soltanto rapporti preliminari. Si veda N. Marinatos, "The Tell el-Dab'a paintings: A Study in Pictorial Tradition": *Egypt and the Levant*, 8 (1998), pp. 83–99.

d'Egitto,[8] e una spada chiaramente micenea dedicata al Dio Ittita della Tempesta a Hattusa dal re Suppiluliuma, proveniente, come dice l'iscrizione, dal "paese Assuwa", cioè dall'"Asia".[9]

Tutto questo concerne l'età del bronzo. Per l'epoca arcaica e classica, l'epoca veramente greca dell'età del ferro, le scoperte sono molto meno sensazionali. Il passaggio dalle tavolette di argilla a materiali scrittorii più maneggevoli, ma molto più deperibili come i libri coriacei o papiracei ne ha impedito la conservazione e ha quindi bloccato la possibilità di grandi scoperte. Purtroppo questo vale anche per le civiltà vicine ai Greci, i Frigi, i Lidi, i Fenici, e tutto l'impero persiano di cui non sono conservati archivi o biblioteche. Resta muta anche la cultura fenicio-cartaginese. Le tavolette elamico-cuneiformi da Persepoli, dall'impero Achemenide, d'altra parte, non sono ancora state edite nella loro totalità. Per il resto, si attendono progressi dalle scoperte archeologiche.

Nonostante la scarsità di materiale documentario per l'età del ferro, si sono moltiplicati gli indizi d'interferenze e interazioni fra non-Greci e Greci; l'immagine dello splendido isolamento della cultura classica è ormai tramontata. Dagli scavi di Al Mina siamo venuti a conoscenza di contatti dei Greci con la Siria già nel IX–VIII secolo; la prima menzione degli "Ioni", provenienti dal "paese Iauna", si trova in un documento cuneiforme del 738.[10] Già prima di questa data si verificò però l'acquisizione più importante da parte dei Greci, l'alfabeto. In questo contesto emerge la linea Al Mina-Eubea-Ischia, ma il più antico documento si trova attualmente presso Gabii nel Lazio.[11] Vorrei menzionare in questo contesto i pezzi di ornato equestre del IX secolo di origine tardo-ittita trovati a Eretria e a Samo, con iscrizione aramaica, che nomina il re Hazael di Damasco.[12] "Ciò che ha donato il dio Hadad a Hazael", dice l'iscrizione, indicando forse che il re Hazael stesso aveva acquisito questi pezzi come preda di guerra; non è chiaro se i Greci li abbiano accettati come doni o se ne siano appropriati come bottino; in ogni caso, li hanno dedicati all'Era di Samo e all'Apollo di Eretria. Insomma, non abbiamo più a che fare con un miracolo

---

8 E. Edel, *Die Ortsnamenlisten aus dem Totentempel Amenophis III*, Bonn 1966, pp. 33–60; W. Helck, *Die Beziehungen Ägyptens und Vorderasiens zur Ägäis bis ins 7. Jahrhundert v. Chr.*, Darmstadt 1979, pp. 29–33; E. Cline, "Amenophis III and the Aegean: A Reassessment of Egypto-Aegean Relations in the 14th Century B.C.": *Orientalia*, 56 (1987), pp. 1–36.

9 O. Hansen, "A Mycenaean Sword from Bogazköy-Hattusa found in 1991": BSA, 89 (1994), pp. 213–15; H.G. Buchholz: *Journal of Prehistoric Religion*, 8 (1994), pp. 21–41; M. Salvini – L. Vagnetti, "Una spada di tipo egeo da Bogazköy": PP, 49 (1994), pp. 215–36.

10 W. Burkert, *The Orientalizing Revolution*, Cambridge, Mass., 1992, p. 12; R. Rollinger, "Zur Bezeichnung von "Griechen" in Keilschrifttexten": RA, 91 (1997), pp. 167–72.

11 Burkert, *Or. Rev.* (n. 10), pp. 25–33; R. Woodard, *Greek Writing from Knossos to Homer*, Oxford 1997; per l'iscrizione di Osteria dell'Osa, 770 a.C., ΕΥΛΙΝ?, si veda A. La Regina: *Scienze dell'antichità*, 3/4 (1989/90), pp. 83–88; A.M. Bietti Sestieri, *La necropoli laziale di Osteria dell'Osa*, Roma 1992, pp. 209–212; E. Peruzzi: PP, 47 (1992), pp. 459–68; D. Ridgway, in *The Archaeology of Greek Colonisation. Essays dedicated to Sir John Boardman*, Oxford 1994, pp. 42 sg.

12 Burkert, *Or. Rev.* (n. 10), pp. 16; 18.

greco, ma con interazioni e piuttosto con una sorta di *koinè* anche nell'epoca geometrica e arcaica, l'epoca "orientalizzante". I Greci stanno davvero ai margini delle grandi civiltà orientali. Questo non esclude che qualche area di questa *koinè* abbia avuto poi una propria evoluzione e si siano prodotti fenomeni singolari come l'arte, la filosofia, la democrazia greca e, dall'altra parte, il monoteismo ebraico.

Vale la pena prendere in considerazione un esempio della *koinè* fra Siri, Ittiti e Greci: Il santuario del monte Casio, Κάσιον ὄρος in greco, (Monte) *Hazzi* in cuneiforme, un monte impressionante sulle coste della Siria fra Al Mina –, o, più tardi, Antiochia – e Ugarit, cui è legato un culto del Dio della Tempesta.[13] Il dio del monte è designato in cuneiforme come "dio Tempesta" (DINGIR.IM), sia in testi di Boghazköy che in quelli di Ugarit; era chiamato probabilmente Tarchun in ittito, Teshub in urrito, Hadad a Ugarit, Zeus dai Greci. Questo monte è legato al mito della lotta del Dio della Tempesta contro un avversario mostruoso, Ullikummi il mostro-montagna in Ittito, Typhon o Typhoeus in greco. Nel "canto di Ullikummi", un testo ittita di provenienza urrita, il Dio della Tempesta, accompagnato da altri dèi, si accorge di Ullikummi dal monte Hazzi; secondo Apollodoro, Zeus insegue Tifone fino al *Kasion oros.*[14] Da Ugarit, sappiamo che *hursag Hazzi* (scrittura accadica) corrisponde al *monte Ṣapon* (scrittura alfabetica), che significa il "monte del Nord"; *Adad Hazzi* dunque, l'Hadad del monte Hazzi, corrisponde a Baal Ṣapon. Il "monte del Nord" ha la sua importanza anche nella Bibbia ebraica. Ci si è chiesti se il nome Ṣapon abbia a fare col greco Typhon – come la città di Sur è *Tyros* in greco. Ma, coi nomi mitologici, si esce dalla sfera delle certezze. In ogni caso, questo santuario di Zeus Kasios fu venerato ancora pressocché 2000 anni dopo, nell'epoca imperiale: Adriano fece una grande dedica al dio – l'epigramma votivo si trova nella *Anthologia Palatina* (6, 332) –, e Giuliano l'Apostata, che si fermò ad Antiochia per qualche tempo, salì al monte per rinnovare il culto di Zeus Kasios.[15] Insomma, ci troviamo davanti ad un complesso che comprende un luogo geografico, il culto del "Dio della tempesta" che assume nomi vari nelle lingue differenti, ittita, urrita, ugaritica, ebraica, aramaica e greca, e una mitologia del combattimento divino comune a tutti quei popoli che sono venuti a contatto in questo luogo della Siria. Qui non è tanto importante la questione dell'origine quanto le interazioni fra le varie culture dall'età del Bronzo fino a Giuliano.

Negli studi classici, fino a poco tempo fa, c'era una grande resistenza a prendere atto delle nuove prospettive "orientali". I primi approcci in questo senso sono venuti

---

[13] H. Schwabl, in RE, X A (1972), col. 320 sg.; W. Röllig in *Reallexikon der Assyriologie* IV (1975), p. 241 sg. s.v. Hazzi; V. Haas, *Hethitische Berggötter und hurritische Steindämonen*, Mainz 1982, pp. 115–18; 124; W. Fauth, "Das Kasion-Gebirge und Zeus Kasios": UF, 22 (1990), pp. 105–118; K. Koch, "Hazzi - Safôn - Kasion", in Janowski – Koch – Wilhelm (n. 16), pp. 171–223.

[14] *ANET* p. 123; Apollod., *Bibl.*, 1,41.

[15] Iulian, *Misopogon*, 34, 361d; Amm. Marc., 22, 14,4–6.

piuttosto da ricercatori "outsider" come Michael Astour, col suo libro *Hellenosemitica* (1965), e più recentemente Martin Bernal, il cui libro, *Black Athena* (1987), ha avuto grandissima eco negli Stati Uniti. Purtroppo questo effetto è dovuto soprattutto al titolo, manifestamente falso – persino se Atena fosse stata egiziana, non sarebbe stata nera –.

Piuttosto dobbiamo occuparci di problemi metodologici; evidentemente non ci si può accontentare di trovare materiali nuovi, materiali comparativi senza porsi altre domande: Che cosa si vuole provare, e come? Che cosa è importante, o soltanto interessante, divertente, attraente? Sono le somiglianze che contano, o le differenze? E la risposta a domande di questo tipo dipende da un principio generale o dalle preferenze personali? In ogni caso, non è più lecito ignorare i fatti.

Il principio generale per dimostrare un prestito culturale è stato formulato in modo perfetto già da Erodoto (2, 49, 2/3), quando discute la relazione fra gli dèi egiziani e quelli greci: primo presupposto, le somiglianze sono troppo grandi per essere fortuite; secondo presupposto, la cultura egizia è più antica di quella greca; conclusione: si tratta di prestito, d'influsso, di trasferimento. Questo metodo erodoteo è tuttora rimasto insuperato. Soltanto nella pratica le premesse sono spesso meno chiare; le somiglianze sono parziali e cambiano con la prospettiva individuale; non sono da escludere sviluppi paralleli. Nemmeno la direzione del prestito è sempre chiara. Un esempio: già da tempo è stata constatata l'identità di due termini religiosi in Greco e in Ebraico, *bomos* "altare" ed ebraico *bamah* "luogo alto di culto", *lescha* e ebraico *liškah*, un edificio laterale nel santuario; in questo caso, le parole greche hanno un'etimologia soddisfacente greco-indoeuropea, mentre non esiste alcuna etimologia semitica per i termini corrispondenti: si deve quindi dedurre che questi ultimi siano passati dalla Grecia in Palestina, forse da Creta, forse attraverso i Filistei che forse erano Greci ...[16]

Forse, forse, forse: nei dettagli, le interpretazioni restano spesso lontane dalla certezza. La comparazione fra i dati greci e quelli orientali sembra talvolta illuminante, ma può anche rivelarsi ingannevole. Una totale concordanza dei due versanti si verifica molto raramente. I testi non greci, a parte il *corpus* cuneiforme, sono piuttosto scarsi, ad esempio le iscrizioni fenicie e aramaiche. Spesso, più tangibile e dunque più oggettivo appare il trasferimento di oggetti da un'area all'altra, documentato attraverso l'archeologia. Ma in quest'ambito si presenta il problema di definire la funzione di tali oggetti. Come distinguere oggetti di commercio, di lusso, o davvero di culto?

Normalmente ci si appoggia ai imprestiti linguistici per documentare la provenienza di un determinato culto o di una determinata religione; il cristiano *Amen* o *Alleluya* attesta l'origine ebraica del cristianesimo. Le parole latine *spondere* e *pompa*

---

16 W. Burkert, "Lescha-Liškah. Sakrale Gastlichkeit zwischen Palästina und Griechenland", in B. Janowski – K. Koch – G. Wilhelm (ed.), *Religionsgeschichtliche Beziehungen zwischen Kleinasien, Nordsyrien und dem Alten Testament*, Freiburg 1993, pp. 19–38 *[= Nr. 9 in diesem Band].*

sono prestiti dal greco che mostrano la profonda influenza del greco sul rituale romano. Ma nell'ambito della religione greca, attestazioni di questo tipo sono rare e problematiche.[17] Molte ipotesi formulate nel passato sono tuttora controverse, come le relazioni fra il sumerico *har* "fegato" e *haruspex*,[18] fra Iapetos padre di Prometeo e il Japhet biblico, fra Nereo il vecchio del mare e la parola semitica *nahar* "il fiume", *naru* in accadico, o fra *Kabeiroi* i "grandi dèi" e il semitico *kabir* "grande",[19] o anche fra Kadmos-Europa e il semitico "Oriente" e "Occidente" (qdm - 'rb). Infatti i nomi sono generalmente l'anello più debole nella catena della dimostrazione. Delle molte etimologie proposte da Astour in *Hellenosemitica*, nessuna, a quanto vedo, ha incontrato un consenso generale. Io ho proposto la possibilità di un'eco semitica nel *kathairein* e *lyma*;[20] ma si tratta solo di possibilità. Contrariamente ai meccanismi rigorosi che regolano le derivazioni indoeuropee, non esistono regole altrettanto rigide per i prestiti linguistici: essi si producono casualmente e non seguono una norma precisa.

Esistono certamente casi chiari, nei quali il riferimento ad una origine straniera si è mantenuto nella documentazione. In Egitto la dea nuda, nei rilievi e negli oggetti votivi della tarda età del Bronzo, rivela nel suo nome semitico, *Qudshu*, "la Sacra", la sua provenienza semitica.[21] Allo stesso modo la "Mater Magna Idaea" a Roma tradisce nel nome l'origine asiatica. Ma l'Afrodite greca dissimula il suo passato; e non si hanno certezze nemmeno sul significato di una "Atena Phoinike" – non Afrodite – a Corinto: Atena fenicia, o Atena del commercio di porpora, o Atena del dattero?[22] Il culto di Adonis, connesso con quello di Afrodite, è certamente di derivazione semitica, ma la documentazione semitica è deplorevolmente scarsa.[23] Occorre nondimeno guardarsi dai pregiudizi inveterati: la polemica della Bibbia contro l'Astarte cananea ha gettato su questa dea una luce scandalosa – e sempre interessante – che ne seppellisce i contorni nell'ombra di fantasie maschili. Dove viene esercitata e come funziona la famosa prostituzione sacra "orientale" sia nell'Est sia a Cipro sia a Corinto resta un problema aperto.[24]

---

[17] Su κόγξ ὀμπάξ nei misteri eleusini: Hsch., s.v.; si veda U. v. Wilamowitz-Moellendorff, *Der Glaube der Hellenen*, II, Berlin 1932, pp. 481 sg. Secondo Diodoro 5,47,3, una lingua nongreca venne usata nei misteri di Samotracia; la presunta conferma epigrafica è controversa.

[18] Burkert, *Or. Rev.* (n. 10), pp. 50 sg.

[19] W. Burkert, *Griechische Religion der archaischen und klassischen Epoche*, Stuttgart 1977, p. 422 n. 23.

[20] Burkert, *Or. Rev.* (n.10) p. 64. A.G. Neumann, che propone un'etimologia greca per *kathairein*, in H. Froning (ed.), *Kotinos. Festschrift für Erika Simon*, Mainz 1992, pp. 71–75, è sfuggito *Il.*, 16, 228, la purificazione con lo zolfo.

[21] U. Winter, *Frau und Göttin*, Fribourg-Göttingen 1983, pp. 110–114; I. Cornelius, *The Iconography of the Canaanite Gods Reshef and Ba'al*, Fribourg-Göttingen 1994.

[22] Schol. Lyk., 658; V. Pirenne-Delforge, *L'Aphrodite grecque*, Liège 1994, pp. 121–24.

[23] W. Burkert, *Structure and History in Greek Mythology and Ritual*, Berkeley 1979, pp. 105–111.

[24] E.M. Yamauchi, "Cultic Prostitution", in H.A. Hoffner (ed.), *Orient and Occident. Essays presented to C.H. Gordon*, Kevelaer 1973, pp. 213–22; W. Fauth, "Sakrale Prostitution im Vorderen Orient und im Mittelmeerraum": JbAC, 31 (1988), pp. 24–39; G. Wilhelm, "Margina-

Ma si deve prendere in considerazione anche la possibilità di influssi culturali profondi non visibili, ma piuttosto dissimulati dalla superficie linguistica. Il dio *Zeus* è un modello dell' eredità indoeuropea, con la flessione arcaica, coi paralleli di Dyaus pitar, Juppiter, Tues-Ziu in germanico. Ma l'etimologia indoeuropea rimanda al significato "risplendente", "illuminante";[25] il fatto che Zeus sia anche ed in primo luogo il dio del temporale, della pioggia, il dio Tempesta, può ben essere dovuto al sincretismo col "dio Tempesta" di Urriti, Ittiti e Siriani.

Si deve inoltre tener presente che la dimostrazione di un "prestito" non è lo scopo unico e definitivo della ricerca. Occorre considerare i contesti, i cambiamenti di contesto e di senso nel trasferimento, i nuovi fenomeni che possono emergere persino da un malinteso. Allo stesso tempo, l'indagine dei paralleli ha un valore indipendente, anche senza un prestito diretto dimostrabile, per aprire una prospettiva più vasta, su una *koinè*, nella quale la singola civiltà, ad esempio quella greca, assume i suoi caratteri specifici. Chi conosce il ruolo di *Ma'at* in Egitto, o anche di *Misharu* in accadico, o della *Sapienza* (*hakmah*) in ebraico, o l'etimologia di *Mithras* come "Contratto" in indo-iranico, avrà qualche difficoltà a credere che la "personificazione" mitologico-religiosa sia un'invenzione di Esiodo. La comparazione permette di superare una prospettiva troppo angusta.

Per sintetizzare rapidamente alcuni risultati della discussione recente sulla religione greca vista sullo sfondo del rapporto con l'Oriente, distinguerei diversi livelli del fenomeno religioso – di cui soltanto il primo è stato enunciato nel colloquio del 1960, *Éléments orientaux dans la religion grecque ancienne* (Paris 1960):

1. La sfera quasi-letteraria del mito e specialmente dell'epica. La derivazione di alcuni miti di Esiodo da fonti orientali fu generalmente accettata appena fu pubblicato da Güterbock nel 1945 il testo ittita – ma di provenienza urrita – sul *Regno del Cielo* e Kumarbi.[26] Il testo suscitò un'enorme impressione; le conseguenze di questa scoperta per l'interpretazione esiodea furono discusse da Schwabl, Walcot, West.[27] Il mito di "Kumarbi" appartiene a un gruppo di miti teogonici, i "miti di successione", il cui testo principale è l'*Enuma elish* babilonese; con questo gruppo sono collegati gli altri "miti del combattimento divino" che abbiamo già menzionato nel contesto del *Kasion oros*.

---

lien zu Herodot, Klio 199", in T. Abusch (ed.), *Studies in Ancient Near Eastern Literature in Honor of W.L. Moran*, Cambridge, Mass., 1990, pp. 505–24; Pirenne-Delforge, *Aphrodite* (n. 22), pp. 100–27.

[25] K. Kerényi, *Zeus und Hera*, Leiden 1972, pp. 7–14.

[26] H.G. Güterbock, *Kumarbi. Mythen vom churritischen Kronos*, Zürich 1946; H. Otten, *Mythen vom Gotte Kumarbi. Neue Fragmente*, Berlin 1950; H.G. Güterbock, *The Song of Ullikummi*, New Haven 1952; *ANET* (n.14), pp. 120–25.

[27] H. Schwabl: RE *Suppl.* IX (1962), pp. 1433–582 s.v. *Weltschöpfung*; M.L. West, *Hesiod. Theogony*, Oxford 1966; P. Walcot, *Hesiod and the Near East*, Cardiff 1966.

Il tema del dio che combatte il dragone è costante a cominciare dalle rappresentazioni del terzo millennio fino alla lotta di Zeus contro Tifone e alla lotta di Eracle contro l'idra di Lerna a sette teste.[28] Eracle, poi, è divenuto una figura della *koinè* mediterranea, identificato col Melqart di Tiro, fino a Gades ed alle "colonne d'Ercole"; è quasi-indigeno presso i Lidi; porta il nome greco Ercle-Hercules presso gli Etruschi e i Romani, nonostante un'essenza propriamente italica.[29] La mitologia eraclea sembra esistere a vari livelli, "popolari" e letterari, locali e sopralocali; i culti sono piuttosto locali, variegati, sincretistici, ma molto vivi e persistenti; è l'iconografia, chiaramente trasmessa, a fare l'unità apparente della figura.

In aggiunta al livello generale di mito, è da segnalare l'impatto notevole della letteratura epica accadica sull'epopea greca, specialmente nell'ambito delle scene divine: siamo confrontati con l'"Omero orientalizzante", o, per usare lo slogan di Martin West, con "La facciata est dell'Elicona".[30] Io credo non ci sia alcun dubbio che proprio i classici della letteratura Mesopotamica, *Atrahasis, Gilgamesh, Enuma elish*, abbiano lasciato la loro impronta in scene e passi di Omero. Non voglio soffermarmi sui dettagli, mi limito a menzionare l'assemblea degli dèi, con le personalità degli dèi e delle dee, la famiglia divina e i rapporti familiari-politici fra gli dèi del politeismo. Il primato della poesia accadica è chiaro; ma i testi urriti-ittiti e ugaritici erano forse più accessibili ai Greci. Si noti che l'assemblea degli dèi è entrata anche nella Bibbia, col prologo di Giobbe. Tale diffusione è dapprima un fenomeno letterario, ma non soltanto letterario, perché l'immagine popolare del politeismo dipende largamente da questa forma narrativa, e dalla personalità degli dèi delineata in questo tipo di testi.

2. Il secondo livello è forse più importante nell'ottica degli studiosi della religione: concerne la religione vissuta, cioè le pratiche rituali: Qui, i risultati sono più complessi e meno chiari; il materiale è abbondante, ma confuso, l'analisi metodologica rimane difficile. Molto resta ancora da fare. Menziono due grandi problemi:
– i sacrifici col ruolo dell'altare per il fuoco, e
– il tempio e la statua di culto.

Per quanto concerne la combustione delle offerte, e specialmente quella di animali o di parti di animali, in onore di un dio, C.G. Yavis, nel libro *Greek Altars* del

---

[28] W. Burkert, "Oriental and Greek Mythology: The Meeting of Parallels", in J. Bremmer (ed.), *Interpretations of Greek Mythology*, London 1987, pp. 10–40 *[= Nr. 4 in diesem Band]*.

[29] Si vedano C. Bonnet – C. Jourdain-Annequin (edd.), *Héraclès d'une rive à l'autre de la Méditerranée*, Bruxelles 1992, e C. Bonnet – C. Jourdain-Annequin – V. Pirenne-Delforge (edd.), *Le Bestiaire d'Héraclès. IIIe Rencontre Héracléenne*, Liège 1998.

[30] Burkert, *Or. Rev.* (n.10), pp. 88–120; S. Morris, in I. Morris – B. Powell (edd.), *A New Companion to Homer*, Leiden 1997, pp. 599–623; M.L. West, *The East Face of Helicon. West Asiatic Elements in Greek Poetry and Myth*, Oxford 1997.

1949,[31] aveva mostrato la somiglianza fra le pratiche dei Semiti dell'Ovest e quelle dei Greci, in contrasto con quelle mesopotamiche e egiziane. In queste aree le offerte commestibili, per la maggior parte, non vengono bruciate, ma usate per mantenere il personale del tempio. La pratica micenea sembrava presentare analogie piuttosto con queste ultime; ma la questione si fa più complessa se si prendono in considerazione le pratiche ittite, urrite e le differenze fra quelle minoiche e micenee. Il problema è poi ulteriormente complicato dal fatto che soltanto recentemente gli archeologi sono in grado di fare analisi esatte delle ossa carbonizzate trovate nei luoghi di culto delle epoche preistoriche e storiche.[32] Ci confrontiamo con un complesso di enorme estensione e articolazione, un complesso che è molto antico – nuove scoperte hanno portato alla luce numerosi resti carbonizzati del IV millennio nel tempio di Megiddo. Sarebbe prematuro parlare di "risultati". Forse si dovranno constatare non semplici "influssi" ma correnti e interazioni di vario genere nell'ambito di una pratica diffusa e spesso confusa.

Per quanto concerne tempio e statua, la "casa" del dio è centrale nel sistema politeistico d'una civiltà urbanizzata. Esistono parecchie "case" di singoli dèi o dee in una città, e sono importanti "case" divine che caratterizzano le diverse città. Dall'est, la designazione sumerica E.GAL, "casa grande", si è diffusa fino agli Ebrei. Ma in Israele si trova anche una certa resistenza al tempio, come anche presso i Greci il tempio costituisce talvolta un problema. Sorprendente è l'assenza di templi nel Minoico; l'evoluzione di templi e santuari nel tardo Miceneo rimane un fatto complesso.[33] Lo stato dell'archeologia orientale non è ancora soddisfacente per lo studio comparativo dei santuari, e per poter stabilire influssi reciproci. Sembra che nella Grecia dell'ottavo secolo si sia verificata in questo ambito un'evoluzione totalmente nuova con varie forme di edifici che a poco a poco si avvicinavano alla forma "classica" del tempio greco.[34] Lo splendore del tempio di Zeus di Olimpia o del Partenone segna la fine di una tortuosa evoluzione che non ha riscontri in Oriente.

Anche il ruolo e la funzione della statua pongono problemi. Infatti scoperte di vere "statue di culto" in Mesopotamia e in Egitto sono rarissime. Sembra tuttavia che non vi sia distinzione in quest'ambito fra Siria, Asia Minore, Egitto; ma la situazio-

---

31 C.G. Yavis, *Greek Altars*, Saint Louis 1949; cf. W. Burkert, *Homo Necans*, Berlin 1972; Id., "Opfertypen und antike Gesellschaftsstruktur", in G. Stephenson (ed.), *Der Religionswandel unserer Zeit im Spiegel der Religionswissenschaft*, Darmstadt 1976, pp. 168–87.

32 B. Bergquist, "The Archaeology of Sacrifice. Minoan-Mycenaean versus Greek", in R. Hägg – N. Marinatos – G.C. Nordquist (edd.), *Early Greek Cult Practice*, Stockholm 1988, pp. 21–34; R. Hägg, "Osteology and Greek Sacrificial Practice", in R. Hägg (ed.), *Ancient Greek Cult Practice from the Archaeological Evidence*, Stockholm 1998, pp. 49–56.

33 W. Burkert, "From Epiphany to Cult Statue", in A.B. Lloyd (ed.), *What is a God? Studies in the nature of Greek divinity*, London 1997, pp. 15–34.

34 N. Coldstream, "Greek Temples: Why and Where?", in P.E. Easterling – J.V. Muir (edd.), *Greek Religion and Society*, Cambridge 1985, pp. 67–97; W. Burkert, "The Meaning and Function of the Temple in Classical Greece", in M.V. Fox (ed.), *Temple in Society*, Winona Lake 1988, pp. 27–47; "Greek Temple-Builders: Who, Where, and Why?", in R. Hägg (ed.), *The Role of Religion in the Early Greek Polis*, Stockholm 1996, pp. 21–29.

ne "orientale" per quanto posso giudicare, non è stata finora esplorata a fondo. Il quadro della situazione minoica e micenea è cambiato in seguito a nuovi ritrovamenti.[35] Ci sono statue divine impressionanti nella Creta tardominoica e subminoica; templi e statue sono documentati anche nella Cipro tardomicenea. Si noti la statua di bronzo del Dio coi corni a Enkomi – ma anche la grande pietra nera della Wanassa di Pafo. Nella Grecia del periodo geometrico e arcaico sono divenuti paradigmatici due tipi di statuette orientali: il dio guerriero, "the smiting god", delle statuette ittite e fenicie che ha costituito il modello dei bronzi greci ed infine del grande Posidone o Zeus dell'Artemision a Atene,[36] e la dea nuda proveniente dalla Siria, riprodotta in terracotta, in avorio e in metallo, persino in oro – da cui forse la χρυσῆ 'Αφροδίτη in Omero –, rappresentata in grandi sculture nei templi di Gortina e di Prinias, e poi scomparsa nuovamente dall'area greca.[37]

Il culto vivo si manifesta nelle offerte private e nelle feste; le forme di venerazione, di preghiera, di sacrifici sono simili, comprensibili, comuni, costituiscono una *koinè*, ma la rete di somiglianze e paralleli è troppo densa per poter identificare "influssi" singoli e diretti.[38] È forse più importante la coerenza del sistema che l'origine di singoli elementi.

Due fenomeni importantissimi dell'interazione religiosa trascendono l'ambito del prestito puro e semplice: il sincretismo da una parte, e la "missione" dall'altra.

Con "sincretismo", in senso lato, intendiamo la tendenza ad identificare dèi differenti, di provenienza e di ambiti linguistici e culturali diversi, ma in qualche modo "simili"; l'assimilazione è dunque un atto effettivo di "riduzione della complessità", secondo il concetto di Nicolas Luhman.[39] Questa tendenza al sincretismo è operante pressocché in tutti i sistemi politeistici. Abbiamo le "traduzioni" di nomi di dèi già nella cultura bilingue sumerico-accadica, ma anche in Egitto, fra Egitto superiore e inferiore, Tebe e Menfi. Gli esempi più noti sono forniti poi da Erodoto, ma non sono né una sua invenzione né una sua peculiarità.[40] Equivalenze largamente ammesse sono il Melqart da Tiro e Eracle, l'Astarte semitica e Afrodite, ma anche Osi-

---

[35] Sorprendente è la statua di un dio maschile in avorio trovata a Palekastro: *Archaeological Reports* 1990/91, p. 75.

[36] W. Burkert, "Reshep-Figuren, Apollon von Amyklai und die 'Erfindung' des Opfers auf Cypern": *Grazer Beiträge*, 4 (1975), pp. 51–79; Helck, *Beziehungen* (n. 8), pp. 179–82; H. Seeden, *The Standing Armed Figurines in the Levant*, München 1980; M. Byrne, *The Greek Geometric Warrior Figurine*, Louvain 1989; Cornelius, *Iconography* (n. 21).

[37] S. Boehm, *Die "nackte Göttin"*, Berlin 1990; V. Pirenne-Delforge in S. Ribichini, M. Rocchi, P. Xella, ed., *La questione delle influenze vicino-orientali sulla religione greca*, Roma 2001, 169–187.

[38] Influssi fenici diretti sul culto della Ortheia a Sparta sono suggeriti da J.B. Carter, "The Masks of Ortheia": AJA, 91 (1987), pp. 355–83; "Masks and Poetry in early Sparta", in Hägg – Marinatos – Nordquist (n. 32), pp. 89–98.

[39] N. Luhmann, *Funktion der Religion*, Frankfurt 1977.

[40] Si veda e.g. il contratto bilingue, egiziano e accadico, fra Ramses II e il re ittita Hattusilis, in *ANET*, pp. 199–203.

ride e Dioniso, una identificazione che ha delle ricadute anche sul rituale e sulle famose laminette d'oro, che, come sappiamo oggi, appartengono ai misteri bacchici.[41]

Si possono identificare nomi di dèi per somiglianza a livello teologico-intellettuale, senza che ciò comporti anche analoghi movimenti socio-religiosi. Ma ci sono stati anche movimenti di gruppi e di singoli *homines religiosi*. Culti specifici si sono propagati in seguito ad una sorta di propaganda che possiamo chiamare, secondo il concetto cristiano, "missione". Un movimento di questo tipo è più efficace, se organizzato a livello professionale, con individui che dedicano la loro vita al "sacro" – e traggono da questa professione la loro sussistenza: ὁ τέχνην ποιούμενος τὰ ἱερά, dice il papiro di Derveni.[42] Nel periodo arcaico troviamo i seguaci della Meter, i *metragyrtai*; probabilmente i seguaci della Dea Siria erano simili in molti aspetti. Seguono i *magoi* iraniani – la cui identificazione resta comunque incerta, fra i gruppi di sacerdoti di tradizione iraniana e i singoli "magi".[43] Più tardi gruppi di sacerdoti Egiziani penetrano nel mondo greco e trovano un pubblico interessato ai culti di Isis e Sarapis. Non ci dilunghiamo sui fenomeni ampiamente studiati dell'epoca ellenistica e romana, dei culti di Isis, Mithras, Mater, Jupiter Dolichenus, ecc., ma anche di quelli giudei, cristiani, manichei. Si deve ritenere che si tratta di "influssi" reciproci, in una *koinè* sempre crescente, di cui né cristianesimo né Islam hanno totalmente cancellato le tracce.[44]

---

[41] Burkert, *Da Omero ai Magi* (n. 1), pp. 76 sg.; 83.

[42] Col. 20 [16], Burkert, *l.c.*, p. 64.

[43] Burkert, *l.c.*, pp. 88–96.

[44] Ringrazio Laura Gemelli Marciano e Sergio Ribichini per la revisione del testo italiano.

Erschienen in: J. Bremmer, ed., Interpretations of Greek Mythology, London 1987, 10–40.

4. Oriental and Greek Mythology: The Meeting of Parallels*

1. Some General Reflections

Are there migrating myths? This question, which has often been asked, is a fascinating one, but it is not at all clear whether we should start searching for empirical evidence with which to answer it, or preclude it, from the outset, by definition. 'Parallels' have haunted the study of folklore from the start; theories of migration or of multiple, spontaneous generation still confront one another; Adolf Bastian advocated the concept of 'Elementargedanken',[1] Waldemar Liungmann proclaimed 'Traditionswanderungen Euphrat-Rhein'.[2] The fact that any diffusion of tales must

---

* *[Nachtrag: Im Aufsatz verwendete Abkürzungen, die in der Originalpublikation im Abkürzungsverzeichnis aufgeführt werden:*
AJA = American Journal of Archaeology
ANEP = J. B. Pritchard, The Ancient Near East in Pictures Relating to the Old Testament (Princeton, 1954 (Supplement 1968))
ANET = J. B. Pritchard (ed.), Ancient Near Eastern Texts Relating to the Old Testament, 3rd edn (Princeton, 1969)
BCH = Bulletin de Correspondance Hellénique
Burkert, GR = W. Burkert, Greek Religion. Archaic and Classical (Oxford, 1985)
–, HN = –, Homo Necans. The Anthropology of Ancient Greek Sacrificial Ritual and Myth (Berkeley, Los Angeles, London, 1983)
–, OE = –, Die orientalisierende Epoche in der griechischen Religion und Literatur, SB Heidelberger Akademie der Wissenschaften, Philos.-hist. Kl. 1984, 1.
–, S&H = –, Structure and History in Greek Mythology and History (Berkeley, Los Angeles, London, 1979)
Detienne, Dionysos = M. Detienne, Dionysos mis à mort (Paris, 1977)
FGrH = F. Jacoby, Die Fragmente der griechischen Historiker (Berlin-Leiden, 1923–58)
HSCP = Harvard Studies in Classical Philology
JHS = Journal of Hellenic Studies
JNES = Journal of Near Eastern Studies
LIMC = Lexicon Iconographicum Mythologiae Classicae (Zurich, 1981–99)
MH = Museum Helveticum
RE = Realencyclopädie der klassischen Altertumswissenschaft
ZPE = Zeitschrift für Papyrologie und Epigraphik]

1 On the concept of 'Elementargedanke' by Philip Wilhelm Adolf Bastian, see *Enzyklopädie des Märchens* I (Berlin, 1977) 1324–7.

2 W. Liungmann, *Traditionswanderungen Euphrat-Rhein*, 2 vols (Helsinki, 1937/8).

have taken place largely through oral transmission, whereas only written sources are available for historical documentation, multiplies the problems. But it is the very concept of myth that engenders a special difficulty: although no readily available definition of myth has won general acknowledgement,[3] the consensus is that myth, compared with folktale in general, must have a special social and intellectual relevance to archaic societies. This requirement binds myth to particular cultural and ethnic entities, to traditional closed societies or groups. Some of the most successful modern interpretations of even Greek mythology are based on such an assumption, and concentrate on the closed circle of the unique Greek polis.[4] But the more illuminating and fulfilling the message of myth may appear in such surroundings, the less transferable, by definition, it will be. Leibnizian monads stand without windows through which to communicate with what might be outside. The most narrow definition of myth as 'the spoken part of *[11]* the ritual' generally is rejected nowadays, but the connection of myth with ritual remains an important fact, and the concept of 'charter myth' repeatedly proves useful. But indeed, on account of this, myth seems tied to historically unique organisations or even organisms; acceptance of this assumption would dispose of any idea of 'migrating myths' were it not for migrating societies: the Locrians in Italy worshipped their Ajax as they had in central Greece; the begging priests of the Anatolian Mother Goddess, the *metragyrtai*, brought ritual castration and the corresponding Attis myth to the Greek and Roman world.[5] But these are special cases.

Yet it is clear that Greek mythology spread widely throughout the Mediterranean, dominating in particular the imaginations of the Etruscans and Romans; to explain this diffusion as either a series of misunderstandings or a schoolchild's memorisation of literature, rather than as an example of living and 'genuine' myth, would be much too simple. But if it is granted that Greek myths 'migrated' to Italy, then not even Greek myth can be assumed to have arisen spontaneously from uncontaminated 'origins'; it arose within a society that formed itself in intense competition with older, Eastern civilizations.

Myth, in fact, is a multi-dimensional phenomenon, and although its function is most vital in closed archaic societies, it should be seen and investigated in all its various aspects. There are two main dimensions of myth, corresponding to the well-known linguistic distinction between the 'connotative' and 'denotative' functions of language:[6] there is a narrative structure that can be analysed as a syntagmatic chain of 'motifemes', and there is some reference, which often may be second-

[3] See G. S. Kirk, *Myth, Its Meaning and Functions in Ancient and Other Cultures* (Berkeley, Los Angeles, 1970) 1–41; Burkert, *S&H*, 1–34; F. Graf, *Griechische Mythologie* (Munich and Zurich, 1985) 7–14.

[4] See especially the publications of the 'school of Paris': e.g. J.-P. Vernant, *Mythe et société en Grèce ancienne* (Paris, 1974); J.-P. Vernant and P. Vidal-Naquet, *Mythe et tragédie en Grèce ancienne* (Paris, 1972); M. Detienne, *Les jardins d'Adonis* (Paris, 1972) and *Dionysos*.

[5] Burkert, *S&H*, 102–5.

[6] Ibid., 1–34.

ary and tentative, to phenomena of common reality that are thus articulated, expressed and communicated; this reference is most manifest in the use of proper names. In most mythical texts, both dimensions intertwine and influence one another; their dynamics, however, are quite different. The narrative structures are based on a very few general human or even pre-human programmes of action, and thus are quite easily understood and encoded in memory, to be reproduced, or recreated, even from incomplete records. This is the fascination of a tale to which we all are sensitive. One favourite tale type is the 'quest' – the subject of Vladimir Propp's *Morphology of the Folktale*. Its ubiquitous subtype is the 'combat tale'; other types include 'the girl's tragedy' and 'sacrifice and restitution'.[7] *[12]* The denotative 'application' on the other hand, which turns a tale to myth, is anything but general; it depends on particular situations, which may well be unique. Yet because tales are means of communication, not private signs, particularisation is limited; there are no private myths. In fact, there are varying levels of generalisation in most human aspects of reality; certain societal configurations and problems will recur in similar forms in many places; the nature–culture antithesis, dominating the analysis of myths by Claude Lévi-Strauss,[8] is basic to mankind, and the particular theme of life-versus-death opens still wider horizons. Thus, some diffusion not only of tales but of myths, including definite 'applications', becomes possible after all. Even if 'genuine', living myth is rooted in a special habitat, it may well find fertile soil, to which it can easily adapt, in other places or times; it may even transform new surroundings, processing reality, as it were, by its special dynamics.

One should still pay attention to the distinction made by Alan Dundes, among others,[9] between 'motifemes' and motifs: although a tale, even a mythical tale, consists of a well-structured chain of 'motifemes', each of which has its necessary and immutable place, there are also single surface elements that are detachable and may 'jump' from one tale to another, especially if some original, 'salient' feature of one catches the imagination, like genes, as it were, 'jumping' between chromosomes. Thus, certain motifs recur throughout the world; or at any rate this is the impression conveyed by Stith Thompson's indispensable *Motif-Index*.[10] Whether historical diffusion has occurred even at the level of motifs is still a serious question. But it is a question that must be kept distinct from the problem of 'migrating myths', the concept of which implies the transfer of a narrative chain and thus also, usually, the transfer of 'application', or the message of the myth.

---

7 V. Propp, *Morphology of the Folktale* (Bloomington, 1958; original edn, Leningrad, 1928); Burkert, *S&H*, 14–18.

8 C. Lévi-Strauss, *Mythologiques* I–IV (Paris, 1964–71); idem, 'La geste d'Asdiwal', in *Anthropologie structurale deux* (Paris, 1973) 175–233.

9 A. G. Dundes, *The Morphology of North American Indian Folktales* (Helsinki, 1964); idem, *Analytic Essays in Folklore* (The Hague, 1975) 61–72 (1st edn 1962).

10 S. Thompson, *Motif-Index of Folk-Literature* I–VI (Copenhagen, 1955–8).

In the catch-phrase 'Oriental and Greek' the specialist still hears a ring of dilettantism; methodological circumspection encourages avoidance of the topic. Sheer accumulation of evidence, however, has begun to force the issue. Greek literary culture did not thrive in isolation, but rather in the shadow of older civilizations, assuming and then outgrowing what was ready at hand.[11] The term 'oriental' in itself is more than questionable; it is a label that all too clearly echoes the ethnocentric perspective of 'Westerners' and tends to obscure the fact that quite different civilizations existed *[13]* more or less to the east, or the southeast, of Europe. There was the first rise of high culture, characterised by state organisation and literacy, in Mesopotamia and Egypt in the third millenium BC. Whereas Egypt is enclosed by natural boundaries, Mesopotamian influence began to spread towards both the Mediterranean and the Indus at quite an early date. During the second millenium there developed several adjacent civilizations each of an individual type, Europe taking a share of cultural pride with the rise of the Minoan–Mycenaean civilization. This civilization, unfortunately, has not produced any extant literary texts as yet and thus must still remain in the background as far as myth study is concerned. More fertile archives are provided by the continuing literature of Egypt and Mesopotamia, or come from Syrian Ugarit-Ras Shamra and from Anatolian Hattusa-Boğazköy. Bronze Age traditions end abruptly in both places, as in Greece, at about 1200 BC. After the 'Dark Ages' there emerge, in addition to some relics of Hittite tradition in Southern Anatolia, a lively and varied urban civilization in Syria and Palestine, which can claim the decisive invention of the 'Phoenician' script, and also the 'miracle of Greece', which asserts its status through the poetry of Homer and Hesiod. This contribution was to endure, whereas, of the Syrian-Palestinian literature, only the Hebrew Bible was to survive later catastrophes.

What is left, thus, is a chance selection taken from much richer literatures and, presumably, oral cultures, which can be the basis for a comparison of 'oriental' and Greek mythology: Sumero-Akkadian and Egyptian sources are rich but geographically distant from those of Greece; Old Testament texts are of a very peculiar type. There remain the fragmentary tablets from Bronze Age Hattusa and Ugarit; the Phoenician and Aramaic literature from Iron Age Syria, which must have been closest to that of the Greeks, has vanished completely, as has the Phrygian and Lydian literature of Anatolia, if indeed it ever existed.

There are two main periods when cultural contacts between the East and Greece apparently were most intensive: the late Bronze Age (14/13th century BC) on the one hand (to Cyrus Gordon is due the concept of an 'Aegean Koine' for this period[12]) and the 8/7th century BC, when Phoenicians and Greeks were to penetrate the whole of the Mediterranean in a competitive effort. The latter has been called the 'orientalising period' by archaeologists; its historical background is the military ex-

---

11 See Burkert, *OE.*

12 C. H. Gordon, 'Homer and the Bible', *Hebrew Union Coll. Ann.*, *26* (1955) 43–108.

pansion of Assyria that brought *[14]* unity and devastation to Late Hittites, Syrians, Palestinians and Egyptians. That the later periods shall not concern us here should not detract from their importance; at that time, however, Greek civilization had long reached its own form and was repelling all unassimilated 'barbarian' elements. The formative period of Greek civilization, if it ever existed, must have belonged to the 'orientalising period'.

2. Ninurta and Herakles

Of all Greek mythological figures, Herakles is perhaps the most complicated and the most interesting. He is by far the most popular of Greek heroes, a fact reflected by the formidable mass of evidence. At the same time there is not one authoritative literary text to account for this character – in the way Homer's *Iliad* accounts for Achilles – but rather a plethora of passing references; furthermore, no single place gives him a home and background, but rather the whole Mediterranean provides a changing complex of stories connected to quite different local cults. Yet there is an identity marked by his name and by a canon of iconography that was established at an early date. The attempts to understand the origins and the development of the Herakles figure as a series of literary 'inventions' are bound to fail.[13]

The identity of Herakles consists in a series of exploits, *âthla*, which all are of the 'quest' type. Most of them have to do with animals; their canonical number is twelve. Herakles is a marginal figure, wearing a lion skin, wielding a club or a bow, leading an itinerant life. He has an intermediate status even with regard to gods, he is worshipped both as a dead hero and as an immortal god. Although invincible, he must submit to the command of a king of 'wide power', 'Eurystheus'. His father is Zeus, the ruling god of the pantheon.

Ever since the oriental evidence became available, striking Mesopotamian parallels to the Herakles figure have been noticed.[14] New texts and pictorial representations are still turning up and more surprises may lie ahead. One important Sumerian–Akkadian text, 'Ninurta and the Asakku', was finally published in 1983.[15]

---

[13] A recent attempt by F. Prinz in *RE* Suppl. 14 (1974) 137–96; the fullest account of the literary evidence remains L. Preller, *Griechische Mythologie*, 4th edn, ed. C. Robert, vol. II (Berlin, 1921) 422–675; for the archaeological evidence, see F. Brommer, *Herakles*, 4th edn (Darmstadt, 1979); see also Burkert, *S&H*, Ch. IV.

[14] See A. Jeremias in W. H. Roscher (ed.), *Ausführliches Lexikon der griechischen und römischen Mythologie* (henceforth cited as *RML*) vol. II (Leipzig, 1890–7) 821–3 with reference to earlier suggestions; B. Schweitzer, *Herakles* (Tübingen, 1922) 133–41; after the discovery of the Tell Asmar seals (see below, n. 35), G. R. Levy, 'The oriental origin of Herakles', *JHS*, *54* (1934) 40–53; H. Frankfort, *Cylinder Seals* (London, 1939) 121f; see Burkert, *S&H*, 80–83.

[15] J. van Dijk, *LUGAL UD ME-LÁM-bi NIR-ĜÁL, Le récit épique et didactique des travaux de Ninurta, du déluge et de la nouvelle création*, vol. I (Leiden, 1983). (The text is henceforth cited by the traditional incipit *Lugal-e*). A preliminary and sometimes misleading account had been

The god Ninurta, 'Lord of the Earth', who became conflated *[15]* with Ningirsu, 'Lord of Girsu', at an early date,[16] is a valiant champion who fights monsters, proving victorious in each case. His renown – and this has become fully known only with the recent publication of the text – is based on a series of twelve 'labours': he overcame, killed, and brought to his city twelve fabulous monsters. They include a wild bull or bison, a stag, the Anzu-bird, a lion, 'terror of the gods', and above all a 'seven-headed serpent'; naturally this last attracted attention most of all since it had become known from texts and pictures. The series has been called 'the trophies of Ninurta'. An enumeration of twelve labours is also contained in King Gudea's description of the temple of Ningirsu at Lagash, known as Gudea's 'Cylinder A'.[17] An incomplete list occurs in another Sumerian–Akkadian literary composition, 'The Return of Ninurta to Nippur'.[18] None of the texts, so far, gives an elaborate narrative account of Ninurta/Ningirsu's 'trophies', they are just mentioned as if they were a well-known series. The epic texts may be somewhat later than King Gudea's reign, which is dated to *c.* 2140 BC, but clearly belong to the epoch of 'Sumerian renaissance' (22/21st century BC). Consider that, in addition to 'twelve labours', Ninurta is a son of Enlil, the storm god, the ruling god of the pantheon, that he is said to have 'brought' the trophies to his city,[19] that he is usually identified with the figure of a god with club, bow and animal's skin on Mesopotamian seals,[20] and the association with Herakles becomes inescapable. Levy and Frankfort, impressed by the seal picturing the fight with the seven-headed snake, have already stated that this must be a case of migration of myth from East to West (n. 14); van Dijk is positive about the connection, too, although he prefers to hypothesize a 'common source' in prehistory.

As one looks more closely at details, however, the outlines of the myths become less distinctive, and peculiarities come to the foreground that make the 'parallels' less striking. It is not only that the 'trophies' are not quite the same in different texts (the same can be said for the labours of Herakles), but also that some of them re-

given by S. N. Kramer, *Sumerian Mythology*, 2nd edn (New York, 1961) 78–92; see also T. Jacobsen, *The Treasures of Darkness* (New Haven, 1976) 129–31.

16 On Ningirsu and Ninurta see D. O. Edzard in H. W. Haussig (ed.), *Wörterbuch der Mythologie* I (Stuttgart, 1965) 111f, 114f; the twelve 'trophies' are enumerated in *Lugal-e* 129–33, cf. van Dijk 10–19.

17 Gudea A. XXV.24–XXVI.14; (outdated) transcription and translation in F. Thureau-Dangin, *Die sumerischen und akkadischen Königsinschriften* (Leipzig, 1907) 116–19; translation in A. Falkenstein, W. v. Soden, *Sumerische und Akkadische Hymnen und Gebete* (Zurich, 1953) 162f; new treatment in J. S. Cooper, 'The Return of Ninurta to Nippur', *Anal. Or.*, *52* (1978) 145f; only here the number 12 comes out. These beings are called 'heroes killed', XXVI.15 ('getötete Helden' Falkenstein; 'héros tués' van Dijk 10).

18 See now Cooper, 'The Return of Ninurta', traditional incipit: *An-gim dimma.* The 'trophies' occur in lines 32–40 and 54–62. A comparative analysis of the lists of 'trophies' is given by Cooper 141–54; further comments by van Dijk 10–19.

19 This detail is in the text of *An-gim*.

20 See below, note 24.

main quite obscure,[21] and even those readily understood include 'gypsum' and 'strong copper', demons difficult to imagine in confrontation with Herakles. What is more important is that the myths of Ninurta/Ningirsu are deeply enrooted in the world of Sumer, the cults and the temples. Gudea's Cylinder A assigns a *[16]* place to all the twelve 'trophies' at the Ningirsu temple of Lagash, at a 'place of libations', i.e. a place integrated in the temple cult. 'Ninurta and the Asakku' tells how a demon of the 'Mountain' was overcome in order to make the mountains available for mining, and the 'fate' of 19 minerals fittingly concludes the narrative; it was Gudea who started the economic exploitation of the 'mountains'; his patron god therefore assumes the role of culture hero in this context. The poem, no doubt, was to be recited at a festival;[22] this function is clearer still in the case of 'Ninurta's Return to Nippur'. We are dealing with myths in the full sense, in their unique historical setting – which makes them unlikely candidates for 'migration'. Ninurta/Ningirsu turns out to be so very Sumerian that the resemblance to Herakles fades.

One might even become suspicious that orientalists, who are still based strongly in a classical background, sometimes find their evidence to be just slightly more Greek than would an untried eye. Van Dijk would allow the Sumerian 'stag with six heads' to correspond to both the Cerynthian hind and the Erymanthian boar – neither of which, incidentally, is known to have had more than one head – and wishes to add cows to the exploits of Ninurta.[23] More disquieting is the fact that Gilgamesh has been credited with a 'lion skin' in practically all translations available, whereas the crucial word in the Akkadian text may equally be read as 'dog skin', which seems to suit the occasion better: to put on this skin is an act of self-abasement in the context of mourning for Enkidu.[24]

To complicate matters further, there are other identifications for both Ninurta and Herakles in the dialogues of East and West: the Asakku monster in 'Ninurta and the Asakku' couples with a mountain, begetting a brood of formidable stones that

---

21 For six of them van Dijk gives only a transcription instead of a translation.

22 See van Dijk 7–9.

23 Van Dijk 11, 17, with explicit reference to the cows of Geryon.

24 *Gilgamesh* VII.iii.48 = VIII.iii.7 (where the relevant sign is partially destroyed); R. C. Thompson, *The Epic of Gilgamish* (Oxford, 1930) transcribes *maški kalbim* at the first, *maški labbim* at the second place (p. 45, 49); *labbim* also in W. v. Soden, *Akkadisches Handwörterbuch* 526 B, s. v. *labbu.* Sign no. 322 (Borger) can be read *kal* as well as *lab. Mašak kalbi* appears on a school tablet, *Materialien zum Sumerischen Lexikon*, vol. VII (Rome, 1959) 123, 20. For *kalbu*, 'dog', to denote 'humility', 'disparagement of oneself' see *Chicago Assyrian Dictionary*, vol. VIII (K) (Chicago, 1971) 72. The translations opt for 'lion': E. Ebeling in H. Gressmann (ed.), *Altorientalische Texte zum Alten Testament*, 2nd edn (Berlin, 1926) 165; A. Heidel, *The Gilgamesh Epic and Old Testament Parallels*, 2nd edn (Chicago, 1949) 59; *ANET*, 86; P. Labat, *Les Religions du Proche Orient* (Paris, 1970) 191, 197; A. Schott, *Das Gilgamesch-Epos*, neu herausgg. von W. v. Soden (Stuttgart, 1982) 67. The seals have many gods or heroes with club and bow. Very few seem to wear 'animal skins'. One figure with 'lion skin' in D. Collon, *Catalogue of the Western Asiatic Seals in the British Museum: Cylinder Seals*, vol. II (London, 1982) no. 213.

frightens even the gods.[25] This seems parallel to the Hittite myth of Kumarbi begetting Ullikummi, the diorite monster destined to overthrow the gods.[26] If Kumarbi, in turn, is understood to correspond to Kronos, and Ullikummi to Typhon, then the champion and saviour of the gods, in line with Ninurta and the Hittite weather god, would be Zeus instead of Herakles. In fact, Ninurta, when fighting the Asakku, has all the equipment of a weather god, including the rainstorm and the thunderbolt. When, on the other hand, knowledge of the 'seven planets' was transmitted from Babylonia to the Greeks, probably in the fifth century, Ninurta's *[17]* star was 'translated' as that of Kronos / Saturnus, whereas Marduk's star became that of Zeus / Jupiter, with Herakles taking no part.[27] On the other hand, there is the well-known identification of Herakles with Melqart of Tyre, which, although its basis remains unclear to us, was taken for granted for many centuries.[28] Was the basis primarily the gods' role in colonisation, or the fact that both were immortalised through fire? Another, much discussed syncretism occurred at Tarsus in Cilicia, where Santas / Sandon was understood to represent Herakles, again, as it seems, in the context of a fire ritual.[29] This syncretism in no way can be traced to Ninurta / Ningirsu. There is, moreover, an identification of Herakles with Nergal, the Mesopotamian god of the Netherworld,[30] whose iconography includes club and bow. It has been suggested that even Herakles' name can be derived from that of Erragal–Nergal,[31] but such suggestion rests on uncommonly slippery grounds.

Thus, the real problem is not a lack but rather a surplus of interrelations. Similarities within the myths and iconographies of a large group of divine figures native to

---

25 *Lugal-e* 26–45; van Dijk 55–7.

26 H. G. Güterbock, *Kumarbi* (Zurich, 1946); *The Song of Ullikummi* (New Haven, 1952); E. Laroche, *Catalogue des textes Hittites* (Paris, 1971) no. 345; *ANET*, 120–5; see n. 46.

27 References for 'Planet Ninurta' in F. Goessmann, *Planetarium Babylonicum. Sumerisches Lexikon*, ed. A. Deimel, vol. IV 2 (Rome, 1950) 53; cf. 124.

28 Hdt. 2.43f; bilingual inscriptions, e.g. P. M. Fraser, *Ann. Br. Sch. Athens*, *65* (1970) 31–6; *Tyrioi Herakleistai* on Hellenistic Delos, etc.; see R. Dussaud, 'Melqart', *Syria*, *25* (1946/8) 205–30; U. Täckholm, Tarsis, Tartessos und die Säulen des Herakles', *Opuscula Romana*, *5* (1965) 142–200, esp. 187–9. D. van Berchem, 'Sanctuaires d'Hercule-Melqart', *Syria*, *44* (1967) 73–109, 307–38; C. Grottanelli, 'Melqart e Sid fra Egitto, Libia e Sardegna', *Riv. Studi Fenici*, *1* (1973) 153–64. The inscription from Pyrgi brought testimony for the 'burial of the god' (see J. A. Soggin, 'La sepoltura della divinità', *Riv. Stud. Or.*, *45* (1970) 242–52) corresponding to the 'tomb' (Clem. Rom. *Rec.* 10.24.2) and the 'awakening' of Melqart (Menandros, *FGrH* 783 F 1) at Tyre; for a representation of the 'god in the flames' at Pyrgi see M. Verzàr in *Mél. Éc. Fr. Rome*, *92* (1980) 62–78.

29 H. Goldman, 'Sandon and Herakles', *Hesperia*, Suppl. 8 (1949) 164–74; E. Laroche, 'Un syncrétisme gréco-anatolien: Sandas = Héraklès', in *Les Syncrétismes dans les religions grecque et romaine* (Paris, 1973) 103–14; S. Salvatori, 'Il dio Santa-Sandon: Uno sguardo ai testi', *Parola del Passato*, *30* (1975) 401–9; on the numismatic evidence see P. Chuvin, *J. des Sav.* (1981) 319–26.

30 H. Seyrig, 'Antiquités Syriennes: Héraclès-Nergal', *Syria*, *24* (1944/5) 62–80; W. Al-Salihi, 'Hercules-Nergal at Hatra', *Iraq*, *33* (1971) 113–15.

31 M. K. Schretter, *Alter Orient und Hellas* (Innsbruck, 1974) 170f following a suggestion of K. Oberhuber. Erragal (Irragal) as a name for the god of the underworld occurs in *Atrahasis* II.vii.51 = *Gilgamesh* XI.101.

several adjacent civilizations or language groups seem to be 'family resemblances', but there is not a single clear line that ties one element to another and to nothing else. There is no single 'Herakles myth' that could have been passed, like a sealed parcel, to new possessors at a certain time and place. Communication is broad but indistinct.

In fact, we are dealing here with the most general type of tale, the 'quest' and 'combat tale'. The snake or dragon is suited ideally to play the role of the adversary in this context,[32] as is the lion in more heroic variants. Even a widely significant number such as twelve could recur in different cultures independently. Any connection with the twelve signs of the zodiac, incidentally, should be discarded as far as the older period is concerned.[33]

And yet the parallels between Ninurta and Herakles seem deep and pervasive. Their quests, fulfilling the basic goal of 'get and bring', serve their communities by making the surroundings humanly manageable, by turning 'nature' into 'culture', be it by taming animals or by disclosing minerals. Both Herakles and Ninurta are culture heroes; a comparison of the two obviously aids in interpretation by placing this specific role of theirs in sharper relief.[34]

It is the leitmotiv of the 'dragon with seven heads' that *[18]* encourages one to assume more direct connections. Seven is a favourite number in Eastern Semitic civilizations. The seven-headed snake first makes its appearance in glyptic art[35] and also appears somewhat later in Sumerian literature. The Sumerian–Akkadian bilingual texts remained available until the fall of Niniveh; a list of Ninurta's trophies, including the seven-headed snake, entered into a ritual litany used in the temple cult

---

32 See Burkert, *S&H*, 6; 14–16; 20.

33 Porph. *'Peri agalmatōn'* fr. 8, p. 13,3 Bidez; cf. O. Gruppe in *RE* Suppl. 3 (1911) 1104. Number 12 of the zodiacal signs has a complicated prehistory and is not established before the sixth century; see R. Böker in *RE* 10A (1972) 522–39 s. v. *Zodiakos*.

34 See Burkert, *S&H*, Ch. IV.

35 (1) Predynastic seal from Tell Asmar: *Oriental Institute Communications 17: Iraq Excavations 1932–1933* (Chicago, 1934) 54, fig. 50; G. R. Levy, *JHS*, *54* (1934) 40; H. Frankfort, *Stratified Cylinder Seals from the Diyala Region* (Chicago, 1955) no. 497; Burkert, *S&H*, 82; P. Amiet, *La Glyptique Mésopotamienne archaïque*, 2nd edn (Paris, 1980), no. 1393; (2) Predynastic shell plaque: *ANEP*, *no.* 671; Amiet, no. 1394; (3) Sargonic seal from Tell Asmar: *Or. Inst. Comm.*, *17*, 49, fig. 43; *JHS*, *54*, pl. 2; Frankfort, *Strat. Cyl. Seals*, no. 478; R. M. Boehmer, *Die Entwicklung der Glyptik während der Akkad-Zeit* (Berlin, 1965), no. 292; *ANEP*, no. 691; Amiet, no. 1492; (4) Sumerian macehead in Copenhagen: H. Frankfort, *Anal. Or.*, *12* (1935) 105–8, fig. 1–4; O. Keel, *Wirkmächtige Siegeszeichen im Alten Testament* (Fribourg, 1974) fig. 40.
(1)–(3) are combat scenes; (4) has the snake above 'Imdugud' birds; (1) and (4) show coiled snakes, (2) and (3) four-footed dragons. From the back of the creature at (2) and (3) there rise vertical lines which have been interpreted as either 'tails' (Boehmer, 52) or 'flames' (Frankfort, *Or. Inst. Comm.*, *17*, 54; idem, *Cylinder Seals* (1939) 122); they recur in the Late Hittite relief from Malatya, showing gods fighting with the (one-headed?) snake, E. Akurgal, *Die Kunst der Hethiter* (Munich, 1961) fig. 104; *ANEP*, no. 670.

of the first millenium.[36] The Sumerian designation *muš-sag-imin* is unequivocal and readily understood, as is the Akkadian translation, *ṣēru seba qaqqadašu.* There is clear evidence that the god slaying the seven-headed serpent entered West Semitic literature in the Bronze Age and survived there down to the first millenium; the champion is Baal at Ugarit, but the text describing the exploit recurs nearly word for word in Isaiah's praise of Jahwe.[37] The formula must have been preserved orally, as part of a ritual litany. This still does not tell us how, when and where this motif reached the Greek world. Herakles fighting the hydra appears as a drawing on Boeotian fibulae about 700 BC.[38] It is not possible to show iconographic dependency on an Eastern model in this case, but for the curious detail that a crab is connected with the scene, whereas crabs (or scorpions) appear on the earliest, pre-Sargonic representation.[39] It would be excessively sceptical to deny any connection with the East, where a broad and continuous tradition of the 'seven-headed snake' is established by the documents we have, but the contacts must have taken place at an inaccessible level of oral tales. The lion fight enters Greek iconography somewhat earlier and clearly derives from Eastern prototypes; but this is a separate tradition.[40]

The hypothesis of borrowing, however, does not explain why Greek mythology locates the dragon fight at Lerna, a place of springs where the dragon developed into a water snake, *hydra*, or the details of the crab's and Iolaus' participation in the combat, or why the lion was transferred to Nemea. Local, perhaps preexisting Argive traditions may have been overlaid by oriental influence. It might be claimed that we are tracing only single motifs that 'jumped' between basically similar yet separate mythical conceptions. We remain completely in the dark as to the question whether a complete system of 'twelve labours' ever was transmitted. If such a list of Herakles' labours in Greece can be traced to Peisandros of Rhodos, i.e. before or about 600 BC, transmission *[19]* of a complete set could be imagined. Frank Brommer, not a negligible expert, insists that the cycle is not attested unequivocally before 300 BC.[41] Most scholars, however, would be inclined to use the twelve me-

---

[36] The 'Converse Tablet' ed. W. Lambert in *Near Eastern Studies in Honor of W. F. Albright* (Baltimore, 1971) 335–53; 336f; cf. Cooper, 'The Return of Ninurta', 147.

[37] M. Dietrich, O. Loretz and J. Sanmartin, *Die keilalphabetischen Texte aus Ugarit* (Kevelaer, 1976) no. 1.5 I 27–30 *(ANET*, p. 138); *Isaiah* 27,1; L. R. Fisher (ed.), *Ras Shamra Parallels* (Rome, 1972) I 33–6, no. 25.

[38] K. Fittschen, *Untersuchungen zum Beginn der Sagendarstellungen bei den Griechen* (Berlin, 1969) 147f; Brommer, *Herakles*, 13, pl. 8; Burkert, *S&H*, 78,2; 81. Two champions fighting a huge two-headed (?) snake appear on a white-painted plate from Cyprus, eleventh century: V. Karageorghis, *Comptes-rendus de l'Académie des Inscriptions et Belles Lettres* (1980) 28, fig. 7; there are no clear iconographic correlations to Eastern or Western types.

[39] Burkert, *S&H*, 80f with n. 3.

[40] Fittschen, *Untersuchungen*, 84–8; Burkert, *OE*, 22f.

[41] For Peisandros, see G. L. Huxley, *Greek Epic Poetry from Eumelos to Panyassis* (London, 1969) 100–5. Brommer, *Herakles*, 53–63; 82.

topes of the temple of Zeus at Olympia to establish a clear *terminus ante quem* for the cycle of twelve. Even so, the gaps in our documentation cannot be closed.

3. Cosmogonic Myth

Few events in Greek studies of this century can rival the impact Kumarbi created around 1950. There had been signals before, but it was Güterbock's *Kumarbi* of 1946, made widely known by Albin Lesky, among others,[42] that definitely drew the attention of Hellenists to the Hittites. At nearly the same time the epoch-making decipherment of Linear B engendered a general enthusiasm for the Bronze Age, and Boğazköy-Hattusa and Mycenae began to be viewed as partners, not to forget Bronze Age Troy.

The Hittite text that has been called 'Kingship in Heaven' offers parallels to Hesiod's *Theogony* so close in outline and details that even sceptics could hardly object to their connection. Both texts present a sequence of divine dynasties, each being overthrown by the next, until the ruling god of the pantheon, the weather god, finally assumes control. The god 'Heaven' himself, Anu/Uranos, is vanquished by means of castration, performed by Kumarbi in the Hittite version, Kronos in the Greek; the castrator is an intermediate figure, who rises to power only to lose it again. His speciality is swallowing what he cannot contain: Kumarbi swallows the 'manhood of Anu' and becomes pregnant with three gods, among them the weather god; Kronos swallows his own children, including the weather god Zeus. These chronologically parallel correspondences of extremely strange events leave no doubt that the texts are related intimately, the Hittite text being earlier by some 500 years. It is possible, of course, to stress the differences amidst the common features,[43] or in a Freudian vein to point to 'unconscious human desires' underlying both versions;[44] but that diffusion, nay, borrowing of myth did occur in this case has not been seriously denied.

The main problem that seemed to remain was whether such borrowing took place during the Bronze Age or later during the *[20]* 'orientalising epoch', i.e. around the time of Hesiod. The degree of transformation and re-elaboration of oriental materials in both Hesiod and Homer and the splendour of the Mycenaean

[42] H. G. Güterbock, *Kumarbi, Mythen vom churritischen Kronos* (Zurich, 1946) with the texts 'Kingship in Heaven' (Laroche, *Catalogue*, no. 344; *ANET*, 120f) and 'Ullikummi' (see above, n. 26). The discovery had been signalled by E. Forrer in *Mélanges F. Cumont* (Brussels, 1936) 687–713, cf. F. Dornseiff in *L'Antiquité classique*, *6* (1937) 231–58; A. Lesky, *Gesammelte Schriften* (Bern, 1966) 356–71 (1st edn, 1950); cf. A. Heubeck, 'Mythologische Vorstellungen des Alten Orients im archaischen Griechentum', *Gymnasium*, *62* (1955) 508–25; P. Walcot, *Hesiod and the Near East* (Cardiff, 1966); M. L. West, *Hesiod Theogony* (Oxford, 1966).

[43] M. P. Nilsson, *Geschichte der griechischen Religion*, 3rd edn, vol. I (Munich, 1967) 515f. See also Kirk, *Myth*, 214–20; Burkert, *S&H*, 20–2.

[44] E. R. Dodds, *The Greeks and the Irrational* (Berkeley, 1951) 61.

world together argue for an early transmission, but the trade and communication routes from the 'Late Hittites' and from Syria via Cyprus right to Hesiod's Euboea have attracted greater attention recently; evidently there were quite intensive contacts in the eighth century.[45] It is clear that the two theses – Bronze Age and Iron Age transmission – are not mutually exclusive; there may well have been early contacts and late reinforcements. The decision thus mainly depends on general presumptions about stability or mutability of an oral system of myth.

Questions become more complex, however, as it is realised that in this case, too, it is not enough to compare one Hittite text with one work of Hesiod in order to establish a one-way connection. As in the case of the Herakles themes, there exists quite a family of related texts that represent several civilizations and literatures; it becomes troublesome to identify definite channels in a complicated network. 'Kingship in Heaven' has a kind of sequel, 'The Song of Ullikummi':[46] Kumarbi, dethroned, takes his revenge by copulating with a rock and engendering the diorite monster that is to overthrow the gods. This story evidently corresponds to the Greek story of Typhoeus / Typhon, who challenges the reign of Zeus after the Titans' defeat. The connection is made certain by a detail of locality: the gods in 'Ullikummi' assemble on Mount Casius in Cilicia, and it is on this very mountain that Zeus fights with Typhon, according to Apollodorus.[47] The reference to a region where Hittite, Hurrite and Ugaritic influence meet could not be clearer.

Yet the Apollodorean version of the Typhon fight bears still stronger resemblance to another Hittite text, 'The Myth of Illuyankaš',[48] in which a dragon fights the weather god. In both tales the weather god is defeated by his adversary in the first onslaught, and vital parts of his body are taken from him – heart and eyes in the Hittite text, sinews in Apollodorus – which must be recovered by a trick, in order that the weather god may resume battle and emerge victorious. Illuyankaš is a 'snake', Typhoeus is endowed with snakeheads in Hesiod and has a snake's tail in Apollodorus and in sixth-century iconography.[49] Typhon, thus, could be called a conflation of Ullikummi and Illuyankaš, although *[21]* this still would be simplistic. His name has been connected with the Semitic word 'North' – *ṣapōn* in Hebrew.

---

45 Transmission via Late Hittites and / or Syria was Heubeck's thesis; cf. Burkert, *OE*, passim. Walcot, *Hesiod*, 127–9 and West, *Theogony*, 28f argued for transmission in the Mycenaean epoch. Survival of the Hittite Illuyankaš myth into late Hittite times is usually inferred from the Malatya relief; see above, n. 35.

46 See above n. 26; on Caucasian parallels, W. Burkert, 'Von Ullikummi zum Kaukasus: Die Felsgeburt des Unholds', *Würzb. Jahrb. N. F.*, *5* (1979) 253–61 *[= Nr. 6 in diesem Band].*

47 *ANET*, 123; Apollod. 1 (41) 6.3.7. The *Iliad* has Typhoeus *en Arimois* (2.783; cf. Hes. *Theog.* 304), which might be the first Greek reference to 'Aramaeans'. On Typhoeus in Hes. *Theog.* 820–80, see West, *Theogony*.

48 Laroche, *Catalogue*, no. 321; *ANET*, 125f; cf. Burkert, *S&H*, 7–10. An independent variant of the myth still recurs in Nonnos 1.154–62, cf. M. Rocchi, *Studi Micenei ed Egeo-Anatolici*, *21* (1980) 353–75.

49 Hes. *Theog.* 824–6; *speîrai* Apollod. 1 (42) 6.3.8; Chalcidian Hydria in Munich: K. Schefold, *Frühgriechische Sagenbilder* (Munich, 1964) pl. 66.

There is the 'Mountain of the North', which, from Syria, again would be Mount Casius; there is a 'Baal of the North', *Baal Ṣapūna*.[50] In fact, Typhon has the character of a storm god himself. He is thus a complex figure that cannot be derived from one or two threads of a linear transmission. The complexity of mythical tradition even within the world of the Hittites is exemplified by a sudden reference in the 'Ullikummi' text to 'the olden copper knife with which they separated heaven and earth'[51] which reflects a version of the cosmic myth especially close to that of the Hesiodic Kronos, who cuts Heaven from Earth with a steel knife, but apparently different from that of Kumarbi, as found in the text 'Kingship in Heaven'.

Hittite and Ugaritic texts have restored the respectability of an account of Phoenician mythology that survives in an elaboration of imperial date, by Herennius Philon of Byblos.[52] Hesiodic touches in his account cannot be denied, but he has four generations of 'kings' in heaven, *Elioun* 'the Highest' preceding Uranos and thus corresponding to *Alalu* in 'Kingship in Heaven'. This is enough to establish the survival of Bronze Age cosmic mythology in Phoenician cities down to late antiquity, although probably neither in unitary nor unchangeable forms.

Hittite and Ugaritic civilizations communicated both directly and through a third civilization, that of the Hurrites; the names Kumarbi and Ullikummi are Hurrite, and Hurrite influence is prominent in ritual as in mythology. But interconnections extend still further. Even before the Hittite discoveries, Francis Macdonald Cornford,[53] in the wake of the 'Myth and Ritual' movement, had recognised the remarkable structural resemblance of Hesiod's *Theogony* to the Babylonian epic of creation, *Enuma elish*;[54] a systematic investigation of the relationships, including those involving Kumarbi, was undertaken by Gerd Steiner. *Enuma elish*, too, includes a sequence of ruling gods among whom arise two major conflicts; a father god is laid to rest – although not 'Heaven' in this case, but Apsu, the 'Water of the

---

50 *Baal Ṣapuna* 'Lord of the North', is attested at Ugarit and in the treaty of Esarhaddon with Tyre (*ANET*, 534); cf. *Exodus* 14.2; *ṣ* i.e. *ḍad* will appear as *t* in Aramaean, cf. *Ṣōr* (Ugaritic, Hebrew) = *Tyros*. See O. Eissfeldt, *Baal Zaphon, Zeus Kasios und der Durchzug der Israeliten durchs Meer* (Halle, 1932); E. Honigmann in *RE* IV A (1932) 1576f; F. Vian in *Éléments orientaux dans la religion grecque ancienne* (Paris, 1960) 26–8.

51 Ullikummi iii-c, *ANET*, 125.

52 Text in *FGrH* 790; O. Eissfeldt repeatedly advocated the authenticity of the 'Sanchuniaton' tradition: *Ras Schamra und Sanchunjaton* (Halle, 1939) 75–95; idem, 'Taautos und Sanchunjaton', *Sitzungsber. Berlin* (1952), 1. The new commentary by A. I. Baumgarten, *The Phoenician History of Philo of Byblos* (Leiden, 1981) concludes that Philo is better explained in non-Ugaritic terms. See also J. Ebach, *Weltentstehung und Kulturentwicklung bei Philo von Byblos* (Stuttgart, 1979).

53 F. M. Cornford, *Principium Sapientiae* (Cambridge, 1952), esp. 'Cosmogonical Myth and Ritual', 225–38, and 'The Hymn to Marduk and the Hymn to Zeus', 239–49. This book was edited posthumously; the chapters had been written before the Kumarbi discovery; see E. R. Dodds's note, p. 249.

54 New edition of the cuneiform text: W. G. Lambert and S. B. Parker, *Enuma Eliš* (Oxford, 1967); transcription of I–IV in G. Steiner, *Der Sukzessionsmythos in Hesiod's 'Theogonie' und ihren orientalischen Parallelen* (Diss., Hamburg, 1959); *ANET*, 60–72; A. Heidel, *The Babylonian Genesis* (Chicago, 1942; 2nd edn 1951).

Depths' – and the leading god of the pantheon – Marduk in the case of Babylonia – qualifies for the kingship through a fierce fight. *Enuma elish*, however, is only one of several Mesopotamian creation stories, and by no means the earliest. One important precedent, as it now turns out, is 'Ninurta and the Asakku'.[55] The *[22]* adversary in this text, coupling with the mountain and begetting stones, is an avatar, in turn, of Kumarbi and Ullikummi (n. 26). We finally begin to hear a many-voiced interplay of Sumerian, Akkadian, Hittite and West Semitic texts, all of which seem to have some connection with Hesiod. It is impossible, however, to construct a convincing stemma of these relations; perhaps it would not even make sense to try. It is better to acknowledge the lively communication between these societies and to take into account the general background of the myths when interpreting the special adaptations found in the single texts that have survived by chance.

A remarkable addition to the Greek corpus has recently emerged: the Derveni papyrus preserves quotations from an early Orphic theogony, which can probably be dated to the sixth century BC.[56] This theogony includes generations of 'Kings' among the gods, corresponding closely to those in Hesiod, but also diverges in some remarkable ways. We find that the castration of Uranos by Kronos, who committed 'a great deed', is interpreted by the commentator as the separation of heaven and earth; later, however, Zeus is made to 'swallow the genitals' of the god 'who first had ejaculated the brilliance of the sky (*aithér*)'; this must be Uranos, the 'first king'.[57] Through this act Zeus somehow gets pregnant with all the other gods, the rivers, springs, and all other sorts of beings; they all 'grew in addition on him' (12.4), whereas he had become the only one, the *monogenés* (12.6). Surprisingly enough, this text thus preserves the most striking incident of the Kumarbi story: the swallowing of the genitals and the conception of mighty gods, including a

---

55 See van Dijk, 9f. Some other Babylonian creation stories are included in Heidel, *Babylonian Genesis*, 61–81. A further Sumerian text in J. van Dijk, 'Existe-t-il un "Poème de la Création" sumérien?', in *Cuneiform Studies in Honor of S. N. Kramer*, ed. B. L. Eichler (Neukirchen-Vluyn, 1976) 125–133.

56 The whole text has become available, though not in a final form, in *ZPE*, *47* (1982). Seven columns had been edited by S. G. Kapsomenos, *Deltion*, *19* (1964) 17–25; cf. W. Burkert, 'Orpheus und die Vorsokratiker', *Antike und Abendland*, *14* (1968) 93–114. See now M. L. West, *The Orphic Poems* (Oxford, 1983) 68–115.

57 ὃς μέγ' ἔρεξεν 10.5; the author etymologises Kronos from κρούειν, as 'things being clashed together' were separated, and the sun was fixed in the middle between earth and sky, col. 10/11. αἰδοῖον κα[τ]έπινεν, ὃς αἰθέρα ἔχθορε πρῶτος 9.4. πρωτογόνου βασιλέως αἰδοίου 12.3. That ἐχθορεῖν is used as a transitive verb is clear from 10.1 ἐχθόρηι τὸν λαμπρότατόν τε [καὶ λ]ευκό[τ]ατον paraphrasing αἰθέρα ἔχθορε; cf. θρῴσκων Aesch. fr. 15 Radt = 133 Mette. West, *Orphic Poems*, 85f, followed by J. S. Rusten, *HSCP*, *89* (1985) 125f, takes αἰδοῖον as an adjective, combining ingeniously 4.5 with 9.4, and thus makes the Kumarbi motif disappear. This is to impute to the commentator a gross misunderstanding of the Greek text he had before his eyes in a complete copy; he twice makes δαίμονα [κυδρ]όν the object of ἔλαβεν (5.4; 4.8), not of κατέπινε. West (p. 86) also inserts Phanes Protogonos before Uranos, in accordance with the Orphic Rhapsodies, but without support in the Derveni text. 10.6 Οὐρανὸς Εὐφρονίδης, ὃς πρώτιστος βασίλευσεν must be identified with the πρωτόγονος βασιλεύς 12.3, or else Uranos would not be the 'first' king.

river – the Tigris in the case of Kumarbi. It is also remarkable that the Orphic theogony has four generations of 'kings' among the gods,[58] as in the Hittite text and in Philon of Byblos, although the count has been shifted by the addition of Dionysos and the dropping of a king before Uranos. This may be connected with the fact that Zeus fills the role of Kumarbi. The Derveni text has many lacunae and interpretations will remain controversial; but it does prove, finally, that Oriental–Greek relations, at least in regard to cosmogony, were not confined to the single channel that led to Hesiod. There was much more around than we had imagined.

Cosmogonic myth, for us, has a special dignity and significance because it appears to foreshadow the philosophy that was to evolve with the Presocratics. This was already the perspective of Plato *[23]* and Aristotle,[59] and it now appears that 'the origin of Greek philosophy from Hesiod to Parmenides' – to paraphrase a well-known title[60] – must be extended back to Sumerians, Babylonians and Hittites, not to mention the Egyptians.

There is a certain danger in this perspective, which might be called the teleological fallacy: instead of being judged in its own right, a phenomenon is judged by what was to take its place in later evolution. This is not to deny that the stories of procreation and combat that make up the narrative structure of mythical cosmogony show remarkable speculative energy and acquire a unique appeal by means of the repercussions of the vast and wondrous object to which they are applied. But at the same time, cosmogonical myths, just as other myths, have settings and functions defined and particularised by the time and place in which their archaic community of origin exists. In the Near East, cosmogony had special relationships to ritual. It was the discovery that *Enuma elish* was recited at the Babylonian New Year festival that triggered the 'Myth and Ritual' movement,[61] the exaggerations of which should not obscure the basic facts. Older compositions such as *Lugal-e* no less clearly refer to festivals; *Illuyankaš* is explicitly called the cult legend for the Purulli festival of the Hittites.[62] Theodor Gaster may have gone too far in construing just one pattern

---

58 The four kingdoms appear in the crucial testimony for Orphic anthropogony, *Orphicorum Fragmenta* 220 Kern = Olympiod. *In Phaed.* p. 41f Westerink, in accordance with the Derveni evidence. See also *OE*, 116f.

59 Plato refers to *Iliad* 14.201 = 302 in *Crat.* 402ab, *Tht.* 152e, 180cd, as does Arist. *Met.* 983b27. Eudemus fr. 150 Wehrli, preserved by Damaskios, *De primis principiis* I 319–21 Ruelle, made a systematic collection of cosmogonic myths.

60 O. Gigon, *Der Ursprung der griechischen Philosophie von Hesiod bis Parmenides* (Basel, 1945). For the continuity from mythical to Presocratic cosmogony see also U. Hölscher, 'Anaximander und der Anfang der Philosophie', in *Anfängliches Fragen* (Göttingen, 1968) 9–89 (1st edn 1953).

61 S. H. Hooke, *Myth and Ritual* (Oxford, 1933). For the ritual of the Babylonian New Year's Festival, see *ANET*, 331–4, with mentions of the recital of *Enuma elish.*

62 'What follows is the cult legend of the Purulli Festival', *ANET*, 125. For *Lugal-e*, see above, n. 15.

of dramatic festival to which the myths should be related.[63] But it is evident that stories about the generations of gods and their final fight for power were understood to reflect and comment upon the establishment of power in the city, which was renewed periodically at the New Year festival. Ritual is the enactment of antitheses, from which the thesis of the present order – the status quo – differs; and myth tells about distant times when all the things we take for granted and consider self-evident or 'natural' were 'not yet' there: the past reflected by ritual presents alternatives, inchoate and perverse in contrast to what has been achieved. It is most remarkable that Greece, unlike other ancient societies, did not utilise these applications of cosmogonic myth in permanent institutions. The festival of Kronia,[64] fittingly placed before the New Year festival, could be compared, but it remained rather insignificant in the sequence of celebrations. Zeus' fights with the Titans and Typhon, as far as we can see, never directly entered ritual; they were used freely, however, in art and poetry, retaining a message of sovereignty against debased enemies; thus Typhōs is *[24]* introduced in Pindar's first Pythian ode. Cosmogonic myth in the narrower sense equally remained free for rethinking by the Presocratic philosophers.

Yet cosmogonical myth had fulfilled still another requirement: it formed part of incantations for magical healing. Private superstition may seem a strange bedfellow with august ceremonies of the cities and with nascent philosophy. But cosmogony makes sense even there: as illness is an indication that something has gone wrong and is moving towards catastrophe, it is of vital importance to find a fresh start; the most thorough method is to create a world anew, acknowledging the dangerous forces preceding or still surrounding this *kosmos* but extolling the victorious power that guarantees life and lasting order. Thus, in Babylonian texts we find cosmogonies used as charms against a toothache or a headache, or for facilitating childbirth; practically all the literary texts can also be used as mythical precedences of magical action: to stop evil winds, to procure rain, to ward off pestilence. The people who performed such cures, whether we call them priests or magicians, were the intellectuals of their epoch, and they were often mobile groups that could successfully make a living in foreign lands. In classical Greece, itinerant priests who offered various cures accompanied by pertinent myths and rituals were known as 'Orphics'; it is all the more remarkable that Near Eastern myths can be found in Orphic tradition. Even the notorious Orphic myth of anthropogony, the rise of mankind from the soot of the Titans who had killed Dionysos, has its closest analogy in Mesopo-

---

[63] T. H. Gaster, *Thespis. Ritual, Myth, and Drama in the Ancient Near East*, 2nd edn (Garden City, 1961).

[64] L. Deubner, *Attische Feste* (Berlin, 1932) 152–5. Cf. Burkert, *GR*, 227–33; Versnel, this volume, Ch. 7 *[= 'Greek Myth and Ritual: The Case of Kronos', in J. Bremmer (ed.), Interpretations of Greek Mythology (London, 1987) 121–152].*

tamian myths about the origin of man from the blood of rebellious gods, slain in revenge.[65]

One 'conduit'[66] through which cosmogonic myth was transported from East to West may thus be identified with these itinerant magicians or charismatics. Yet detailed documentation is still not available, and we cannot fix either time or place in a precise way. There may have been other, contemporaneous channels of communication, operating at the various levels of folktale, intellectual curiosity, or even literature. How much our knowledge depends on chance has been shown once more by the Derveni find, a stroke of luck not likely to occur a second time. *[25]*

4. Trails of Iconography

Although mythological research normally gropes in the dark for a realm of oral tradition that is not directly accessible, one form of evidence still springs to the eye; it is especially rich and influential just by its permanence, and its time and place of origin is usually identifiable: the pictorial tradition, iconography. Pictures or sculptures may survive for millenia; pictures easily jump language barriers. If myths are expressed in pictures, these play a fundamental role in the fixation, propagation and transmission of those myths: haven't most of us formed our concept of 'dragon' from the pictures we have seen, probably at an early age?

In fact it is neither natural nor necessary that pictures should refer to myths or tales. Judging from present evidence there were no representations of this kind in Mycenaean art.[67] Yet *Sagenbilder* make their appearance in Greek art about 700 BC and have played a prominent role ever since;[68] and there were precedents both in Mesopotamian and Egyptian art. Of course, our knowledge is largely dependent upon the physical properties of the materials used: some, such as textiles[69] or paintings on wooden tablets had hardly a chance of survival; there was just a slight chance for some of the most important, wall paintings and metal reliefs; stone sculptures are most durable, but least transportable; the richest corpus that remains is seals, especially the typical Mesopotamian cylinder seals and their impressions preserved in clay.[70] Painted ceramics were not used for pictures of this kind in the East.

---

65 See Burkert, *OE*, 115f.

66 The investigation of 'conduits' and 'multi-conduit-transmission' goes back to Linda Dégh, see *Enzyklopädie des Märchens* III (Berlin, 1981) 124–6.

67 See E. Vermeule and V. Karageorghis, *Mycenaean Pictorial Vase Painting* (Cambridge, 1982).

68 See Schefold, *Sagenbilder*; Fittschen, *Untersuchungen*.

69 K. S. Brown, *The Question of Near Eastern Textile Decoration of the Early First Millenium B.C. as a Source for Greek Vase Painting of the Orientalizing Style* (Diss., University of Pennsylvania, 1980) thinks this influence has been rather overrated.

70 An indispensable older work is W. H. Ward, *The Seal Cylinders of Western Asia* (Washington, 1910); still useful is O. Weber, *Altorientalische Siegelbilder* (Leipzig, 1920); Frankfort,

Yet mythical picture books must be used with special care. Pictures are just signs, although we habitually give them some signification. This signification often may be some definite action, such as greeting, fighting, love-making, and this makes correspondence with a tale possible, as any narrative structure consists of a sequence of actions. Combat scenes, especially, can hardly be misunderstood. The sequence, nevertheless, cannot be contained in one picture; the production of a sequence of pictures to illustrate one tale is a rare and special development. It is equally impossible for a simple picture to give the kind of explicit reference that language affords by proper names. Thus on principle it is unclear whether a picture refers to an individual myth, made specific by the proper names contained in it, such as 'Herakles' or 'Achilles'. Again, to add names by writing, or to work out a specific canon of *[26]* attributes to differentiate gods, heroes or saints is a rare and secondary development. Greeks have used these devices since the archaic age. Oriental art is less distinct. At the same time iconography develops its own canon, as pictures are copied from pictures: these are clear and demonstrable filiations, but totally at the level of *signifiant*, with little regard for signification and none at all for reference. Thus iconography clearly indicates connections even between different civilizations; yet as re-interpretations and misunderstandings may occur at any time, pictures cannot securely indicate the diffusion of a myth. Even the certainty that special compositions of mythological content have been transmitted is not yet a solution to the problem of 'travelling myths'.

One iconographic pattern of Mesopotamian art demands special attention because it is connected with the most prominent literary text of the East: *Gilgamesh and Enkidu slaying Humbaba*. It may be described as the symmetrical three-person combat scene: two champions are attacking from either side a wild man, represented *en face* in the middle, nearly collapsing on his knees in the 'Knielauf' position, which signifies an attempt at escape. This type makes its appearance in Old Babylonian times and continues to appear down to the Assyrian and neo-Babylonian epoch, spreading also to Iran, Southern Anatolia, Syria and Galilea.[71] There is no direct proof

---

Cylinder Seals; A. Moortgat, *Vorderasiatische Rollsiegel* (Berlin, 1940; 2nd edn 1966). Recent interest has concentrated on the early epoch: Boehmer, *Entwicklung*; Amiet, *La Glyptique Mésopotamienne archaïque*; D. Collon, *Catalogue of the Western Asiatic Seals in the British Museum: Cylinder Seals* II (London, 1982); a good survey with bibliography: R. M. Boehmer in *Der alte Orient. Propyläen Kunstgeschichte* XIV, ed. W. Orthmann (Berlin, 1975) 336–63.

71 D. Opitz, 'Der Tod des Humbaba', *Archiv für Orientforschung*, *5* (1928/9) 207–13; P. Calmeyer, 'Reliefbronzen in babylonischem Stil', *Abh. Bay. Ak. der Wiss.*, *N.F.*, *73* (1973) 44f; 165–9; C. Wilcke, *Reall. der Assyriologie* IV (Berlin, 1975) 530–5 s. v. *Huwawa*; E. Haevernick and P. Calmeyer, *Arch. Mitt. Iran, N.F.*, *9* (1976) 15–18. For late Hittite reliefs at Tell Halaf, Karkemish, Karatepe, see H. Frankfort, *The Art and Architecture of the Ancient Orient* (London, 1963) pl. 159 C; H. J. Kantor, *JNES*, *21* (1962) 114f. The composition seems to be misunderstood or reinterpreted in Phoenician art, R. D. Barnett, *Iraq*, *2* (1935) 202f, but a fine example of the normal type is a bowl from Nimrud, ibid. 205 = Vian, *Eléments orientaux* (above, n. 50) pl. IVb. For a seal from Galilea see below, n. 82. See Figure 2.1, this volume: Seal impression from Nuzi, *Ann. Am. Sch. Oriental Res.*, *24* (1944/5) 60 and pl. 37, 728; *JNES*, *21* (1962) 115; Figure 2.4, this volume: Seal from Assur, Berlin 4215, eighth century

that the figures should be called Gilgamesh, Enkidu, and Humbaba, in accordance with *Gilgamesh* Tablet III to V; but because Humbaba is a man of the woods, and there is written evidence that Humbaba is represented by a frontal grim yet grinning face,[72] this identification of the 'wild man' at the centre of the composition with his mask-like face has usually been accepted for at least the bulk of the representations. It is almost the only mythical scene in Mesopotamian iconography that thus can be interpreted as referring to a literary text; normally glyptic art seems to be just heraldic, symbolic or ritualistic.

It has been pointed out more than once that in Greek art this scene became 'Perseus killing the Gorgo':[73] at the centre is the Gorgo, with the mask-like, grinning face of a 'wild' creature, in 'Knielauf' position; the champions – Perseus and Athena – stand on either side, taking hold of the monster. Even the detail that is so important for the Greek tale, that Perseus should turn his eyes away from the monster, has oriental precedents. In these, the champions are frequently differentiated, one wearing a long *[27]* garment, the other a short one; for the Greeks, the fighter with the long skirt has become a female, Athena. The correspondence is compelling: the Greek artists must have seen oriental models of the type, presumably either in the form of seals or metal reliefs.

At the same time, it is clear that this transference of a mythical scene does not constitute a transmission of myth. There is not complete misunderstanding either, however: the signification of the 'combat scene', two fighters helping each other against a 'wild' creature, has been understood clearly. Yet the contexts do not mingle. The Humbaba fight belongs to the exploits of a cultural hero: Gilgamesh secures the access to the 'cedar forest' in order to procure timber for the city, a feat analogous to Ninurta's fighting the monster of the mountain. The tale of Perseus, on the other hand, has clear characteristics of an initiation myth: the hero travels to marginal areas to get his special weapon that commands death. The most striking detail, the hero turning his face away from the enemy, proves to be a creative misunderstanding: on the oriental prototype the hero is looking for a goddess who is about to pass him a weapon; Greek imagination has a monster instead with petrifying eyes. Details of the Gorgo type, incidentally, have their special iconographic ancestry; it cannot be derived fully from Humbaba.[74] The new creation, for the

---

BC: D. Opitz, *Arch. f. Orientforsch.*, *5* (1928/9) pl. XI 2; *AJA*, *38* (1934) 352; Moortgat, *Vorderas. Rollsiegel*, no. 608 (date: p. 67f); Calmeyer, 'Reliefbronzen', 166, fig. 124.

72 Wilcke, s.v. *Huwawa*, 534. See also V. K. Afanasyeva, 'Gilgameš and Enkidu in Glyptic Art and in the Epic', *Klio*, *53* (1970) 59–75.

73 C. Hopkins, 'Assyrian Elements in the Perseus-Gorgon-Story', *AJA*, *38* (1934) 341–58; B. Goldman, 'The Asiatic Ancestry of the Greek Gorgon', *Berytus*, *14* (1961) 1–23; H. J. Kantor, 'A Bronze Plaque with Relief Decoration from Tell Tainat', *JNES*, *21* (1962) 93–117; Burkert, *OE*, 81–4. Figure 2.2, this volume, is a shield strap from Olympia, E. Kunze, *Olympische Forschungen* II (Berlin, 1950) pl. 57; Kantor 115.

74 T. G. Karayorga, *Gorgeie Kephale* (Athens, 1970); J. Floren, *Studien zur Typologie des Gorgoneion* (Munich, 1977); Burkert, *OE*, 81–4, also for relations to Lamashtu and Pazuzu.

Greeks, is an iconographic sign without special ties to rituals or local groups, to be used freely in an 'apotropaic' sense on pediments, shields, or in other contexts, a terror to scare away mischief from temples or warriors.

There is a curious seal from Cyprus belonging to this context that deserves special mention.[75] It differs from the type in so far as it has only one champion. He is decidedly turning his face away from the monster, which he is seizing with his left hand while raising his weapon, a *harpe*, with his right. The monster, *en face* and in 'Knielauf', has Egyptianising locks and something like diffuse rays stretching out from its head – for Greeks, these would be the snakes surrounding the Gorgo's head – and the feet are huge bird's claws. This detail is securely rooted in Mesopotamian iconography, where Lamashtu and Pazuzu, dreaded demons, are represented in this way. Both, incidentally, have some further traits in common with the Gorgo (n. 74). The picture was published at the beginning of this century in Roscher's *Lexikon der griechischen und römischen Mythologie* as being a clear illustration of the Perseus story; Pierre Amiet, on the other hand, has recently interpreted *[28]* the seal in the context of Ugaritic mythology, without ever mentioning Perseus and the Greeks. It is unclear whether the seal came from a Phoenician or a Greek city of Cyprus; interpretation must probably remain a riddle. There were also other oriental or orientalising versions of the Perseus myth. At Tarsos he had some special connection with fish;[76] this may or may not be connected with the huge fish behind the champion on the Cypriot seal.

Perseus' ties to fish and the sea are still more prominent in another feat, the slaying of the *kêtos* and the liberation of Andromeda. This event was set at Ioppe / Jaffa,[77] and there is a Canaanite myth that seems to be the direct antecedent of the Greek tale: Astarte is offered to Jam, the god of the sea.[78] One Greek vase painting of Perseus, Andromeda, and the *kêtos* (all indicated by inscriptions), the oldest of its kind that is known so far, has some odd singularities: Perseus is fighting with stones, and Andromeda, unfettered, is helping him. These very details turn out to be directly dependent on an oriental prototype, represented especially by one seal of Nimrud that has often been reproduced:[79] a god is assaulting a monstrous snake

[75] M. Ohnefalsch-Richter, *Kypros, the Bible, and Homer* (London, 1893) pl. 31, 16 cf. p. 208; A. de Ridder, *BCH*, *22* (1898) 452 fig. 4; *RML* III (1902–9) 2032, art. 'Perseus'; Ward, *Seal Cylinders* 211f, no. 643c; Weber, *Siegelbilder*, no. 269; *AJA*, *38* (1934) 351; *Berytus*, *14* (1961) 22; P. Amiet, *Orientalia*, *45* (1976) 27 with reference to Ugaritic mythology (26); Burkert, *OE*, 83, 22; see Figure 2.3, this volume. B. Brentjes, *Alte Siegelkunst des Vorderen Orients* (Leipzig, 1983) 165, 203, has a new drawing, the inventory number VA 2145, and the information – contrary to Ohnefalsch-Richter – 'in Bagdad gekauft'. He simply calls the picture 'Greek'.

[76] See Burkert, *HN*, 209f.

[77] Strabon 16 p. 759; Konon *FGrH* 26 F 1, 40; Ios. *Bell. Iud.* 3.420; Paus. 4.35.9. Andromeda's father Cepheus is son of Belos as early as Hdt. 7.61; Eur. fr. 881.

[78] The 'Astarte Papyrus', a heavily mutilated Egyptian text with Canaanite names, *ANET*, 17f.

[79] See Figure 2.7, this volume: Neo-Assyrian Seal, 'Williams Cylinder' (Pierpont Morgan Collection no. 688, New York): Ward, *Seal Cylinders* 201f, no. 578; A. Jeremias, *Handbuch der*

and two minor figures are assisting him. The iconographic correspondence, especially as regards the stance of the champion and the monster's head, is overwhelming. Yet for Mesopotamians, this clearly was a god, engaged in cosmogonic struggle, Marduk fighting Tiamat, according to the current interpretation; on another, quite similar seal he is carrying lightning in his hands;[80] for the Greeks, this is another heroic adventure in a context of initiation. There is a curious misinterpretation involved: on the Assyrian seal, the six dots in the sky behind the champion represent a constellation, as paralleled on many seals of the kind (usually these are 'seven stars'); the Greek artist, in a more realistic vein, took them for stones and placed the pile on the ground securely between the champion's feet. We thus find a strange interplay of contacts and separation: the story, the setting and the picture are 'oriental', but the parcel is untied, the strings are separated and made to enter novel combinations so that the result is anything but a mechanical replica of its antecedents.

The three-person combat scene, however, produced another strange offspring in Greek art: one of the oldest representations of the death of Agamemnon killed by Klytaimnestra and Aigisthos evidently reproduces the pattern. This a clay plaque from Gortyn,[81] a place notorious, in any case, for its strong Eastern *[29]* connections during the archaic period; the very technique of using terracotta moulds was developed in Crete from Phoenician practices. The two champions, differing in their dress, have become male and female, just as in the Perseus version; the victim is seen *en face*, as ever, pressed down from both sides. Yet the victim is made a king by the addition of throne and sceptre, which Aigisthos is seen to grab; and the tricky garment used to suffocate Agamemnon has been added. This is a deliberate composition, meant to illustrate a famous Greek tale, but the iconographic outlines have been borrowed from the oriental prototype; remodelling has not been a complete success. As to the contents, there appears to be no connection at all: Agamemnon is not a 'wild man'. Yet there may be unknown intermediates. It is striking that on some oriental exemplars, especially one that comes from the West Semitic re-

---

altorientalischen Geisteskultur, 2nd edn (Berlin, 1929) 431, fig. 239a. Weber, *Altor. Siegelbilder*, no. 347; Kramer, *Sumerian Mythology* pl. XIX 2; M. L. West, *Early Greek Philosophy and the Orient* (Oxford, 1971) pl. IIa; P. Amiet, *Syria, 42* (1965) 245. For the interpretation 'Marduk fighting Tiamat' see Ward 201f, he also states that the six 'stones' seem to be derived iconographically from the seven dots = seven stars often represented on seals. Figure 2.8, this volume: Late Corinthian Amphora, Berlin; *RML* III 2047; Schefold, *Sagenbilder* pl. 45; *LIMC* 'Andromeda' no. 1 (where the singularities mentioned in the text are set forth).

80 Ward no. 579; Weber no. 348; Kramer pl. XIX 1.

81 *LIMC* 'Agamemnon', no. 91, from Gortyn (Mus. Iraklion), 675/50 BC; Schefold, *Sagenbilder* pl. 33; M. I. Davies, *BCH, 93* (1969) 228, fig. 9–10. See Figure 2.5, this volume. Davies especially deals with a Cretan seal (about 700 BC; *LIMC* 'Agamemnon', no. 94); this has only two persons and thus does not belong directly to the type treated here.

gion, Tell Keisan in Galilea,[82] there is a fourth person added to the three-figure scene, a smaller female raising her hands in a gesture of mourning. For the Greeks, this will be Electra. This would suggest that even in this case of creative misunderstanding, there was not just one chance event that has to account for the transformation, one artist in Gortyn stumbling on an oriental model while trying to illustrate the tale of Agamemnon, but multiple channels of communication.

This essay has been neither systematic nor aimed at completeness, entering, as it does, a field where much is still to be explored. It has been restricted to connections with Mesopotamia, while similar observations of equal importance could be made with regard to Egypt; suffice it to mention Amphitryon.[83] The examples adduced here may serve to establish some more general tenets, however: 'Oriental' and Greek mythology were close enough in time, place and character to communicate with each other. More than casual parallels are evident; sparks jumped from one to the other repeatedly. There are fundamental similarities, for instance in the quest of the culture heroes, be it Ninurta or Herakles; there was diffusion of motifs such as the lion fight or the seven-headed snake; more profound influence came about with the adoption of cosmogonic myth; there was also an impact of iconography especially in the orientalising epoch, which however left room for many creative re-interpretations. It is not, or not yet, possible to isolate specific occasions or single routes of transfer. One *[30]* should rather acknowledge a complex network of communication, with single achievements standing out against a common background, while the 'origins' of myth are not to be sought in East or West, Bronze Age or Neolithic, but in a more common human ancestry.[84]

---

[82] O. Keel, in J. Briend and J. B. Humbert (eds), *Tell Keisan (1971–76), une cité phénicienne en Galilée* (Fribourg, 1980) 276f, pl. 89,17; 136,17. See Figure 2.6, this volume. Cf. the Assyrian Seal, Ward, *Seal Cylinders*, 211, fig. 642; Hopkins, 'Assyrian Elements', 354, fig. 12.

[83] The begetting of the Pharao by Amun is represented in Egyptian temples by a pictorial cycle, first at Der-el-Bahri (Hatchepsut, 1488–1467) and Luxor (Amenophis III, 1397–1360); see H. Brunner, *Die Geburt des Gottkönigs* (Wiesbaden, 1964). J. Assmann, 'Die Zeugung des Sohns', in J. Assmann, W. Burkert and F. Stolz, *Funktionen und Leistungen des Mythos* (Fribourg, 1982) 13–61; that the Amphitryon story is derived from there, with the detail that Toth = Hermes should accompany Amun = Zeus on his amorous ways, has been stated repeatedly: A. Wiedemann, *Herodots zweites Buch* (Leipzig, 1890) 268; Brunner 214; W. Burkert, *MH, 22* (1965) 168f; S. Morenz, 'Die Geburt des ägyptischen Gottkönigs', *Forschungen und Fortschritte, 40* (1966) 366–71; R. Merkelbach, *Die Quellen des Alexanderromans*, 2nd edn (Munich, 1977) 77–82. The decisive motif, the god assuming the shape of the king, does not appear in the oldest Greek sources, *Od*, 11.266–8, and Hes. fr. 195 = *Aspis* 1–56, but may be presupposed on the chest of Kypselos (Zeus as a 'man wearing a chiton': Paus. 5.18.3); see also Pherekydes *FGrH* 3 F 13; Charon *FGrH* 262 F 2.

[84] My thanks to Sarah Johnston for correcting the English style of this essay – responsibility for its final form, though, remains with me – and to Cornelius Burkert for his drawings.

Figure 2.1: Seal Impression from Nuzi: Death of Humbaba. (See note 71, p. 65f)

[31]

Figure 2.2: Shield Strap from Olympia: Perseus and Gorgo. (See note 73, p. 66)

Figure 2.3: Seal from Cyprus: Hero Fighting Monster. (See note 75, p. 67)

[32]

Figure 2.4: Seal from Assur: Death of Humbaba. (See note 71, p. 65f)

Figure 2.5: Clay Plaque from Gortyn: Death of Agamemnon. (See note 81, p. 68)

[33]

Figure 2.6: Seal from Tell Keisan: Death of Humbaba? (See note 82, p. 69)

Figure 2.7: Seal from Nimrud: God Fighting the Snake. (See note 79, p. 67f)

[34]

Figure 2.8: Corinthian Amphora: Perseus and the *kêtos*. (See note 79, p. 67f)

Erschienen in: C. Bonnet, C. Jourdain-Annequin, éd., Héraclès: d'une rive à l'autre de la Méditerranée, actes de la Table Ronde de Rome, 15–16 septembre 1989, Bruxelles 1992, 111–127.

5. Eracle e gli altri eroi culturali del Vicino Oriente[1]

In questo contributo alla mitologia di Eracle ed ai suoi paralleli od anche precedenti orientali, non desidero approfondire l'aspetto forse più chiaro, ma anche più superficiale, l'iconografia – si pensi alle lotte con il leone, con il serpente dalle sette teste, col Ketos, ma anche a Humbaba e Gorgo[2] –; neanche voglio trattare le antiche identificazioni di dèi orientali con Eracle, Melqart, Nergal, o Ninurta – quella con Melqart, così ben studiata da Corinne Bonnet, è la più diffusa ed importante;[3] quella con Sandon di Tarso rimane particolarmente affascinante a causa della *pyra*, dei riti di fuoco, ma resta oscura a causa della troppo ridotta documentazione.[4] Voglio piuttosto tentare di addentrarmi in una tematica che mi pare fondamentale, in cui sono evidenti *[112]* le somiglianze e forse qualche punto di contatto tra Est e Ovest: il tema dell'eroe portatore di cultura, mediatore tra natura e cultura. Questo si fa naturalmente non senza uno sguardo a Lévi-Strauss, ma senza l'uso di metodi propriamente strutturalistici.

È noto che a suo tempo Wilamowitz provò a definire la natura specifica di Eracle con la formula «essere uomo, diventare dio; sopportare fatiche, conquistare il cielo» – «Mensch gewesen, Gott geworden; Mühen erduldet, Himmel erworben».[5] Questo ricorda in modo sospetto il credo cristiano. Un malinteso sembra risiedere già nell'interpretare Eracle esclusivamente come un modello d'identificazione, modello dell'uomo giusto, dell'uomo greco o dorico – analogo al vero cristiano nella *imitatio*

---

[1] Ringrazio Fabio Mora per la traduzione italiana; rimango responsabile di eventuali errori.

[2] Cf. W. BURKERT, *Oriental and Greek Mythology: The Meeting of Parallels*, in J. BREMMER (ed.), *Interpretations of Greek Mythology*, Beckenham, 1987, p. 10–40, sp. p. 25–34 *[= Nr. 4 in diesem Band]*. Cf. anche A. HERMARY in questi *Atti [cf. supra]*, p. 129–143.

[3] Cf. C. BONNET, *Melqart. Cultes et mythes de l'Héraclès Tyrien en Méditerranée*, Namur-Leuven, 1988 e in questi *Atti [cf. supra]*, p. 165–198.

[4] Cf. E. LAROCHE, *Un syncrétisme gréco-anatolien, Sandas = Héraclès*, in *Les syncrétismes dans les religions grecque et romaine*, Paris, 1973, p. 101–114; BONNET, *Melqart*, p. 153–155; l'apoteosi di Eracle dalla *pyra* non appare nell'iconografia prima dal V secolo, cf. J. BOARDMAN, *Herakles in extremis*, in *Festschrift K. Schauenburg*, Mainz-am-Rhein, 1986, p. 127–132; i testi esiodei sull'apoteosi (Fr. 25,26–33; 229,6–13) sono però ricondotti al VI secolo da M.L. WEST, *The Hesiodic Catalogue of Women*, Oxford, 1985, p. 130; 134; 169.

[5] U. V. WILAMOWITZ-MOELLENDORFF, *Euripides Herakles*, Berlin, 1895^2, I, p. 38 (rist. Darmstadt, 1959, II, p. 38).

Christi. Infatti pochi Greci aspiravano a correre ignudi con pelle di leone.[6] Nella vita quotidiana del popolo greco Eracle non era un lontano modello, ma piuttosto una figura presente e pronta a venire in soccorso; costantemente si fa l'invocazione Ἡράκλεις, *Mehercle*, pressochè come *Madonna*! Eracle è un soccorritore, un aiutante piuttosto che un modello. Si noti che la stessa idea è espressa nel nome del padre, Amphitryon, se questo nome proviene da Ἀμφ-ίτωρ "protettore".[7] Dove Eracle è presente, ogni male rimane lontano, come afferma il noto verso apotropaico, che si scriveva nelle case o appendeva agli *oscilla*: Ἡρακλῆς ἐνθά ⟨δε⟩ κατοικεῖ μὴ (εἰ)σίτω μηδὲν κακόν.[8] Il suo epiteto più generale è ἀλεξίκακος[9] o κηραμύντης (Lyk. 663), colui che allontana ogni male; in modo assai concreto questa funzione si realizza nella protezione da cavallette, grilli, vermi, zanzare ed altri insetti nocivi;[10] questo aspetto non fa grande mitologia, ma è assai importante per la vita quotidiana.

Eracle soccorritore nella tradizione popolare greca: è divenuto problematico il concetto di una 'cultura popolare', ma è chiaro che la figura di Eracle non *[113]* si può ridurre né alla creazione poetica – non si può individuare un'opera letteraria che sia l'origine dell'immagine di Eracle – né ad uno specifico culto in qualche santuario. Ci sono racconti, motivi, pratiche rituali molto diffuse, con varianti e paralleli eppure convergenti nell'intendimento comune: questo è Eracle, il nostro Eracle. Dal VII secolo viene stabilita l'iconografia, che pervade tutto il Mediterraneo.[11]

Più significative delle cavallette e dei vermi appaiono, almeno come oggetto di poesia, le lotte di Eracle con animali grossi e pericolosi. La pelle di leone è l'attributo caratteristico di Eracle. Eracle è identificato da una serie di dodici imprese, *athla*, rappresentati sul tempio di Zeus a Olimpia e cantati nella poesia.[12] Quale è il significato degli *athla*? In termini assai simili Pindaro, Sofocle ed Euripide danno la loro risposta: l'impresa di Eracle è 'purificazione' e 'addomesticamento', od anche 'civilizzazione' dell'intero mondo, cioè 'della Terra e del Mare': καθῆραι, ἡμερῶσαι. Così canta Pindaro nella quarta Istmica: γαίας τε πάσας καὶ βαθύκρημνον πολιᾶς ἁλὸς ἐξευρὼν θέναρ ναυτιλίαισί τε πορθμὸν ἡμερώσας (I. 4,73). Analogamente

---

6 Milone da Crotone venne alla battaglia in costume di Eracle, Diod. 12,9,6.

7 *Ἀμφίτωρ – Ἀμφιτρύων come ἀλέκτωρ – ἀλεκτρυών (attestato come nome di persona già in Miceneo, P. CHANTRAINE, *Dictionnaire étymologique de la langue grecque*, [Paris, 1968–80] I, p. 58).

8 Oscillum da Gela, *ca.* 300 a.C.: *SEG* 27, nº 648; bibliografia sulla formula apotropaica e le sue variazioni in L. ROBERT, *Hellenica*, t. XIII, 1965, p. 266,1.

9 Cf. *RE* I, col. 1464; Suppl. III, col. 1001; sp. HELLANIKOS, in *FGrHist* 4 F 109; *SEG* 28, nº 232.

10 L. PRELLER–C. ROBERT, *Griechische Mythologie* II, Berlin, 1921⁴, p. 645,6; cf. Diod. 4,22,5.

11 Documentazione abbondante adesso in *LIMC* IV e V *s.v.* Herakles.

12 F. BROMMER, *Herakles, Die zwölf Taten des Helden in der antiken Kunst und Literatur*, Darmstadt, 1979, vorrebbe relegare il ciclo all'età ellenistica; la *communis opinio* l'attribuisce a Peisandros da Rodi, *ca.* 600 B.C. (cf. adesso M. DAVIES, *Epicorum Graecorum Fragmenta*, Göttingen, 1988, p. 129–135).

Sofocle fa percorrere ad Eracle tutte le terre purificandole: ὅσην ἐγὼ γαῖαν καθαίρων ἱκόμην (Trach. 1060 f.), e lo rappresenta mentre si lamenta di «aver purificato molti posti per i Greci sul mare e in luoghi selvaggi», οἷς δὴ πολλὰ μὲν ἐν πόντωι, κατά τε δρία πάντα καθαίρων (1012 f.). Euripide comincia il suo dramma Eracle con la rappresentazione di Eracle che ha iniziato a 'civilizzare' tutta la terra per Euristeo, ἐξημερῶσαι γαῖαν (Herc. 20); perfino Lissa gli conferma che questa è la sua particolare prova, 'coltivava' la terra inaccessibile e il mare selvaggio: ἄβατον δὲ χώραν καὶ θάλασσαν ἀγρίαν ἐξημερώσας θεῶν ἀνέστησεν μόνος τιμὰς πιτνούσας (849–851); alla 'civilizzazione' appartiene il culto divino. Per il Coro di questo dramma (698–700), Eracle «con le sue fatiche ha creato per gli uomini una vita tranquilla, annullando la paura delle bestie selvagge», μοχθήσας τὸν ἄκυμον θῆκεν βίοτον βροτοῖς πέρσας δείματα θηρῶν. Il discorso verte in particolare sulla bonaccia del mare che egli ha creato per gli uomini (400–402): ποντίας θ' ἁλὸς μυχοὺς εἰσέβαινε θνατοῖς γαλανείας τιθεὶς ἐρετμοῖς. Per un autore più recente come Diodoro è sempre Eracle che ha 'purificato' la terra dalle bestie selvaggie (Diod. 1,24,5; 2,39,2), specialmente *[114]* l'Egitto (Diod. 1,24,9) e così 'civilizzato' il mondo, ἐξημερῶσαι τὴν οἰκουμένην (Diod. 4,8,5); persino aveva reso Creta così «pura», che non vi si trovava più nessun orso, nessun lupo o serpente (Diod. 4,17,3) – un'effetto piuttosto problematico, vista la moderna preoccupazione per l'ambiente. Inoltre per Diodoro anche Iolao ha continuato l'opera di Eracle, 'civilizzando' la Sardegna, ἐξημερώσας (4,29,6).

Questa tematica del ἡμερῶσαι, che si trova espressa dai poeti del V secolo a partire da Pindaro, è direttamente legata alle cosiddette dottrine sul sorgere della civiltà, 'Kulturentstehungslehren', che sono considerate caratteristiche della sofistica del V secolo, di Archelao, Protagora, Prodico, forse Democrito.[13] L'ἐξημερῶσαι della terra attraverso la vittoria degli uomini sulle bestie selvagge ha un ruolo importante anche nei testi filosofici, razionali greci sul sorgere della civiltà, per esempio nei capitoli introduttivi di Diodoro (1,8,2 cf. 1,15,5), sia che la sua fonte sia «presocratica», oppure «tardoellenistica».[14]

Tutta questa tematica della 'civilizzazione', ἡμερῶσαι, non è però un'invenzione della sofistica del V secolo. Eracle, nella sua funzione 'culturale', non è nemmeno isolato nella mitologia greca. Già Wilamowitz rinviava alla tradizione argiva conservata da Apollodoro (2,4) circa Argo Panopte: questo uccise un toro che devastava l'Arcadia e ne indossò la pelle, poi uccise Satiro, che rubava il bestiame agli Arcadi, infine uccise il serpente Echidna, figlio di Tartaro e Ge, che faceva strage di viandanti. Sono pressoché tre *athla* di Eracle, il toro, le vacche, il serpente, che sono attribuiti qui ad Argo, per ἡμερῶσαι l'Arcadia; si noti che anche in questo caso viene

[13] W. v. UXKULL-GYLLENBAND, *Griechische Kulturentstehungslehren*, Berlin, 1924; TH. COLE, *Democritus and the Sources of Greek Anthropology*, Cleveland, 1967; W.K.C. GUTHRIE, *A History of Greek Philosophy III*, Cambridge, 1969, p. 60–84.

[14] Cf. W. SPOERRI, *Späthellenistische Berichte über Welt, Kultur und Götter*, Basel, 1959 e COLE, *supra*, n. 13.

indossata la pelle in conseguenza della vittoria. Una variante argiva appare nelle Supplici (260–270) di Eschilo: un indovino-medico Apis avrebbe 'purificato' (ἐκκαθαίρει) la terra, chiamata da lui Apia, da mostri dannosi, κνώδαλα βροτοφθόρα. La terra deve essere purificata, pacificata, resa accessibile come ambiente privo di pericoli per rendere possibile la vita umana. Anche Cadmo prima di poter fondare Tebe dovette uccidere un serpente pericoloso presso la fonte.

Evidentemente Eracle, come Argo e come Cadmo, assume il ruolo di 'eroe culturale'. Questa caratterizzazione l'inserisce in una tipologia famosa e ben studiata: La figura dell'eroe culturale in forme diverse è stata documentata *[115]* in tutto il mondo da ricerche comparative.[15] L'uomo ha sempre saputo che una vita tranquilla per lui nel suo mondo, senza danni e pericoli, non è scontata, che la 'cultura' contrasta con una 'natura' selvaggia, pericolosa, caotica; attraverso tradizioni narrative e rituali, reciprocamente legate, questa consapevolezza viene approfondita. Per la trasformazione della 'natura' nella 'cultura', si ha bisogno di un mediatore che agisca o con intelligenza ed astuzia, o con la magia oppure con la forza bruta: il trickster, il mago-sciamano, l'eroe culturale.

Concentrandoci ancora su Eracle, troviamo che due temi certamente presofistici hanno le loro radici in questo tipo di 'eroe culturale': la colonizzazione greca e l'organizzazione del paesaggio. Soprattutto nelle regioni occidentali, dalla Libia alla Spagna e dalla Spagna a tutta l'Italia fino alla Sicilia, ci si richiamò costantemente ad Eracle e ad una sua precedente sosta sul luogo a cui erano ricondotte numerose narrazioni eziologiche di varia natura: recupero di vacche vaganti, uccisioni di mostri, sacrifici agli dèi che rappresentano un primo bagliore della cultura greca. Ne cogliamo la documentazione soprattutto nelle testimonianze più tarde,[16] ma già la *Geryoneis* di Stesicoro aveva messo insieme molte di queste narrazioni. Sappiamo da Erodoto (5,43 ff.) come, verso la fine del VI secolo, Dorieo, della stirpe regale di Sparta, tentò di conquistare Erice colla giustificazione che il suo proprio antenato Eracle aveva preso possesso di questa località. Con ogni probabilità, già per le generazioni precedenti, i viaggi di Eracle erano considerati un presupposto della immigrazione greca: Eracle aveva 'civilizzato' le terre.

---

[15] H. TEGNAEUS, *Le héros civilisateur. Contribution à l'étude ethnologique de la religion et de la sociologie africaines*, Stockholm, 1950; O. ZERRIES, *Wild- und Buschgeister in Südamerika*, Wiesbaden, 1954; F. HERRMANN, *Symbolik in den Religionen der Naturvölker*, Stuttgart, 1961, p. 98–109 con bibl.; J.H. LONG, *'Culture Heroes'*, in *Encyclopaedia of Religion* t. IV, 1987, p. 175–178. Per il 'Trickster' P. RADIN, *The Trickster*, New York, 1956; M.L. RICKETT, *The North American Indian Trickster*, in *HR*, t. V, 1966, p. 327–350. La caratteristica di Eracle come 'eroe culturale' fu proposta da G.S. KIRK e B. GENTILI in *Il mito Greco, Atti del Convegno internazionale*, Roma, 1977, p. 291; 304; cf. C. JOURDAIN-ANNEQUIN, *Héraclès, Héros culturel*, in *CRDAC*, t. XI, 1980/81, <1984>, p. 9–29.

[16] Cf. W. BURKERT, *Structure and History in Greek Mythology and Ritual*, Berkeley, 1979; trad. it. *Mito e Rituale in Grecia*, Bari, 1988; l'abbreviazione *S&H*, *infra*, si riferisce all'edizione originale, p. 83–85. La più antica rappresentazione (625–600) della lotta con Gerione è stata recentemente trovata a Samo: PH. BRIZE, in *MDAI* (*Athen*), t. C, 1985, p. 53–90.

C'è un altro insieme particolare di motivi, peraltro attestato solo in autori più tardi, che si deve menzionare in questo contesto: il ruolo di Eracle quale organizzatore del paesaggio, in particolare come costruttore di litorali, di laghi, *[116]* di correnti fluviali. Eracle avrebbe scavato un nuovo letto per l'Acheloo (Diod. 4,35,4) ed anche per l'Olbios a Feneo di Arcadia per drenare la pianura (Paus. 8,14,1–3), prodotto la frattura della valle di Tempe (Diod. 4,19,6 f.), arginato il lago di Copais (ib.) ma scavato il lago di Agyrion (Diod. 4,29,3), avrebbe persino aperto lo stretto di Gibilterra (Diod. 4,19,5). Per lo meno nel caso dell'Acheloo sembra trattarsi di una tarda allegoria della lotta col fiume tauromorfo, attestata in tante rappresentazioni arcaiche; ma il tema della deviazione dei fiumi compare anche nella narrazione della stalla di Augia. Un interessante dettaglio della lotta col *ketos* troiano è che questo *ketos* inondava la terra vomitando acqua marina (Schol. Lyk. p. 29,5); che Eracle costruì un muro per difendersi è già narrato nell'Iliade (20,145). Eracle dunque, soccorritore pronto, stabilisce i confini fra terra e mare.[17] Imprese sovrumane, ma necessarie per rendere possibile l'abitazione umana. Alla figura di Eracle si collega l'idea che il mondo non è dato agli uomini in una forma immutabile, ma può o deve essere trasformato per il loro uso.

Eracle eroe culturale: Il tratto più cospicuo a questo riguardo è il ruolo degli animali nei miti di Eracle.[18] Questo rapporto, non propriamente eroico ed estraneo allo stile poetico greco determinato da Omero, è primitivo in un certo senso, ma anche fondamentale per l'antitesi natura-cultura. Si noti che, diversamente da quanto ritengono le generalizzazioni poetiche citate prima, nella maggioranza degli *athla* non si tratta di uccisioni 'purificatrici'. E' vero che le lotte con il leone e con l'idra sono diventate le imprese più popolari; queste sono *katharseis.* Invece i buoi, i cavalli, il cinghiale, la cerva non vengono uccisi, ma piuttosto addomesticati e portati vivi da Euristeo. Questo tema appare in modo significativo in diverse varianti: i buoi di Gerione ed il toro cretese, i buoi di Augia, di Alcioneo ed anche di Ade; i cavalli di Diomede, ma cavalli anche presso gli Sciti (Hdt. 4,8 f.). Il destino dei buoi di Gerione, come quello dei buoi normali, è di essere sacrificati ad Era; le mandrie però si riproducono e permangono nel nostro mondo culturale, cui appartiene il persistente culto degli dèi. I discendenti delle mandrie di Gerione si possono ancora trovare, dicono le leggende, ora raggiungibili dall'uomo, come 'buoi selvatici' in qualche località determinata oppure come buoi sacrificali.

Il caso più interessante è la storia della cerva. Già nell'antichità risaltò il rilevante errore zoologico, per cui in questa narrazione la cerva femmina ha le *[117]* corna: si tratta di una κεροῦσσα ἔλαφος, perfino una χρυσοκέρως ἔλαφος θήλεια:[19] È

---

[17] In altro modo questo conflitto fra terra a mare è raccontato ad Argo, PAUS. 2,22,4; G. CADUFF, *Antike Sintflutsagen*, Göttingen, 1986, p. 63.

[18] Cf. BURKERT, *S&H*, *l.c.*

[19] PIND., *Ol.* 3,29; cf. EUR., *Herc.* 375 s.; Fr. 740; *Theseis* F 2 Davies, PEISANDROS F 4 Davies, PHEREKYDES, in *FGrHist* 3 F 71; cf. SOPH. Fr. 89 con paralleli citati da PEARSON e RADT. K. MEULI, *Gesammelte Schriften*, Basel, 1975, p. 802 s.

l'espressione di Pindaro, ma già la più antica rappresentazione su una fibula del 700 a.C. mostra l'animale con le corna che allatta il suo piccolo. Se non si vuole attribuire ai narratori arcaici del mito scarse conoscenze zoologiche rimarrebbe l'ipotesi che «inizialmente» si trattasse di una renna.[20] Ma una serie di monumenti figurati mostra chiaramente che Eracle spezza le corna della cerva;[21] questo particolare non si trova nei testi. Il senso dell'azione mi pare chiaramente eziologico: la cerva non ha più da allora le corna proprio perché Eracle le ha rotte, le manca quindi una parte della sua ἀλκή; per questo gli uomini possono da allora prendere e domare i cervi. Eracle ha quindi reso trattabile l'animale, come osservava già Karl Meuli.[22] Si tratta quindi dell'azione specifica di un eroe culturale, di un ἡμερῶσαι. Vi si può ricollegare l'osservazione che anche i cavalli a noi noti non mostrano nessun istinto cannibalesco, in contrasto con quelli di Diomede: Eracle ne ha infatti esorcizzato la natura selvaggia, li ha vinti e stabilmente domati: τεῖρε δὲ στερεῶς, come afferma Pindaro (Fr. 169,29). Anche in questo caso si ha quindi il trasferimento agli uomini della signoria sugli animali.

Ma è da notare che gli animali selvaggi non provengono semplicemente dalla natura, ma in tradizioni molteplici vengono da un Aldilà.[23] Ciò è particolarmente chiaro nel caso dei buoi di Gerione, che vengono dall'inaccessibile isola rossa, Erytheia, una terra nel regno del sole che tramonta; quest'isola può essere appunto raggiunta solo con la vettura del sole, la 'coppa dorata'. Gerione è addirittura un vicino di Ade; si parla anche di buoi nella pianura dell'Ade. Ma anche Augia, Αὐγείας con nome parlante, è un figlio del Sole, ed anche Alcioneo sorveglia buoi del sole. Tratti di un Aldilà ha anche il regno di Diomede; il santuario di Diomede di Timavo sarà più tardi descritto come un paradiso di animali;[24] gli elementi paradisiaci e cannibaleschi possono convivere ampiamente in ambiti marginali. *[118]*

Così alla cultura si contrappone non una natura semplice, puramente data, ma un mondo estraneo, demoniaco o divino rappresentato fantasticamente. All'eroe culturale, come mediatore fra natura e cultura, attiene un compito più ampio, mediare tra un Aldilà e il nostro mondo normale. A suo tempo ho già tentato di legare gli eroi culturali allo sciamano,[25] mediatore magico tra Aldilà e Aldiqua, lo sciamano che nelle culture di caccia, in particolare in Siberia e tra gli Eschimesi, garantisce e rinnova continuamente anche la signoria sugli animali, più propriamente sugli animali commestibili. Il dominio su di essi non è semplicemente dato in natura, ma deve essere fondato nell'ambito culturale e sempre nuovamente raggiunto; questa signoria

---

[20] MEULI, *Ges. Schr.*, p. 803–811.

[21] BROMMER, *Herakles* (*supra*, n. 11), p. 21–23, sp. tav. 15a: Anfora Brit. Mus. B 231, ABV 139,10.

[22] MEULI, *Ges. Schr.*, p. 812 con importanti paralleli da altre culture; non accettava però l'interpretazione eziologica della rottura delle corna (812,3).

[23] BURKERT, *S&H*, p. 83–94 seguendo C. GALLINI, *Animali e aldilà*, in *SMSR*, t. XX, 1959, p. 65–81.

[24] BURKERT, *S&H*, p. 95.

[25] BURKERT, *S&H*, p. 88–94.

viene cercata e trovata in una sfera di là dalla natura, in un aldilà quasi spirituale; solo poche persone particolarmente dotate possono o potevano superare questi confini.

In questo ambito i miti di Eracle non sono isolati. Un parallelo è fornito dal modo in cui nell'inno omerico, Hermes supera tali confini: egli ruba i buoi immortali del dio Apollo e li trasforma in buoi comuni sulle rive dell'Alfeo, buoi sacrificali e commestibili.[26] Probabilmente simile era l'impresa compiuta da Mitra contro il toro; purtroppo manca il testo del mito mitriaco, che le immagini spesso ripetute certamente presuppongono: il toro appare in un santuario, viene domato da Mitra e, condotto alla grotta, finisce come offerta per il banchetto a base di carne, che Mitra ha con il Sole.[27] E' appena il caso di ricordare che nel mito di Eracle la catabasi agli inferi, la conquista dei frutti del giardino degli dèi e l'accesso all'Olimpo rientrano senz'altro nella tipologia delle narrazioni sciamaniche. Ma in tali racconti sono forse radicati anche i motivi più strani delle narrazioni su Eracle: la trasformazione in donna a Cos o al servizio di Onfale e la follia scatenatasi in occasione di un sacrificio che conduce all'uccisione dei figli tra le fiamme.

Non pretendo di aver esaurito la mitologia di Eracle con queste osservazioni; restano altri motivi e complessi non trattati qui, particolarmente una ricca tematica iniziatica che caratterizza tanti miti degli eroi greci. Vorrei però continuare concentrandomi piuttosto su un aspetto, quello dell'eroe culturale fin qui delineato. *[119]*

Infatti una tematica affine si ritrova nelle figure della mitologia mesopotamica, figure che da tempo sono state paragonate ad Eracle, in particolare Gilgamesh, l'eroe, e Ninurta, il dio. Non voglio soffermarmi sulla pretesa 'pelle di leone' di Gilgamesh, che come credo proviene da una trascrizione scorretta del testo cuneiforme,[28] ma su singole narrazioni, in primo luogo la lotta con il toro in *Gilgamesh* VI.[29] Il 'toro del cielo', in sumerico GUD.ANNA, proviene dal mondo degli dèi – i determinativi 'dio' e 'cielo' sono identici. Anu, dio del cielo, 'crea' il toro su richiesta della figlia Ishtar. Ella vuole così vendicarsi di Gilgamesh: Il toro lo deve uccidere; ma Gilgamesh e Enkidu vincono il toro con una lotta violenta, narrata realisticamente – il testo però è lacunoso –: Enkidu afferra il toro da dietro, Gilgamesh gli pianta un'arma in corpo dal davanti «tra la nuca, le corna e ...», «come un abile macellaio» (?).[30] Il toro finisce come un animale da macello, viene sventrato a regola

---

[26] W. BURKERT, *Sacrificio-sacrilegio. Il «Trickster» fondatore*, in C. GROTTANELLI–N.F. PARISE (ed.), *Sacrificio e società nel mondo antico*, Bari, 1988, p. 163–175 *[= Kleine Schriften I, 178–188]*.

[27] Basti riferirsi qui a R. TURCAN, *Mithra et le mithriacisme*, Paris, 1981 e R. MERKELBACH, *Mithras*, Meisenheim, 1984.

[28] BURKERT 1987 (cf. n. 2), p. 16 con n. 24.

[29] R.C. THOMPSON, *The Epic of Gilgamish*, Oxford, 1930; E.A. SPEISER, in J.B. PRITCHARD (ed.), *Ancient Near Eastern Texts relating to the Old Testament (= ANET)*, Princeton, 1955^2; R. LABAT, *Les Religions du Proche Orient*, Paris, 1970, p. 145–226; A. SCHOTT, *Das Gilgamesch-Epos*, neu herausgg. v. W. v. SODEN, Stuttgart, 1982.

[30] v. SODEN, p. 60.

d'arte ed una porzione viene messa da parte per il dio solare Shamash. Ad Ishtar e alle sue ierodule è gettata una coscia, su cui si lamentano piangendo ad alta voce: questo particolare nel racconto appare un gesto di scherno di Enkidu. Però è facile vedere un originale significato rituale. Le inservienti del tempio hanno diritto alla loro parte dell'offerta, mentre il lamento in occasione del sacrificio ha molti paralleli con quella che Karl Meuli ha chiamato la commedia dell'innocenza.[31] L'espressione usata nel testo accadico: «dispongono un pianto» (*bikitu ishkun*) è identica all'indicazione del lutto pubblico in un testo storico;[32] accenna quindi anche linguisticamente al pianto rituale. Il contenuto della narrazione è dunque il trasferimento del dominio sul toro dal cielo agli uomini mortali, per l'instaurazione del sacrificio rituale. Questa è l'impresa di Gilgamesh e Enkidu, che agiscono quindi come eroi culturali nel pieno senso della parola.

In questa prospettiva si può interpretare anche l'antefatto della lotta fra Gilgamesh ed il toro del cielo: il toro viene mandato da Ishtar, proprio perché Gilgamesh *[120]* ha respinto l'offerta della dea di fare l'amore con lei; anche qui il testo introduce un gesto di scherno che comporta un significato rituale probabilmente più antico: l'astinenza sessuale che procura la presenza dell'animale.[33] Questa è una regola molto diffusa: Il cacciatore si deve astenere sessualmente, per trovare e dominare l'elemento selvaggio. Proprio questa regola è ampiamente illustrata nel testo di Gilgamesh: Enkidu dapprima vive come un animale tra gli altri animali della foresta, ma dopo che ha dormito colla prostituta gli animali prendono a sfuggirlo (I iv,22–27): E' infatti diventato 'uomo'. L'antitesi natura-cultura è dunque esplicitamente presentata nella figura di Enkidu attraverso il criterio costituito dalla relazione con gli animali. La conseguenza del comportamento di Gilgamesh nell'incontro con Ishtar è che d'ora innanzi il toro sacrificale e il pasto di carne sono stabiliti tra gli uomini. E' vero che questa interpretazione si riallaccia, al di là della versione letteraria della storia di Gilgamesh, al contesto dinamico ipotizzabile per una più antica tradizione orale del mito. Inoltre lo stato dei testi conservati, che rappresentano anche versioni diverse,[34] impedisce di stabilire con certezza fino a che punto ed in che modo si possa spiegare la successiva morte di Enkidu come una pena per i suoi eccessi eroici, per l'uccisione di Humbaba o per quella del toro del cielo. Non mancano però esempi di una maledizione e di una pena che colpiscono il fondatore della cultura – si pensi a Prometeo.

Come eroe culturale in senso pieno Gilgamesh, nell'epopea accadica, aveva precedentemente intrapreso insieme ad Enkidu un'altra avventura, contro Humbaba si-

---

[31] MEULI, *Ges. Schr.*, p. 949–980. Elementi cospicui di una 'commedia dell'innocenza' si trovano in un rito sacrificale accadico, *ANET*, p. 334–338.

[32] Cronaca detta di NABONEDO ii 14 s., in A.K. GRAYSON, *Assyrian and Babylonian Chronicles*, New York, 1975, p. 107: *bikitu shaknat.*

[33] W. BURKERT, *Homo Necans*, Berlin, 1972; ed. ital.: *Homo Necans, Antropologia del sacrificio cruento nella Grecia antica*, Torino, 1981, p. 72 s.

[34] v. SODEN, p. 62.

gnore del bosco dei cedri. «Per 60 doppie ore il bosco s'estende incontaminato», dice il testo,[35] nessuno osa entrarvi. Ma il risultato dell'impresa degli eroi è che gli alberi vengono tagliati e «l'Eufrate li porta al tempio di Enlil».[36] Per questo loro uso deve essere rotto il tabù del bosco selvaggio, incarnato dalla figura terribile dell'Uomo Selvaggio, Humbaba, custode del bosco di cedri. Il testo anche qui presenta versioni diverse, molto lacunose e non si può stabilire con certezza quanto si soffermi sulla distruzione dell'ambiente. A un certo punto Humbaba in difficoltà sembra proporre: «custodirò per te il bosco di mirto»,[37] sembra quindi anteporre la custodia della natura al suo sfruttamento. Il testo principale però pone in rilievo gli aspetti *[121]* eroici: Humbaba diviene la personificazione del male tout court, e «cancellare un simile male dalla vita» è il programma di Gilgamesh.[38] Chiaramente il problema della lotta per la vita e la morte è al centro dell'attenzione; eppure è percettibile la tematica soggiacente, il processo in cui il bosco, sdemonizzato, diventa legname da costruzione.

Di questo motivo esiste un parallelo più antico in un testo su Ninurta e l'Asakku, recentemente pubblicato da van Dijk con il titolo esoterico LUGAL UD ME-LAM-bi NIR-GAL.[39] Decisivo per la comprensione di questo testo mitico è il concetto di KUR, che indica la potenza, contro cui scende in campo Ninurta. E' arduo contraddire un esperto come Samuel Noah Kramer,[40] senza poter vantare competenze in sumerico; ma con van Dijk desidero comprendere KUR come 'monte', non come 'mondo sotterraneo' – l'interpretazione di Kramer –. Si può ricordare, anche se non costituisce una prova, che i tre cunei dell'ideogramma KUR indicano cime montuose. Il senso del conflitto fra dio e KUR sta nell'irruzione in questo mondo della montagna: per gli abitanti della pianura mesopotamica è il monte, KUR, il massiccio montuoso che rappresenta in modo particolare la natura selvaggia, inaccessibile e pericolosa, abitata da animali e popoli incivili ed ostili. Asakku, un'essenza completamente negativa, generata dal cielo e dalla terra, ha preso il potere sui monti, si è accoppiato con il monte ed ha generato una schiera di demoni di pietra. Solo Ninurta osa, fidandosi della sua arma, la clava di Sharur, inoltrarsi sul monte e finalmente dopo vari alti e bassi diventa signore di Asakku. Così le pietre diventano utilizzabili, possono essere costruite le dighe, la terra viene coltivata e porta frutti, si organizza il culto degli dèi; rimane ancora da pronunciare il destino di 19 tipi di pietre. La natura del monte è ora sottomessa alla formula magica-divina e all'ordine divino, al 'destino', può essere espressa e quindi manipolata. In effetti Gudea, re di Lagash, è penetrato nei monti e ne ha usato le pietre: le sue statue di basalto sono oggi l'orna-

---

35 v. SODEN, p. 31.

36 v. SODEN, p. 54.

37 v. SODEN, p. 49.

38 II iv 98, v. SODEN, p. 31.

39 J. VAN DIJK, *LUGAL UD ME-LAM-bi NIR-GAL. Le récit épique et didactique des travaux de Ninurta, du déluge et de la nouvelle création I*, Leiden, 1983.

40 Rec. di VAN DIJK, in *JAOS*, t. CV, 1985, p. 135–139.

mento di tanti musei in tutto il mondo. Questa penetrazione è compiuta in maniera esemplare e determinante dal dio, come racconta questo testo mitico; inoltre il testo appare legato ad una festa di Ninurta, proprio da Ninurta-Ningirsu, il dio protettore particolare di Gudea.

Dopo la sua vittoria, Ninurta costruisce la montagna e regolarizza il corso del fiume Tigri (347–367). Si ricorda il ruolo di Eracle come costruttore di corsi di *[122]* fiumi e dighe, anche la tradizione del *ketos* di Troia, che sputava acqua salata come Tiamat il mare, e la costruzione delle mura. Non si può dimostrare una diretta relazione tra la realtà sumerica e quella greca, ma appare legittimo sottolinearne i paralleli.

La parte più sorprendente del nuovo testo di Ninurta per il grecista, che più direttamente rinvia agli *Athla* di Eracle, è la narrazione delle precedenti imprese del dio. Si parla dei 'Trofei di Ninurta'. Erano da tempo note dal cosiddetto 'cilindro A' di Gudea, un documento relativo alla fondazione del tempio di Ningirsu a Lagash.[41] In entrambi i testi, nel documento e nel mito, queste imprese sono dette 'gli eroi uccisi'.[42] Nel tempio di Ningirsu a Lagash questi eroi vengono collocati con precisione in determinati locali e corridoi e per loro sono instaurati luoghi sacrificali, per libazioni proprio come per gli dèi. In un altro piccolo epos sumerico, 'Il ritorno di Ninurta a Nippur', citato come *angim dím-ma* dagli specialisti, i 'trofei' sono tutti appesi al carro trionfale di Ninurta.[43] Il nuovo testo dà una semplice lista, per confermare la grandezza di Ninurta. Tra questi trofei si trovano un serpente con sette teste, un toro o bisonte (GUD.ALIM), l'uccello Anzu; in altre versioni si trovano buoi, infine anche un «leone, terrore degli dèi». I paralleli con Eracle sono dunque pressochè inevitabili. Si noti specialmente un elemento stilistico: Non troviamo racconti dettagliati, ma un'enumerazione semplice delle vittorie anteriori, dei 'trofei'; lo stesso si verifica per Eracle – non abbiamo un poema esteso sugli *athla*, ma enumerazioni ed allusioni[44] – ed anche per i testi Ugaritici che enumerano i titoli d'onore di Anat e di Baal,[45] e potrebbero costituire lo stadio intermedio fra la Mesopotamia e la Grecia.

Tuttavia alcuni nomi di 'trofei' di Ninurta sono difficili da comprendersi anche per gli specialisti; è peraltro chiaro che tra gli avversari eroici si trovano anche il 'forte rame' e il 'gesso'; la distanza da Eracle, che sembrava quasi annullata, diventa così di nuovo evidente. E' difficile immaginarsi Eracle lottare col 'gesso'. So-

---

[41] F. THUREAU-DANGIN, *Die sumerischen und akkadischen Königsinschriften*, Leipzig, 1907, p. 116–119; A. FALKENSTEIN–W. v. SODEN, *Sumerische und akkadische Hymnen und Gebete*, Zürich, 1953, p. 162 s.

[42] ur-sag-ug-ga, VAN DIJK, p. 10–19.

[43] J.S. COOPER, *The Return of Ninurta to Nippur*, Roma, 1978.

[44] Cf. e.g. EUR., *Herc.* 348–435.

[45] KTU 1.3, iii, 39–45; P. XELLA, *Gli antenati di Dio*, Verona, 1982, p. 101 s.; J.C. DE MOOR, *An Anthology of Religious Texts from Ugarit*, Leiden, 1987, p. 11 s. + KTU 1.5, i, 1 s., XELLA, p. 131 s., DE MOOR, p. 69 s. Ringrazio P. Xella per avermi indicato questi passaggi.

prattutto bisogna guardarsi dal pericolo di subordinare l'interpretazione delle testimonianze alla comparazione: Van Dijk indica come *[123]* parallelo al cinghiale ed alla cerva di Eracle un essere, che altri comprendono piuttosto come un montone; in ogni caso questo essere ha sei teste, che non trovano nessun parallelo nel mito di Eracle. Nella rielaborazione di van Dijk si trovano proprio 12 'eroi uccisi', che corrispondono alle 12 imprese di Eracle, ma altri ne contano solo 11: una parola può essere intesa come un appellativo del montone, ricordato subito dopo, o come un altro 'trofeo'. In breve qualche dettaglio rimane problematico; per mancanza di competenze sumerologiche non sono in grado di fornire ulteriori chiarimenti. L'associazione degli 'eroi uccisi' con gli *Athla* di Eracle rimane tuttavia notevole, anche se il legame col culto del tempio sumerico mostra quanto questo complesso sia ben radicato nella terra di Sumer. Il tratto più sorprendente dal punto di vista greco, la menzione di 'rame' e 'gesso' accanto alle bestie selvagge tra i 'trofei di Ninurta', diventa comprensibile proprio nella prospettiva dell'eroe culturale, come parallelo con il destino riservato nel racconto alle pietre del monte. Anche qui si tratta del modo in cui Ninurta-Ningirsu ha dominato elementi difficili e pericolosi della natura selvaggia, così che ora possono essere utilizzati, nell'attività manuale oppure forse nella magia. Inoltre con il culto sacrificale dovuto agli 'eroi morti' tutto viene integrato nel 'cosmos' creato all'interno del tempio. L'ordinato predominio dell'uomo, il suo disporre senza pericolo della natura è così assicurato per l'opera del dio soccorritore. Nell'ambito cultuale viene comunque conservato un certo rispetto per quanto si è domato, in quanto la 'natura morta' riceve onori divini.

Non è necessario sottolineare le somiglianze colla mitologia di Eracle, né tanto meno le differenze. Mancano, nel caso di Eracle, legami cultuali, rituali di questo tipo, per quanto riguarda gli *athla*. Ma questo non significa che i miti di Eracle, che appaiono meno fondati nel culto, siano meno autentici o secondari in confronto colla mitologia mesopotamica. Paradossalmente si osserva che nei miti di Eracle, posteriori di oltre un millennio, emergono strati apparentemente più antichi di quelli dei testi sumerici, complessi più significativi e più intimamente necessari. Penso alle storie degli animali dell'aldilà per cui si può risalire allo sciamanesimo ed alle culture di caccia, in linea di principio dunque fino al Paleolitico. Nei testi sumerici ed accadici qui trattati non vi è nulla che permetta di risalire tanto indietro. In essi l'antitesi tra selvaggio e addomesticato introduce al mondo della tecnica dell'età del Bronzo, connesso con il culto templare: pietre, legname, animali sacrificali, forse magia; l'interesse è rivolto verso i minerali dei monti, i cedri del Libano, la città e i templi. Comunque la tradizione sciamanica è esistita anche in Mesopotamia; essa appare nella discesa di Ishtar agli inferi: Il Asinnu o Kurgarru, riportando Inanna-Ishtar dagli *[124]* inferi, compie un'impresa nettamente sciamanica.[46] Ma il Kurgarru-Asinnu con i suoi strumenti e la sua incerta identità sessuale è consapevol-

46 W. BURKERT, in J. ASSMANN–W. BURKERT–F. STOLZ, *Funktionen und Leistungen des Mythos*, Freiburg, 1982, p. 66–68 *[= Nr. 1 in diesem Band]*. Traduzione della 'Discesa di Ishtar', in *ANET*, p.106–109.

mente marginalizzato in Mesopotamia: Proprio questo testo della discesa di Ishtar contiene la maledizione che lo 'determina' in questo modo. C'è tuttavia un altro parallelo 'sciamanico' tra Gilgamesh ed Eracle: Gilgamesh viaggia nell'aldilà di Utnapishtim sul 'cammino del sole', cercando l'immortalità; già da tempo questo motivo è stato confrontato con i viaggi di Eracle nell'aldilà, il cammino del sole verso Gerione, le mele delle Esperidi come cibo d'immortalità.[47] Questi sono paralleli importanti; ma degli 'animali dell'aldilà' nel mondo orientale antico resta soltanto una traccia, la designazione del 'toro del cielo', GUD.ANNA.

D'altra parte, Ninurta e Gilgamesh hanno in comune con Eracle ciò che nell'ambito degli eroi culturali li separa dallo sciamanesimo: operano con forza brutale, con potenza guerriera. Uno sciamano opera da lontano con l'estatica spirituale, con la magia; deve trattare con abilità e precisione con dèi e con spiriti, con i signori e le signore dell'aldilà e degli animali. Nel mondo dei cacciatori era evidentemente del tutto privo di senso uccidere il signore o la signora degli animali, da cui viene al contrario custodita l'origine della vita. Ninurta, Gilgamesh, e Eracle sono dei vincitori-uccisori.

Ancora la tradizione alternativa, probabilmente più antica, soppravive con Eracle. In qualcuno degli *athla* di Eracle si verifica per l'eroe invincibile la necessità di scendere a trattative. Contro Artemide e / o Apollo, signori della cerva, Eracle non può usare violenza, ma deve giustificarsi, quando lo affrontano per privarlo della preda. La scena è frequentemente rappresentata nelle pitture vascolari.[48] Eracle si richiama ad un ordine superiore: Egli agisce non per sé, ma per Euristeo. Questo ricorda la 'commedia dell'innocenza' dei popoli cacciatori, trattata da Karl Meuli nel suo articolo *Opferbräuche*.[49] Sono soliti *[125]* giustificarsi i cacciatori col signore degli animali o con la stessa preda affermando che non per sé, ma per gli altri, per le donne devono cacciare ed uccidere la selvaggina; in alcuni casi i cacciatori stessi si astengono dal mangiare carne. Anche con Augia figlio del dio sole Eracle deve trattare per acquistare i buoi desiderati; la purificazione della stalla è l'impresa meno eroica che gli viene imposta. Impegni di purificazione dalla sporcizia compaiono anche nella tematica degli autentici sciamani, per esempio presso gli Eschimesi. Abilità nelle trattative, capacità d'adattamento e astuzia sono usati anche dal Asinnu o Kurgarru nei loro rapporti con Ereshkigal. Oserei parlare di una sopravvivenza di motivi sciamanici in questi casi.

Ma altrimenti sia Ninurta sia Gilgamesh sia Eracle si affidano alla propria forza fisica ed alle proprie armi; la clava è addirittura il compagno d'avventura di Ninurta,

---

[47] B. SCHWEITZER, *Herakles*, Tübingen, 1922, p. 133–141.

[48] Cf. *supra*, n. 21. Probabilmente il motivo 'signora degli animali e cacciatori' si trova già in una rappresentazione da Cipro, VIII/VII sec.: due uomini portanti una cerva o capra; dietro di essi, una dea colle braccia levate, CVA Louvre 4, tav. 9 (193) 4; 6; 8; H.T. BOSSERT, *Altsyrien*, Tübingen, 1951, fig. 255/6; A. HERMARY, in *RDAC*, 1986, p. 167 s. (che contesta che si tratti di cacciatori).

[49] Cf. *supra*, n. 31.

è il segno del re sumerico, è l'arma di Eracle. Eracle uccide Gerione signore dei buoi e Diomede signore dei cavalli, Gilgamesh ed Enkidu uccidono Humbaba signore del bosco, Ninurta uccide l'Asakku usurpatore del monte; buoi e cavalli, bosco e montagna sono stabilmente sdemonizzati, privati di magia. Lo stesso è il messaggio della narrazione contenuta nelle coppe metalliche di Cipro trattate da A. Hermary,[50] narrazione forse greca del circa 700: Viene ucciso dal re cacciatore il rappresentante della natura selvaggia, il quasi-sileno che ha attaccato l'invasore. La formula caratteristica per Eracle nell'epos omerico implica 'violenza': βίη Ἡρακληείη. Anche l'avventura con Augia venne successivamente 'eroizzata' nella narrazione greca: Eracle tornó indietro e uccise Augia; così l'onore dell'eroe violento, già obbligato ad un servizio tanto umile, viene ristabilito.

C'è però da fare un'osservazione che si applica soltanto ad Eracle: Se Eracle personalizza la 'soluzione di forza', la sua figura, specialmente nell'iconografia come si è svolta dal VII secolo, è in contrasto marcato col guerriero normale greco. Eracle è il non-*hoplites*, l'anti-*hoplites*. Certi avversari di Eracle sono *hoplitai*, Kyknos p.es. ed i Giganti; Eracle è ignudo, usa la clava, l'arma più primitiva dell'uomo; lottando col leone non può usare nemmeno la clava, ma semplicemente le mani. Questa struttura antitetica è in sinfonia con suo ruolo di 'soccorritore': L'aiuto decisivo non viene dall'hoplites, raddoppiamento del combattente, ma da un altro livello; il successo non si ottiene con un regresso alle origini ad una violenza fondatrice, al di là delle tecniche e delle strategie della vita *[126]* 'civilizzata' della polis[51] – anche se per i Greci questo si configura come un ideale 'realistico' della forza, non come magia.

Abbiamo trattato paralleli fra miti mesopotamici e miti greci senza precisare dove, se mai, si intersecano.[52] Rapporti di dipendenza e influssi tra mitologia orientale ed occidentale senza dubbio esistevano. Il processo di civilizzazione si produce largamente attraverso la diffusione; prestiti su singoli punti sono probabili, ma manca normalmente la documentazione diretta del contatto. Più importante di questo problema insolubile è forse il fatto che si trovano temi così simili, di fatto varianti della stessa tematica caratteristica che si spiegano mutualmente. Ai tratti comuni appartiene anche quel contrasto colle culture di caccia: Le culture 'superiori' si rappresentano esplicitamente nei propri miti come violente, fondate sul successo guerriero, personificato dall'eroe culturale violento. E' attraverso l''uccisione' dei rappresentanti della natura nel bosco primordiale che risplende la luce della civilizzazione e viene creato quello spazio vitale di cui ha bisogno la cultura, cioè gli uomini con i

---

[50] A. HERMARY, in questi *Atti [cf. supra, p. 73]*, p. 129–143.

[51] Si può anche pensare alla struttura antitetica fra efebo e *hoplites* messa in rilievo da P. VIDAL-NAQUET, *Le chasseur noir*, Paris, 191, p. 151–175, (publ. orig., 1968). La prospettiva iniziatica e quella dell'eroe culturale si completano, non si contradicono. Cf. anche C. JOURDAIN-ANNEQUIN, *l.c.* (n. 15), p. 21–28 su «la cité 'modèle absent'» nei miti di Eracle.

[52] Cf. W. BURKERT, *Die orientalisierende Epoche in der griechischen Religion und Literatur*, in *Sitzungsber. Heidelberg*, 1984,1 e BURKERT 1987, *supra*, n. 2. Per la tradizione ugaritica come possibile fase intermedia si veda n. 45.

loro raffinati bisogni e desideri di potenza. Questa idea sta in conessione intima col culto divino, coll'instaurazione del sacrificio. La religione mira alla 'cultura': i cedri del bosco di Humbaba ucciso sono destinati al tempio, i buoi di Gerione finiscono sull'altare di Era di Argo. Per Euripide Eracle con la sua 'purificazione' ha stabilito gli onori degli dèi (*Herc.* 850 f.), e così vengono ancora uccisi gli animali nel culto, animali divenuti trattabili e domati grazie a Eracle o Gilgamesh. I pochi elementi conservati della situazione probabilmente più antica, basata su un accurato compromesso con le forze della natura selvaggia o ancora più con le potenze dell'aldilà, intuibili dietro la Natura, risultano progressivamente repressi o marginalizzati a favore dell'elemento eroico-guerriero, che è al centro dell'attenzione. La mitologia dà la giustificazione alla 'cultura', al dominio *[127]* organizzato in contrasto colla 'natura', al re, alle città. Eppure i miti, nella loro maniera allusiva ed ambivalente, lasciano aperte alla riflessione prospettive alternative, suscitando così una certa inquietudine circa la paradossale condizione umana, stretta tra ordine armonioso e violenza.

Erschienen in: Würzb. Jahrb. für die Altertumswissenschaft N.F. 5, 1979, 253–261.

6. Von Ullikummi zum Kaukasus: Die Felsgeburt des Unholds

Zur Kontinuität einer mündlichen Erzählung

Max Lüthi zum 70. Geburtstag
am 11. März 1979 überreicht

Wenn Altphilologie und Volkskunde sich treffen oder gar zusammenarbeiten möchten, geht dies nicht ohne Schwierigkeiten ab. Die beiden Disziplinen sind ihren Methoden nach nahezu konträr, und nicht selten wurde der methodische Gegensatz zum geisteswissenschaftlichen Dogma erhoben: Der Philologe hat es mit Texten zu tun, am liebsten mit klassischen Texten, die er bis zum letzten Buchstaben zu hüten und auszulegen bemüht ist, und leicht erwächst daraus die Hypothese, der Text sei eben so, buchstabengenau, von einem großen Geist in einem souveränen Schöpfungsakt erdacht und niedergeschrieben worden; der Volkskundler ist es gewohnt, mit Dutzenden oder gar Hunderten von Varianten einer Erzählung zu arbeiten, und gerne sah man hinter solch reichen Traditionsströmen einen überindividuellen Volksgeist am Werk, jedenfalls eine grundsätzlich anonyme und kollektive Wirkungsmacht, unbeeinflußbar von individuell-literarischer Produktion und dieser gegenüber darum grundsätzlich primär. So radikal freilich werden die Gegenpositionen heutzutage selten aufgebaut. Die kritischen Attacken des Philologen Detlev Fehling auf "das Märchen von der mündlichen Überlieferung" finden bei den anvisierten Gegnern überraschend offenes Gehör,[1] während der Philologe doch seinerseits lernen mußte, die mündliche Überlieferung in Rechnung zu stellen, zumal man seit Milman Parry beim Klassiker par excellence, bei Homer, aus den Eigenheiten

1 D. Fehling, Amor und Psyche. Die Schöpfung des Apuleius und ihre Einwirkung auf das Märchen. Eine Kritik der romantischen Märchentheorie, Abh. Ak. Mainz 1977, 9; Erysichthon oder das Märchen von der mündlichen Überlieferung, in: RhM 115, 1972, 173–196. – D.-R. Moser, Die Homerische Frage und das Problem der mündlichen Überlieferung aus volkskundlicher Sicht, in: Fabula 20, 1979, 116–136 (Festschrift M. Lüthi). Ich habe dem Verfasser dieses gleichfalls Max Lüthi gewidmeten Beitrags für anregende mündliche und schriftliche Diskussion sehr zu danken. Mir scheint, daß die gegensätzlichen Vorstöße sich eher ergänzen als widerlegen. Noch sind wir im Stadium des Sammelns von Materialien und Argumenten, die in die eine oder andere Richtung weisen. Das Endergebnis steht noch aus.

von Sprache und Metrik die Existenz einer generationenlangen mündlichen Sängertradition zwingend erschlossen hat.[2]

Eher droht der Dialog zwischen Volkskunde und philologisch-historischen Wissenschaften statt an unzugänglicher Selbstsicherheit am Fehlen gemeinsamer Sachbereiche wieder einzugehen. Die Volkskunde hat sich im 19. Jahrhundert entwickelt, ihre modernen Methoden entstammen erst den letzten Jahrzehnten; eine diachronisch auswertbare Dokumentation kann darum kaum existieren. Die philologischen Wissenschaften ihrerseits übersehen heute fast 5000 Jahre literarischer Dokumentation, und durch die Leistung der letzten Generationen ist diese heute weit vollständiger und besser erschlossen als je zuvor. Besonders im Bereich des Nahen Ostens ist das Netz des Bekannten immer dichter geworden. Doch darin *[254]* eingefangen ist eben nur, was seinerzeit verschriftlicht worden ist. Formen mündlichen Erzählens bleiben schattenhaft im Bereich des nie direkt zu Verifizierenden.[3]

Doch ist der Philologe und Historiker ja nicht nur mit der wachsenden Fülle positiver Zeugnisse konfrontiert, sondern ebenso mit den Lücken der Überlieferung, den Brüchen der Entwicklung, den Diskontinuitäten und Katastrophen. Wiederholt ist der Zusammenbruch einer Schriftkultur zu konstatieren, der Einbruch 'dunkler Jahrhunderte'. Sofern nun Kontinuität über eine solche Bruchzone hinweg zu fassen ist, bleibt auch dem kritischen Philologen nichts als die Hypothese mündlicher Überlieferung. In diesem Sinn sei hier auf eine Erzählung hingewiesen, die sich über mehr als 3000 Jahre hin in einem räumlich und ethnisch abgrenzbaren Bereich erhalten zu haben scheint.

Kleinasien ist um die Mitte des 2. Jahrtausends beherrscht vom Großreich der Hethiter mit der Hauptstadt Hattusa-Boğazköy; mit ihrer Zerstörung um 1200 v. Chr. fand diese bronzezeitliche Kultur ein abruptes Ende. Unter den Tausenden von Keilschrifttafeln, die sich in Boğazköy fanden, hat die klassischen Philologen vor allem der 1945 veröffentlichte 'Kumarbi'-Mythos fasziniert, der eine frappante Parallele zum hesiodeischen Kronos-Mythos brachte. Nicht von diesem jedoch soll hier die Rede sein, sondern von seiner Fortsetzung, dem 'Lied von Ullikummi', dem von Kumarbi gezeugten Stein-Unhold, der die Götter bedrohte, bis er abgesägt und gestürzt werden konnte.[4] Hierzu gibt es eine merkwürdige Parallele nicht in

---

2 Es genüge hier der Hinweis auf M. Parry, The Making of Homeric Verse, Oxford 1971, und A. Heubeck, Die Homerische Frage, Darmstadt 1974, 130–152.

3 Vgl. B. Alster, Dumuzi's Dream. Aspects of Oral Poetry on a Sumerian Myth, Kopenhagen 1972, und E. Brunner-Traut, Wechselbeziehungen zwischen schriftlicher und mündlicher Überlieferung im Alten Aegypten, in: Fabula 20, 1979, 34–46.

4 H.G. Güterbock, Kumarbi. Mythen vom churritischen Kronos, Zürich 1946; H. Otten, Mythen vom Gotte Kumarbi. Neue Fragmente, Berlin 1950; H.G. Güterbock, The Song of Ullikummi, New Haven 1952; J.B. Pritchard, Ancient Near Eastern Texts relating to the Old Testament, Princeton [2]1955 (abgekürzt ANET), 120–125. Vgl. A. Lesky, Hethitische Texte und griechischer Mythos, in: Anz. Österr. Ak. d. Wiss. 1950, 137–160 = Ges. Schr., Bern 1966, 356–371 (dazu 372–378); F. Dirlmeier, Homerisches Epos und Orient, in: RhM 98, 1955, 18–37 = Ausgew. Schr., Heidelberg 1970, 55–67; A. Heubeck, Mythologische Vorstellungen des Alten Orients im archaischen Griechentum, in: Gymnasium 62, 1955, 508–525 = Hesiod

einem archaischen griechischen, sondern in einem spätantiken Text, in einem Kapitel der apologetischen Schrift, die Arnobius noch zur Zeit der letzten Christenverfolgung, vor 310 n. Chr., geschrieben hat. Er bezieht sich auf das berühmt-berüchtigte Zentrum des Magna Mater-Kultes in Kleinasien, Pessinus.[5] Der Objektivität halber ist hier der Text in der alten Übersetzung von F.A. v. Besnard (1842) wiedergegeben; die Parallelen aus dem sehr viel ausführlicheren, wenn auch lückenhaft erhaltenen Ullikummi-Text sind der genauen Übersetzung von H.G. Güterbock (1946) bzw. H. Otten (1950) entnommen – eine poetischere Wiedergabe enthält der Sammelband 'Die Schöpfungsmythen' (Einsiedeln 1964). *[255]*

Arnobius 5,5	Ullikummi
Im Lande Phrygien, sagt er (Timotheus), ist ein vor allen andern unerhört großer Fels, der Agdus von den Eingeborenen der Gegend genannt wird. Von ihm entnommene Steine haben Deukalion und Pyrrha, wie Themis weissagend befohlen, auf die von Sterblichen entblößte Erde geworfen; aus welchem samt den Übrigen auch diese, welche man die Große Mutter nennt, gebildet und durch göttliche Schickung beseelt worden ist.	(Kumarbi plant, einen Rebellen gegen den Wettergott zu schaffen) In ... liegt eine große Felsenspitze. Sie hat in der Länge 3 Meilen, in der Breite ... und eine halbe Meile.
Als sie auf des Felsens Gipfel sich der Ruhe und dem Schlafe hingab, begehrte ihrer ruchlos Jupiter mit unzüchtiger Leidenschaft. Da er aber nach langer Anstrengung das sich Verheißene nicht erlangen konnte, so büßte er, zum Nachgeben gezwungen, seine Lust auf dem Stein.	(Kumarbi kam) Seine Lust regte sich und er schlief mit der Felsspitze, und in sie [floß] seine Mannheit. Er nahm sie sich fünfmal, er nahm sie sich sechsmal.
Hiervon empfing der Fels, und nach vielfachem vorhergegangenen Stöhnen gebar derselbe im zehnten Monat den nach dem mütterlichen Namen benannten Acdestis.	Nachts [...] der Stein den Stein [...] Als er gebar [...] die Felsspitze [...] Sohn des Kumarbi.

ed. E. Heitsch (Wege der Forschung), Darmstadt 1966, 545–570; G. Steiner, Der Sukzessionsmythos in Hesiods 'Theogonie' und ihren orientalischen Parallelen, Diss. Hamburg 1958; P. Walcot, Hesiod and the Near East, Cardiff 1966; G.S. Kirk, Myth. Its Meaning and Functions in Ancient and Other Cultures, Berkeley, Los Angeles 1970, 213–220.

5 Dazu M.J. Vermaseren, Cybele and Attis: The Myth and the Cult, Leiden 1977; W. Burkert, Structure and History in Greek Mythology and Ritual, Berkeley 1979, 102–111.

Arnobius 5,5

Dieser war von unbezwinglicher Stärke und unzugänglicher Wildheit, voll unbändiger und rasender Gier, beiderlei Geschlecht angehörig, der das mit Gewalt Geraubte zugrunde richtete, vernichtete, nach der ihn treibenden Wildheit; der weder um Götter noch Menschen sich bekümmerte und außer an sich an nichts Mächtigeres glaubte, Erde, Himmel und Sterne verachtend.

Ullikummi

(Kumarbi gibt seinem Sohn den Namen:)
"Er soll zum Himmel zur Königsherrschaft hinaufgehen ... Den Wettergott soll er schlagen und ihn wie [...] zermalmen, ... und alle Götter aus dem Himmel wie Vögel herabschütteln und sie wie leere Töpfe zerbrechen!" *[256]*

Arnobius 5,6

Da die Götter oftmals in Beratung zogen, auf welche Weise desselben Dreistigkeit entweder geschwächt oder unterdrückt werden könne, so übernahm, während die anderen in Unentschlossenheit verharrten, Liber dieses Werkes Besorgung, und entzündete jene ihm trauliche Quelle, wo er gewohnt war, die durch Liebesgenuß und Jagd erregte Brunst und Glut des Durstes zu lindern, mit der heftigsten Kraft lautern Weines. Acdestis lief nun zur Zeit des ihn nötigenden Durstes herbei und verschluckte unmäßig durch weit geöffneten Schlund den Trank; so daß, durch das Ungewohnte überwältigt, er in den tiefsten Schlaf versank. Liber lag im Hinterhalte und warf eine Schlinge aus starkem Haar aufs geschickteste gedreht um die Fußsohle, mit dem andern Teile der Hoden samt dem Geschlechtsglied sich bemeisternd. Als jener, die Kraft des Weines verdunstet, mit Heftigkeit sich aufraffte und die Schlinge an der Fußsohle anzog, so beraubte er sich so selbst durch seine eigene Kraftanstrengung der männlichen Geschlechtsteile.

(Ullikummi wächst im Meer heran; der Sonnengott erblickt ihn; Beratung mit Wettergott und anderen Göttern; vergebliche Versuche von Wettergott, Kriegsgott und anderen Göttern, dem Wachsen des Fels-Ungeheuers ein Ende zu machen)
(Ea, der Gott der Wassertiefe und Weisheit, rät:) "Das uralte kupferne Messer soll man herauslegen, mit dem man Himmel und Erde auseinandergeschnitten hat; und den Diorit-Stein Ullikummi soll man unter den Füßen abschneiden, den Kumarbi gegen die Götter als Rebellen geschaffen hat".
(Im folgenden Kampf spricht Ullikummi noch kühne Worte; das Ende ist nicht erhalten; zweifellos wird Ullikummi entsprechend Eas Vorschlag gestürzt). *[257]*

Die Übereinstimmung im Ablauf der Erzählung und in mehreren Einzelmotiven ist frappant.[6] Gewiß, Zeugung, Geburt und Kampf gehören zu jenen allgemeinen, 'biotischen' Operatoren,[7] die überall in Erzählungen wirksam werden, und ungewöhnliche Partner sind dabei immer zugelassen. Immerhin ist die Felsengeburt nach dem Thomsonschen Motivindex gar nicht so häufig, und in der Verbindung mit Götterkampf und 'Schwächung' durch Manipulation an den Füßen ergibt sich ein Komplex, der doch wohl einzigartig ist. Sechs parallele Stationen der Erzählung – 'Funktionen' im Sinne Propps[8] – treten hervor: (1) Die Ausgangssituation: der große Stein; (2) ein Gott befruchtet den Stein; (3) der Stein gebiert ein Kind; (4) das so erzeugte Kind ist ein Rebell gegen die Götter; (5) die Götter versammeln sich und planen Gegenmaßnahmen; (6) der Götterfeind wird unschädlich gemacht. Gewiß, die Unterschiede sind nicht zu übersehen: was bei Kumarbi wohlbedachter Plan ist, wird bei 'Jupiter' ungewollter Ersatz; Agdistis (um die gewöhnliche griechische Namensform zu gebrauchen) ist nicht selbst ein Stein, und Ullikummi ist nicht doppelgeschlechtig; Ullikummi wird abgesägt, Agdistis in komplizierter Weise kastriert. Doch trägt Agdistis eben den Berg Agdos im Namen, und die Magna Mater von Pessinus, deren alter ego Agdistis schließlich ist, wurde in Gestalt eines Steines verehrt. Für die Äquivalenz von Fuß und Phallos schließlich braucht man kaum die Freudsche Tiefenpsychologie heranzuziehen: auch Agdistis wird an den Füßen geschwächt, das Messer jedoch, das allein geeignet scheint, Ullikummis Beine zu durchtrennen, ist zuvor für die Trennung von Himmel und Erde gebraucht worden,[9] und eben diese wird im Kumarbi-Mythos wie bei Hesiod als Kastration beschrieben. Auch die scheinbaren Motivvarianten also konvergieren auf einen gemeinsamen Sinn hin.

Daß beide Texte nicht unabhängig voneinander sind, erhebt die Kulturgeographie zur Evidenz. Pessinus liegt innerhalb des ehemaligen Hethiterreichs; nach den 'dunklen Jahrhunderten' gehören Pessinus wie Boğazköy – die etwa 250 km auseinander liegen – zum Reich der Phryger; Agdistis ist für die Griechen die 'Phrygische Göttin', die bedeutendste archaische Statue der 'Phrygischen Göttin' aber fand sich gerade in Boğazköy.[10] Zudem läßt sich die chronologische Distanz von 1500 Jahren zwischen 'Ullikummi' und Arnobius durch philologisch-historische Methode zumindest halbieren: Arnobius zitiert als Quelle den 'Eumolpiden Timotheos',

---

[6] Auf den Zusammenhang hat auch M. Meslin in Hommages M.J. Vermaseren, Leiden 1978, II 767 f., hingewiesen.

[7] Den Terminus "allgemein biotisch" für gewisse fundamentale Strukturen hat M. Lüthi, in: Deutsche Zeitschrift für Volkskunde 2, 1973, 292, eingeführt.

[8] V.J. Propp, Morfologija skaski, Leningrad 1928, ^{2}1969 ~ Morphologie des Märchens, München 1972; ^{2}1975.

[9] Ullikummi iii c, ANET 125.

[10] K. Bittel, Phrygisches Kultbild aus Boğazköy, Antike Plastik II 1, Berlin 1963.

der zur Zeit des *[258]* ersten Ptolemäerkönigs, um 300 v. Chr., tätig war.[11] Soweit also trägt die literarische Tradition, gleichgültig, durch welche Zwischenglieder Arnobius zu seinem Text kam. Als unmöglich jedoch erweist es sich, die verbleibende Lücke der Überlieferung ganz zu schließen. Die hethitische Keilschrift ist nach der Katastrophe um 1200 v. Chr. verschwunden; nichts spricht dafür, daß die im südlichen Kleinasien weiterbestehende hethitische Hieroglyphenschrift für literarische Aufzeichnungen verwertet wurde. Die in Zentralanatolien eingewanderten Phryger lernten erst im 8. Jahrhundert – etwa gleichzeitig mit den Griechen – durch Übernahme des Phönikischen Alphabets wieder schreiben.[12] Versucht man mögliche Umwege schriftlicher Tradition zu finden – vom Hethitischen ins Assyrische, vom Assyrischen ins Phrygische, oder vom Hethitisch-Hurritischen ins Phönikisch-Aramäische und von dort nach Pessinus – wird die Konstruktion so halsbrecherisch, daß die Annahme einer schriftlosen, bodenständigen Kontinuität den Vorzug der Vorsicht gewinnt. Für die Stabilität des Mythos wird man zunächst die Bindung an das Heiligtum von Pessinus verantwortlich machen; dieses knüpft vermutlich in irgendeiner Weise an die Bronzezeit an, wobei zu bedenken ist, daß eben die berüchtigte Organisation der Eunuchen-Priester am ehesten kriegerische Eroberungen, bei denen Männer grundsätzlich getötet wurden, überdauern konnte. Die Fortsetzung des Agdistis-Mythos läuft auf die Entmannung des Attis hinaus, die als mythisches Gegenbild der tatsächlichen Rituale längst erkannt ist. Die Felsgeburt des Unholds ist ein Vorspann, der weniger direkt auf die Rituale bezogen erscheint und vielleicht eben darin sich als ein eigentlich selbständiges Stück Überlieferung zu erkennen gibt. Der hethitische Text ist im übrigen, soweit wir sehen, literarisch-spekulativ, frei vom rituellen Bezug. Doch wie immer man Funktion und Funktionswandel des Mythos sieht, unbezweifelbar scheint, daß wir in diesem Fall die mündliche Tradierung einer Erzählung über mindestens 450, vielleicht gar 900 Jahre fassen.

Was aber vollends verblüffen mag, ist die Tatsache, daß praktisch die gleiche Erzählung auch noch in den im 19. Jahrhundert gesammelten Traditionen der Kaukasus-Völker auftaucht. Die Texte sind einerseits durch A. v. Löwis of Menar, andererseits durch G. Dumézil zusammengestellt worden – 35 bzw. 15 Jahre ehe der Ullikummi-Text bekannt wurde.[13] Es handelt sich um Geburt und Ende des Helden Soslan (ossetisch) oder Sosriko (tscherkessisch) – die Erzählzyklen übergreifen im Kaukasus mehrere ganz verschiedene Einzelsprachen. *[259]* Die Erzählung ist,

---

[11] Vgl. Tac. Hist. 4,83; Weinreich, RE VI A 1341 f.; auf Timotheos geht wohl auch Alexander Polyhistor, FGrHist 273 F 74, und letztlich Paus. 7,17,10 f. zurück. H. Hepding, Attis, Seine Mythen und sein Kult, Gießen 1903, 37–41.

[12] Zur phrygischen Schrift vgl. R.S. Young, in: Hesperia 38, 1969, 252–296; A.R. Millard, in: Kadmos 15, 1976, 130–144.

[13] A. von Löwis of Menar, Nordkaukasische Steingeburtssagen, in: Archiv für Religionsw. 13, 1910, 509–524; G. Dumézil, Légendes sur les Nartes, Paris 1930, 75–77; 105–111; 179–199, und: Mythologie der kaukasischen Völker, in: H.W. Haussig (ed.), Wörterbuch der Mythologie, Stuttgart 1965 ff., Bd. IV, bes. 42 s.v. 'Narten' und 46 f. s.v. 'Rad'.

kurzgefaßt: Als die schöne Narten-Frau Saetaenae am Ufer eines Flusses Wäsche wusch, sah vom andern Ufer aus ein alter Hirte – oder war es der Teufel? – zu und geriet in Erregung; sein Same ergoß sich auf einen Stein am Ufer; so wurde ein Kind gezeugt. Saetaenae, die den Vorfall bemerkt hatte, ließ das Kind zu gegebener Zeit aus dem Stein meißeln und zog es auf: dies wurde der Held Soslan / Sosriko, unverwundbar bis auf seine Knie, der allerlei übliche Heldentaten und galante Abenteuer bestand. Ein merkwürdiges Ende aber fand er schließlich, indem im Auftrag des Sonnengottes ihm das magisch-lebendige 'Rad des Barsaeg' die Knie zerschlug.

Nicht nur die Zeugung aus dem Stein also kehrt hier wieder, sondern auch zumindest in Andeutung der Konflikt mit himmlischen Göttern und der Sturz des Ullikummi, dem die Beine durchtrennt werden. Die Erzählung stimmt zur Agdistis-Version, indem der Anblick einer Frau die unfreiwillige Zeugung auslöst und diese Frau dann eine mütterliche Rolle übernimmt – dies könnte wohl auch Konvergenz aus 'biotischem' Urgrund sein. Auffallender ist die Koinzidenz mit Ullikummi im Ende des Helden: ein ganz besonderes, gleichsam magisches Werkzeug tritt auch dort in Aktion, nachdem der Unhold allen anderen Angriffen getrotzt hat. Das magische Rad im Kaukasus scheint auf ein rituelles Geschicklichkeitsspiel zu weisen: zwei Parteien schleudern sich gegenseitig das mit Spitzen oder Schneiden versehene Rad zu und suchen es zu fangen; im Zerschneiden der Knie ist die Nähe zu Ullikummi am augenfälligsten. Die Ähnlichkeit mit Agdistis ist im übrigen schon 1912 von Robert Eisler, die mit Ullikummi neuerdings auch von Hethitologen konstatiert worden.[14]

Nun scheint der Kaukasus von Hattusa doch recht weit abzuliegen. Doch ein plausibler Traditionsweg läßt sich zeigen. Wie von Hethitologen rasch erkannt, ist Kumarbi samt Ullikummi nicht ein hethitischer Gott, sondern gehört zu Volk und Kultur der Hurriter. Diese sind in der Bronzezeit zunächst neben den Hethitern im 'Reich Mitanni' im oberen Zweistromland faßbar, später sind sie den Hethitern untertan und doch gerade im Bereich von Religion und Ritual offenbar von großem Einfluß. Ihre Sprache ist nicht indogermanisch; man stellt sie versuchsweise mit ostkaukasischen Sprachen zusammen. Nach den dunklen Jahrhunderten taucht im 9. Jh. ein Reich 'Urartu' in der Ost-Türkei im Gebiet des Van-Sees auf; die Sprache 'Urartäisch', aus Keilschrift-Tafeln bekannt, ist offenbar eine Fortsetzung des älteren Hurritschen;[15] der Wettergott, hurritisch Tešub, heißt jetzt Teišeba. Das Reich von Urartu ist dann im 7. Jahrhundert zwischen Kimmeriern und Medern aufgerieben worden, an seiner Stelle erscheinen später die – indogermanisch sprechenden – Armenier. Ob nun damals hurritisch-urartäische Stämme in den Kaukasus abgedrängt wurden oder überhaupt ursprünglich von dort stammten, jedenfalls ist ein

[14] R. Eisler, Zu den nordkaukasischen Steingeburtssagen, in: Archiv für Religionsw. 15, 1912, 305–312. – I. Wegner in: V. Haas, H.J. Thiel et al., Das Hurritologische Archiv, Berlin o.J. [1978], 96 f.

[15] I.M. Diakonoff, Hurrisch und Urartäisch, München 1971.

Zusammenhang von Hurritern und Kaukasus-Völkern *[260]* unbestritten, ein Weg von Ullikummi zu Soslan / Sosriko insofern vorgezeichnet. In diesem Falle allerdings umgreift die Kontinuität volle 3000 Jahre, einhundert Generationen. Gewiß ist die Erzählung nicht unverändert wie eine Versteinerung weitergereicht worden. Doch ist auf veränderte Motive, auch auf den Funktionswandel im ganzen hier nicht einzugehen. Eine erkennbare 'Familienähnlichkeit' ist jedenfalls geblieben.

Inwieweit die georgische und die armenische Schriftkultur als Stütze für die Kontinuität von Volkserzählungen von der Spätantike zur Neuzeit in Betracht kommen, muß hier als Frage stehen bleiben.[16] Dem Glauben an die mündliche Überlieferung bleibt, so scheint es, ein großer Sprung zugemutet. Da ist es beruhigend, daß ein viertes Zeugnis sich finden läßt, das nach Raum und Zeit so recht ein 'missing link' darstellt: ein spätantiker Text, der nach Armenien weist. Auch auf ihn hat die Forschung seit langem aufmerksam gemacht.[17] Erhalten freilich ist er an höchst verdächtiger Stelle, in der Kompilation 'Über Flüsse', mit der ein Unbekannter im 2. Jahrhundert n. Chr. unter dem Namen des redlichen Plutarch den nach entlegener Gelehrsamkeit dürstenden Rhetoren-Philologen ein rechtes Schwindelprodukt verkauft zu haben scheint.[18] Das Büchlein enthält eine Sammlung von erstaunlichen, sonst nie erwähnten Geschichten mit bedeutsam plazierten Quellenangaben, die offenbar frei erfunden sind; sie haben Jacobys 'Fragmente der griechischen Historiker' um die merkwürdige Appendix 'Schwindelautoren' (Nr. 284–296) bereichert. Und doch, einzelnes in der dubiosen Schrift klingt nicht nur interessant, sondern irgendwie 'echt'.

Im 23. Kapitel jedenfalls, das dem Fluß Araxes gewidmet ist, steht zu lesen – die Quellenangabe scheint der Autor für einmal vergessen zu haben –:

> "Am Fluß Araxes liegt ein Berg, der Diorphos heißt, nach dem erdgeborenen Diorphos. Von ihm gibt es folgende Geschichte: Mithras, der einen Sohn haben wollte und das Weibergeschlecht haßte, ergoß seinen Samen auf einen Felsen. Der Stein wurde schwanger, und nach der festgesetzten Zeit brachte er einen Sohn zur Welt, der Diorphos hieß. Als der herangewachsen war, forderte er Ares heraus zu einem Wettkampf in der Tapferkeit. Dabei fand er den Tod.

---

16 Vgl. zur kaukasischen Volkskunde das Nachwort in J. Levin, Märchen aus dem Kaukasus, Düsseldorf / Köln 1978, 277–302. – Löwis of Menar (vgl. Anm. 13), 517 verwies auf mittelalterliche jüdische Legenden, wonach der Anti-Messias Armillus von Satan aus einem Stein gezeugt wird. Dies ist offenbar ein Ableger des hier behandelten Komplexes, doch fehlt das charakteristische Ende des Unholds.

17 Vs. Miller (russisch) bereits 1885, nach Dumézil (1930: vgl. Anm. 13), 192 f.; Eisler (1912: vgl. Anm. 14), 310.

18 Vgl. K. Ziegler, RE XXI 867–871; F. Jacoby, Die Überlieferung von Ps.-Plutarchs Parallela Minora und die Schwindelautoren, in: Mnemosyne III 8, 1940, 73–144 = Abhandlungen zur griechischen Geschichtsschreibung, Leiden 1956, 359–422, und FGrHist III a (1943), 367–369.

> Nach göttlicher Vorsehung aber wurde er in den gleichnamigen Berg verwandelt".

Man sagte, dies sei "frei erfunden" (RE V 1079) nach dem Vorbild der Felsgeburt des Mithras – die in keinem einzigen antiken Text genauer beschrieben wird; sie könnte, wie das Stieropfer, durchaus eigentlich dem Magna Mater-Bereich *[261]* entstammen. Verblüffend aber ist, wie alle Einzelheiten dieses kurzen Textes in den entworfenen Rahmen sich einfügen, so gut wie der Araxes gerade zwischen Van-See und Kaukasus seinen Lauf nimmt. Der Gott zeugt einen Sohn im Stein, absichtlich wie Kumarbi; der Stein ist die rechte Zeit lang schwanger, wie in allen anderen Versionen; der Steingeborene fordert einen Gott heraus, wie Ullikummi und Sosriko; er kommt um im Rahmen eines Wettkampfes, wie der kaukasische Held. Und wenn der Gestürzte noch immer als Berg am Araxes liegt, kann man nicht umhin, an das Felsungetüm Ullikummi zu denken: man möchte vermuten, daß auch Hurriter und Hethiter den Felsenriesen in concreto zu zeigen wußten.

Auch der kritische Philologe muß in diesem Fall wohl zur Kenntnis nehmen, daß selbst bei einem überführten Fälscher auf die Falschheit der Fälschung kein Verlaß ist. Es ist ja gar nicht so leicht, sich eine Erzählung aus den Fingern zu saugen, während mündliche Erzähltradition als allgegenwärtige Anregung zu Gebote stand. Daß wir es dabei nicht etwa mit einem amorphen Hintergrund, sondern mit erstaunlich fest geformten und beständigen Gebilden zu tun haben, ergibt sich zwingend aus vier zeitlich weit auseinanderliegenden, voneinander unabhängigen 'Momentaufnahmen'. Und auch für den Volkskundler mag die hier einmal beweisbare historische Dimension seines Materials, eine Volkstradition über 100 Generationen hin, mehr sein als eine bloße Kuriosität dort 'hinten weit in der Türkei'.

Erschienen in: Eranos Jahrbuch 51, 1982, 335–367.

7. Götterspiel und Götterburleske in altorientalischen und griechischen Mythen

I

Spiel ist ein universales Phänomen; doch erscheint es in den einzelnen Kulturen und ihren Sprachen in unterschiedlichen, bald engeren, bald weiteren Aspekten. Das griechische Wort für ‚spielen' kommt in einem der ältesten Dokumente der griechischen Schrift – lange Zeit konnte man sagen: im ältesten Dokument der griechischen Sprache – vor, in dem Graffito auf einem spätgeometrischen Tonkrug aus Athen für einen Knaben, „der jetzt von allen Tänzern am muntersten spielt";[1] doch ist der im Wort erfaßte griechische Begriff des Spiels eingeengt und kann „den umfassenden Inhalt des Begriffes Spiel im Deutschen und anderen Sprachen in keiner Weise erreichen".[2] *Paízein* ist eine Erweiterung von *paîs*, ‚Kind', und wurde immer so verstanden.[3] Die drei anderen alten *[336]* Wörter für ‚spielen', *athýrein, hepsiâsthai, atállein*[4] werden zu archaisch-poetischen Varianten des allein geläufigen *paízein*. Spiel ist also für die Griechen Kinderspiel, in Opposition zum ‚Ernst', *spudé* der Erwachsenen; dabei wird der ‚ernste' Mann, *spudaîos*, als der ernst zu nehmende weithin äquivalent mit dem ‚guten', ‚tüchtigen' Mann überhaupt. Mit anderen Worten: Griechen können das Spiel nicht ernst nehmen.[5] Dafür zeichnet es sich aus durch Fröhlichkeit, Unbeschwertheit und Lieblichkeit.

Damit sind Bereiche vom ‚Spiel' ausgeschlossen, die für uns wesentlich dazugehören; zunächst der sportliche Wettkampf. Der ‚Agon' ist überaus bezeichnend für

---

1 *Inscriptiones Graecae* I² 919, vgl. C. Watkins, *Studies in Greek, Italic, and Indoeuropean Linguistics offered to Leonard R. Palmer*, Innsbruck 1976, S. 431–441.

2 Bertram in Kittel, *Theologisches Wörterbuch zum Neuen Testament* V, S. 625, 2. Vgl. allgemein J. Huizinga, *Homo ludens*, Leiden 1939; H. Rahner, *Der spielende Mensch*, Einsiedeln 1954; I. Heidemann, *Der Begriff des Spieles und das ästhetische Weltbild in der Philosophie der Gegenwart*, Berlin 1968. Zum Griechischen K. Deichgräber, *Natura varie ludens*, Abh. Mainz 1954, 3; H. Herter, *Das Leben ein Kinderspiel*, Bonner Jahrbücher 161, 1961, S. 73–84 = *Kleine Schriften*, München 1975, S. 584–97; H. Gundert, „Wahrheit und Spiel bei den Griechen", in: *Das Spiel – Wirklichkeit und Methode*. Freiburger Dies Universitatis 13, 1967, S. 13–34.

3 P. Chantraine, *Dictionnaire étymologique de la langue grecque* II, Paris 1980, S. 849. Beim Vordringen des g-Stamms (*épaixa, paígnion*) dürfte die Differenzierung zu *paío, épaisa* ‚schlagen' eine Rolle gespielt haben.

4 Dazu M. Leumann, *Homerische Wörter*, Basel 1950, S. 139–41.

5 Arist. EN 1176b30: „Ernst zu machen und sich anzustrengen um des Spiels willen ist töricht und allzu kindisch."

die griechische Kultur, deren ‚agonaler Charakter' oft besprochen wurde;[6] aber der Agon ist ‚ernst', verbunden mit *agonía*, Angst, ‚Agonie'. Der Agon kann tödlich sein, sogar der Wettlauf – man denke an die Legende vom Marathonläufer.[7] Es gibt also, so paradox dies klingt, für die Griechen keine Olympischen Spiele. Anders ist der lateinische Begriff des *ludus*, der die grausamen Gladiatorenspiele mit umfaßt, ebenso wie die Theaterspiele.

Denn dies ist das zweite, noch erstaunlichere Paradox: auch das Theater ist für die Griechen, die es doch erfunden haben, kein ‚Spiel'. Man kann auf griechisch nicht eine Rolle ‚spielen'.[8] Nur in der Kritik kann Platon sagen, die mimetische Kunst sei eine Art Spiel (*paidiá*), und das bedeutet Verwerfung der dramatischen Dichtung (Resp. 602b). Eine griechische Tragödie ist nicht Spiel und Scherz. Wohl aber ist im Satyrspiel und in der Komödie das *paízein* ein wesentliches Element. *[337]*

Denn ‚Spiel' ist andererseits in besonderem Maße Tanz und Musik. So schon bei jenem munteren Knaben aus dem alten Graffito aus Athen: man kann sein ‚Spiel', wie Hildebrecht Hommel[9] gezeigt hat, aus einer homerischen Szene erläutern, den tanzenden und ballspielenden Knaben bei den Phäaken. Ebenso ‚spielen' Nausikaa und ihre Mägde mit dem Ball am Meeresstrand (Od. 6, 100); diese Ballspiele sind keine Wettspiele. Auch der Waffentanz ist ein *paízein*, seine mythischen Repräsentanten, die Kureten, sind die ‚spielfrohen Tänzer' schon bei Hesiod (Fr. 123).[10] Zum Tanz gehört die Musik. Man sagt nicht direkt ‚ein Instrument spielen', aber doch ‚die Muse spielen' (Hom. hymn. 19, 15); die Leier ist das ‚Spielzeug' (*áthyrma*) des Hermes (hymn. Herm. 40; 52) und dann des Apollon (Pind. Py. 5, 23).

Naheliegend und doch nicht ganz selbstverständlich ist, daß *paízein* auch vom erotischen Spiel gern gebraucht wird. Es bleibt bildhaft, wenn im Gedicht des Anakreon (358 Page) Eros den Purpurball wirft und auffordert, mit dem Mädchen in bunten Sandalen ‚zu spielen'; hübsch ein Vasenbild in München, auf dem Himeros, die ‚Liebessehnsucht', auf einer Schaukel sitzt und von Paidia, der ‚Spielfreude', hochgeschaukelt wird.[11] Die Revueszene, mit der das *Symposion* des Xenophon schließt (9, 2) und die so angekündigt wird: „Dionysos und Ariadne werden miteinander spielen" (*paixûntai*), bleibt durchaus jugendfrei. Doch wenn in einer Demosthenes-Rede eine Jugendbande geschildert wird, die sich die ‚Ithyphalliker' nennt,

---

6 J. Burckhardt, *Griechische Kulturgeschichte* IV, Basel 1957, S. 59–159: ‚Der koloniale und agonale Mensch'; E. Vogt, „Nietzsche und der Wettkampf Homers", *Antike und Abendland* 11, 1965, S. 103–113; einschränkend I. Weiler, *Der Agon im Mythos*, Darmstadt 1974.

7 Plut., *De gloria Ath.* 347b, Luk., *Pro lapsu in salut.* 3, offensichtlich sekundär gegenüber dem andersartigen ‚Lauf nach Sparta und zurück' Hdt. 6, 105 f.

8 Lydos, *De mens.* 4, 49 *tòn Mamúrion paízein* ist Latinismus.

9 Tanzen und Spielen, *Gymnasium* 56, 1949, S. 201–5 = *Symbola* I, Hildesheim 1976, S. 18–22, vgl. Anm. 1.

10 Vgl. *enhóplia paígnia* Plat. *Leg.* 796b.

11 Lekythos München 234, H. Metzger, *Les représentations dans la céramique attique du IVe siècle*, Paris 1951, T. 5, 1.

und dazu gesagt wird, sie trieben eben ihre Spiele, wie das junge Männer machen (54, 14: *paízontes hoîa ánthropoi néoi*), dann wird klar, daß auch die sehr expliziten sexuellen Szenen auf klassisch-rotfigurigen Vasen im griechischen Sinn solche ‚Spiele junger Männer‘ darstellen.

Der Übergang vom ‚Spiel‘ zu ‚sein Spiel treiben mit jemandem‘ *[338]* wird leicht vollzogen; auch dies kann griechisch mit *paízein*, besonders *diapaízein*, *empaízein* ausgedrückt werden. Daneben oder eigentlich vor allem gibt es mindestens seit der Bronzezeit die Spiele im engeren Sinn, vor allem Würfel- bzw. Knöchelspiele und Brettspiele.[12] Es waren, soweit wir wissen, eher Zufallsspiele als strategische Spiele; Schach war noch nicht erfunden. Von Spielleidenschaft oder gar schicksalhafter Verfallenheit ans Spiel hören wir aus älterer Zeit verhältnismäßig wenig. Exekias und andere Vasenmaler Athens haben einige Male die homerischen Helden Aias und Achilleus beim Würfelspiel dargestellt; der innere Widerspruch, die heroischsten der Heroen beim knabenhaften Spiel zu finden, dürfte dem Bild seinen Reiz gegeben haben.[13] Denn auch Würfelspiel ist in erster Linie etwas für Knaben. „Knaben betrügt man mit Knöcheln, Männer mit Eiden“, soll Lysandros gesagt haben (Plut. Lys. 8, 5).

„Als ich ein Mann wurde, tat ich ab, was kindisch war“, heißt es bei Paulus (1. Kor. 13, 11), und bei Clemens von Alexandreia: „Als die Kinder zu Männern wurden, warfen sie ihr Spielzeug weg.“[14] Epigramme belegen, wie Mädchen vor der Hochzeit ihre Kinderpuppen der Artemis weihten. Kinderspiel hört auf, wenn der ‚Ernst des Lebens‘ beginnt. Auch das erotische Spiel hört im Alter des ‚ernsten Mannes‘ auf. Religion aber ist ‚ernst‘, ja das ‚ernsteste‘ Tun, wie Platon (Leg. 887de) feststellt.

Die Konsequenz müßte sein: griechische Götter spielen nicht. Wenn das Erwachsen-werden als ein ‚Vollkommen-werden‘, *teleiûsthai*, gefaßt wird, so sind die Götter vor allen anderen ‚vollkommen‘. Selbst ihre Liebe ist kein Spiel, „nicht ohne Frucht ist das *[339]* Liebeslager der Unsterblichen“ (Od. 11, 249 f.). Es ist eine ägyptische Kuriosität, wenn Herodot (2, 122, 1) erzählt, König Rhampsinit sei in den Hades gestiegen und habe da mit Demeter Würfel gespielt; griechische Götter hat man m.W. nie so dargestellt.

Und doch kann auch im Griechischen vom Spiel der Götter die Rede sein, zunächst in metaphorischer Weise, in einer proportionalen Perspektive vom Menschen her: Für Götter ist ein Spiel, was für die Menschen ungeheuer, schrecklich, unmöglich ist. „Ein Mann heißt kindisch, von Gott her gesehen, wie ein Knabe, vom Mann her gesehen“, schrieb Heraklit (B 79 = 92 Marcovich). In solcher Proportion

---

[12] Vgl. Lamer „Lusoria tabula“ *RE* XIII 1900–2029; Hug „Spiele“ ib. III A 1762–74.

[13] Vgl. zu dieser Szene J. Boardman in *American Journal of Archaeology* 82, 1978, S. 18–24; E. Vermeule, *Aspects of Death in Early Greek Art and Poetry*, Berkeley 1979, S. 80 f.; M. Schmidt in *Tainia, Festschrift R. Hampe*, Mainz 1980, S. 139–52.

[14] Protr. 109, 3. K. Reinhardt, *Vermächtnis der Antike*, Göttingen 1960, S. 74 f. sieht in dem Satz ein Heraklit-Zitat, was sich nicht sichern läßt, Marcovich zu B 79 = 92 M.

ist Kinderspiel des Gottes weit mehr als Mannes Werk. Nach dem alttestamentlichen Psalm hat Jahwe den Leviathan im Meer geschaffen, um mit ihm zu spielen[15] – der gewaltige Urdrache nicht für Vernichtung und Triumph, sondern zum Zweck des Spieles erschaffen, dies ist die wahrhaft göttliche Perspektive. Vergleichbar ist ein Passus der homerischen Ilias: als Poseidon übers Meer fährt, da „spielten die Ungeheuer unter ihm … In Freude trat das Meer auseinander" (Il. 13, 27–9). Die spielenden *kétea* sind gewiß nicht alle vom Schlag eines Leviathan, aber doch mehr als Fische, zumindest Robben, Delphine und jene noch größeren Wesen, die eine Jungfrau oder gar einen Herakles zu verschlingen belieben – sie also spielen vor ihrem Gott und Herrn, vor Freude öffnet sich das Meer. Poseidon selbst allerdings spielt nicht, im Gegensatz selbst zu Jahwe, er steht über dem Spiel. In der griechischen Ikonographie hält er immerhin oft einen Delphin in der Hand als persönliches Kennzeichen, ein spielerischer Gestus, den kein Mensch nachmachen könnte.

Ein Grundtext für göttliches Spiel ist ein anderer Passus aus der Ilias, im 15. Buch. In den mittleren Büchern der Ilias geht der Kampf um die Befestigungsmauer, die um das Schiffslager der Achaier gezogen ist; das 12. Buch schließt mit dem entscheidenden Durchbruch Hektors, danach kommt es, als Zeus die Augen *[340]* abwendet und hernach von Hera sich betören läßt, zum Gegenstoß der Verteidiger, bis Zeus, erwacht, wiederum die Wende veranlaßt. Jetzt übernimmt Apollon als Helfer der Troer selbst die Führung, und er

> … riß die Mauer ein
> der Achaier, sehr leicht, wie ein Kind den Sand nahe am Meer,
> das, wenn es sich Spielwerke gebaut mit kindischem Sinn,
> sie wieder zusammenwarf mit Füßen und Händen, spielend:
> so hast auch du, Nothelfer Phoibos, die viele Arbeit und Mühsal
> zusammengeworfen der Argeier und ihnen selber Flucht erregt.[16]

Die Assoziation von Spiel und kindlichem Unverstand ist wieder ganz explizit, doch eben dies ist der angemessene Vergleich, die göttliche Leichtigkeit und Unbeschwertheit zu bezeichnen, die aus menschlicher Sicht ungeheure, erschreckende Machtfülle. Man kann eine Stelle im homerischen Apollon-Hymnos vergleichen: Leto sucht einen Ort, den künftigen Gott zu gebären; die kleine Insel Delos allein ist bereit, wenn auch nicht ohne Bedenken: „Es heißt, Apollon werde ein allzu ungebärdiger Gott sein, gewaltig herrschen … Ich fürchte … daß er mit seinen Füßen mich umkippt und in die Meeresfluten stößt" (66–73). Als der Hymnos gedichtet wurde, stand auf Delos 8 m hoch der marmorne ‚Koloß der Naxier' und im Tempel die kaum kleinere, vergoldete Holzstatue des Gottes;[17] die Phantasie hebt den über-

---

[15] Ps. 104, 26, zur kontroversen Interpretation (‚mit ihm' oder ‚in ihm', d. h. im Meer) vgl. Bertram in *Kittels Theol. Wörterb.* V, S. 628; U. Mann in *Eranos Jahrbuch* 51, 1982, S. 45–46. – Dazu Hiob 40, 29 „Kannst du mit dem Leviathan spielen… ?"

[16] Il. 15, 361–6, Übersetzung nach W. Schadewaldt, Homer, *Ilias* (1975).

[17] R. Pfeiffer, *The Image of the Delian Apollo and Apolline Ethics*, in *Ausgewählte Schriften*, München 1960, S. 55–71; zur Datierung des Apollon-Hymnos um 522 W. Burkert in *Arktou-*

großen Jüngling noch gewaltig über diese Maße hinaus. Delos ist klein, doch solch ein Fußtritt des Gottes müßte von unvorstellbarer Gewalt sein – und dabei nichts als kindlicher Übermut, *athastalía* (67). Der griechische Gott des Maßes scheint noch nicht recht zur Reife gekommen zu sein. In der Tat kann man Orientalisches danebenstellen: als im babylonischen Weltschöpfungsepos Marduk, der entscheidende junge Gott, geboren ist, da schafft sein Großvater Anu, der *[341]* Himmelsgott, für ihn den ‚Vierwind', die vier Winde gleich einem wirbelnden Ball, und er sagt: „mein Sohn soll spielen" – dieser Text ist erst durch neuere Funde konstituiert und fehlt in den älteren Übersetzungen.[18] Der junge Gott spielt denn auch so eifrig mit seinem Winde-Ball, daß die älteren Götter keine Ruhe mehr haben; insbesondere die Urmutter Tiamat, das Meer, wird aufgewühlt und bitterböse, sie schmiedet mit sämtlichen Ungeheuern, über die sie verfügt, ein Komplott gegen die Götter und insbesondere diesen jungen Gott; den folgenden Götterkampf freilich besteht Marduk mit Bravour, nicht zuletzt dank seiner Sturmwinde (IV, 42–7). Mag das Kinderspiel noch so ungehörig und lästig für die Alten sein, die Herrschaft gehört dem jungen, spielenden Gott. Wenn Marduk dann freilich erhöht und mit 50 wirkungsmächtigen Namen bedacht wird, dürfte sein übermütiges Spiel zu Ende sein.

Auf dem griechischen Olymp gibt es nur einen Gott, den man früh schon als spielenden Knaben sich vorstellt, Eros, den Liebesgott. In bildender Kunst werden die Eroten-Putti im 5. Jh. v. Chr. populär,[19] in der Literatur aber erscheint Eros, der „wie ein Knabe spielt", bereits um 600 v. Chr. bei Alkman (58, 1, Page), dann im 6. Jh. mehrfach bei Anakreon, so in jener Szene mit dem Purpurball und dem Mädchen in bunten Sandalen (358, Page). Bei Anakreon heißt es aber auch: „die Würfel des Eros sind Wahnsinnsanfälle und Schlachtengetümmel" (398, Page): Irrsinn und Kampf, lebenszerstörender Ernst, dies ist die andere, die menschliche Seite des göttlichen Spiels dieses Knaben, der nach Knabenart die Knöchel wirft. Ausweglos wird die Tragik bei Sophokles, indem für den Knaben die große Göttin selbst eintritt: Für Antigone, zum Tode verurteilt, tritt ihr Verlobter Haimon ein, riskiert den Bruch mit dem Vater – ein für griechische Ethik höchst *[342]* erschreckender Vorgang. Darum singt hier der Chor von der Macht des Eros, „unbesiegbar in der Schlacht". „Es siegt die sinnenfällige Sehnsucht in den Lidern der Braut, reif zum Lager … Denn nicht zu bekämpfen treibt ihr Spiel die Göttin, Aphrodite" (799

---

ros. Hellenic Studies presented to B. M. W. Knox, Berlin 1979, S. 53–62 *[= Kleine Schriften I, 189–197]*.

18 Keilschrifttext: W. G. Lambert, S. G. Parker, *Enuma eliš*, Oxford 1966, S. 5, I 106, vgl. W. v. Soden, *Akkadisches Handwörterbuch* II, Wiesbaden 1972, S. 644 s. v. melulu; *Chicago Assyrian Dictionary* M II 17; mögliche Auffassung auch „er (der Vierwind) soll spielen".

19 A. Greifenhagen, *Griechische Eroten*, Berlin 1957.

f.), *empaízei*.[20] Das Spiel der Götter hat seinen Schatten, wie David Miller hier ausgeführt hat.[21]

Zum Glück nimmt Liebe doch selten ein solch blutiges Ende wie bei Haimon; Eros ist nicht der ernsteste Gott. Der frühhellenistische Dichter Asklepiades weiß das Motiv vom spielenden Eros in origineller, persönlicher Weise zu variieren:

Zweiundzwanzig kaum zähl ich – und hab' keine Kraft mehr zum Leben.
O Eroten, wie arg ist das! was brennt ihr mich so?
Wenn jetzt ein Leid mir geschieht, was werdet ihr machen? – Ich weiß ja,
Mit euren Knöcheln das Spiel spielt ihr gedankenlos fort.
(Anthologia Palatina 12, 46)

Fast existentialistisch der Einsatz: so jung und schon am Ende; der Aufschrei der Qual, der Gedanke an Selbstmord als Demonstration gegen diese mit ihren Fackeln quälenden Eroten: was dann? Und die illusionslose Antwort: es sind dumme Kinder, diese Eroten, sie werden ihr Spiel weiter treiben, ob nun ein Dichter da ist, zu klagen, oder nicht. Das fühllose Spiel der Götter und der tödliche Ernst für den Menschen sind zwei Seiten des gleichen Geschehens. Indem freilich der Dichter dies ausspricht, ja de facto beim Gelage selbst die Verse vorträgt, wandelt sich die Not des Anfangs zur ironischen Distanziertheit: der so singt, wird sich kein Leid antun, sondern die ‚Spiele junger Männer' seinerseits weiterspielen.

Noch spielerischer, ‚hellenistischer' wird der Knabe Eros eine Generation später im Argonautenepos des Apollonios von Rhodos vorgestellt. Iason hat Kolchis erreicht, doch wie er an das Goldene Vlies gelangen kann, steht dahin. Seine Beschützerin Hera hat die *[343]* Idee, in Medea Liebe zu Iason zu entflammen, womit er eine zauberkräftige Helferin gewinnt. Also bittet Hera Aphrodite um die gefälligen Dienste des Eros. Aphrodite klagt, dies werde schwierig sein, denn Eros ist ein rechter Tunichtgut und folgt der eigenen Mutter am wenigsten, hat sie kürzlich gar selbst bedroht. Sie findet Eros im Olympischen Gefilde beim Astragalspiel mit dem anderen Knaben im Olymp, Ganymedes; Eros hat gerade gewonnen, Aphrodite stellt verständnisinnig fest: du hast wieder gemogelt (3, 117–30). Hatten Vasenbilder des 5. Jh. noch eine energische Aphrodite gezeigt, die sich durchzusetzen weiß und Eros mit der Sandale züchtigt,[22] so kann die modernere Mutter es nur mit Belohnung versuchen: Aphrodite verspricht Eros ein ganz besonderes Spielzeug, einen Ball, mit dem einst Zeus als Kind gespielt hat, mit goldenen Reifen, zweifacher Wölbung, einer Spirale, die die Naht verbirgt (3, 132–41). Man hätte vielleicht Schwierigkeiten, sich den Ball vorzustellen, wenn nicht das Stichwort ‚Spirale', *hélix*, den Hinweis gäbe: dies ist ein Bild der Weltkugel, mit den beiden Wen-

[20] Die letzte wissenschaftliche Ausgabe von R. D. Dawe, Teubner 1979, greift die alte, an El. 902 angelehnte Konjektur *empaíei* wieder auf und ignoriert damit die ganze, hier skizzierte Tradition vom erotischen ‚Spiel'.

[21] *Eranos Jahrbuch* 51, 1982, S. 59 ff. und 81 ff.

[22] Rotfig. Vase in Tarent, *Journal of Hellenic Studies* 55, 1935, T. 7, 3.

dekreisen und der dazwischen liegenden ‚Spirale' der Sonnenbahn.[23] Damit wird die Genreszene unversehens symbolisch: Eros ist es, der die ganze Welt zu seinem Spielzeug macht; ist sie auch für Zeus ein Spielzeug? Apollonios dürfte von philosophisch-mythologischen Spekulationen über den kosmogonischen Eros, Eros als Weltenherrscher angeregt sein.[24] Jedenfalls gewinnt der Lausejunge Eros durch sein kosmisches Spielzeug eine ganz andere Dimension: auch dies ist ein mächtiger, ein gewaltiger Gott, ist doch sein Spiel für die davon Betroffenen höchster Ernst; dies gilt in besonderem Maße auch für Medea, auf *[344]* die die Szene zielt. Manch einer mag Liebe als Kinderspiel von sich weisen, bis er sich auf einmal selbst im Wirbel erfaßt findet.

In ganz anderer Weise erscheint ein kindlicher Weltenherrscher in einem freilich abseitigen Mythos, dem orphischen Mythos von Dionysos dem Kinderkönig. Wir fassen diesen in dreifacher Brechung, in Fragmenten eines orphischen Gedichts, aus dem Clemens von Alexandreia zitiert und das wohl identisch ist mit dem, das Proklos später immer wieder paraphrasiert, die *Orphischen Rhapsodien*;[25] dann in einer euhemeristischen Paraphrase, bei dem christlichen Eiferer Firmicus Maternus im 4. Jh., der eine hellenistische Quelle, vielleicht Euhemeros selbst, benützt;[26] schließlich in einem merkwürdig kurzen Passus der Dionysiaka des Nonnos (6, 165–74), wo dieser Dionysos den Beinamen Zagreus führt. Zeus hat im Inzest mit der eigenen Tochter Persephone den ‚chthonischen Dionysos' gezeugt; er beschließt, diesem seinem Sohn die Weltherrschaft zu übertragen, „obwohl er noch jung war, ein kindlicher Gast beim Festmahl" (Orph. Fr. 207). „Hört, ihr Götter, diesen setze ich euch zum König" (Orph. Fr. 208). Das Kind wird auf den Weltenthron gesetzt, mit dem Szepter oder auch dem Blitz (Nonnos 6, 167 f.) ausgestattet. Zu seinem Schutz sind ihm Waffentänzer, Korybanten, beigegeben. Dieses Bild, das Kind auf dem Thron, erscheint auch auf spätantiken Reliefs.[27] Der kindliche Gott aber ist seiner Rolle nicht gewachsen. Hera, die unerbittliche Stiefmutter, sendet gegen ihn die Titanen, die alten, erdgeborenen, gegen Zeus aufsässigen Götter. Sie nähern sich dem Kinderkönig mit Geschenken, einem von Hephaistos gefertigten Bronzespiegel, und mit Spielzeug, „Kreisel, Schwirrholz, gliederbiegendes Spielzeug, goldene Äpfel *[345]* von den Hesperiden" (Orph. Fr. 34). Das Neben-

---

[23] *Hélix* Platon, *Tim.* 39a.

[24] Eros am Anfang der Kosmogonie bei Hesiod, *Theog.* 120, Vgl. Parmenides B 13; in den Orphischen Rhapsodien ist der Urgott Phanes zugleich Eros, *Orph.* Fr. 74; 82; 83, vgl. Aristoph. *Vögel* 696. Sicher kannte Apollonios das Gedicht ‚Pteryges' des Simias, das Eros als bärtigen Urgott vorstellt (I. U. Powell, *Collectanea Alexandrina*, Oxford 1925, S. 116). – Die Kosmogonie, die Apollonios selbst I, 496–511 Orpheus in den Mund legt, ist kombiniert aus Empedokles und Pherekydes von Syros und erwähnt Eros nicht.

[25] O. Kern, *Orphicorum Fragmenta*, Berlin 1922, Fr. 34; 205–220.

[26] *Firm. err.* 6; seine griechische Quelle scheint in der späthellenistischen *Sapientia Salomonis* 14, 15 zur Erklärung des Götzendienstes verwendet zu sein, was einen *terminus ante quem* liefert.

[27] Elfenbeinpyxis Bologna, K. Kerényi, *Dionysos, Urbild des unzerstörbaren Lebens*, München 1976, Abb. 66b; Relieffries im Theater zu Perge, Pamphylien.

einander von Spiegel und Spielzeug ist nicht ganz klar: man konnte erzählen, daß das Spielzeug es war, was das Kind veranlaßte, den Thron des Vaters zu verlassen – so Firmicus – und sich in die Hände der Feinde zu begeben; andererseits ließ sich gerade über den Blick in den Spiegel spekulieren: Selbsterkenntnis oder Selbstverlust?[28] Jedenfalls hat das Kind auf dem Thron versagt, indem es sich dem Spielzeug zuneigte. Dionysos wird getötet, zerstückelt, gebraten und gekocht, gegessen. Dann freilich werden die Titanen zur Strafe vom Blitz des Zeus verbrannt, und aus den aufsteigenden rußigen Dämpfen entstehen die Menschen, die etwas vom Gott Dionysos in sich tragen, aber auch und vor allem eine ‚titanische', aufrührerische Natur; dies die berühmte orphische Anthropogonie. Daß sie vorhellenistisch ist, können wir nur indirekt wahrscheinlich machen.[29] Das Bruchstück eines hellenistischen Ritualtextes, offenbar aus Dionysosmysterien, das neben Gebeten rituelle Anweisungen enthält, erwähnt, „in den Korb werfen: Kreisel Schwirrholz Würfel, der Spiegel",[30] vergleichbar der Aufzählung der ‚Erkennungszeichen', Symbola, bei Clemens (Orph. Fr. 34): Würfel, Ball, Kreisel, Äpfel, Schwirrholz, Spiegel, Wolle. Das ‚Spielzeug' des Dionysoskindes kam also im Ritual vor, reale Gegenstände, wohl in einem verschlossenen Korb, *cista mystica*, aufbewahrt. Das Ritual läßt sich vermutungsweise einordnen in einen Zusammenhang der Initiation, wobei die Mysterienweihe aus der Pubertätsweihe hervorgeht: im Übergang vom Kindsein zum Erwachsensein sind die Spielsachen ‚wegzuwerfen', dies ist die rechte Ordnung; das Kind auf dem Thron, das doch die Spielsachen nicht aufgeben kann, dies führt zur Katastrophe. Doch *[346]* könnte es sein, daß diese klare Richtung der Pubertätsweihe in der Mysterienweihe ambivalent wurde. Das Kind kann nicht Weltenherrscher sein, und doch stammt das göttliche Leben in uns allen von ihm; keine Anthropogonie ohne Katastrophe. Wenn die Mysterien ein Heil anbieten, gewinnt man es anscheinend nicht ohne Regression zu jenem geheimnisvollen Kinderspielzeug.

Kaum weniger rätselhaft erscheint das Kind als König in einem berühmten Wort des Heraklit: „Lebenszeit – ein Kind das spielt, Spielsteine setzt. Dem Kind gehört das Königtum" (B 52 = 93 Marcovich). Man verstand dies schon im Altertum von der unendlichen Zeit, die über allem steht, und verglich jene Sandspiele Apollons. Die genauere Untersuchung des alten Wortgebrauchs hat aber ergeben, daß *aión* in der Bedeutung ‚Ewigkeit' oder ‚unendliche Zeit' vor Platon und Aristoteles nicht

---

28 Vgl. Plotin 4, 3, 12; 2, 9, 10; J. Pépin, „Plotin et le miroir de Dionysos", in: *Revue internationale de philosophie* 24, 1970, S. 304–20.

29 W. Burkert, *Griechische Religion der archaischen und klassischen Epoche*, Stuttgart 1977, S. 442 f. Das neue Dokument zur Orphik, der Derveni-Papyrus (ib., S. 440, 2) scheint mit der Vorgeschichte des Dionysos-Mythos abzubrechen, doch seine Zählung der Göttergenerationen stimmt mit dem entscheidenden Zeugnis zur orphischen Anthropogonie, *Orph. Fr.* 220, überein.

30 *Orph. Fr.* 31, I 28–30.

nachzuweisen ist;[31] ungeachtet des innergriechischen Zusammenhangs mit *aieí* ‚jeweils, immer' und des etymologischen mit lateinisch *aevum, aeternus* bezeichnet das Wort von Homer bis zur Tragödie die individuelle Lebenskraft, auch geradezu materialisiert als ‚Rückenmark'. Die alte Auffassung erscheint dann als stoisierendes Mißverständnis. Doch mit der Bedeutung ‚individuelle Lebenszeit' scheint der Sinn des Satzes zu schrumpfen. Marcovich paraphrasiert:[32] „A mature or aged man is just as foolish as is a child ... a king on the throne behaves like a child." Doch die Bedeutung ‚reifes Alter' ist erst recht ad hoc konstruiert; beide Sätze stehen nun in loser Parallele nebeneinander, statt daß der zweite den ersten paradox steigert oder umkehrt. Es ist wohl zu bedenken, daß ‚individuelle Lebenszeit und Lebenskraft', also *aión*, für Heraklit nicht klar abgegrenzt ist, denn Tod ist kein *[347]* Ende, sondern ein ‚Umschlag': „Unsterbliche – Sterbliche; Sterbliche – Unsterbliche" (B 63 = 47 Marcovich). Kosmos im umfassenden Sinn, als die eine Weltordnung, statt selbständiger Schichten (*kósmoi*), ist ein erst und gerade von Heraklit geprägter Begriff;[33] und doch kann der Kosmos auch als „ein Haufe von blindlings hingeschütteten Dingen" erscheinen (B 124 = 107 Marcovich). Ähnlich ist vielleicht ‚Lebenszeit und Lebenskraft' zu verstehen, einerseits partiell und zufällig, andererseits doch ein Logos, der immer ist. Ein Kind setzt Steinchen, nimmt weg, setzt eins fürs andere, und doch, das Kind ist König, das scheinbar Zwecklose das Beherrschende. *Paidòs he basileíe* klingt fast wie ein Zitat: Kinder spielen gerne ‚König';[34] oder kannte Heraklit den orphischen Mythos, wie im vorigen Jahrhundert vermutet wurde?[35] Jedenfalls dürfte mehr in dem Satz stecken als daß Erwachsene, ja Könige sich gelegentlich kindisch benehmen. Wie der Mann zum Kind, kann Kinderspiel zum höchsten werden. Heraklit ging hin und spielte mit den Kindern, so hat die Anekdote jenen Ausspruch umgesetzt.[36] Auf den Ernst der Erwachsenen dürfen wir Menschen uns nicht gar so fest verlassen.

Damit kommen wir zu jenen Aussagen Platons über das Götterspiel, die in diesem Zusammenhang nicht fehlen dürfen.[37] Platon ist gewiß der ergiebigste grie-

---

[31] E. Degani, *AIΩN da Omero ad Aristotele*, Padova 1961, vgl. Marcovich z. d. St.; H. Fränkel, *Dichtung und Philosophie des frühen Griechentums*, München 1970³, S. 447, 55; Herter *a. a. O.*, S. 593 f. Am ehesten vergleichbar scheint Pindar, *Isthm.* 3, 18; 8, 14. – Werden und Vergehen des Kosmos gleicht dem Sandspiel aus Il. 15, 362 ff.: Philon, *aet. mund.* 42, Plut. *De E* 393 E, Marcovich zu Fr. 93.

[32] Heraclitus (Merida 1967) 495.

[33] J. Kerschensteiner, *Kosmos*, München 1962. Vgl. zum folgenden auch Ch. H. Kahn, *The Art and Thought of Heraclitus*, Cambridge 1979, S. 227–9; *áspetos aión* Empedokles B 16, 2.

[34] Herodot I, 114 über Kyros, vgl. G. Binder, *Die Aussetzung des Königskindes*, Meisenheim 1964, S. 23 f.

[35] F. Lassalle, *Die Philosophie Herakleitos des Dunkelen von Ephesos*, Berlin 1858, I, S. 243 f., 263 f., vgl. W. Nestle, *Griechische Studien*, Stuttgart 1948, S. 139–41.

[36] Diog. Laert. 9, 3 = Fr. 93 d Marcovich.

[37] Vgl. U. Mann, *Eranos Jahrbuch* 51 (1982), S. 22 ff., D. Miller, *Eranos Jahrbuch* 51 (1982), S. 72 und 85 ff.

chische Autor zum Thema ‚Spiel',[38] doch zugleich auch der verwirrendste. ‚Spiel' kontrastiert *[348]* auch bei Platon regelmäßig mit ‚Ernst', *spudé*, doch so, daß immer wieder eines ins andere umschlägt. Dramatisch setzt Kallikles im *Gorgias* ein (481b): „Sage mir, Chairephon, meint Sokrates dies ernst oder in Spiel und Spaß?" Antwort: „Mir scheint er es über die Maßen ernst zu meinen" – und doch hat Sokrates die These, daß es besser sei, Unrecht zu leiden, so ins Paradoxe gesteigert, daß es pervers wäre, ginge es nicht doch um ein Spiel der Gedanken. Die spielerische, spaßhafte Seite des sokratischen Dialogs liegt auf der Hand, ihr verdankt diese literarische Form ihren Erfolg; auch die ‚Ironie' des Sokrates hängt damit zusammen. Wie nach dem Gleichnis des Alkibiades (Symp. 215ab) unter der Silensmaske die goldenen Götterbilder verborgen sind, kann man unter dem spielerischen, spaßhaften Äußeren der Dialoge den philosophischen Ernst finden. Doch die Enthüllung ist schwierig. In den *Gesetzen* ist es nicht mehr Sokrates, der spricht, und doch wird da erst recht der ganze bis ins einzelne durchdachte Entwurf des zweitbesten Staates als ein ‚Spiel' der drei Sprecher bezeichnet, der Greise von Athen, Sparta und Kreta; freilich ist dies ein „vernünftiges Spiel der Alten" (769a) im Kontrast zum unvernünftigen spielenden Kind, und doch ein Spiel. Wenn in Platons Hauptwerken die vernünftige Diskussion an eine Grenze kommt, scheint der Mythos einzutreten und weiterzuführen zu jenseitigen, ernstesten Gehalten – doch der Mythos ist erst recht Spiel, ein ‚Märchen für Kinder', das aber unversehens anfängt, uns selbst zum besten zu haben (Resp. 545d). Schließlich wird an berühmter Stelle im *Phaidros* philosophische Schriftstellerei überhaupt zum ‚Spiel' erklärt, wie man Adonisgärtchen für ‚Spiel und Fest' (276b) wachsen läßt; ‚zum Scherz', *paidiâs chárin* (276d) wird einer derartiges schreiben, und doch ist dies ein ‚sehr schönes', mit anderen Vergnügungen nicht zu vergleichendes Spiel (276de).[39] So steht der packende Ernst des philosophischen Logos stets in einem Rahmen des Spielerischen, das Spielerische steht als Arabeske vor der erschreckenden Tiefe des Ernstes. Hermann Gundert hat *[349]* beobachtet, daß *paízein* im Spätwerk Platons in ähnlicher Weise an Häufigkeit und Gewicht zunimmt wie das Adjektiv ‚göttlich'.[40]

Im 2. Buch der *Gesetze* entfaltet Platon erstmalig, so weit wir sehen, eine Theorie des Spiels in anthropologischer Perspektive, ausgehend vom Bewegungsdrang der Kleinkinder, der, indem er Rhythmus und Ordnung annimmt, hineinführt in die ‚Erziehung', *paideía*, vor allem aber in Musik und Tanz zu Ehren der Götter, so daß *paideía*, ‚Erziehung' und *paidiá*, ‚Spiel', geradezu zusammenfallen (656c vgl. 802a ff.). Viel weiter aber geht, was dieser Spieltheorie überraschend vorausge-

---

[38] G. J. de Vries, *Het Spel bij Plato*, Amsterdam 1949; H. Gundert, „Zum Spiel bei Platon", in *Beispiele, Festschr. E. Fink*, Den Haag 1965, S. 188–221 = *Platonstudien*, Amsterdam 1977, S. 65–98; G. Ardley, „The Role of Play in the Philosophy of Plato", *Philosophy* 42, 1967, S. 226–244.

[39] Vgl. Th. A. Szlezák, „Dialogform und Esoterik, Zur Deutung des platonischen Dialogs ‚Phaidros'", *Museum Helveticum* 35, 1978, S. 18–32.

[40] Gundert 1965 (o. Anm. 38) S. 191.

stellt ist (644d–645b) und später wieder aufgenommen wird (803b–804b), Platons radikalste Aussage zum ‚Spiel': wir Menschen seien überhaupt Spielzeug, Marionetten der Götter. An der ersten Stelle wird dieses Bild ausdrücklich als ‚Mythos' bezeichnet (645b), der die ‚Arete' zum Gegenstand hat. „Wollen wir annehmen, jeder von uns Lebewesen sei eine göttliche Marionette, sei es daß wir als Spielzeug von jenen, sei es daß wir irgendwie im Ernst gestaltet sind" (644d). Die widerstreitenden Affekte, hier insbesondere als Furcht und Keckheit gefaßt, sind gegenläufige Drähte, ein anderer, goldener Draht ist bestimmt, das ganze zu lenken, als „Leitung der Vernunft" (645a); doch ist er, seinem edlen Material entsprechend, ‚weich' und nicht ‚gewaltsam'. Ihm sollte man folgen, den anderen, eisernen Strängen aber Widerstand leisten. Das Bild von der Marionette wird also gerade nicht in mechanistischer Logik durchgeführt, wonach alle Bewegung von Drähten verursacht sein müßte, die Marionette hat eigenen Willen, Einfluß, Verantwortung, sie ist zur ‚Mitwirkung' aufgerufen (645a). Aber sie kann sich nie für autonom halten, sie ist einem ‚höheren', vielleicht spielerischen Wirken unterworfen. Der ‚goldene' Faden stammt eigentlich aus Homer: Da fordert Zeus, um seine überlegene Kraft zu beweisen, die anderen Götter zum Seilziehen auf: „spannen wir ein goldenes Seil vom Himmel zur Erde: ihr alle miteinander könnt mich nicht vom Himmel ziehen, ich aber würde leicht euch alle *[350]* mitsamt der Erde nach oben ziehen" (Il. 8, 18–27).[41] Platon hat das Naive, Protzenhafte dieser Szene verfeinert und verinnerlicht. Es ist ein Faden, ein weicher noch dazu, der vom Göttlichen ins Irdische reicht, aber auf ihn kommt es an in der komplizierten Mechanik unseres Innenlebens.

An der zweiten Stelle, die ausdrücklich auf die erste zurückverweist (803c), im Zusammenhang der Regelung von Dichtung, Musik und Tänzen, liegt der Nachdruck ganz auf der Abwertung des Menschlichen: Nichts hier ist „großen Ernstes wert" (803b), ist doch der Mensch, wie gesagt, ein „raffiniert gestaltetes Spielzeug des Gottes" – man beachte den Singular –, *theû ti paígnion ... memechaneménon* (803c), „und dies ist in Wahrheit das beste an ihm". Man sollte also „dieser Weise folgend und spielend, möglichst schöne Spiele, jeder Mann und jede Frau, so das Leben verbringen". Dies bringt eine Umkehr der Perspektiven: die vernünftigen Leute meinen, man müsse den Krieg um des Friedens willen betreiben, also das Ernste um des Spieles willen (welch spielerische Verkehrung der Vernünftigkeit!), doch fehle dem Krieg wie *paidiá* so *paideía*, also sei er nicht wahrhaft ernst (803d); Ernst dagegen sei das Leben im Spiel, mit Opfern, Gesängen und Tänzen – wobei die Waffentänze auch wiederum für den Krieg von Nutzen sind. So also wird man das Leben führen, vor den Göttern ‚spielend' (*prospaízontes*) und sie gnädig stimmen, „wobei wir meistenteils ihre Marionetten sind, ein weniges freilich auch an Wahrheit Anteil haben" (804b). Der Gesprächspartner ist erstaunt über diese Abwertung des Menschengeschlechts; der Sprecher modifiziert ein wenig sein Urteil:

---

41 Vgl. P. Lévêque, *Aurea catena Homeri*, Paris 1959.

dies gelte freilich im Hinblick auf Gott; für sich betrachtet, sei unser Geschlecht „eines gewissen Ernstes" durchaus wert.

Man hat dies einen Fundamentaltext für den *Homo ludens* genannt.[42] Daß die Marionette über ihr Dasein als Marionette weiß, hebt sie über das Mechanistische hinaus, nicht aber über das ‚Spiel'. Man kann freilich auch sehr viel Resignation und Distanziertheit *[351]* des hochbetagten Verfassers herausklingen hören, des Alters, das sich mit sich selbst, dem eigenen Drang und Willen nicht mehr identifiziert. Im Gegensatz zu den alten Mythen wird der spielende Gott als solcher nicht mehr gestalthaft sichtbar, der ‚Drahtzieher' bleibt im Unbestimmten; es ist ein Akt des Vertrauens, ihn trotzdem ‚Gott' zu nennen. Der spielende Gott ist kein Vernichter, auch wenn wir seine Spielregeln nicht kennen. Jener Satz aus Shakespeares *King Lear*, „As flies to wanton boys, are we to the gods: they kill us for their sport",[43] ließe sich griechisch nicht mehr in der Sphäre des *paízein* ausdrücken. Nach Platon sollte es dem Menschen möglich sein, im Vertrauen auf Gott die merkwürdigen Verrenkungen der Menschen und ihrer Schicksale mit einer gewissen hintergründigen Heiterkeit zu betrachten, auch wenn es sich vielleicht um eine Heiterkeit der Art handelt, wie sie aus Rembrandts letztem Selbstporträt zu blicken scheint.

II

Vom ‚Spiel der Götter' ist im Zusammenhang altgriechischer Mythologie und Literatur oft noch in anderem Sinn die Rede, in bezug auf die Götterszenen im alten Epos; Begriffe, die sich gleichfalls einstellen, sind ‚Götterschwank' oder ‚Götterburleske': der Dichter scheint mit den Göttern „ein keckes, verwegenes Spiel" zu treiben.[44] Zunächst die Ilias: das Auftreten der Götter kann für die Menschen furchtbar und grausam sein – so gleich zu Beginn Apollon als Pestgott, einherschreitend „der Nacht gleich" (Il. 1, 47), oder beim letzten, entscheidenden Kampf Hektors Athena, wie sie diesen täuscht und dem Gegner in die Hände liefert (Il. 22, 226–46, 276 f., 294 f.). Aber wenn die Götter unter sich sind, wird alles „auf eine eigene Weise *unernst*", „wodurch es *[352]* zum Spiele wird".[45] Es sind vor allem drei große Götterszenen, die in solcher Weise die Haupthandlung der Ilias als kontrastierendes Widerspiel begleiten: die olympische Szene im ersten Buch mit dem gereizten Gespräch zwischen Hera und Zeus, der sein heimliches Versprechen an Thetis entdeckt sieht, daß er fortan die Achaier unterliegen lassen werde, um den grollenden Achilleus zu ehren; die Mißstimmung löst sich im ‚homerischen Geläch-

---

42 Gundert 1967 (o. Anm. 2) S. 16–18.

43 *King Lear* IV 1, vgl. D. Miller, *Eranos Jahrbuch* 51 (1982), S. 69.

44 Th. Bergk, *Griechische Literaturgeschichte* I, Berlin 1872, S. 604.

45 K. Reinhardt, „Das Parisurteil" (Frankfurt 1938), in *Tradition und Geist*, München 1960, S. 16–36, hier S. 24 f.

ter', als Hephaistos humpelnd den Wein kredenzt. Dann im 14. Buch, inmitten jener vernichtenden Niederlage der Achaier, der ,Trug an Zeus': Hera bringt Zeus dazu, auf dem Gipfel des Ida mit ihr zu schlafen, statt die Schlacht zu überwachen, wodurch ein Gegenstoß der Achaier möglich wird. Schließlich im 21. Buch, während Achilleus nach Patroklos' Tod gegen die Troer furchtbar wütet, die ,Götterschlacht', die nach einigen Stößen und Tränen in immer weniger ernsten Reden verpufft. Hinzu kommen bei der ersten Niederlage der Achaier, im 8. Buch, die rasch abgeblockten Versuche von Athena und Hera, den Bedrängten zu Hilfe zu eilen. Anderer Art, ernst und elementar, ist der Kampf des Flusses Skamandros mit Hephaistos im 20. Buch – Wasser gegen Feuer –, eigentlich aber auch der Kampf des unsterblichen Heros Diomedes gegen die Götter im 5. Buch: er verwundet Aphrodite, er verwundet mit Athenas Hilfe den Kriegsgott Ares. Aber wenn die verwundeten Götter zum Olymp auffahren, ist der olympische ,Unernst' gleich wieder hergestellt.

Die Götterszenen der Ilias sind bekanntlich bereits in der Antike aufs schärfste kritisiert worden. „Wenn man sie nicht allegorisch nimmt, sind sie ganz und gar gottlos und wahren das Schickliche nicht", formuliert die Schrift *Vom Erhabenen.*[46] So wurde bis in unsere Zeit geurteilt, Homer sei im Grunde aufgeklärt und irreligiös. „La vérité est qu'il n'eut jamais poème moins religieux que l'Iliade."[47] Man versuchte auch die Götterszenen durch *[353]* Analyse als ,spät' und sekundär zu erweisen.[48] Die deutsche Altertumswissenschaft hat in unserem Jahrhundert ein anderes Bild entwickelt. Entscheidend war das Buch Walter F. Ottos *Die Götter Griechenlands* von 1929, dem Studien von Bruno Snell, Paul Friedlaender und insbesondere die schon zitierte Arbeit (Anm. 45) Karl Reinhardts über *Das Parisurteil* folgten.[49] Walter F. Otto und nach ihm Karl Kerényi gelang es, die Götter Homers wieder ernst zu nehmen; Otto bezeichnete sie als Gestalten des Seins, Urphänomene der Wirklichkeit in einem bewußt Goetheschen Sinn. Daß gerade das Burleske nicht zersetzende Kritik bedeutet, sondern eher die unerschütterte Selbstverständlichkeit der seienden Götter voraussetzt, haben Friedlaender und Snell ausgeführt. Karl Reinhardt hat besonders eindrücklich die einzigartige Konzeption der Ilias beschrieben in jenem Sinn des Widerspiels, als ein „reziprokes Schein- und Seinwesen und Spiegeln und Ergänzen" (S. 26). Göttliches und Menschliches „spiegeln nicht nur, sondern sie bedingen auch einander. Wie die Ewigkeit und Herrlichkeit der Götter

---

[46] Ps.-Longinus, *De sublimitate* (ed. D. A. Russel, Oxford 1968) 9, 7.

[47] P. Mazon, *Introduction à l'Iliade*, Paris 1943, S. 294.

[48] W. Nestle, *Griechische Studien*, Stuttgart 1948, S. 1–31 (= Neue Jahrb. 8, 1905, S. 161–182); K. Bielohlawek, *Archiv für Religionswissenschaft* 28, 1930, S. 106–24, S. 186–211.

[49] B. Snell, „Der Glaube an die Olympischen Götter", in *Das neue Bild der Antike* I, Leipzig 1942, S. 109–29 = *Die Entdeckung des Geistes*, Göttingen 1975^4, S. 30–44 (als Vortrag 1933). – P. Friedlaender, „Lachende Götter", *Antike* 10, 1934, S. 209–26 = *Studien zur antiken Literatur und Kunst*, Berlin 1969, S. 3–18. Anders beschreibt W. Bröcker, *Theologie der Ilias*, Frankfurt 1975, die ,Götterhistorie' als religiös belanglos, „Dichter-Fabeleien" (S. 39), „nicht ohne Beimischung von ein bißchen Verachtung" (S. 36).

sich erhält auf Kosten der Vergänglichkeit und tragischen Gebrechlichkeit der Menschen, so erhält sich diese wiederum, als Möglichkeit menschlicher Größe, auf Kosten eines gewissen göttlichen Versagens“ (S. 25): Weil die Götter nicht sterben können, können sie auch nicht heroisch sein; darum der „erhabene Unernst“ (S. 25). Also Götterspiel als Gegenpol menschlichen ‚Ernstes‘ in seiner Größe und Vergänglichkeit, eine sehr reife, durchaus poetische Konzeption: Bild steht gegen Bild, es *[354]* kommt weniger auf die Drähte an, die Göttliches und Menschliches verbinden wie im Gleichnis Platons.

Hinter das von Walter F. Otto und Karl Reinhardt erreichte Niveau zurückzufallen, wäre fatal. Trotzdem besteht auch eine gewisse Gefahr, daß ob so viel Seinsvertrauen und geistvoll-spielerischer Struktur die Götter der Ilias vorschnell als bewältigt erscheinen. Man muß Homer wieder lesen, um zu merken, daß diese Szenen doch wunderlich, sperrig, ja beunruhigend bleiben. Wie die Götter sich gegenseitig ‚reizen‘,[50] bleibt ihr Gebaren auch für uns irgendwie aufreizend und seltsam. „Homer scheint ... die Menschen vor Troia so weit wie möglich zu Göttern gemacht zu haben, die Götter aber zu Menschen“, schreibt der Autor *Vom Erhabenen* an der zitierten Stelle (Anm. 46). In der Tat sind diese Götter unter sich zu Hause menschlich bis ins Allzumenschliche, Kleinbürgerliche. Dies ist sehr lebendig, teilweise psychologisch raffiniert, aber gewiß mehr unterhaltend als vornehm. So in jener ersten Götterszene der Ärger des Zeus, weil Hera nicht nur sein Treffen mit Thetis bemerkt, sondern auch seine Absicht erraten hat: „Du unmögliches Wesen, immer spannst du es, und ich kann nichts vor dir verborgen halten“; ihm bleibt nichts als ein patziges „aber ändern kannst du nichts“ (Il. 1, 560–61), und die Androhung handgreiflicher Gewalt. Überhaupt diese problematische Ehe des Göttervaters mit ihrer so bürgerlichen Vorgeschichte: am schönsten war es, als sie zum ersten Mal miteinander schliefen, „heimlich, ohne daß die lieben Eltern es merkten“ (Il. 14, 296). Die mythologische Wahrscheinlichkeit der Situation ist dabei souverän mißachtet – nachdem Vater Kronos seine Kinder zu verschlingen beliebte, durfte die Ehe der ‚lieben Eltern‘ als geschieden gelten –; die allzumenschliche Pointe ist Selbstzweck.[51] Nach dem Beilager mit Zeus auf dem Ida kommt Hera in den Olymp zurück, nach ihrem Triumph nun doch eingeschüchtert durch die groben *[355]* Drohungen des erwachten Zeus. Sie wird ehrerbietig begrüßt, sie nimmt Platz, trinkt, auf ihren Lippen bildet sich ein Lachen, während ihre Brauen zornig bleiben (Il. 15, 101–3), sie schilt auf Zeus und meldet dem Ares, daß ein Sohn von ihm in der Schlacht gefallen ist – ein ‚Radfahrer-Effekt‘, möchte man sagen, ein Weitergeben des Ärgers mit bösem Lachen. Ares springt heulend auf, will sich rächend in die Schlacht stürzen, gegen das strikte Verbot von Vater Zeus; drum hält Athena ihn zurück, nimmt ihm die Waffen wieder ab, redet auf ihn ein, er solle

---

[50] *Erethízein*, Il. 4, 5; 5, 419.

[51] Der Passus war in der Antike berühmt-berüchtigt, vgl. Kallim. Fr. 75, 4, Theokr. 15, 64, Sotades Fr. 16, S. 243 Powell. Die mythologischen Probleme werden in den T-Scholien zu Il. 14, 296 erörtert.

doch Vernunft annehmen, sonst würde der Vater „zu uns kommen auf den Olymp, um furchtbar Krach zu schlagen, wird uns alle, einen nach dem andern, zu packen kriegen, wer schuldig ist und wer nicht" (Il. 15, 136 f.) – eine wüste Familienszene, wie sie zuvor schon Hypnos, der Schlafgott, ausgemalt hat: schon einmal hat Zeus, eingeschläfert und betrogen, sich hernach so aufgeführt, „die Götter durcheinanderwerfend im Haus; mich suchte er ganz besonders ... aber die Nacht rettete mich: zu ihr kam ich fliehend. Er aber hörte dann wieder auf, wie sehr er auch wütend war" (Il. 14, 257–60). Das ist mit Gusto erzählt, Familientyrann aus Kinderperspektive, mit kindlicher Gänsehaut und auch ein bißchen kindlicher Frechheit: ‚und dann hörte er wieder auf.' Walter F. Otto schrieb: „Gewiß wird im Olymp manchmal gedroht oder an frühere Gewalttätigkeit erinnert; aber es geschieht nie etwas Rohes oder Ungebührliches. Ja, es ist fast, als sollten die Äußerungen, die es als möglich erscheinen lassen, die schöne und würdige Haltung, wie sie wirklich ist, erst recht ins Licht setzen" (S. 247). Doch auch mögliche, ja erwartbare Ungebühr wirft ihren Schatten. In der ‚Götterschlacht' geschieht es, daß Hera „gegen Artemis von Scheltworten zu Handgreiflichkeiten übergeht, wie sie die reife Frau einem allzu kecken jungen Mädchen zuteil werden läßt" – so Walter F. Otto (S. 248). Homer ist deutlicher: „beide Hände packte sie an der Wurzel mit der Linken, mit der Rechten aber nahm sie ihr von den Schultern Bogen und Köcher, und damit schlug sie ihr um die Ohren, lächelnd; und die drehte sich hin und her, und es fielen heraus die schnellen Pfeile" (Il. 21, 489–92). Reife *[356]* Frau und keckes Mädchen – eher doch gekonnte Technik der Erwachsenen, Kinder zu hauen, vor der Revolution moderner Pädagogik; das Festhalten der Hände ist auf jenem Vasenbild zu sehen, das die Züchtigung des Eros zeigt (Anm. 22). Dazu lächelt die Stiefmutter noch, während die Kleine sich windet; ihrer eigenen Mutter Leto bleibt es vorbehalten, stumm die Pfeile wieder aufzusammeln (Il. 21, 502 f.). Es ist deutlich: der Zuhörer soll lächeln oder lachen. Vom Lächeln oder Lachen der Götter ist in diesen Szenen immer wieder die Rede, gleichsam als Rezeptionsvorgabe von seiten des Dichters. Menschen lächeln viel seltener in der Ilias. Daß aber solche Szenen auch für einen archaischen Menschen im Kontrast standen zum ehrfürchtigen Kult einer großen Göttin wie der Artemis von Ephesos, oder auch zur Angst vor einer Göttin wie Artemis, die junge Frauen im Kindbett tötet – eben hierauf weist Hera in ihrer Scheltrede hin (Il. 21, 483 f.) –, ist nicht zu bezweifeln. Das ‚Spiel' mit den Göttern scheint an Spott, ja Lästerung doch recht nahe heranzukommen.

Karl Reinhardt fand, den Götterszenen der Ilias müsse als älteres Genos der Götterschwank vorausliegen; er verwies auf das Thrymlied der Edda.[52] Näher liegt zum Vergleich das sicher Ältere, die mesopotamische Epik. Daß von ihr sogar ein literarischer Einfluß auf Homer ausgegangen ist, läßt sich wahrscheinlich machen, kann aber hier nicht umfassend begründet werden. Eine berühmte Szene des Gilga-

---

[52] Reinhardt 23 f.; *Edda* übertr. v. F. Genzmer, II, Darmstadt 1979^5, 11–6.

meš-Epos ist die Begegnung des Helden mit Ištar, der babylonischen Liebesgöttin: sie „erhebt ihre Augen" zu dem strahlenden Sieger und bietet sich ihm an, bietet märchenhaftes Glück: „schenke, o schenke mir deine Fülle."[53] Gilgameš antwortet mit Beleidigungen – der Text ist bruchstückhaft –, gibt einen Katalog von Ištars Partnern, die sie alle einmal „geliebt" hat, *[357]* um sie dann zu verstoßen und zu verwandeln. „Und liebst du mich, so machst du mich jenen gleich" (VI, 79). „Ischtar – kaum daß sie dieses hörte, war sie, Ischtar, sehr zornig, stieg empor zum Himmel, es ging Ischtar hin, weint vor Anu, ihrem Vater ... Vor Antum, ihrer Mutter, fließen ihre Tränen: ‚Mein Vater! Gilgamesch hat mich sehr beschimpft! Gilgamesch zählte auf meine Beschimpfungen, meine Beschimpfungen und Flüche.'[54] Anu tat zum Reden den Mund auf und sprach zur fürstlichen Ischtar: ‚Wohl reiztest du selber den König von Uruk, darum zählte Gilgamesch deine Beschimpfungen auf, deine Beschimpfungen und Flüche'" (VI, 80–91).

Diese Szene ist in vieler Hinsicht der Ilias verblüffend nah. Im 5. Buch der Ilias wird Aphrodite, die griechische Liebesgöttin, von Diomedes verwundet, er schickt ihr eine Hohnrede nach (5, 348 ff.), sie aber, „außer sich, ging weg und fühlte schreckliche Schmerzen" (352), sie fährt auf zum Olymp, fällt dort „Dione in den Schoß, ihrer Mutter, und sie nahm in die Arme ihre Tochter" (370 f.), sie fragt: „Wer hat dir solches angetan, liebes Kind" (373), sie tröstet mit mythischen Exempeln: „ertrage, mein Kind" (382); Athena macht eine spitze Bemerkung, Zeus aber lächelt, er ruft die Tochter heran, sagt: laß besser ab vom Krieg (428–30), mit anderen Worten: ein wenig ist sie doch selber schuld. Dies ist im Grund die gleiche Szene wie die mit Ištar, Antu und Anu, zudem kommt Dione als Mutter der Aphrodite und Frau des Zeus nur hier vor, ein Name, der als Feminin zu ‚Zeus' gebildet ist wie Antu zu Anu.[55] In gewisser Weise mit *Gilgameš* vergleichbar ist auch jene andere Szene, als die geprügelte Artemis sich weinend Vater Zeus *[358]* aufs Knie setzt (21, 505 ff.), er zieht sie an sich und fragt ‚lachend': wer hat dir solches angetan, sie erzählt: deine Frau hat mich gehauen ... Gilgameš' Katalog der Liebhaber hat ein Gegenstück in dem Katalog der Zeusgeliebten, den Zeus selbst in jener ‚Trugszene' gibt (Il. 14, 317–27), mehr aber noch in Kalypsos Aufzählung von Göttinnen, die sich einen sterblichen Liebhaber nahmen und ihn doch wieder verloren (Od. 3, 118–29). Wie Aphrodite gleich Ištar sich selbst einen Liebhaber sucht,

---

53 Die Übersetzung nach: *Das Gilgamesch-Epos* übers. v. A. Schott, neu herausgg. v. W. v. Soden, Stuttgart (Reclam) 1982; vgl. J. B. Pritchard, *Ancient Near Eastern Texts relating to the Old Testament*, Princeton 1955² (ANET), S. 83 f.; A. Heidel, *The Gilgamesh Epic*, Chicago 1949², S. 49–53. Keilschrifttext und Transskription: R. C. Thompson, *The Epic of Gilgamish*, Oxford 1930.

54 Übersetzung hier wörtlicher als Schott / von Soden („Beschimpfungen und Flüche gegen mich"): pīšati-ia u errēti-ia bzw. pīšati-ki u errēti-ki.

55 Zu Dione: Escher *RE* V 878–80; Kult hat sie nur in Dodona, doch behauptet Strabon 7 S. 329, sie sei dort sekundär. Man hat die mykenische *Diwija* verglichen, doch vgl. M. Gérard-Rousseau, *Les mentions religieuses dans les tablettes mycéniennes*, Roma 1968, S. 67–70. Das Suffix *-óne* ist in der epischen Sprache produktiv, vgl. *Akrisióne* (E. Risch, *Wortbildung der Homerischen Sprache*, Berlin 1974², S. 101), *Argeióne* (Hesiod).

der später dafür büßen muß, Anchises, den Vater des Aineias, schildert der homerische Aphroditehymnos. Wir bewegen uns also in einem Bereich enger Gemeinsamkeiten von Orientalischem und Homerischem.

Um so eher ist es möglich, auch die Unterschiede zu sehen. In der Szene aus dem Gilgameš-Epos fehlt, im Kontrast zu Homer, das Lächeln. Ištar ist auch nicht kindlich wie Aphrodite und Artemis bei Homer, sie nimmt ihre Rache unverzüglich in die Hand. Ihr Zorn ist verständlich, denn jener Katalog heißt ausdrücklich ein „Aufzählen von Beschimpfungen und Flüchen". Die Verbindung von ‚Beschimpfung und Fluch' kommt auch außerhalb des Epos vor; auch eine Gattung ‚Schimpflieder' findet sich verzeichnet.[56] Konkret gesehen aber ist es nicht nur der Held Gilgameš, der diese ‚Beschimpfungen' ausspricht; indem der Sänger das Lied vorträgt, kommen sie auch ihm über die Lippen, nimmt sie der Hörer auf. Der Mythologe wird leicht den mythischen Tiefgang der aufgezählten Motive erkennen – wenn das Pferd, nachdem Ištar es liebte, nun das Zaumzeug zu tragen hat, ist dies eine kulturschöpferische Leistung; wenn Ištar danach den Himmelsstier gegen Gilgameš schickt, ist dies die Voraussetzung für Jagd und Opfer; der Jäger und Opferer aber muß sich der Liebe versagen.[57] Die Dichtung aber hat dem eine Wende gegeben, daß explizite ‚Beschimpfungen' aus den alten Mythen geworden sind. Auch Ištar ist eine große, vielverehrte Göttin, aber eben dies mag reizen, ihr auch einmal anders Bescheid zu sagen. Nicht also eine Gattung ‚Götterschwank', sondern ‚Götterbeschimpfung' *[359]* fassen wir in dieser so Homer-nahen Szene. Auch hier liefert übrigens gerade die *Edda* eine Parallele, ‚Lokis Zankreden': „Hohn und Haß bring ich den hohen Göttern und mische Bosheit ins Bier."[58]

Es mag erstaunen, solch unfrommen Umgang mit Göttern im alten Orient zu finden. Offenbar ist Göttermythos seit alters nicht immer ernst und erhaben. Gerade wo es um die Grundlegung menschlicher Kultur geht, treten kritische Distanz und ironisches Umkippen oft merkwürdig hervor. Das bedeutendste Beispiel aus Mesopotamien, erst seit 1969 bekannt, ist das Epos von Atraḫasis, dem ‚durch Klugheit Herausragenden', aus der Hammurabi-Zeit.[59] Die Götter schaffen sich die Menschen als Roboter, um von Arbeit entlastet zu sein. Doch alsbald, nach kaum 1200 Jahren, nehmen diese Kreaturen überhand und werden lästig durch den Lärm, den sie veranstalten; „die Erde brüllte, wie ein Stier" (I 354), und Enlil, der oberste Gott, beschließt die Menschen wieder zu vernichten. Aber dies gelingt ihm nicht. Er schickt zuerst eine Pest, dann Dürre und Hungersnot, schließlich die Sintflut. Aber der weise Atraḫasis im Bund mit dem Gott der Tiefe, Enki, weiß die rechten Gegenmaßnahmen zu treffen. Erst baut man dem Pestgott einen Tempel, und er ist be-

---

56 W. v. Soden, *Akkadisches Handwörterbuch* II, S. 869 s. v. pīštu.

57 Vgl. W. Burkert, *Homo Necans*, Berlin 1972, S. 72 f.

58 Lokasenna, *Edda*, übers. Genzmer II, S. 51–60, vgl. A. B. Rooth, *Loki in Scandinavian Mythology*, Lund 1961, S. 176–81.

59 W. G. Lambert, A. R. Millard, *Atraḫasīs, The Babylonian Story of the Flood*, Oxford 1969, vgl. W. v. Soden, *Zeitschrift für Assyriologie* 68, 1978, S. 50–94.

sänftigt; ähnlich verfährt man dann mit dem Regengott Adad. Als Enlil die Kontrolle verschärft, so daß die Menschen vor Hunger zu Kannibalen werden, läßt Enki einen Schwarm Fische aus den Wassern der Tiefe frei, von dem sich die Menschen nähren. Er verteidigt sich vor Enlil in der Götterversammlung, dies sei aus Versehen passiert: ein Riegel sei gebrochen, so daß Wasser und Fische entkommen konnten. Während in dieser Versammlung Enlil immer wieder auf seine prinzipiellen Beschlüsse zurückkommt, langweilt und mokiert sich Enki: „er ärgerte sich über das Sitzen; in der Versammlung *[360]* der Götter kam ihn das Lachen an“[60] – der Vers wird wiederholt, um ihn einzuprägen. Enki weiß schon, wie er seinen Eid umgehen wird: er sagt der Schilfhütte Bescheid, so daß Atraḫasis die Arche baut, mit der er die Sintflut übersteht – dieser Schlußteil ist weithin wörtlich ins Gilgameš-Epos übernommen worden und aus diesem seit langem bekannt. Enlil wird schließlich verblüfft fragen: wie hat die Menschheit das Verderben überlebt? (III vi 10), doch an der Tatsache ist nichts mehr zu ändern; es bleibt – so wörtlich formuliert – ‚Geburtenbeschränkung‘ als dauerhafte Lösung.[61] So spielen Götter gegeneinander und lassen sich gegeneinander ausspielen. Enki gibt das Vorbild, wie man im Angesicht des stärksten und gewalttätigsten Gottes lachen kann. Dies ist herzerquickend für die Menschen inmitten ihrer Plage durch Seuche, Hunger und Sintflut.

Atraḫasis ist überraschend, wenn man den alten Orient vor allem unter den Stichworten Tempelstädte, Gottkönigtum, Mythos und Ritual, Neujahrsfest und Kosmogonie sieht. Und doch ist der Atraḫasis-Text wesentlich älter als das Weltschöpfungsepos *Enuma eliš*. Freilich wird man kaum von ‚Aufklärung‘ sprechen, eher an den fundamentalen mythischen Typ erinnern, auf den man besonders in Indianertraditionen aufmerksam geworden ist, den ‚Trickster‘.[62] Der Trickster, der in den amerikanischen Erzählungen in verschiedenen Gestalten auftritt, auch als Tier, als Coyote, als Hase, setzt sich über alle Tabus hinweg und richtet oft Unfug an, aber er hilft den Menschen und stiehlt für sie, was sie brauchen, er begründet ihre Kultur auch gegen die Götter. Vergleichbar ist im Griechischen auch Prometheus, der listige Gegenspieler des Zeus, der die Menschen schafft und rettet. In *[361]* einer vorhesiodeischen Version, vermutet man, gelang es ihm in der Tat, den Göttervater zu täuschen – darum verbrennen die Menschen für die Götter auf den Altären die Knochen und essen das Fleisch der Opfertiere selbst; freilich hat Zeus sich an Prome-

---

[60] II vi 15–18, S. 83 Lambert-Millard.

[61] III vii 8 *aladam pursi* (S. 103 Lambert-Millard); vgl. A. D. Kilmer, „The Mesopotamian Concept of Overpopulation and its Solution as Reflected in Mythology“, *Orientalia* 41, 1972, S. 160–77.

[62] P. Radin, K. Kerényi, C. G. Jung, *Der göttliche Schelm*, Zürich 1954. P. Radin, *The Trickster*, London 1956; M. L. Ricketts, „The North American Indian Trickster“, *History of Religion* 5, 1965, S. 327–50. Vgl. auch Rooth *a. a. O.* (Anm. 58) über Loki und Trickster (S. 189–93).

theus und an den Menschen gerächt, doch sie leben so weiter, Pandora, ihr Unglück umarmend und sich fortpflanzend. Hier ist es Zeus, der lacht.[63]

Das Lachen des Himmelsgottes gilt dem Menschen, der verspielt hat, auch im babylonischen Mythos von Adapa; dieser stellt gleichsam ein Gegenstück zu Atraḫasis dar. Adapa, von Ea als Modell der Menschheit erschaffen, stört die Ordnung der Welt – er bricht dem Südwind die Flügel – und muß sich vor Anu, dem Himmelsgott, verantworten. Der schlaue Ea hatte ihm geraten, dort keine Speise anzunehmen; es werde ‚Brot des Todes' sein. Als Anu ihm Brot des Lebens vorsetzen läßt, hält Adapa, klug und mißtrauisch, sich daran; da lacht der Gott, und er schickt Adapa zurück zur Erde.[64] Die tricksterhafte Schlauheit kann nur eine menschliche Existenz begründen, sie verhindert, was das Höchste wäre, Hinnahme göttlicher Gnade.

Zurück zur Ilias: als Hintergrund der lustspielhaften Götterszenen Homers läßt die akkadische Epik zweierlei erkennen, den mythischen Komplex des Tricksters, mit dem listigen Ringen um die condition humaine, und eine Möglichkeit der ‚Götterbeschimpfung' gleichsam als Umkehrung der obligaten Götterhymnik. In beidem liegt ein gewisses ‚emanzipatorisches' oder gar revolutionäres Potential. Auch die kosmogonischen Götterkämpfe sind nicht zu vergessen. Vorgegeben ist mit alle dem auch ein *[362]* anthropomorpher Erzählstil, der vor allem direkte Reden gemächlich ausmalt.

Homers Ilias zeigt sich nun, bei aller Nähe im einzelnen, die zu betonen war, hiervon merkwürdig weit entfernt. Das Listige und Auflüpfige hat seinen Platz verloren, ebenso wie die ernsten Götterkämpfe. Auch wenn es einmal wild zugeht bei den Göttern, die Wut bleibt folgenlos und ‚hört dann wieder auf'. Es gibt keine Manipulation der Götter durch Menschen, so wenig wie die Macht des Zeus ernsthaft in Frage gestellt werden kann. So wird List und Schimpf in Lachen oder eher noch in Lächeln transformiert. Dieses Lächeln der Götter hat kein Vorbild in der akkadischen Epik. In ihm aber kann der Mensch die Götter doch als vertraut, als seinesgleichen erkennen, in lächelndem Einverständnis über die existentielle Kluft hinweg, die dennoch besteht. So kommt es zu jenem Spiegeleffekt, daß die Götter menschlicher, die Menschen göttlicher werden. Insofern hat Karl Reinhardt durchaus Recht behalten mit seiner Beschreibung der ironischen, wechselseitig sich bedingenden und spiegelnden Struktur des Göttlichen und Menschlichen in der Ilias. Ob wir von ‚Spiel' sprechen sollen, hängt an der Sprache, die wir verwenden. Ein *paízein* im griechischen Sinn liegt nicht vor: die Gesamtstruktur ist nicht vergnüglich, zwecklos und entlastet wie wahres Spiel, sondern im Grunde tragisch; also

---

[63] Hesiod, Erga 59. Zum vorhesiodeischen Schwank F. Wehrli in *Navicula Chiloniensis*, Leiden 1956, S. 30–6 = *Theoria und Humanitas*, Zürich 1972, S. 50–55. Enki-Atraḫasīs und Prometheus vergleicht J. Duchemin, *Prométhée*, Paris 1974.

[64] *ANET* S. 101–3, A 66, D 4; zur Interpretation vgl. F. M. Th. De Liagre Böhl, „Die Mythe vom Weisen Adapa", *Welt des Orients* 2, 1959, S. 416–31, dessen Vermutung, Götterspeise wäre für Menschen eo ipso tödlich (S. 426), unbegründet ist.

,tragische Ironie'? Es bleibt ein Rest des Unaufgelösten, trotz Lachen und Lächeln der Götter.

Dies alles gilt nur für die Ilias; anders ist es bereits in der Odyssee. Werner Jaeger hat den Zeus der Odyssee „das philosophisch geläuterte Weltgewissen" genannt.[65] Jedenfalls stehen Zeus und Athena in der Odyssee so eindeutig auf seiten des Guten und Rechten – in diesem Fall des Odysseus –, daß alles aufzugehen scheint; spaßig ist da nichts. Nur eine Ausnahme gibt es gegenüber dieser geläuterten Auffassung vom Olymp, eine echte Götterburleske, die nun freilich als die gewagteste Götterszene der griechischen Literatur erscheinen kann, das Lied vom Ehebruch des Ares *[363]* mit Aphrodite, „wie sie sich zum ersten Mal vereinigten im Haus des Hephaistos, heimlich; viele Geschenke gab er, das Bett schändete er und das Lager des Herren Hephaistos" (Od. 8, 268–70). Der kunstfertige Hahnrei stellt ein unsichtbares Netz über dem Bett auf, in dem die beiden beim nächsten Schäferstündchen hängen bleiben: da können sie kein Glied mehr rühren, Hephaistos aber ruft alle Götter herbei, sich den Skandal zu beschauen; die kommen auch – nur die Göttinnen bleiben ,aus Scheu' jede in ihrem Haus (324) –, und „unauslöschliches Gelächter erhob sich von den seligen Göttern" (326) – das zweite Beispiel des sprichwörtlichen ,homerischen Gelächters' nach der Hephaistos-Szene im ersten Buch der Ilias. Gewiß wäre es fehl am Platze, den Göttern mit puritanischer Moral zu kommen – obgleich die Kritik am olympischen Ehebruch immerhin bis auf Xenophanes zurückgeht. Aphrodite findet die Erfüllung ihres Wesens im Liebesakt, der stürmische Ares nimmt die Gelegenheit wahr, wie ein echter, ,stürmischer' Mann das tut, Hephaistos aber beweist, wie List und Technik doch mehr vermögen als ein stürmischer junger Mann. So kommen in gewissem Sinn alle zu ihrem Recht. Um nochmals Walter F. Otto zu zitieren (vgl. S. 353): „Man hätte niemals verkennen dürfen, wie lebendig dieser Dichter, den man aus konventionellen Gründen für frech und gottlos hält, den wahren Sinn der göttlichen Urgestalt empfindet" (S. 240). In der Tat wird das Drastische dann geistreich überspielt durch das Gespräch von Apollon und Hermes: der Schelm erklärt, er möchte wohl an Ares' Stelle sein, dreimal so viele Fesseln möchten ihn halten, alle Götter zuschauen und alle Göttinnen, „aber ich würde schlafen bei der goldenen Aphrodite" (Od. 8, 342). So der tabubrechende Trickster; und abermals „erhob sich das Gelächter unter den unsterblichen Göttern" (343). Immerhin läßt dann Hephaistos auf Verwendung von Poseidon hin die Delinquenten frei, Aphrodite begibt sich zu ihrem Tempel in Paphos, wo Charitinnen sie baden, salben und bekleiden, „ein Wunder zu sehen" (366): im Ton der Bewunderung endet die Götterburleske.

---

65 *Paideia* I, Berlin 1933, S. 86. Vgl. A. Heubeck, *Der Odyssee-Dichter und die Ilias*, Erlangen 1954, S. 72–87.

Die Nähe zu den Götterszenen der Ilias ist evident, scheint in *[364]* wörtlichen Parallelen geradezu gesucht.[66] Ein fundamentaler Unterschied aber besteht in der Komposition, in der Art, wie die Erzählung in die Odyssee eingefügt ist: dies ist nicht Götterhandlung, die das menschliche Geschehen begleitet und spiegelt, sondern ein Zitat, ein Lied im Liede. Dies singt Demodokos der Sänger bei den Phäaken zur Unterhaltung des Gastes Odysseus. In doppelter Weise also rückt der Odyssee-Dichter die Götterburleske in die Distanz, er versetzt das Thema zu den fernen Phäaken und setzt es dort noch gleichsam in Anführungszeichen. Noch bezeichnender ist der spezielle Kontext, in den das Lied von Ares und Aphrodite eingefügt ist: es steht inmitten des Tanzes der ‚Knaben in erster Jugend' (262 f.). Man hatte sich zum sportlichen Agon auf dem Marktplatz versammelt, Odysseus wurde in beleidigender Weise herausgefordert, bewies dann aber glänzend seine Überlegenheit; daraufhin ordnet König Alkinoos jene Vorführungen an, in denen die Phäaken unvergleichbar sind, eben Tanz und Gesang. Odysseus bewundert (265) denn auch die Darbietungen und lobt sie geziemend (381–5). Ob man das Lied des Demodokos nun genau als Begleitung eines Tanzes aufzufassen hat oder als Einlage zwischen dem Tanz der Jugend und den Solodarbietungen der zwei Ballspieler, die hernach geschildert werden, jedenfalls ist ‚Tanz und Lied' als zusammengehörig vorgestellt (253). Damit aber steht die Götterburleske in einem Kontext des ‚Spiels', des *paízein* der *paîdes* – auf die Beziehung zu jenem Knaben, der ‚am muntersten spielt' laut dem alten Graffito, war schon hinzuweisen (Anm. 9). Dies bedeutet zugleich und allgemein: die burleske Göttererzählung wird erst in der Odyssee, da aber ganz bewußt und explizit zum ‚Spiel', zum Spiel des rings berühmten Sängers. Die Götter lachen, und die Menschen ergötzen sich (367–9). Freilich, diese Art von Spiel mit den Göttern ist nur möglich, indem sie eingehegt und umgrenzt wird: eine einmalige Gelegenheit, ein bestimmtes Genos. Der Ernst der *[365]* Götter, die aufs Recht sehen und Unrecht strafen, steht um so gewichtiger außerhalb dieser Grenzen da.

Schließlich noch ein Blick wohl auf die letzte, jüngste Götterburleske der altgriechischen Epik, den homerischen Hermes-Hymnos. Wir können diesen Text nicht sicher datieren; der Inhalt kam auch in einem hesiodeischen Werk und bei Alkaios vor, auch Vasenbilder des 6. Jh. spielen darauf an.[67] Hermes, neu geboren und als Wickelkind im Körbchen versorgt, erhebt sich alsbald zu „ruhmvollen Taten" (16): „Am Morgen geboren, spielte er am Mittag die Leier, am Abend aber stahl er die Rinder des ferntreffenden Apollon" (17 f.). Er stiehlt nicht weniger als 50 Rinder

---

[66] W. Burkert, „Das Lied von Ares und Aphrodite", *Rhein. Museum* 103, 1960, S. 130–44 *[= Kleine Schriften I, 105–116]*; vgl. auch B. K. Braswell, „The Song of Ares and Aphrodite: Theme and Relevance to Odyssey 8", *Hermes* 110, 1982, S. 129–37.

[67] Vgl. L. Radermacher, *Der homerische Hermes-Hymnus*, Sitzungsber. Wien 1931; T. W. Allen, W. R. Halliday, E. E. Sikes, *The Homeric Hymns*, Oxford 1936², S. 267 ff.; F. Cassola, *Inni Omerici*, Verona 1975, S. 153 ff.; als strukturalistischer Essay L. Kahn, *Hermès passe*, Paris 1978. – Hesiod Fr. 256, Alkaios 308 Lobel-Page; Vasenbilder: E. Simon, *Die Götter der Griechen*, München 1980², S. 297 f.

von der heiligen, unsterblichen Herde in Thessalien, treibt sie durch die Nacht bis in die Gegend von Olympia, schlachtet zwei und bereitet das Opfer zu; die anderen werden in einer Höhle versteckt. Dann schlüpft er wieder ins Wickelkörbchen, und als sein hellsichtiger Bruder Apollon erscheint und sein Eigentum zurückfordert, leugnet er aufs hartnäckigste, läßt sich vors Gericht des Zeus führen, nicht ohne als Entlastungsbeweis seine Windel mitzunehmen. Schließlich kommt es zum Vergleich, Apollon erhält die von Hermes erfundene Schildkröten-Leier; Hermes bleibt Spezialist fürs Opfer.

Der Mythos bewegt sich auf alter Spur: Hermes ist hier eindeutig eine Trickster-Gestalt, der tabubrechende Erfinder und Gestalter menschlicher Kultur mit frechem Verstoß gegen göttliche Ordnungen. Was er stiftet, ist zunächst das Opfer; dies wird deutlich an rituellen Zügen, an ätiologischen Einzelheiten, auch wenn wir den realen ‚Sitz im Leben', das erwähnte ‚Pylos' bei Olympia nicht fassen können.[68] Fürs Opfer erfindet Hermes, *[366]* gleich Prometheus, auch Feuer und Feuerzeug (112). Vorher schon hat er aus der Schale der Schildkröte die Leier gebaut, auch hier Neues schaffend aus dem Tod, und er singt als erstes ein theogonisches Lied, ein Lied über seine eigene Abkunft (54–61). Sein ‚Stehlen' ist der notwendige Tabubruch: die ‚unsterblichen Rinder', die Apollon auf heiliger Wiese weiden läßt, müssen schließlich doch sterblich werden, damit sie den Menschen im Opferfest zur Nahrung dienen können.

Nicht in gleicher Weise notwendig ist die Besonderheit, mit der unser Text in besonderer Weise spielt: daß der göttliche Schelm ein Wickelkind ist. Man hat das ‚göttliche Kind' als Urmythologem behandelt;[69] aber dieser Text nimmt doch in erster Linie die Chance wahr, das Genrehafte, Allzumenschliche auszumalen: das Körbchen, die Windel. Als Apollon das freche Baby packt und hochhebt, wehrt es sich mit einem Furz (296), woraufhin er es eilends auf den Boden fallen läßt – wie dabei das gut indogermanische Wort durch einen gestelzten Hexameter ersetzt wird – „notdürftiger Diener des Magens, der ungebärdige Bote" –, ist ein parodistisches Kunststück.

Die Versetzung des Gottes ins Kleinkinderstadium bedeutet aber: hier wird der Trickster bewußt und konsequent in einen *paîs paízon* verwandelt. Der Dichter spielt mit dem zu ehrenden Gott, indem er diesen selbst als Kleinkind seine Streiche spielen läßt. Drum kann ihm niemand ernstlich böse sein, auch nicht der geschädigte große Bruder: Apollon muß wiederholt lachen. Auch hier also wird die Götterburleske entschieden zum ‚Spiel' gemacht, zum *paígnion*, in anderer Weise als das Ares-Aphrodite-Lied der Odyssee, doch damit in vergleichbarer Weise eingegrenzt und domestiziert: nur Hermes der Schelm läßt sich in solcher Weise spielerisch behandeln, und selbst er nur an jenem ersten Tag, als er neu geboren in sei-

---

68 Jedenfalls besteht ein Zusammenhang zwischen den ‚12 Portionen' Vers 128 f. und dem Zwölfgötter-Opfer in Olympia (dazu O. Weinreich in Roscher, *Mythologisches Lexikon* VI, 782–5).

69 C. G. Jung, K. Kerényi, *Einführung in das Wesen der Mythologie. Das göttliche Kind. Das göttliche Mädchen.* Zürich 1951 (zu Hermes dort Kerényi S. 80–9).

nem Körbchen lag. Dies schließt den ernsten *[367]* Kult nicht aus, im Gegenteil. Aber der phallische Pfeiler mit dem bärtigen Gesicht, vor dem die Athener opfern, ist eine Potenz, die mit diesem spielerischen Mythos nicht zulänglich umschrieben wird. In gewissem Sinn dürfte Ähnliches auch in der späteren griechischen Kultur gelten: man kann mit den Göttern spielen, etwa in der Komödie, der auch rituell verankerten und eingegrenzten Posse. Aber dies sind umhegte Freiräume; wenn es darauf ankommt, wird das Kinderspiel immer dem Ernst der Männer hintangestellt werden.

Spiel rüttelt an den etablierten Strukturen, indem es seine eigenen Regeln ausprobiert. Es stört und durchbricht den eindimensionalen Funktionalismus der vernünftigen Erwachsenenwelt, es scheint auch nicht ganz eingefangen von den archaischen oder archetypischen Bindungen der bildhaften Seele; es hat eher etwas von Geist und Freiheit. Die Erwachsenenwelt domestiziert das Spiel, indem sie es einhegt, auf Kinder-Spielwiesen verweist. Doch unversehens können die Dimensionen fast magisch umschlagen, inmitten des Spiels stehen die Götter, ja der Spielball wird zum Universum, in dem wir mit herumwirbeln. Die modernere Weise, das Spiel zu domestizieren, ist wohl seine Vereinnahme durch die Logik: man baut aus Spielregeln die Logik, ja die ganze Mathematik und Wissenschaft auf, man entwickelt eine sehr ernste und schwierige Spieltheorie, computergestützt, bis hin zum Durchspielen des Atomkriegs mit allen seinen Varianten. Ob da nicht wiederum das Spiel nun seinerseits aufs Grausamste mit uns sein Spiel treibt?

Erschienen in: W.J. Slater, ed., Dining in Classical Context, Ann Arbor 1991, 7–24.

8. Oriental Symposia: Contrasts and Parallels*

As soon as alcoholic beverages had been discovered and made readily available, the socializing functions of alcohol must have become apparent as well. Thus, some forms of drinking parties may be expected to occur everywhere, and feelings will have arisen such as are expressed in the oldest Sumerian drinking song that survives: "Our liver is happy, our heart is joyful ... while I feel wonderful, I feel wonderful."[1] General human dispositions will nevertheless adapt themselves to differing cultural systems.

Thus the Greek symposium, which is in focus here, has quite specific characteristics. To recall its main features, following Oswyn Murray,[2] the symposium is an organization of all-male groups, aristocratic and egalitarian at the same time, which affirm their identity through ceremonialized drinking. Prolonged drinking is separate from the meal proper; there is wine mixed in a krater for equal distribution; the participants, adorned with wreaths, lie on couches. The symposium has private, political, and cultural dimensions: it is the place of *euphrosyne*, of music, poetry, and other forms of entertainment; it is bound up with sexuality, especially homosexuality; it guarantees the social control of the *polis* by the aristocrats. It is a dominating social form in Greek civilization from Homer onward, and well beyond the Hellenistic period.

Ceremonial drinking parties are in evidence in Minoan and Mycenaean palaces, too, but these were of a different kind. At Knossos, a wall-painting from a room in the west wing, facing the west court, known as the "campstool fresco," has been

---

* The following abbreviations are used:

AHw: W. v. Soden, *Akkadisches Handwörterbuch* (Wiesbaden 1965–81).

ANET: J.B. Pritchard, ed., *Ancient Near Eastern Texts Relating to the Old Testament* (Princeton 1974³).

BWL: W.G. Lambert, *Babylonian Wisdom Literature* (Oxford 1960).

Doc.: M. Ventris, J. Chadwick, *Documents in Mycenaean Greek* (Cambridge 1972²).

IG: Inscriptiones Graecae.

KAI: H. Donner, W. Röllig, *Kanaanäische und aramäische Inschriften* (Wiesbaden 1966²).

KTU: M. Dietrich, O. Loretz, J. Sanmartin, *Die keilalphabetischen Texte aus Ugarit* (Neukirchen–Vluyn 1976).

LS: F. Sokolowski, *Lois sacrées des cités grecques* (Paris 1969).

1 Civil 1964, 74.

2 Murray 1983 (bis); see also Schmitt-Pantel 1982; 1985; Vetta 1983; Levine 1985; Lissarague 1987. Among earlier studies, Von der Mühll (originally 1924) retains its value.

reconstructed to present an extensive formal drinking party. Many pairs of seated men face each other, holding goblets and stemmed cups of well-known types, while servants serve wine; a few females of larger size are entering from the side – one of these is the woman of the famous Knossian painting known as *La Parisienne*. They seem to be guests of higher status – goddesses, or priestesses impersonating goddesses, who have been invited to join in.[3] At Pylos, more than 2,800 stemmed cups were found packed in one magazine of the southwest wing, and Gösta *[8]* Säflund has rightly suggested that huge drinking bouts must have gone on in the megaron, probably in connection with sacrificial banquets.[4] The numbers of revellers suggested by these finds correspond to palace organization, but they would never fit the frame of a later Greek symposium.

Oriental, to be contrasted with *Greek*, is quite a questionable and vague term. In the following discussion, it is meant to include Mesopotamia, Anatolia, Syria, Palestine, and Egypt, with a certain preponderance on Mesopotamia and Palestine – this may be a personal limitation. There are two types of alcoholic beverages competing in these regions, beer and wine, as against the complete dominance of wine in classical Greece. Beer is much more common in Mesopotamia and in Egypt,[5] whereas wine is in the foreground in Syria and Palestine;[6] it is designated by the same word as in Greek: Aramaic *wain*, Western Semitic *jain*, identical with *woinos*. At the time of Herodotus (3.6), there was a considerable export of wine from Syria to Egypt. An important difference, besides taste, would have been that beer could be produced at any time of the year (although it would require more complex preparation) whereas the supply of wine would be dependent on the seasonal cycle. Vintage festivals are more closely prescribed by nature than beer festivals.

It is to be said in advance that, from the "oriental" side, we shall find more contrasts than parallels with the Greek symposium. Let us begin with the earliest evidence, the ceremonial drinking party in old Mesopotamian tradition. A well-established iconographic type from the third millennium B.C. shows a seated couple, one male, one female, drinking together, usually drawing the beverage from a vessel with a tube. This is evidently beer; Xenophon still witnessed such a form of drinking in Armenia (*Anab.* 4.5.26ff., 32). According to Selz, who has presented a recent survey with careful discussion of earlier interpretations,[7] the scene should refer to a ceremonial evening meal (KIN SIS or SUBUN) at a temple, held by the royal couple representing the gods at the occasion of a harvest festival.[8] This means that this form of "drinking together," of ceremonialized drinking, is in many respects the very opposite of a Greek symposium: there is a couple instead of an all-

---

3 Cameron 1987, 324ff.

4 Säflund 1980.

5 Cf. Meissner 1920, I 241ff.; 419; Hartman-Oppenheim 1950; Salonen 1970.

6 Dommershausen 1977 with lit.

7 Selz 1983; see also Weber 1920, figs. 415–22; Fehr 1971, 9–14.

8 Weber 1920, 107–9 spoke of "Totenmahl."

male society, there is a monarchic representation instead of an egalitarian group. Nevertheless, we find common drinking as the essence of a festival already by this point, and it constitutes some form of social control, since it demonstrates the established hierarchy by bringing the rulers, in a state of bliss, close to the gods and by creating distance from the waiters and other groups of people who watch from afar. Specialists find that this type of representation seems to lose its function in *[9]* Mesopotamia already in the third millennium B.C. It nevertheless persists as an iconographic type, which reaches as far as Syria[9] and finally even to Cyprus.[10] One Syrian seal dated ca. 1700–1500 presents a seated goddess together with a worshipper who is introduced by a priest, drawing beer from the vessel.[11] This seems to be a strange yet memorable form of communion with a divinity.

As to Syria and Palestine, there is more direct evidence from written sources since the Late Bronze Age. It centers on the term *marza'u* (Ugaritic) or *marzeah* (Hebrew). This word had always been known from the Old Testament, and the Septuagint gives the translation *thiasos* in one case.[12] But it was only through new evidence – mainly from Palmyra and then from Ugarit – that its real meaning and implications became apparent.[13] The Ugaritic testimonies are most important because they clearly antedate the formation and influence of Greek civilization.[14] A *marza'u* at Ugarit is an important social organization, an exclusive club consisting of the "men of the *marza'u*," headed by a president (*rb*), owning a "house" and other property; in one instance there is a mention of vineyards. The men meet for ceremonial feasts, including heavy drinking, in the worship of a specific god. Membership may be hereditary.

The *marza'u* has made its entrance into a mythological text:[15] the god El/Ilu was "giving a banquet in his palace. He called in the gods for the carving: 'Eat, gods, and drink, drink wine unto satiety, must unto drunkenness!'" Yet it turns out that El himself gets too much of it: sitting "in his *marza'u*," "he drinks wine unto satiety, must unto drunkenness ... He has fallen into his own dung and urine! Ilu is like a dead man ... ." So his daughters ʿAnatu and ʿAthtartu took care of him, and with a certain herb "they restored the strength of his hands, when they had healed

---

9 It occurs on a painted mug from the "house of the magician-priest" at Ugarit, *Syria* 43, 1966, 3ff. with pls. 1, 2; A. Caquot and M. Sznycer, *Ugaritic Religion*, Iconography of Religions XV, 8 (Leiden 1980), pl. XXII, p. 26: "undoubtedly the banquet of the god El."

10 "Hubbard amphora," eighth cent., V. Karageorghis, *Cyprus Museum* (Athens 1975), 38.

11 A. Furtwängler, *Die antiken Gemmen* (Leipzig 1900), I pl. I 4; Moortgat 1940 nr. 526, cf. p. 52.

12 *Jer.* 16.5; at *Amos* 6.7 *LXX* has, through a strange misunderstanding, *chremetismos hippon* instead.

13 For the attestations of the word see Jean-Hoftijzer 1965, 167ff.; Koehler-Baumgartner 1974, II 599: "Kultfeier mit Gelage."

14 See Greenfield 1974; Barstad 1984, 126–45; Barnett 1985.

15 *KTU* 1, 114, first edited in *Ugaritica* V (Paris 1968) 545–51; Pope 1972; de Moor 1987, 134–37, whose translation is given in the text. In Ugaritic texts specialists tend to disagree in certain points – this cannot be discussed here.

him, look, he awoke!" This strange myth is in fact, as the concluding lines show, part of a practical recipe against the consequences of drunkenness. Thus the god's experience is to influence the real world of men, which it is seen to mirror. Some details remain unclear,[16] but we get a vivid impression of what may happen at the reunions in a *marza'u*.

An additional illustration comes from another mythological text from Ugarit.[17] In Aqhat there is Danel, a pious man, who has no son – the gods are to help him in due course. Among the deprivations he must endure in this sad family situation, besides the lack of future funeral cult, there is no one "who takes him by the hand when he is drunk, carries him when he is sated with wine." The next verse is not quite clear, and so we are left to wonder where this heavy yet regular drinking should occur – in his *[10] marza'u*? It definitely happens at some distance from the bedroom. Interpreters have long compared a passage in Isaiah (51.17ff.) where the prophet tells Jerusalem: "Get up .... You have drunk the chalice of wrath from the hand of Jahweh ... and no guide was left for her from all the sons that she had borne, none to hold her hand from all the sons she had raised." Drunkenness has become a metaphor for catastrophe in the prophetic text – but this applies only if the young generation is not available to help. In the El text the daughters were seen to take care of their father, and so this is a prime reason why men must have offspring. We may well doubt whether this is a way to instil respect for parents, but probably the adolescents were quite eager to take part in adult pleasures even if this meant menial duties.[18]

The most interesting, and most discussed, testimony for *marzeah* is a passage of Amos that at the same time is the first attestation of lying on couches for a feast.[19] The prophet threatens people who are lying on couches of ivory, eating choice lambs from the herd, drinking, singing, and anointing themselves: "The *marzeah* of the recliners will disappear." The picture is not too different from what the Ugaritic sources suggest, i.e., conspicuous consumption within a closed circle of well-to-do revellers. The organization of *marzeah* is also attested in two Phoenician inscriptions, one from Marseille / Carthage, where it seems to be an organization parallel to

16 The problem is how to correlate El feasting "in his palace" or "in his *marza'u*," and finally going "to his house," cf. Pope 194; de Moor 136 has "sitting with his society" for *marza'u*.

17 *KTU* 1.17, i 30, ii 5, ii 19; translation in *ANET* 150; de Moor 1987, 228, 230ff.

18 The role of the sons in particular is reminiscent of the Greek symposium, where corresponding duties of *paides* are mentioned more than once, and regularly appear in the iconography. In myth, Heracles kills a *pais* inadvertently by boxing his ears, Athen. 410F = Hellanicus *FGrH* 4 F 2, Herodorus *FGrH* 31 F 3, Nicander fr. 17 G-S; Apollod. *Bibl.* 2.150; Paus. 2.13.8.

19 *Amos* 6.4–7, cf. Dentzer 1982, 54; Barstad 1984. I have not yet seen King 1988.

clan and family, the other from Piraeus, where it designates a yearly feast.[20] More abundant, if much later, evidence comes from Palmyra.[21]

There is no doubt that with the *marzeah* institution we come quite close to Greek social organizations that are connected with the symposium, to *thiasoi* or *hetairiai* in which sacrifice and feasting are central activities. The equivalence as stated by the Septuagint translators seems to make sense. We must still remain aware that the Semitic evidence is lacunose, variegated, spread over centuries, and hardly suffices to pronounce a verdict of either identity or derivation with regard to the Greek symposium. There remains a remarkable case of parallelism. The couches of the "recliners" are a special problem to which we shall come back.

Further aspects are known of oriental drinking in myth and in reality: gods feasting among themselves with ceremonial yet heavy drinking are a familiar concept wherever a divine pantheon is described.[22] There are more texts from Ugarit that introduce the gods feasting and consuming huge amounts of wine at the time. Thus Baal makes a festival in his new house, and "Radmanu served Baʿclu, the Almighty … . He took a thousand pitchers of foaming wine, ten thousand he mixed in his mixture … ."[23] As for Babylon, when Marduk has vanquished Tiamat, built the universe, and created man, he causes the sanctuaries of Babylon to be established. *[11]*

> The gods, his fathers, at his banquet he seated: "This is Babylon, the place that is your home! Make merry in its precincts, occupy its joys!" The great gods took their seats, they set up the beer mug, sat down to the banquet. After they had made merry within it, in Esagila, the splendid, they performed their rites. Fixed were the norms and all their portents; the stations of heaven and earth the gods divided … .

So they finally decreed the fates and proclaimed the fifty names of Marduk.[24] The word for "banquet" is *qeretu*, which properly means "invitation." It is interesting to note that the final ceremony does presuppose communal drinking – "merrymaking" first of all – reflecting probably some practice among men. It is in a mood of happiness produced by the beer mug that the gods set out to make their final decrees; it is in consequence of this mood that the poem about the foundation of Marduk's power comes to its conclusion.

---

[20] *KAI* 69, 16, the sacrificial calendar of Marseille, usually attributed to Carthage; bilingual inscription from Piraeus, *KAI* 60 = *IG* II/III^2 2946 (dated 3d / 2d cent. B.C. in *IG*).

[21] It has been discussed, among others, by H. Gressmann *ZNTW* 20, 1921, 228–30; H. Ingholt *Syria* 7, 1926, 128–41; Hoftijzer 1968, 28ff.

[22] Adapa, though admitted to Heaven, is only offered water and bread, *ANET* 101ff.

[23] *KTU* 1.3 i 8–21; de Moor 1987, 2–4.

[24] *Enuma elish* VI 71–9, *ANET* 69.

Egyptian gods indulge in revelling, too; they do it together with their worshippers at the great festivals. Thus the "Calendar of Edfu" speaks about the gods who have arrived for the celebration from distant towns: "They sit down and drink and celebrate a festival before this venerable god [the god of Edfu]: they drink and anoint themselves and celebrate very loudly, together with the inhabitants of the city."[25] The joys of gods and of men are parallel and mirror each other in the festival.

Myth nevertheless may also tell about serious dangers lurking in the consumption of alcohol. In the Aqhat text, Pughat, the sister of the murdered hero, invites the murderer, Yattupanu, and pours huge amounts of wine for him – no doubt this is to prove fatal for him, but the preserved text breaks off here.[26] In the Hittite myth of Illuyankas the Dragon and the Weather God, this is the method used to overcome the adversary: the goddess Inaras prepares a great festival, with three kinds of intoxicating drinks, and all the amphoras filled to the brim.

> Inaras put on her finery and lured the Dragon Illuyankas up from his lair: "See. I am holding a celebration. Come you to eat and to drink." The Dragon Illuyankas came up with his children and they ate and drank. They drank every amphora dry and quenched their thirst. Thereupon they are no longer able to descend to their lair.

And thus they are caught and bound.[27] Such an effect was to be foreseen, especially with strange and uncivilized guests. "Wine also ruined the centaur *[12]*, well-famed Eurytion," the *Odyssey* says (21.295f.), and we remember what happened to the Cyclops. How to deal with alcohol is part of cultivated manners, so it can be used to trick nature demons, including dragons and their kin.[28]

As to real life, it is not surprising to find in Mesopotamia and Israel the common, even banal form of drinking that is conspicuously absent from reputable archaic Greek society: the inn, the innkeeper, the selling of alcoholic beverages, the commercialized form of drinking beer. In Mesopotamia, this goes together with the craft of brewing beer. The brewer is *sabu* in Akkadian, or *sirasu*, but more often it is a female, *sabitu*, who is offering the beverage – and somewhat more – to clients who are able to pay. The traditional rendering in English has become "ale-wife." The word for *inn* is "house of the brewer" or "house of the ale-wife," *bit sabi* or *bit sabiti*. Another Akkadian word for inn is *astammu*. Payment is usually in grain; clients may have drinks on credit. But when Assurbanipal's plunderings brought

---

[25] A. Erman, *Die Religion der Aegypter* (Berlin 1934), 376. The text is Hellenistic, but is taken to reflect New Kingdom tradition.

[26] *KTU* 1.19, iv 50ff., de Moor 1987, 264ff.

[27] *ANET* 125f.

[28] On overcoming a nature demon by wine as a folktale motif, see Meuli 1975, 641–44.

affluence to Niniveh, "camels were sold for 1 1/2 shekels of silver in the gate of sale, and the Ale-Wife received camels and slaves as a present."[29]

The institution of inns and ale-wives goes far back at least in imagination: according to the Sumerian king-list, the founder of the fourth dynasty of Kish, Ku-Baba, was an "ale-wife."[30] The best-known appearance of a *sabitu* is in *Gilgamesh*, tablet X: Siduri the Ale-Wife receives Gilgamesh beyond the cosmic mountain and helps him to pursue his way to Utnapishtim, the hero of the Flood. Why she dwells there, and in what function, remains enigmatic: "They made a jug for her, they made a mashing bowl of gold for her" – this line seems to allude to some myth or ritual that is lost to us.[31] Her role in relation to Gilgamesh has been compared to that of Circe in the *Odyssey*, who receives Odysseus in her house and gives advice about his further journey to the Beyond. There is nothing in the lacunose text of *Gilgamesh*, though, to hint at intimacies such as those that happen on the bed of Homer's Circe, although it would perhaps not be too far off the point.

In real life the inns seem to have been brothels, by common understanding;[32] the combination of alcohol and sex is not a Greek prerogative. Heinrich Zimmern has published a text that he called *Schenkenliebeszauber*, "the love charm of the inn"; it is an incantation to make a female attractive "to bring profit to the inn."[33] There could be more special forms of service. In a text pertinently included in Lambert's edition of Babylonian Wisdom Literature, there is the joke of an "effeminate man" (*sinnisanu*), evidently a eunuch, entering an inn (*astammu*) and praying to Ishtar, the love goddess. *[13]* To this should be compared the girl in the *Schenkenliebeszauber*: "You are plenty – I am half"; in Akkadian this is a play on words.[34] This would take us right to the sphere of Hellenistic *kinaidoi*, *delicati* as passive homosexuals. No wonder a more serious text of Babylonian Wisdom Literature warns: "Do not hasten to a banquet in the inn, and you will not be bound with a halter."[35]

In the *Codex Hammurabi* there are some regulations about payments and credits in relation to the ale-wife, which are difficult to understand. A more interesting paragraph is #109: "If outlaws have congregated in the establishment of a woman wine seller and she has not arrested those outlaws and has not taken them to the palace, that wine seller shall be put to death."[36] The designation of "outlaws" (*sarrutum*) is, of course, from the perspective of the ruler and his ideas about law and or-

---

29 Cyl. A IX 50, cf. *AHw* 85 *astammu*; wrong reading *(sinnistu) sutammu* instead of *(sinnist) astammi* ("women of the inn") in Streck 1916, II 76 and Luckenbill 1927, #827.

30 Jacobsen 1939; D.O. Edzard, *Reallex. d. Ass.* VI 299 s.v. *Ku(g)-Baba.*

31 X i,3, *ANET* 90.

32 Th. Jacobsen, *JNES* 12, 1953, 184ff. n. 68; A. Falkenstein, *ZA* 56, 1964, 118–20.

33 Zimmern 1918/19.

34 *mesru / meslu*, *BWL* 219, 3–5.

35 *BWL* 256 a 8–12.

36 *ANET* 170; cf. Driver-Miles 1952, I 205; *AHw* 1030: s.v. *sarru.*

der. But that inns should be the place where *mafiosi* tend to meet is a notion not unknown to moderns. The word translated "congregated" in *ANET* basically means "to bind."[37] Thus it is "being bound together" that may occur in a tavern, as the authorities suspect; hence the ferocious punishment for the innkeeper who does not call the police, or indeed assume police functions herself. We may set a classical Greek text right beside this; it comes from Timaeus and refers to Empedocles.[38] Empedocles, invited to a symposium at Akragas, noticed strange proceedings which, as he recognized, meant "a beginning of tyranny"; thus "the next day he brought to court and secured a death sentence for both the host and the symposiarch," the unlawful fellows who had "bound together" at the drinking party. What could happen at a Greek symposium was already suspected by the royal authority of Babylon. But evidently inns and ale-wives went on to flourish, in spite of professional risks, down to the time of Assurbanipal, as mentioned above. The "houses of drinking" appear in the Hebrew Bible as well, and there is many a warning about them in the texts of wisdom. Even the double function of inn and brothel seems to recur. The house of Rahab the whore at Jericho, where the Hebrew spies find shelter, is turned into an inn by Josephus.[39]

In the Old Testament there is more about communal drinking at festivals. The main word normally translated "festival" or "banquet" means just "drinking": *mishtäh*, from *shatah*: "to drink"; the Septuagint appropriately translates it as *potos*. The real essence of a festival is drinking.[40] A "banquet" is "made" upon invitation by a lord, a king; sometimes all the people of the village or "city" are invited (*Gen.* 29.22); an appropriate occasion may be the birth of a child (*Gen.* 21.8). Of course this results in "merrymaking," i.e., heavy drinking; more serious affairs therefore will have to wait for the next morning (*I Sam.* 25.36). In these cases it is always clear who is the *[14]* host, and who is invited: the banquet is a gesture of a grand seigneur. The communal aspect that is so important for the Greek symposium hardly comes to the surface. It is wine that is common in everyday life and is integrated into religious ritual. Priests, however, are forbidden to drink wine before officiating (*Lev.* 10.9), and there is the special status of the *Nazir*, the man "devoted" to Jahweh, which includes rejection of everything connected with the vine (*Num.* 6, etc.). Likewise Jeremiah (16.8) is forbidden to enter a "house of drinking" (*bet mishtäh*). Beer is normally ignored in the Hebrew text, although the Akkadian word *sikaru* is there as a loanword, *shekar* (Septuagint *sikera*), and it is usually translated just "alcoholic beverage," *Rauschtrank.*

Let us have a closer look at a very late text from Esther and at a very early text about Samson. The most prominent role of banquets occurs in one of the latest

---

37 *rakasu* N, *AHw* 947.

38 *FGrH* 566 F 134 = Diog. Laert. 8.64.

39 *Josh.* 2.1–22; Josephus *A.J.* 5.1, *katagogion.*

40 This is not to deny that there are invitations for eating, e.g., *Gen.* 31.54. See in general Amadasi Guzzo 1988.

books of Scripture and not even in an Israelite context, in the book of Esther. Its date is still controversial, and opinions differ accordingly as to how much real information about the Persian court and its customs can be expected to come from this text.[41] Such are the habits at the Persian court as seen by the author: King Ahasuerus / Xerxes is giving a great banquet for all his princes and his servants, which is to last 180 days, and seven days for all the people in the enclosed garden of his palace. "And for drinking there was the ordinance that nobody should be stopped." At the same time the queen is giving a banquet for the women in the palace. This implies separation of sexes; the main banquet was to be an all-male affair. Hence, when the king wishes his queen, Vashti, to appear before his companions, the queen understandably refuses to do so. The queen is divorced in consequence, and Esther gets her chance. Incidentally, what is presupposed in this little drama seems to be more Hellenistic than Persian, at least to judge by Herodotus. Herodotus has the story – a highly novelistic story, no doubt – that the Persians of Darius asked the women to take part in the symposium (5.18–20). On another occasion Herodotus has the Persian king present a feast to his friends, but he puts "sacrifice," i.e., the amount of meat made available for consumption, in the first place (1.126). On the other hand Herodotus describes it as a Persian custom to discuss problems during heavy drinking together in a closed room (with a *stegarchos*, 1.133.4), and to make the final decisions next morning in a state of soberness. All this is different from the proceedings in the book of Esther. To go on with the story: for Esther's marriage another big banquet is organized, for all the princes and officials, and taxes are reduced and grain is distributed (2.18); a typical Hellenistic usage, or so it would seem. Later, *[15]* when Esther has decided to intervene for the sake of her people and induces the king to grant her a favor, it is she who provides a banquet of her own, to which she invites the king and Haman the chamberlain (5.4). She is granted a wish by the king, but she postpones this to a second banquet to be held on the next day; there, after more or less heavy drinking in the "room of drinking wine" (7.8), she finally says what she wants the king to do, and ensures the execution of the wicked Haman (7.1–10). The whole story is to be read at the Israelite festival of Purim, days of "drinking and merrymaking" for all the Jews (9.17–19), the well-known combination. This evidently is why banquets play such a prominent role in the whole book of Esther.

Much more interesting is an incident in the story of Samson, which takes us back to the age of the Philistines – in our chronology, this would be the twelfth century. Samson meets a girl from the Philistines of Timnath and arranges to marry her (*Judges* 14). The marriage ceremony consists of a seven days' banquet (*mishtäh*) "for this was the use with the young in those days." The Philistines provide thirty "friends" (*mere'im*) to attend the bridegroom during his banquet. It is to them that

41 Bickermann (1967, 202; 207) thought the main text of this "strange book" was written at Susa in the second century, whereas others would still assign the work to the Persian epoch (Baldwin 1984).

Samson tells his riddle about the lion and the bees. If they cannot solve it, they are to provide thirty linen garments and thirty sets of clothes to Samson; if they solve it, Samson has to give the same amount to them. Samson is tricked by his cunning wife into giving away the solution; he finally provides the garments through pillage from Askalon, while his marriage has come to an abrupt end.

This is not the place to analyze the Samson stories as to either their mythical content or their historical background. It is only the custom of ceremonial drinking that is introduced in the text that must be in focus here. The author evidently looks back at a remote custom, which he does not know from his own experience. This "use" was intended to celebrate a marriage by a symposium seven days in length, in which apparently only young men participated, and in which a group of thirty "friends" from the bride's kin met and challenged the bridegroom. Exogamous marriage is presented here as a deal the suitor has to make with the young men of the girl's village; they are acting as a collective. The deal is acted out at a protracted symposium that in fact takes the form of an *agon*, a ritualized duel through riddles, with sizable prizes at stake. Samson, however, has been overdoing the game, the "friends" threaten collective action against the bride's father (14.15), and Samson finally turns to violence.

I think it is clear that this tale in many respects comes very close to what we understand a Greek symposium to have been: a group of young *[16]* men similar in age who find their identity in communal drinking, and the ritualized agon in the form of language play. The use of riddles in the Greek symposium is well attested.[42]

Two observations make this all the more interesting. Specialists do not agree at all as to the date of Old Testament books, but there seems to be some consensus that *Judges* is relatively early and at any rate contains very old material, not far in time from the twelfth-century Philistines.[43] The testimony here thus antedates everything known about Greek symposia by centuries. The other observation is that, according to the author, we are in fact dealing with a custom of the Philistines, not of the Jews. The material relics of the Philistines that have come to light in more recent excavations have confirmed what had already been gathered from the name: the Philistines are the most distinctive group among those "people from the sea" who devastated Mycenaean Greece and the Levant about 1200 B.C.; they carried with them what looks like a barbarized version of Mycenaean civilization.[44] They will have been very close to the Greeks, or at least to certain Greeks, of the early Dark Age. So if, in all the "oriental" evidence, we get the closest analog to the Greek symposium here, is this because the information is not even "oriental" in content, but belongs to another, in fact to a "western" or "northern" tradition? This conclu-

42 See esp. Athen. 448Bff., 457C, partly following Clearchus *Peri griphon*, fr. 84–95 Wehrli.

43 Cf. Soggin 1981. For an interpretation as to narrative strategy and folktale motifs, see Crenshaw 1974.

44 Dothan 1982; Gitin-Dothan 1987.

sion, however, is not compelling. One remarkable feature of *Judges* is the introduction of nonmonarchic societies with their archaic habits. Greek symposia too are characterized by their nonmonarchic, aristocratic environment. The similarity thus may as well be interpreted in terms of social structure as through "Nordic" kinship.

As to Israelite customs, there is still a remarkable chapter in *Jeremiah* (35): on the command of Jahweh, Jeremiah invites the "Sons of Rechab," members of a special clan, to the Temple of Jerusalem. He invites them to one of the several banquet halls, exactly specified, which are built there in the precinct; Jeremiah sets up cups full of wine and invites them to drink. They sternly refuse, because this has been a rule of their house, never to drink any wine. The whole action of the prophet is to contrast this kind of pious behavior by one family – according to *nomos*, the Greeks would say – with Judah's unlawfulness against the Lord. Without being addicted to structuralism we may still affirm that taboos presuppose forms of normal behavior that they contradict. In Greece, e.g., normal people will tear out thistles wherever they can, but there is one family, the Ioxidai, who never do this, and they have a special myth explaining this peculiarity.[45] Normal people, in contrast to the Rechabites, will invite each other to a feast in one of the banquet halls built at the temple, and drink wine there. The *[17]* cups and goblets mentioned in the Jeremiah text evidently were stored in such a building. It was in such a hall at the sanctuary of Shiloh that the future parents of Samuel held their feast, and when the priest saw the woman praying in a most emotional way, he naturally thought she was drunk (*I Sam.* 1.9; 13). One may recall the situation of the Ugaritic *pater familias* who, after ceremonialized drinking, needed his children in order to return home.

There are special halls in the sacred precinct for the purpose of drinking, named after their private donors, even if they may be used by others as well. In Ezekiel's idealized vision there are thirty such halls at the temple (*Ez.* 40.17). These banquet halls in the sanctuaries, well known also from the archaeological evidence, are called *lishkah* in Hebrew, and this evidently equals *lesche* in Greek. One immediately thinks of the so-called Knidian Lesche at Delphi. The association was made a long time ago and appeared already in Robertson Smith's *Religion of the Semites.*[46] This is one of the most intriguing Semitic-Greek parallels: we get a correspondence of topography, architectural design, function, and name. But since *lesche* belongs to the root *legh-*, "to lie down,"[47] the whole problem of reclining on couches for the banquet seems to arise again.

---

[45] Plut. *Thes.* 8.6.

[46] Smith 1889, 236, 6; 1894, 254, 6.

[47] Chantraine s.v.; the association with *legein* made by the Greeks later is impossible, because *legein* acquired the meaning "to speak" only in the historical period; so Horovitz 1978. *Lesche* first occurs in Hesiod, *Erga* (493, 501), and in the *Odyssey* (18.328ff.) as a public building, where one might warm up, or where a beggar might stay overnight. The Knidian Lesche is mentioned by Plutarch and Pausanias. There is no Semitic etymology for *lishkah*; the derivation from Greek is routinely noted as a possibility in Hebrew lexica. There is one dubious instance in one Phoenician inscription, broken, without context (Koehler-Baumgartner II 509ff.).

This would call for another chapter. I rapidly will give the reasons why I think this is not a problem of the period with which we are concerned – the eighth century onward – but rather of the Bronze Age. Not only does the archaeological evidence for structures of this kind go back to the Bronze Age,[48] *lishkah* is also prominent in the older strata of the Bible,[49] and from the Greek side there is the month name *Leschanorios*, occurring in Thessaly, Achaia Phthiotis, and Gortyn.[50] Further, there is Apollo *Leschanorios*, and especially there is the month *Leschanasios* attested for Tegea in a comparatively old inscription, a name that seems to be downright Mycenaean.[51] The month's name implies a festival in which a "lord of the *lescha*" or "man of the *lescha*" was prominent, possibly in a festival of *theoxenia* type. In fact a festival *lechestroteria* is attested at Pylos.[52] All this points to a pre-Iron Age setting. Semitic borrowing from Mycenaean would remain a possibility. It follows that the word *lescha* has nothing to do with the problem of how old the reclining symposium may be and whether it can be considered an orientalizing import of the seventh century. Note that a couch for reclining at a meal is never called *lechos* in Greek, but *kline*.

The oldest literary testimony for couches at symposia seems to remain the *Amos* passage (6.7) from the eighth century; the oldest, and decisive, pictorial document from the oriental side is "Assurbanipal's garden party," in the midst of the seventh;[53] in Greek, we get both the Corinthian Eurytos *[18]* krater[54] and Alcman[55] about 600. It has generally been assumed that the custom of lying down for the feast, instead of sitting on chairs, has come from a more primitive, "nomadic" lifestyle, either from an Iranian[56] or rather from a Syrian-Aramaean background.[57] Von der Mühll had speculated about Lydian influence on the Greeks, associating Lydians and Etruscans with the *lectisternium*.[58] What has been unduly neglected in this discussion is the primitive use of *stibades*.

In fact lying down for a meal must have been an old and natural custom. In connection with inviting gods as guests, there is every chance that it is an Indo-European ritual. It is hardly a coincidence that the horse-brothers, the Dioscuri – called by a Mycenaean title *Anakes* in Attica and elsewhere – were especially involved with

48 Starcky 1949; Ottoson 1987.

49 See *I Sam.* 1.9; 13; 9.22.

50 See Samuel 1972, Index.

51 *IG* V 2.3 = *LS* 67.29ff., beginning of fourth cent. B.C.; the name evidently is to be analyzed as *lescha-wanaktios*. For another Mycenaean month-name surviving in Arcadia, *Lapatos* (KN Fp 13, *Doc.* 305) is the notable example.

52 PY Fr 343; *Doc.* 579.

53 Meissner 1920, I Tafel-Abb. 46; Fehr 1971, 7–18; Barnett 1985.

54 Schefold 1964, 66, pl. III.

55 19 *PMG* = 11 Calame.

56 Fehr 1971, 16–18.

57 Tentatively suggested by Dentzer 1982, 56ff.

58 Von der Mühll 1975, 485.

theoxenia. The oldest way to do things was to prepare a couch of twigs and grass, called *stibas* in Greek.[59] Whenever a sacrifice was held outdoors, one would not normally transport chairs to the sacred place. It was different of course for the ceremonial meals for the dead, which were held indoors. We cannot expect to get direct evidence, either literary or archaeological, for *stibades* from the Dark Centuries; but we may confidently assume sacrifices both indoors, in the houses especially of the chieftains, and outdoors, at sacred places more or less distant from the settlement. There people would naturally lie down on *stibades.*

With the establishment of communal temples in the eighth century, the spatial categories changed: there was a new form of "space" for the sacred, outside the private house yet within a "house" of the god. In the new situation, and with the new oriental luxuries introduced, lying on couches within the temple may have partly replaced the *stibades.* A transitional stage could have been the *Herdhaus-Tempel,* although there has been controversy about this concept.[60] Later the dining-halls – *hestiatoria* – were separate from the *naos*; they were regularly equipped with couches. Thus, we should consider seriously the possibility that dining on couches was introduced not in connection with the symposium proper but with the ritual feast at the sanctuary, with *stibades* supplying the temple space. The appropriate halls are in evidence at least from the sixth century.[61] They could be called by an old term, *leschai.*

This would also have had its effect on the symposium proper: as communal sacrifice with the extensive meat courses moved from private homes to the temple, the "feast" in the private house was mainly confined to drinking. The symposium as the ritual that constituted the closed club of *hetairoi* was in fact in opposition to the public sacrificial feast at the temple of the *polis.* It is interesting to note that in Euboea of the eighth and seventh centuries, the banquet, as shown in funerary practice, still concentrated on *[19]* the *lebes*; but Book 24 of the *Odyssey* has an "amphora of Dionysus" instead.[62]

A last problem: whereas for the Greek symposium mixing wine with water was basic, indeed the epitome of civilized drinking in contrast to what barbarians did,[63] there seems not to be much evidence about this procedure in the oriental sources. In the Hebrew texts there are references to "mixing" wine (*msk*), and there is even the designation of a "mixed drink" (*mimsak, Isa.* 65.11, *Prov.* 23.30), but this refers to mixing wine with other ingredients to make it more sweet or savory.[64] Mixing

---

59 Cf. Burkert 1979, 44.

60 Drerup 1969, esp. 123–28; Martini 1986; criticism of the concept "Herdhaus-Tempel" in favor of *hestiatorion* in Bergquist 1973, 60–62.

61 See Börker 1983.

62 See Mele 1982.

63 The Scythians nevertheless made use of the krater, according to Herodotus (4.66), but this may be a misnomer for a beer bowl.

64 It had been suggested that the Hebrew word for "mixing" comes from the Akkadian designation of the raisin, *muziqu,* before the Ugaritic evidence turned up.

wine with water is even considered degradation by Isaiah: "Your fine wine has been mixed with water" (1.22). In the Ugaritic texts, on the other hand, the same word "to mix" (*msk*) is found so regularly in the formulaic description of banquet scenes[65] that its function must have been different: to serve wine is "to mix" the drink. Mixing wine occurs in the *Iliad*, in a much-discussed passage (9.203), and in what may be the earliest description of a symposium (*Od.* 9.5–11): people are seated and wait for wine from the krater. An archaeological history of the krater might bring out more dctails in the complex prehistory of the Greek symposium; but in this regard the aim of this essay has been not to offer a theory of derivation, but rather to provide some illumination by various Lights from the East. *[22]*

Bibliography

M.G. Amadasi Guzzo, "Sacrifici e banchetti: Bibbia ebraica e iscrizioni puniche," in C. Grottanelli and N.F. Parise, eds., *Sacrificio e società nel mondo antico* (Bari 1988), 97–122.

J.G. Baldwin, *Esther. An Introduction and Commentary* (Leicester 1984).

R.D. Barnett, "Assurbanipal's Feast," *Eretz Israel* 18, 1985, 2–6.

H.M. Barstad, *The Religious Polemics of Amos* (Leiden 1984).

B. Bergquist, *Heracles on Thasos* (Uppsala 1973).

E. Bickermann, *Four Strange Books of the Bible* (New York 1967).

Ch. Börker, *Festbankett und griechische Architektur* (Konstanz 1983).

W. Burkert, *Structure and History in Greek Mythology and Ritual* (Berkeley 1979).

M.A.S. Cameron, "The 'palatial' Thematic System in the Knossos Murals," in R. Hägg and N. Marinatos, eds., *The Function of the Minoan Palaces* (Stockholm 1987), 320–28.

P. Chantraine, *Dictionnaire Étymologique de la lange grecque* (Paris 1968–80).

M. Civil, "A Hymn to the Beer Goddess and a Drinking Song," in *Studies Presented [23] to A. Leo Oppenheim* (Chicago 1964), 67–89.

J.L. Crenshaw, "The Samson Saga: Filial Devotion or Erotic Attachment," *ZAW* 86, 1974, 420–504.

J.M. Dentzer, *Le Motif du Banquet couché dans le Proche Orient et le Monde Grec du VIIe au IVe siecle* (Paris 1982).

W. Dommershausen, "jaiin," in G.J. Botterweck and H. Ringgren, eds., *Theologisches Wörterbuch zum Alten Testament* III (Stuttgart 1977), 614–20.

[65] *KTU* 1.3 i 8–21, de Moor 1987, 31ff.; 1.5 i 21, de Moor 71; 1.16 ii 16, de Moor 215; 1.19 iv 62, de Moor 265.

T. Dothan, *The Philistines and Their Material Culture* (New Haven and London 1982).

H. Drerup, *Griechische Baukunst in geometrischer Zeit: Archaeologia Homerica* II O (Göttingen 1969).

G.R. Driver, J.C. Miles, *The Babylonian Laws* I/II (Oxford 1952).

B. Fehr, *Orientalische und griechische Gelage* (Bonn 1971).

D. Flückiger-Guggenheim, *Göttliche Gäste. Die Einkehr von Göttern und Heroen in der griechischen Mythologie* (Bern 1984).

S. Gitin and T. Dothan, "The Rise and Fall of Ekron of the Philistines," *Biblical Archaeologist* 50, 1987, 197–222.

J.C. Greenfield, "The Marzeah as a Social Institution," *Acta Antiqua Academiae Scientiarum Hungaricae* 22, 1974, 432–35.

L.F. Hartman and A.L. Oppenheim, *On Beer and Brewing Techniques in Ancient Mesopotamia* (Baltimore 1950).

J. Hoftijzer, *Religio Aramaica* (Leiden 1968).

Th. Horovitz, *Vom Logos zur Analogie* (Zürich 1978).

Th. Jacobsen, *The Sumerian King List* (Chicago 1939).

C.F. Jean and J. Hoftijzer, *Dictionnaire des inscriptions sémitiques de l'ouest* (Leiden 1965).

P.J. King, *Amos Hoseah Micah: An Archaeological Commentary* (Philadelphia 1988).

L. Koehler and W. Baumgartner, *Hebräisches und aramäisches Lexikon zum Alten Testament*[3], fasc. I–III (Leiden 1961, 1974, 1983).

D.B. Levine, "Symposium and the Polis," in Th.J. Figueira and G. Nagy, eds., *Theognis of Megara: Poetry and the Polis* (Baltimore 1985), 176–96.

F. Lissarague, *Un Flot d'Images. Une Esthétique du Banquet Grec* (Paris 1987).

D.D. Luckenbill, *Ancient Records of Assyria and Babylonia* (Chicago 1926–27).

W. Martini, "Vom Herdhaus zum Peripteros," *AM* 101, 1986, 23–36.

B. Meissner, *Babylonien und Assyrien* I/II (Heidelberg 1920–25).

N.V. Mele, "Da Micene a Omero: dalla Phiala al Lebete," *AION* 4, 1982, 97–133.

K. Meuli, *Gesammelte Schriften* (Basel 1975).

J.C. de Moor, *An Anthology of Religious Texts from Ugarit* (Leiden 1987).

A. Moortgat, *Vorderasiatische Rollsiegel* (Berlin 1940, repr. 1966).

O. Murray, "The Greek Symposium in History," in E. Gabba, ed., *Tria Corda. Scritti in onore di Arnaldo Momigliano* (Como 1983), 257–72.

–, "The Symposium as Social Organisation," in R. Hägg and N. Marinatos, *[24]* eds., *The Greek Renaissance of the Eighth Century B.C.: Tradition and Innovation* (Stockholm 1983), 195–99.

M. Ottoson, "Sacrifice and Sacred Meals in Ancient Israel," in T. Linders and G. Nordquist, eds., *Gifts to the Gods* (Uppsala 1987), 133–36.

M.H. Pope, "A Divine Banquet at Ugarit," in J.M. Efird, ed., *The Use of the Old Testament in the New and Other Essays: Studies in Honor of W.F Stinespring* (Durham 1972), 170–203.

G. Säflund, "Sacrificial Banquets in the Palace of Nestor," *Opuscula Atheniensia* 13,6, 1980, 237–46.

E. Salonen, "Ueber das Erwerbsleben im alten Mesopotamien I," *Studia Orientalia* 41, 1970, 186–206: "Die Bierbrauer"; 206–9: "Die Weinkelterer."

A.E. Samuel, *Greek and Roman Chronology* (München 1972).

K. Schefold, *Frühgriechische Sagenbilder* (München 1964).

R. Schmitt Pantel, "Image et société en Grèce ancienne: Les représentations de la chasse et du banquet," *RA* 1982, 57–74.

–, "Banquet et cité grecque. Quelques questions suscitées par les recherches récentes," *MEFRA* 97, 1985, 135–58.

G. Selz, *Die Bankettszene. Die Entwicklung eines 'überzeitlichen' Bildmotivs in Mesopotamien, von der frühdynastischen bis zur Akkad-Zeit* (Wiesbaden 1983).

W.R. Smith, *Lectures on the Religion of the Semites* (Edinburgh 1889, 1894²).

J.A. Soggin, *Judges: A Commentary* (London 1981).

J. Starcky, "Salles de banquets rituels dans les sanctuaires orientaux," *Syria* 26, 1949, 62–85.

M. Streck, *Assurbanipal und die letzten assyrischen Könige bis zum Untergange Ninivehs* (Leipzig 1916).

M. Vetta, *Poesia e Simposio nella Grecia antica* (Rome 1983).

P. Von der Mühll, "Das Griechische Symposion," in *Ausgewählte Kleine Schriften* (Basel 1975, originally 1926), 483–505.

O. Weber, *Altorientalische Siegelbilder* (Leipzig 1920).

H. Zimmern, "Der Schenkenliebeszauber," *ZA* 32, 1918–19, 164–84.

Erschienen in: B. Janowski, K. Koch, G. Wilhelm, Hg., Religionsgeschichtliche Beziehungen zwischen Kleinasien, Nordsyrien und dem Alten Testament. Internationales Symposion Hamburg, 17.–21. März 1990, Freiburg/Göttingen 1993, 19–38.

9. Lescha-Liškah. Sakrale Gastlichkeit zwischen Palästina und Griechenland

Ähnlichkeiten, ja Gemeinsamkeiten in Anlage und Funktion der Heiligtümer von Palästina, Syrien, Kleinasien und Griechenland sind seit langem bekannt und teilweise diskutiert: der Tempel als 'Haus' des Gottes, realiter des Kultbildes, das Opfermahl im Heiligtum, das Verbrennen bestimmter Teile des Opfertieres auf Brandopferaltären, kostspielige Weihgaben, besonders Bronzekessel; den Hintergrund bietet eine im einzelnen variable Stadtkultur mit einem in der Regel polytheistischen Göttersystem. Die Befunde in Griechenland sind allerdings markiert durch die Zäsur der 'Dunklen Jahrhunderte'; Stadt- und Tempelkultur ist vor dem 8. Jh. v.Chr. kaum nachweisbar. In dieser Epoche jedoch, im 8./7. Jh. vor allem, gibt es einen markanten Kulturtransfer von Ost nach West, am deutlichsten in der Übernahme des Alphabets; doch kam er offenbar auch im Bereich der Religion zur Wirkung.[1] Merkwürdig ist freilich, daß im sprachlichen Bereich so wenig von Entlehnung aus dem Orient faßbar ist, und das wenige Greifbare bleibt meist problematisch: Gibt es eine Beziehung von *bamah* 'Kulthöhe' zu griechisch βωμός 'Altar'?[2]

Einer anderen Wortgleichung sei hier nachgegangen, auf die seinerzeit schon Robertson Smith in seinen *Lectures on the Religion of the Semites* aufmerksam gemacht hat. Im Zusammenhang seiner bahnbrechenden Untersuchungen über die Opfergemeinschaft notiert Robertson Smith: "Eine Festhalle für das gemeinsame Opfer wird bereits 1 Sam. 9,22 erwähnt, ihre Bezeichnung *liška* scheint mit dem griechischen λέσχη identisch zu sein."[3] *Liškah* ist ein Nebengebäude fürs Opfermahl in palästinischen Tempelbezirken; die λέσχη der Knidier steht, offenbar zu ähnlichem Zweck, am Rand von Apollons Heiligtum in Delphi. Bautyp, Funktion und Benennung scheinen zusammenzutreffen. Ist dies zu sichern, daß ein wichtiger Typ von Bauten im Heiligtum im Hebräischen und im Griechischen mit dem gleichen Wort bezeichnet wird, und wie ist dies möglich?

---

1 Dazu *Burkert*, Epoche.

2 βωμός als semitisches Lehnwort bezeichnet u.a. von *Lewy*, Fremdwörter, 32; *Albright*, Archaeology and religion, 202; dagegen *Wahrmann*, Literaturbericht, 244; *Yavis*, Altars, 54,1; aus dem Griechischen nach *Brown*, Sacr. Cult, 1–7, vgl. *Chantraine*, Dict. ét., 203f; "urverwandt" *Gese*, Altsyrien, 173.

3 *Smith*, Rel. Sem. 254,6 = dt. Ausg. Anm. 406. Cf. *Lewy*, Fremdwörter, 94; *Brown*, Vine.

Dabei ist vorab festzuhalten, daß *liškah* bislang nur im Alten Testament belegt ist – es gibt einen ganz unsicheren Beleg in einer phönizischen Inschrift, sie ist gebrochen, Kontext fehlt.[4] Es gibt keine semitische Etymologie für *liškah*. Daß bei Nehemia dreimal in offenbar gleicher Bedeutung ein Wort *[20] niškah* gebraucht wird, macht die Sache nicht einfacher.[5] Λέσχα dagegen hat eine offenbar allgemein anerkannte, tadellose griechische Etymologie, zum Stamm λεχ-, deutsch 'liegen', parallel zu λέχος 'Bett'.[6] Das Wort *liškah* ist übrigens neuhebräisch revitalisiert worden, *liškat-modi'im* ist ein Auskunftsbüro, *liškat-'abodah* das Arbeitsamt. Auch λέσχη lebt neugriechisch weiter, in der Bedeutung 'Club' und 'Büro'.

Die griechische Etymologie spricht nun allerdings von vornherein gegen die gelegentlich vertretene These einer semitischen Entlehnung im Griechischen,[7] aber auch gegen die etwa von Eduard Meyer geäußerte Vermutung einer gemeinsamen Entlehnung aus einer unbekannten, vielleicht anatolischen Sprache.[8] Die Möglichkeit einer Entlehnung aus dem Griechischen wird routinemäßig in den Hebräischen Lexika vermerkt.[9] Wann und wie ist so etwas denkbar?

Um ein anschauliches Bild zu gewinnen, muß man die Belege genauer betrachten, was freilich, wie zu erwarten, die Sachlage kompliziert. Zunächst also *liškah* im Alten Testament: Am Anfang stehe ein relativ spätes Beispiel, Jeremia 35.[10] Auf Geheiß Jahwes geht Jeremia zu den 'Söhnen des Rechab', der 'Genossenschaft der Rehabiter', und lädt sie ein zum Tempel Jahwes, "in eine der *lešakoth*"; Jeremia tut, wie ihm geheißen, er führt sie ... in die "*liškah* Chanans, ... die neben der *liškah* der Oberen, oberhalb der *liškah* Maasejahus ... gelegen" ist. Er setzt ihnen Becher vor und fordert sie auf, Wein zu trinken. Die Rehabiter weigern sich energisch, "denn Jonadab ... der Sohn Rechabs ..., unser Ahnherr, ... hat uns folgendes befohlen: Nimmermehr sollt ihr oder eure Kinder Wein trinken." Jeremias bzw. Jahwes Intention ist es, das fromme Festhalten der Rehabiter am Familienbrauch mit dem Abfall Israels vom rechten Gesetz zu kontrastieren; dies mag hier ebenso beiseite bleiben wie Erklärung und Kontext des merkwürdigen Familientabus selbst. Es gibt auch bei den Griechen eigentümliche Familientabus; die Ioxiden z.B., wie wir durch *[21]* Plutarch erfahren, reißen keine Disteln aus (Plut. Thes. 8,6). Man

---

4 HAL s.v.; *Jean / Hoftijzer*, Dictionnaire, 138.

5 Neh. 3,30; 12,44; 13,7; vgl. HAL 689; *Brown*, Vine 151, der aus vagen Parallelen auf kyprische Herkunft schließt.

6 Aus *λεχ-σκα, bzw. *λεχσ-κ-, Wortbildung wie δίσκος zu δικ- (hierzu im Detail *Tichy*, Studien, 225 Anm. 44); vgl. schon *Crain*, Bedeutung, 580f; *Curtius*, Verbum, 278; *Pott*, Lautunterschiede, 188; *Meister*, Dialekte II, 50 Anm.; *Wackernagel*, Miszellen, 39f = Kleine Schriften I, 718f (der die direkte Verbindung mit λέχος ablehnt, die mit dem Stamm λεχ- aber akzeptiert); *Schwyzer*, Grammatik I, 541; *Frisk*, Wörterbuch, s.v.; *Chantraine*, Dict. ét., s.v.

7 So *Schrader*, Forschungen, 30; *ders.*, Sprachvergleichung und Urgeschichte, 497; danach *von Müller*, Privataltertümer, 262,5.

8 *Meyer*, GdA I 2, 705 vermutete kleinasiatische Herkunft des Wortes. Vgl. auch *Brown*, Vine, 151–153.

9 "Unknown etymology" bei *Klein*, Et. Dict., s.v.

10 Übersetzungen im folgenden nach Kautzsch.

bedenke lediglich, daß solche Tabus, die eine geschlossene Gruppe charakterisieren, dies durch den Kontrast zum normalen Verhalten leisten. Normale Menschen reißen Disteln aus. Normale Menschen in Jerusalem lassen sich in eine *liškah* im Tempel einladen und trinken dort Wein. Dafür sind diese Hallen gebaut, von privaten Stiftern, die wohl auch eine gewisse Kontrolle über die Benutzung ausüben. Drei offenbar bekannte Bauten dieser Art sind im Jeremia-Text erwähnt, offenbar nach ihren Stiftern benannt. Die Weinbecher, die Jeremia dort benützt, sind wohl in der *liškah* dauerhaft aufbewahrt.

Eine weitere *liškah* im Tempel wird Jer. 36,10 erwähnt; dort liest Baruch vor. Auch in den Königsbüchern wird eine *liškah* im Tempel, 'beim Eingang', erwähnt (2. Kön. 23,11). Jer. 36,12.20 heißt aber auch ein Raum im Palast ebenso, 'die *liškah* des Schreibers' – danach die neuhebräische Verwendung in der Bedeutung 'Amtsstube', 'Büro'.

Die *lešakoth* spielen ferner eine große Rolle in den Visionen Hesekiels. Er sieht 30 um den Tempel Jahwes (40,17). Sie sind den Priestern zugewiesen, die dort essen.[11] Nach der Rückkehr aus dem Exil ist weiter von den *lešakoth* die Rede. Nehemia hat eine Auseinandersetzung mit einem gewissen Tobija, 'für den' eine *liškah* eingerichtet war, aus der ihn Nehemia ausweist (Neh. 13,4–9). Esra zieht sich bei Gelegenheit demonstrativ 'in die *liškah* Johanans' zurück (10,6); allgemein aber werden in Esras Ordnung die *lešakoth* offenbar 'den Priestern' überhaupt zur Verfügung gestellt, die dort Gold, Getreide und sonstige Abgaben, heilige Gefäße aufbewahren (Esra 8,29; 10,38; 10,40); auch 'Torwächter und Sänger' halten sich dort auf.[12]

Nun sind im Buch Samuel – nach üblicher Ansicht also in recht alten Textschichten – solche Hallen, *lešakoth*, bereits vorausgesetzt, längst ehe es den salomonischen Tempel in Jerusalem gab; Robertson Smiths Bemerkung ging davon aus. Zunächst, noch vor der Geburt des Samuel, wird das Heiligtum von Silo eingeführt, wo ein 'Haus Jahwes' besteht, von Priestern verwaltet. Elkana zieht mit seinen Frauen und Kindern jährlich zu diesem Heiligtum, um dort im Rahmen eines Opfers zu essen und zu trinken, und zwar in einer *liškah*; als Channa, die bislang unfruchtbare Frau, vor Jahwe leidenschaftlich betet, meint Eli, der Priester, sie sei betrunken – Weintrinken gehört also dort auf jeden *[22]* Fall zum Opfermahl.[13] Später im Buch Samuel wird vom ersten Treffen von Samuel und Saul erzählt (1 Sam. 9,22): In der – nicht mit Namen genannten – Stadt trifft Saul auf Samuel, der lädt ihn ein, "Ihr müßt heute mit mir essen", und zwar am Abend beim Opfer auf der

---

[11] Ez. 42,13; cf. 40,44–46; 41,10; 42,1.4–13; 44,19; 46,19f; zum Tempelentwurf Hesekiels *Galling* bei *Fohrer*, Ezechiel, 220–241; *Busink*, Tempel, 701–775. *Haran*, Temples, 24, Anm. 20; 193 vertritt die These, die *lešakoth* seien in Jerusalem sekundär.

[12] Ferner sind *lešakoth* erwähnt 1 Chron. 9,26.33; 23,28; 28,12 (Plan des Salomonischen Tempels); 2 Chron. 31,11. Vgl. *Busink*, Tempel; *Haran*, Temples.

[13] 1 Sam. 1,9.13; LXX hat 1,18 nach dem Gebet den Zusatz καὶ εἰσῆλθεν εἰς τὸ κατάλυμα αὐτῆς, wofür im hebräischen Original nochmals die Erwähnung der *liškah* anzunehmen wäre, *Brown*, Vine, 152,1; *Haran*, Temples, 24, Anm. 20; 331, Anm. 36; vgl. 27f.

Kulthöhe; Samuel "nahm Saul und seinen Knecht, führte sie in die *liškah* und wies ihnen an der Spitze der Gäste Plätze an; derer waren ungefähr 30 Mann. Und Samuel sagte zum Koch: Gib das Stück her, das ich dir übergab", und er gibt Keule und Fettschwanz an Saul. Ob auf dieser Opferhöhe ein Tempel anzunehmen ist, ist umstritten; möglicherweise stand die *liškah* für sich, als einziges Gebäude im Heiligtum.[14] Dies erinnert dann am ehesten an ein kretisches Höhenheiligtum wie das auf dem Juktas bei Knossos: Im Zentrum des Kultes steht ein Brandopfer-Altar neben der Felsspalte, in der die Opfer-Rückstände dann versenkt werden; auf einer etwas tiefer gelegenen Terrasse aber standen ein Gebäude mit fünf Räumen, wobei Tierknochenfunde auf Mahlzeiten am Ort hinweisen.[15] In Samuels Welt jedenfalls ist die *liškah* der Ort des Opfermahls; dabei wird mit der Verteilung des Fleisches der Rang zugewiesen – das griechische Wort in diesem Kontext, für Fleischstück und Rang zugleich, ist γέρας. So designiert Samuel den König. Beiläufig sei bemerkt, daß nach griechischer Tradition, nach der altepischen Thebais Oidipus seine Söhne verfluchte, als sie ihm das falsche Stück vom Opferfleisch zuwiesen.

Das Interesse der Exegeten und Archäologen hat sich meist auf die 'Tempel' konzentriert; über die Typologie der Tempelbezirke gibt es weniger Studien. Dabei gehören die Nebengebäude immer zum Tempel, sie sind für die Funktionen des Heiligtums keineswegs Nebensache: Abstellräume, Sakristeien, Schatzhäuser, vor allem aber eben die Banketthallen, in Jerusalem so gut wie bei den griechischen Tempeln. Nebengebäude in Tempelbezirken sind archäologisch wohl faßbar, und zwar schon seit der mittleren Bronzezeit. Vor allem M. Ottoson hat bemerkenswerte Beispiele zusammengestellt für "a lateral chamber or building built into or near the wall surrounding the courtyard", und er spricht dabei von *liškah*; Tierknochenfunde, Geschirr, Feuerstellen weisen oft direkt auf das Opfermahl hin. Ottoson nennt Teleilat Ghassul, Ein Gedi, Megiddo XIX und Hazor H 2 (um 1500 v.Chr.) für die Bronzezeit und Arad (900/600) fürs 1. Jt.[16] Hinzuweisen ist wohl auch auf die komplizierte Tempelanlage von *[23]* Kamid el-Loz.[17] Wir können uns damit die *lešakoth* von Samuel bis Jeremia sehr konkret vorstellen; allerdings ist durch kein direktes Zeugnis gesichert, wie diese Gebäude außerhalb von Jerusalem tatsächlich benannt wurden.

In Griechenland sind, wie erwähnt, Tempelbezirke seit dem 8. Jh. faßbar.[18] Neben Hallen für Weihgeschenke sind Banketthallen fürs Opfermahl fast allenthal-

---

14 Kein Tempel: *Haran*, Temples, 24; *Stolz*, Samuel, 67f, anders *Welten*, in: *Galling*, Biblisches Reallexikon, 194f.

15 *Karetsou*, Mt. Juktas; *Rutkowski*, Cult Places, 75–79.

16 *Ottoson*, Sacrifice, 133f; genauere Dokumentation über syrisch-palästinische Tempel in *Busink*, Tempel; *Ottoson*, Temples; *Starcky*, Salles hat nur spätes Material.

17 Vgl. zum spätbronzezeitlichen Tempel mit seinen vielerlei Gebäuden *Metzger* bei *Hachmann*, Kamid el-Loz 1971–1974, 17–30.

18 Dazu *Dragoumis*, Περὶ λεσχῶν; *Dümmler*, Delphika, 23–26; guter Artikel zu Lesche von *Bourguet* auch in *Daremberg-Saglio*, Dictionnaire III 2, 1103–1107; siehe auch *Oehler*, RE XII 2133f.

ben zumindest seit dem 6. Jh. bezeugt; bemerkenswert z.B., daß Kleobis und Biton mit ihrer Mutter im Hera-Heiligtum nicht nur schmausen (εὐωχήθησαν), sondern mit Selbstverständlichkeit auch übernachten.[19] Die Bezeichnung der entsprechenden Nebenräumlichkeiten freilich variiert, man findet meist die allgemeine Benennung 'Haus', οἶκοι, οἰκήματα, aber auch 'Speiseraum', ἑστιατόρια.[20] Im Temenos der Athena Chalkioikos in Sparta war, offenbar zunächst dem Eingang, ein Nebengebäude, wo Pausanias, der Sieger von Plataiai und Hochverräter, Zuflucht suchte und zugrunde ging; es heißt bei Thukydides einfach οἴκημα οὐ μέγα (1,134,1). Berühmt dagegen ist die 'Lesche der Knidier' in Delphi; auch Robertson Smith hat gewiß diesen Namen im Ohr gehabt. Pausanias (10,25,1–31,12) beschreibt detailliert die berühmten Wandgemälde des Polygnot, die dort die Wände schmückten. Plutarch (Def.or. 412c) verlegt in diese Lesche seinen Dialog über den Niedergang der Orakel. Die archäologische Identifizierung steht fest, die Lesche liegt am nördlichen Rand des Heiligtums, oberhalb des Heroons von Neoptolemos / Pyrrhos, ein schlichter Rechteckbau mit Eingang in der Mitte der südlichen Längswand. Als Datum der Erbauung gilt, nach archäologischem Befund und entsprechend der akzeptierten Chronologie für Polygnot, 468/465 v.Chr.[21] Knidos, Zentrum der kleinasiatischen Dorier, hat mit diesem Bau offenbar seine Umorientierung von Kleinasien zum Mutterland zum Ausdruck gebracht, galt doch der Gott von Delphi als der eigentliche Sieger der Perserkriege.

Der Bau der Knidier ist die einzige berühmte Lesche in Griechenland. Doch fehlt es nicht an weiteren literarischen und epigraphischen Bezeugungen für λέσχαι. Prominent war der Begriff offenbar in Sparta, wie Plutarch erkennen läßt (Lyk. 24,5; 25,2/3). Λέσχαι sind ein Ort der Männergesellschaften, der 'Älteren' vor allem, die dort sich die Zeit vertreiben und auch zu essen pflegen. *[24]* Auf die spartanischen λέσχαι wird auch in der attischen Komödie angespielt, besonders auf die dort stattfindenden Mahlzeiten; angeblich hängen die Würste nur so an der Wand (Kratinos 175 Austin-Kassel = Ath. 138c). Plutarch sagt insbesondere, in einer Lesche seien die neugeborenen Kinder auf ihr Lebensrecht geprüft worden: dort saßen die 'ältesten' der 'Phylengenossen' beisammen und trafen ihre Entscheidung (Lyk. 16,1). Damit gewinnen die λέσχαι eine Funktion in der Organisation der Gemeinde nach Familiengruppen. Pausanias nennt zwei λέσχαι in Sparta, die der *Krotanoi* und die *poikile*; beide liegen interessanterweise im Bereich von Gräbern, die *poikile* bei den Heroa der Aigeiden (3,15,8),[22] die der *Krotanoi* bei den Königsgräbern der Agiaden (3,14,2). Eine λέσχα ist offenbar von einer einzelnen Familie errichtet und wohl auch unterhalten. Die spartanischen λέσχαι liegen nicht

---

19 Hdt. 1,31; bemerkt schon von *Crain*, Philologus 10 (1855) 581,11; Banketthaus des 6. Jh.: *Gruben*, Tempel, 99.102.

20 *Bergquist*, Heracles, 41–45 und *dies.*, OpRom 9 (1973) 21–34; *Börker*, Festbankett.

21 *Bourguet* 1105–7; *Schober*, RE Suppl. V 140; *Wilamowitz*, Pindaros, 73,1; erwähnt auch Luk. Imag. 7; Plin. n.h. 35,59.

22 Zur Familie der Aigeiden vgl. Pindar Isthm. 6; *Krummen*, Pyrsos Hymnon, 130–141.

in Tempelbezirken, sie scheinen eher mit dem Toten- bzw. Heroenkult verbunden – was zu ihrer Rolle in der Familienplanung durchaus paßt. Man hat längst darauf hingewiesen, daß auch die Lesche der Knidier in Delphi eben beherrschend über dem Pyrrhos-Heroon liegt;[23] vielleicht, daß man über die Triopas-Tradition von Knidos Beziehungen zu Thessalien, zu den Myrmidonen, zu Achilleus betonen wollte.

In dorischen Bereich führt auch die Stiftung des Diomedon aus Kos, um 300 v.Chr.[24] Für Herakles und für die eigenen Nachkommen wird ein Temenos mit Garten, ξενῶνες, οἰκήματα, οἰκία für ἀγάλματα, eingerichtet, stattfinden soll ein ξενισμός bzw. eine δέξις für Herakles (61); dafür wird eine στρώμνη bereitet (95; κλίνη 127), im 'Haus'; verboten ist, im Bezirk Ackerbau zu treiben, in den ξενῶνες auf Dauer zu wohnen, μηδὲ ἀποθήκηι χρᾶσθαι τῆ[ι λέσ]χηι τῆι ἐν τῶι ἱερῶι. Λέσχη ist hier also offenbar ein Nebengebäude, eines der οἰκήματα im Heiligtum, das man nicht als Schuppen verwenden soll; sie ist nicht identisch mit dem 'Haus', wo dem Herakles das Lager bereitet wird.

Wohl das älteste dorische Zeugnis ist eine archaische Inschrift aus Kamiros, Rhodos: ΕΥΘΥΤΙΔΑ ΗΜΙ ΛΕΣΧΑ ΤΟ ΠΡΑΧΣΙΟΔΟ ΤΟΥΦΑΓΟ ΤΟΥΦΥΛΙΔΑ, 'ich bin die Lescha des Euthytidas, Sohn des Praxiodos, Sohn des Euphagos, Sohn des Euphylidas'.[25] Bemerkenswert scheint das Insistieren auf der Genealogie über vier Generationen. Was diese λέσχα ist, bleibt *[25]* freilich unklar. Die Steinplatte – 55 × 27 cm – fand sich, bei unkontrollierten Ausgrabungen, im Kontext eines Grabes; der Erstherausgeber meinte, das Grab spreche selbst; dann vertrat Dümmler die These, es sei die Grabplatte selbst als Bahre oder Liege gemeint.[26] In Analogie zu den anderen Fällen ist wohl eher an ein Opfermahlhaus der Familie im Bereich des Friedhofs zu denken.

Es gibt λέσχαι auch im ionisch-attischen Bereich: Plutarch erwähnt eine Ἀκμαίων λέσχη in Chalkis auf Euboia (q.Gr. 33,298d), mit einer Gründungslegende: Dort hätten die 'in Blüte stehenden Jünglinge' Nauplios bewacht, dessen Auslieferung andere forderten. Λέσχη ist hier also ein Ort der Männergesellschaft, solidarisch, froh ihrer Kraft, nach außen aggressiv, mit einem problematischen Gast in ihrer Mitte.

Es gab λέσχαι auch in Athen. Eine relativ alte Inschrift vom Piräus lautet ΛΕΣΧΕΟΝ ΔΕΜΟΣΙΟΝ ΗΟΡΟΣ (IG I^2 888). Auffallend ist die ionische, nicht attische

---

23 Bemerkt *Dümmler*, Delphika, 26; *Bourguet* 1104.

24 *Herzog*, Heil. Gesetze, 10 = *Laum*, Stiftungen, nr. 45 = SIG 1106 = *Sokolowski*, Lois, 177; die Lesung λέσχη stammt von Herzog.

25 *Selivanov*, MDAI, 109–112; abgebildet bei *Kern*, Inscriptiones Graecae, 10 nr. 5; IG XII 1,709; *Jeffery*, Local Scripts, 356 nr. 15 cf. 349; problematische Neubehandlung (Ἀπραξίου δῶ? metrisch?) durch *Gallavotti*, Helikon 15/16, 76f (SEG 25,867), der sich gegen die Übersetzung 'Grab' ausspricht.

26 'sepulcrum igitur de se ipso dicit' *Selivanov*, MDAI, 110; *Dümmler*, Delphika, 24f: der Stein selbst als κλίνη oder τράπεζα. JdI 6 (1891) 263,1 hatte Dümmler von "Grabnische" gesprochen; nach *Dümmler* (1894) *Oehler*, RE XII 2133f.

Kasusform. Zwei Grenzsteine aus dem 4. Jh. mit der Inschrift ΗΟΡΟΣ ΛΕΣΧΗΣ zeugen für eine Lesche zwischen Pnyx und Areopag, die auch archäologisch faßbar ist.[27] Bezeugt ist ferner eine Lesche im Demos Aixone, wo im Jahr 346/5 eine Pachturkunde aufgestellt wird: von zwei Stelen στῆσαι τὴν μὲν ἐν τῶι ἱερῶι τῆς Ἥβης, τὴν δ'ἐν τεῖ λέσχει (SIG 966,22 = IG II/III^2 2492); die Lesche ist hier also ein öffentliches Gebäude der Gemeinde, gleichrangig mit einem Heiligtum, aber nicht notwendigerweise mit einem solchen verbunden. Merkwürdig ist die Angabe in den Scholien zu Hesiods Erga (491, p.302 Gaisford), es gebe 360 Leschai in Athen; dies gehört offenbar zu der Überlieferung von den 360 γένη in Athen, die immerhin in der Athenaion Politeia des Aristoteles vorkam:[28] Jedem *Genos* seine *Lesche*.

Speziell auf Böotien verweisen die Lexikographen: λέσχαι seien dort Speiselokale (EM 561, cf. Hsch.): λέσχαι· παρὰ τοῖς Βοιωτοῖς τὰ κοινὰ δειπνητήρια. Λέσχαι seien eine Art Exedrai, heißt es bei Kleanthes – eine baugeschichtlich offenbar irreführende Angabe.[29]

Λέσχαι als Ort der Männergesellschaft, wo die Männer zusammenkommen und vor allem reden, kommt auch sonst in der Literatur vor. Die Homervita läßt den fahrenden Sänger in den λέσχαι der Alten in Kyme und Phokaia *[26]* Aufnahme finden und seine Dichtung vortragen (Vit.Herod. 12; 13; 15). Nach Aischylos hat selbst Zeus seine Lesche, von der er unangenehme Gäste – die Erinyen – fortweist (Eum. 366, unsicherer Kontext; vgl. auch Aisch. Cho. 665).

Λέσχας ἔλεγον δημοσίους τινὰς τόπους, ἐν οἷς σχολὴν ἄγοντες ἐκαθέζοντο πολλοί, meinen Lexikographen (Harp. s.v. = Suda λ 308).[30] Dabei kommt es zu einem charakteristischen Bedeutungsübergang: Der Ort der Männergesellschaft wird zur Bezeichnung der dort geübten Praxis, d.h. des gemeinsamen Redens. 'Eine λέσχη kam zustande', in der man beriet, wer der beste in der Schlacht gewesen sei, heißt es bei Herodot (9,71,3).[31] Man hat das Wort allgemein mit λέγειν assoziiert, sodaß λέσχη sekundär überhaupt so etwas wie 'Gespräch', 'Geplauder', 'Gerede' bedeutet; auch λεσχηνεύειν in der Bedeutung 'sich mit Reden unterhalten' hat man

---

27 *Dragoumis*, Περὶ λεσχῶν; IG II/III^2 2620, offenbar 5./4. Jh.; *Judeich*, Topographie, 299.

28 Arist. A.P. fr. 3 *Kaibel-Wilamowitz* = fr. 5 *Oppermann* = Schol. Patm. zu Demosthenes, BCH 1 (1877) 152 s.v. γεννῆται.

29 Die Angabe ἀθύρωτον (Schol. BQ Od. 18,329; Eust. 1849,2) hängt mit Schol. Hes. Erga 493a zusammen, τὰ χαλκεῖα παρὰ τοῖς παλαιοῖς ἄθυρα ἦν; welche Information richtig ist oder ob das ganze nur aus Homer / Hesiod erschlossen ist, steht dahin. Die Lesche der Knidier in Delphi hatte eine Tür.

30 αἱ καθέδραι καὶ οἱ τόποι ἐν οἷς εἰώθεσαν φιλοσοφεῖν *Hierokles*, Suda λ 309, cf. *exhedrae* der *philosophi* Vitruv 5,11,2; λεσχηνευταί heißen die Philosophenschüler in den Briefen des Anaximenes an Pythagoras, p. 106 Hercher. Λέσχην εἶναι ὄνομα αὐλῆς, ἐν ᾗ πῦρ ἐστι, Neoptolemos von Parion Fr. 10 (*Mette*, RE nr. 11) bei Schol. Hes. Erga 493, wohl aus Homer / Hesiod erschlossen.

31 Hier sieht man den fließenden Bedeutungsübergang von dem Ort über Sitzung zum Gespräch, vgl. auch Hermesianax 7,97; Kallimachos Epigr. 2,3.

gebildet, und anderes mehr. Auch ἀδολέσχης der 'Schwätzer' scheint damit zusammenzuhängen.[32]

Soweit wir sehen, kann dies aber nicht sehr alt sein; λέγειν heißt von Haus aus nicht 'sprechen', sondern 'zusammenlesen', und es hat die Bedeutung 'sprechen' offenbar erst nachhomerisch angenommen; entsprechendes gilt vom Wort λόγος.[33] Zudem spricht die Wortform für den Stamm λεχ-, nicht λεγ-. Λέσχη muß demnach 'einen Platz zum Sich-Niederlegen' bezeichnen. Weiter ist festzuhalten, daß das später so geläufige Speisesofa seinerseits erst gegen Ende des 7. Jh. eingeführt ist und immer κλίνη, nie λέχος heißt;[34] demnach kann λέσχη auch nicht auf das 'Liegen' beim Mahl Bezug nehmen, sondern nur auf das 'Liegen' im Bett, für Schlaf (und / oder Beischlaf). Gegenüber dem bisher Ausgeführten führt dies in eine neue, überraschende Richtung.

Aufs 'Übernachten' allerdings weist auch der wohl früheste literarische Beleg: In der Odyssee (18,329) schilt Melantho den Bettler Odysseus: Du "willst nicht, *[27]* um zu schlafen, in eine Schmiede oder wohl auch in eine λέσχη gehen, sondern schwätzt hier viel einher..." Merkwürdig ähnlich in der Zusammenstellung von 'Schmiede' und λέσχη ist Hesiod in den Erga: Er empfiehlt, auch im Winter an der Schmiede und der warmen λέσχη vorbeizugehen (493) – wo offenbar die anderen müßig sitzen und schwatzen; der Bedürftige darf nicht 'in der Lesche sitzen' und sich auf die Hoffnung verlassen (501), sondern soll ans Werk gehen. Eine λέσχη ist also anscheinend ein allgemein zugängliches Gebäude; bei Hesiod scheint bereits der Übergang zur Semantik des 'Gesprächs' im Gang; in der Odyssee dagegen geht es nur ums Übernachten. Die antiken Erklärer haben längst die Odyssee- und die Hesiodstellen verbunden und dazu allerlei vorgebracht, ohne offenbar weitere unabhängige Informationen zu besitzen.[35]

Von dem Opfermahlhaus im Heiligtum werden wir damit scheinbar weit abgeführt. Daß es unter frühen, 'primitiven' Verhältnissen so etwas wie ein öffentliches Herbergswesen geben soll, scheint obendrein verwunderlich. Überraschende Illustration liefert allerdings eine Fern-Parallele: Türkische Dörfer in Anatolien haben ein "Dorfzimmer" (köy odası), wo man Fremde übernachten läßt.[36] Auf eben der-

---

[32] Vgl. etwa Eur. Hippol. 384, I.A. 1001; Soph. Ant. 160, OK 167. Dazu λεσχάζω 'schwätzen' Thgn. 613, λεσχήν 'Schwätzer', ἔλλεσχος 'im Gespräch' Hdt. 1,153; πρόλεσχος A. Hik. 200. Vgl. Hdt. 2,32,1. Paus. 10,25,1 zur Knidier-Lesche: ὅτι ἐνταῦθα συνιόντες τὸ ἀρχαῖον τά τε σπουδαιότερα διελέγοντο καὶ ὁπόσα μυθώδη. Λεσχαίνειν = ὁμιλεῖν Schol. QV Od. 18,329. Eust. 1849,4 καὶ παρὰ τὸ λέχος λέγεται καὶ παρὰ τὸ λεσχαίνειν. Zu ἀδολέσχης *Chantraine*, Dict. ét., 20f.

[33] Vgl. *Horovitz*, Logos.

[34] Hierzu *Fehr*, Gelage; *Dentzer*, Banquet couché; *Börker*, Festbankett.

[35] Schol. BQ Od. 18,329 τόπον ἀθύρωτον, δημόσιον, ἔνθα συνιόντες λόγοις καὶ διηγήμασιν ἀλλήλους ἔτερπον. Ὠνόμασται δὲ παρὰ τὸ λέχος, ἐπεὶ ἐκεῖ ἐκοιμῶντο οἱ πτωχοὶ παρὰ τὸ πῦρ. Ähnlich Eust. 1849,2 ἔνθα οἱ ἐπαῖται συναγόμενοι ὡς λέχος τὸ αὐτὸ εἶχον. Schol. Hes. siehe Anm. 29/30. Dabei bezieht sich ἀθύρωτον wohl eher auf die Schmiede (so Schol. Hes.), das 'Feuer' stammt aus Hesiod 493.

[36] Hinweis von Susanna Frei-Korsunsky und Peter Frei aus eigener Erfahrung.

gleichen führt für Kreta der Bericht des frühhellenistischen Lokalhistorikers Dosiadas: Im Zusammenhang mit den Syssitien der Männergesellschaft gebe es "überall in Kreta", d.h. in jeder Polis, zwei Gebäude (οἶκοι), ein ἀνδρεῖον als συσσιτικὸς οἶκος, wo auch τράπεζαι ξενικαί aufgestellt sind, und ein κοιμητήριον, wo man Gäste übernachten läßt (FGrHist 458 F 2 = Ath. 143a–d). Dies wäre also das köy odası, alias λέσχα. Das kulturhistorische Thema der Syssitien ist in der Zeit des Autors wohl schon ideologisch eingefärbt, doch die Information vom Übernachtungshaus der Polis in Kreta braucht nicht bezweifelt zu werden. Λέσχα in dem in der Odyssee vorausgesetzten und zugleich im etymologischen Sinn ist demnach perfekte Bezeichnung für ein solches κοιμητήριον oder köy odası.

Es läßt sich vom Griechischen her noch etwas weiter kommen: Λέσχα im griechischen Kontext muß etwas recht Altes sein, nicht nur wegen des Vorkommens in der Odyssee. Da ist zunächst eine Reihe von Eigennamen, die mit dem Element λέσχη gebildet sind. Lesches, der Dichter der 'Kleinen Ilias', ist *[28]* wohl der prominenteste,[37] wenn auch historisch problematischste Vertreter; er wäre, nach dem Aristotelesschüler Phanias 'vor Terpander', d.h. im frühen 7. Jh., anzusetzen.[38] Im 4./3. Jh. gibt es einen Lescheus in Eretria, Leschos und Leschinas in Thessalien, einen Leschon in Thespiai, in hellenistischer Zeit einen Dichter Leschides (Suda), im 1. Jh. einen Leschis in der Kyrenaika.[39]

Die Eigennamen hängen zweifellos damit zusammen, daß die λέσχη in bestimmter Weise im Apollonkult eine Rolle spielt: Es gibt einen Kult des Apollon Leschanorios / Leschenorios. Kleanthes (SVF I 123,33) ging darauf ein: "Die λέσχαι gehören dem Apollon, sie seien eine Art ἐξέδραι"; Plutarch erklärt den Apollon Leschenorios als Patron philosophischer Gespräche (De E 385c), ὅταν ἐνεργῶσι καὶ ἀπολαύωσι χρώμενοι τῶι διαλέγεσθαι καὶ φιλοσοφεῖν. Der stoische Allegoriker Kornutos bringt es fertig, dies mit der Gleichung Apollon-Sonnengott zusammenzubringen: Apollon heiße Leschenorios, "weil die Tage mit den λέσχαι und dem gegenseitigen Verkehr die Menschen zusammenhalten" (32, p.69,14 Lang) – λέσχαι ist hier also im Sinn des kommunikativen Geredes genommen. Die Wortdeutungen sind offenbar sekundär, die Bezeichnung des Gottes ist ein vorgegebenes Faktum. Daß es auch in diesem Fall um so etwas wie einen Männerclub geht, paßt nicht übel zur Physiognomie des Apollon.[40] Was der 'Mann der Lescha' im Kompositum Leschanor im genaueren bedeutet, bleibt aber unerklärt.

Auf Realitäten des Kultus führt jedenfalls die Tatsache, daß es an mehreren Orten Leschanorios als Monatsname gibt, so in Thessalien, in Achaia Phthiotis, aber

---

37 *Bethe* RE s.v.; Testimonia und Fragmente jetzt bei *Davies*, Epicorum Graecorum Fragmenta, 50 T 2–4; 52. Phainias Fr. 33 (Wehrli).

38 Vgl. *Fraser*, Greek Personal Names; dieser nennt auch Leschaios Rhodos 4. Jh., Leschanoridas Tenedos 4./3. Jh.

39 Eretria: IG XII 9, 191 B 29; Thessalien: IG IX 2, 517,57; IG II/III^2 1956; Thespiai IG VII, 1888f 5; Kyrenaika: ZPE 20 (1976) 93; *Bechtel*, Personennamen, 277f, der *Leschagoras als Ausgangsform der Kurznamen erschließt.

40 Vgl. *Graf*, Delphinios.

auch in Gortyn auf Kreta.[41] Dies setzt wohl ein Fest Leschanoria voraus. Besonders interessant ist nun aber, daß in Arkadien, in Tegea, in einer relativ alten Inschrift, vom Anfang des 4. Jh., ein Monatsname Leschanasios auftaucht.[42] Dieser Name läßt sich kaum anders analysieren als *Λεσχα-ϝανάκτιος, was also einen 'Herrn der Lescha', ϝάναξ, anzeigt, parallel zum 'Mann der Lescha' in Leschanorios. Eine solche Bezeichnung aber kann eigentlich nur mykenisch sein; mykenisch ist der *wanax*, mykenisch und arkadisch *[29]* ist der vorausgesetzte Lautwandel kti > si. Es gibt einen anderen berühmten Fall, in dem ein mykenisch bezeugter Monatsname gerade in Arkadien weiterlebt, Lapatos.[43] Wir werden also darauf geführt, mit einem Fest *Lescha-Wanaktia* in der griechischen Bronzezeit zugleich einen bronzezeitlichen Hintergrund für die Funktion der λέσχα zu postulieren. Der Name Apollon selbst allerdings scheint eher nachmykenisch zu sein.[44]

Die Frage, worum es sich bei λέσχα samt 'Mann' oder 'König' genauer handeln kann, wird so zur Projektion in eine sehr entfernte Epoche und damit, scheint es, zum Spiel der Phantasie. Immerhin ist wenn nicht λέσχα so doch λέχος das 'Bett' im Zusammenhang mit einem Fest im bronzezeitlichen Pylos direkt bezeugt. Es handelt sich um ein Fest 'Lechestroterion' (re-ke-to-ro-te-ri-jo), das 'Richten des Bettes'.[45]

Dieses Wort ist nahezu identisch mit lateinisch *lectisternium*, einer Form der Götterbewirtung, die wir in Rom seit 399 v.Chr. finden.[46] Es handelt sich aber bei den Wörtern doch wohl nicht um direkte Identität, was einen komplizierten Weg der Vermittlung postulieren heißt, sondern eher um Parallelbildungen nach gleichen Regeln von den gleichen Stämmen. Immerhin kann sich die Interpretation davon anregen lassen, muß freilich auch gleich die Unterschiede beachten: Die *lecti* in Rom sind Klinen, die für die Götter aufgestellt sind, mit Speisen ausgelegt; so lädt man die Götter zum Mahl. In der alten Zeit, der Bronzezeit zumal, muß dagegen, wie gesagt, λέχος ein Bett zum Liegen, zum Schlafen, zum Übernachten bezeichnen. Auf die Übernachtung eines fremden Gastes wies Etymologie und Verwendung in der Odyssee gerade für λέσχη.

---

41 *Samuel*, Chronology, 81.83.86.135; vgl. *Bischoff*, RE XII 1568–1602.

42 IG V 2,3 = *Schwyzer*, nr. 654 = LSCG 67,29f; "obscur" *Chantraine*, Dict. ét. Anlautendes ϝ blieb in Arkadien erhalten, zwischenvokalisches ϝ war geschwunden, vgl. Ποσειδᾶνα *Schwyzer*, nr. 657 gegen mykenisch po-se-da-wo.

43 KN Fp 13, Docs.[2] 305; zu mykenischen Monatsnamen *Trümpy*, Zeitangaben.

44 *Burkert*, Griech. Rel., 225–233.

45 PY Fr 343 + 1217; Docs. 579; *Burkert*, Griech. Rel., 84; *Gérard-Rousseau*, Mentions, 201–203; *Trümpy*, Zeitangaben, 214f.

46 Piso Fr. 25 [in: Historicorum Romanorum Reliquiae ed. *H. Peter* I, Leipzig [2]1914, 131] = Dion. Hal. ant. 12,9 (der *lectisternia* mit στρωμναί übersetzt), danach Liv. 5,13,6, vgl. 22,10,9; *Latte*, Religionsgeschichte, 242–244; *Ogilvie*, Comm. 655; *Milani*, Lectisternium, möchte eine direkte Übernahme des Wortes von Mykene via Cumae nach Italien annehmen. Darstellung eines lectisternium auf einer etruskischen Wandmalerei: *Messerschmidt*, Untersuchungen. – κλίνην στρωννύναι Hdt. 6,139; IG II/III[2] 1933 = SIG 1022; IG II/III[2] 1329 = SIG 1102; IG II/III[2] 676,14; 1934.

Natürlich ist mit dem mykenischen 'Bett' die Idee eines sogenannten Hieros-Gamos-Rituals sofort aufgetaucht. Gösta Säflund hat in diesem Zusammenhang auch auf das Bett im 'Raum mit dem Lilienfresko' auf Thera, Xeste 1, verwiesen, gewiß ein suggestives Ambiente für ein Frühlings-Hochzeitsfest. Nach dem archäologischen Befund jedoch gehört das Bett nicht zum Kontext der Ausstattung dieses Raumes, ist sekundär über eine schon bestehende Aschenschicht *[30]* geraten oder gestellt worden.[47] Es gibt aber anderwärts im minoischen Kreta einige Räume, die man als Übernachtungsräume, mit einem Bett, verstehen kann, so in Haghia Triada[48] und in Tylissos;[49] Säflund hat auch auf sie schon hingewiesen. Damit wäre man freilich im minoischen Bereich, jenseits der griechischen Sprache, der λέσχα doch angehört. Und doch – die griechische Tradition spricht von den κοιμητήρια gerade auf Kreta.

Vom römischen *lectisternium* her wird man zunächst einmal auf Rituale der 'Götterbewirtung' geführt. Nun ist gerade die 'Einkehr von Göttern', die sich gastlich aufnehmen lassen, ein Motiv, das Palästina, Kleinasien und Griechenland besonders eng verknüpft. In der Keilschriftliteratur finden sich bisher offenbar keine genauen Parallelen – dort kehren die Götter eher beieinander ein und lassen sich großartig bewirten. "Wenn ihr vom Apsu zur Götterversammlung geht, werdet ihr in Esharra über Nacht bleiben", stellt Marduk im Enuma eliš fest, indem er die Kultanordnungen trifft (V 125–128, cf. VI 52f); der Name Babylon, 'Tor der Götter', wird so gedeutet. Dem gegenüber steht das Motiv von der Wanderung der Götter incognito, die so die Menschen prüfen.[50] Die homerische Odyssee spricht davon (17,485f): "Götter, Fremden gleichend, in mannigfacher Gestalt kommen in die Städte, der Menschen Übermut oder Rechtlichkeit überwachend." Aufnahme, Bewirtung, Übernachtung gehören üblicherweise zusammen.[51] Modellhaft unter den ausführlichen Erzählungen des Typs ist die Geschichte von Philemon und Baucis bei Ovid; sie ist in Kleinasien lokalisiert; Philemon ist offenbar griechisch als der

---

47 *Säflund*, Beds, 44–46, siehe aber *Marinatos*, Excavations IV, 24 (cf. 41 f): "The legs of the bed were about 10 cms above the floor of the room" (diesen Hinweis verdanke ich Nanno Marinatos). – Für orientalische Hieros-Gamos-Rituale vgl. Reallexikon der Assyriologie s.v. Ein ganz neuer Text über die Einsetzung einer Priesterin des Wettergottes, die in den Tempel zum 'Bett' des Gottes geführt wird, aus Emar: *Arnaud*, Textes, 326–337, nr. 369. Die ältere Dissertation von *Klinz*, *Hieros Gamos* ist nur noch bedingt brauchbar.

48 Villa A, Spätminoisch I, *Watrous*, Ayia Triada, 125: Raum mit Bänken, Reste von Mahlzeiten und Geschirr, Nische mit Podium für Bett; vgl. *Pernier/Banti*, Festos II, 169; *Graham*, Palaces, 92.213; *Marinatos/Hägg*, Polythyron, 69f.

49 *Säflund*, Beds, 48, fig. 9, nach *Graham*, Palaces, fig. 20: Ein monumentales Gebäude, spätminoisch I, ein Raum mit einem erhöhten Podium, offenbar für ein Bett.

50 Dazu *Flückiger-Guggenheim*, Göttliche Gäste; *Fontenrose*, Philemon, zieht die Parallelen, insistiert aber zu sehr auf dem Zusammenhang mit der Sintflut. – Es gibt freilich auch eine Parallele aus Peru, *Flückiger-Guggenheim*, Göttliche Gäste, 159,1.

51 Vgl. etwa Aischylos Cho. 668–71.

'Bewirter' gemeint.[52] Die bekannteste alttestamentliche Entsprechung ist der Besuch der geheimnisvollen Drei bei Abraham im Hain Mamre (Gen. 18); dieser Besuch *[31]* führt zur Geburt des Sohns und Erben. In der Fortsetzung sind es zwei 'Engel', die bei Lot in Sodom 'übernachten' (Gen. 19), die Gerechten von den Verdammten scheiden.[53] Besonders eigentümlich unter den griechischen Varianten ist die Einkehr der drei Götter bei Hyrieus, die auf unappetitliche Weise Orion erschaffen – man hat das seit langem besonders mit der Abraham-Geschichte zusammengestellt.[54]

Die Erzählungen von der Göttereinkehr haben ihr Gegenstück ganz offenbar in Ritualen sakraler Gastlichkeit. Am auffälligsten ist dabei, was Paulus und Barnabas in dem gar nicht so weit von Philemon und Baucis abgelegenen Ort Lystra geschah: Paulus wurde samt Barnabas als Gott empfangen, als Hermes und Zeus (Apg. 14,8ff).[55] Die eigentliche Erklärung für solches Verhalten gibt der Bericht von Piso-Livius über das erste *lectisternium* in Rom: "Wer von Fremden gerade anwesend war, den nahmen sie (ins Haus zum Gastmahl) auf"; "offen standen die Häuser Tag und Nacht, und ungehindert trat in sie ein, wer wollte".[56] Man pflegt also in der Tat an solch einem Tag irgend einen Fremden, der vorbeikommt, ins Haus zu Tisch zu laden: Ist er vielleicht ein Gott?

Sofern eine Stadt ein Übernachtungszimmer hat – und sofern man griechisch spricht –, erwächst aus solchem Zusammenhang eine sehr präzise Rolle für einen 'Mann in der λέσχα', ja einen 'Herrscher der λέσχα' für diesen Tag. Für die Feste oder jedenfalls Monatsnamen Leschanorios, Leschanasios ergibt sich damit ein plausibler, ja ein überzeugender Sinn, der auch den Gesetzen der griechischen Wortbildung entspricht.[57] Zu erwähnen ist in diesem Zusammenhang immerhin, daß es einige weitere Zeugnisse gibt für Veranstaltungen mykenischer 'Gastlichkeit': Auf einer Tafel aus Pylos wird etwas 'dem Gast Zugehöriges' genannt, ξέν-

---

[52] Ov. Met. 8,618–724. Das 'Heiligtum am See', das übrigbleibt, könnte das hethitische Heiligtum von Eflatum Pinar bei Beysehir sein, *Flückiger-Guggenheim*, Göttliche Gäste, 174, Anm. 10; *Akurgal/Hirmer*, Hethiter, T. XXI.

[53] In der vorliegenden Fassung gehen die göttlichen Gäste noch am gleichen Tag von Abraham nach Sodom; sie übernachten erst dort und darum nicht bei Abraham.

[54] Euphorion Fr. 101 *Powell* bei Schol. Il. 18,486 u.a.m., Übersicht bei *Flückiger-Guggenheim*, Göttliche Gäste, 210.

[55] In gewissem Maß vergleichbar ist, wie der Ich-Erzähler bei Apuleius in ein *Risus*-Fest einbezogen wird, Met. 2,31–3,11.

[56] Dion. Hal. ant. 12,9 (vgl. Anm. 46) ξένων τοὺς παρεπιδημοῦντας ὑποδεχόμενοι ... bzw. Liv. 5,13,6 *tota urbe patentibus ianuis promiscuoque usu rerum omnium in propatulo posito notos ignotosque passim advenas in hospitium ductos.*

[57] Es handelt sich am ehesten um ein 'Ableitungskompositum', vgl. dazu *Risch*, Komposita, 23, der gerade θεοξένια zu dieser Gruppe rechnet: Zu *λέσχας ϝάναξ wird direkt das Adjektiv *λεσχαϝανάσιος gebildet, entsprechend λεσχανόριος. Setzt man dagegen *λεσχάνωρ als primär an, wäre an ein Possessivkompositum zu denken: 'wer Männer (oder einen besonderen Mann) in der λέσχα hat'; entsprechende Bedeutung und Ableitung ergäbe sich für λεσχαϝανάσιος. Für Beratung zum Wortbildungsproblem habe ich Michael Meier-Brügger und Cathérine Trümpy zu danken.

ϝιον offenbar, 'Gastzeremonie', oder 'Gastgeschenk', es ist offenbar für 'Potnia und die Dipsioi' bestimmt, po-ti-ni-ja *[32]* di-pi-si-jo-i ke-se-ni-wi-jo (PY Fr 1231.1); damit steht eine Form der Götterbewirtung fürs mykenische Pylos fest. In Knossos ist das wohl gleiche Wort mit 'Gewändern' (pa-we-a) verbunden. Es gibt dazu allerdings vielerlei einander widerstreitende Interpretationen.[58]

Man kann von hier aus auch auf den 'Hieros Gamos' zurückkommen: Zur rechten Gastfreundschaft gehört weitum ja auch die Bereitstellung einer Beischläferin, zum λέχος die ἄλοχος. Ein ξενισμός des Herakles erschien in der Stiftung aus Kos; in Rom gibt es die Geschichte von Acca Larentia, die bei solcher Gelegenheit dem Hercules als *scortum* zugeführt wurde (RML I 2294f). Im süditalischen Temesa pflegte man einem 'Heros' alljährlich in seinem 'Tempel' (*naos*) eine Jungfrau zu überlassen, bis der Boxer Euthymos dem Brauch ein Ende machte (Paus. 6,6,7–11; nach 462 v.Chr.). In Griechenland erzählt man, daß Dionysos, als er bei Ikarios einkehrte, mit Ikarios' Tochter Erigone schlief (Ov. met. 6,125). Zu erinnern ist vielleicht nochmals an Paulus in Lystra: Wenn Zeus mit Hermes auf Wanderschaft geht, ist er dann nicht auf ein Abenteuer à la Alkmene aus? Wichtiger ist eine Geschichte über die Einkehr der Dioskuren im 'Haus des Tyndareos' aus Sparta, über ein 'Haus' im Heiligtum von Hilaeira und Phoibe: Als dort Phormion wohnte, kamen die Dioskuren in Gestalt fremder Gäste und forderten Aufnahme als in ihr eigenes ursprüngliches Haus; Phormion stellte ihnen das Haus zur Verfügung, mit Ausnahme eines Raums, wo seine jungfräuliche Tochter hauste; am Morgen waren Gäste und Mädchen verschwunden, Silphionstengel lagen auf einem Tisch, Emblem der Dioskuren-Theoxenia (Paus. 3,16,2f; vgl. RE XX 536f). Wir finden also in Sparta *theoxenia* und *lechestroteria* in Verbindung mit einer Art von *gamos*, und zwar in dem eher vordorischen Bereich des Dioskurenkultes.[59]

Dies ist alles kein Beweis für das, was in der Bronzezeit Brauch war, aber immerhin Umriß einer Möglichkeit, in der die λέσχα als öffentliche Einrichtung eine besondere Funktion haben konnte und *leschanorios/leschanasios* seinen Sinn erhält.

Um zusammenzufassen: Sicher ist, daß λέσχα etwas sehr Altes ist, überaus wahrscheinlich ist, daß es sich um eine schon bronzezeitliche Institution und Bezeichnung handelt, insofern λέσχα mit einem Wanax zu tun hat. Sofern man die Ableitung vom Stamm λεχ- 'liegen' nicht bestreitet, wird dies am *[33]* ehesten mit einem Ritual der Göttereinkehr, vielleicht mit einem Hieros-Gamos-Ritual zu tun haben im Rahmen eines λεχεστρωτήριον-Festes.

---

58 *Gérard-Rousseau*, Mentions, 61–64, 129–131; *Aura Jorro / Adrados*, Diccionario Micénico, I 353f.

59 Man hat auch darauf hingewiesen, wie merkwürdig rasch homerische Könige bereit sind, ihre Tochter einem Fremden zu vermählen, Il. 6,190ff, Od. 7,313ff; *Vernant*, Société, 75f (nach *Gernet*).

Der Zusammenhang mit hebräisch *liškah* ist damit nicht einfacher geworden, im Gegenteil. Die Überlegungen mit *Leschanorios/Leschanasios* haben eher weggeführt von der "lateral chamber or building built into or near the wall surrounding the courtyard" (Ottoson) im Heiligtum. Was damit direkt zu korrespondieren schien, die Lesche der Knidier in Delphi, ist in dieser Form eher ein Einzelfall. Die praktische Identität des Wortes hebräisch wie griechisch und immerhin eine gewisse Berührung in der Semantik bleiben trotzdem suggestiv. Die Chance eines zufälligen Kling-Klang-Gleichklangs ist nicht ganz auszuschließen, aber als die simpelste Lösung alles andere als befriedigend.

Falls ein Zusammenhang vorliegt, kann es sich jedenfalls nicht – was man sonst gern akzeptieren würde – um eine Entlehnung vom Semitischen ins Griechische aus der 'orientalisierenden Epoche' handeln, in der doch im übrigen mit vielem anderen aus den syrisch-anatolischen Bereichen auch der Tempelbau, die Idee des Tempels als des 'Hauses' des Kultbildes nach Griechenland gekommen ist. Die Opfermahlhäuser und Übernachtungshäuser sind davon unabhängig und offenbar viel älter.

Man kann statt dessen an einen Kontakt in der mykenischen Epoche denken, wobei zunächst der Gedanke an Ugarit naheliegt; dort gibt es ja viele eindrucksvolle mykenische Fundgegenstände, die enge Handelsbeziehungen zur Gewißheit machen. Dabei ist Ugarit kein Einzelfall. Es gibt mykenische Keramik, ja eine mykenische Statuette auch im spätbronzezeitlichen Tempel von Kamid el-Loz,[60] es gibt Mykenisches auch in Beth-Shan.

Ernsthaft zu überlegen ist vielleicht eine dritte Möglicheit, Kontakte gerade in der 'dunklen' Epoche der Wanderungen, und zwar über die Philister. Die Philister sind ja, nach der schriftlichen Tradition wie nach dem archäologischen Befund, eines der 'Seevölker', sie haben ganz offenbar einen Ableger ägäischer Kultur im 12. Jh. nach Palästina gebracht.[61] Nun tauchen die *lešakoth* gerade im Bereich von Samuel und Saul auf, und kultische Gemeinsamkeiten mit den Philistern – die Dagan verehren und die Bundeslade aufstellen möchten – bestehen durchaus, auch wenn unsere Texte auf dem Kontrast zwischen Jahwe und den Philistern insistieren. Ein 'männerbündischer' Hintergrund, der den griechischen λέσχαι zugeordnet schien, würde sich in die Philisterwelt recht wohl einfügen.

In diesem Zusammenhang sei noch an eine merkwürdige Geschichte aus dem Philisterbereich erinnert, an Simsons erste Hochzeit mit dem Philistermädchen von Timnat. Die Art der Feier war für den Erzähler selbst fremdartig-altertümlicher Art (Richter 14): Simson feiert sieben Tage lang im Ort der Philister *[34]*, indem er dort tagsüber beim Gelage sitzt, beim 'Trinken', mit 30 'Freunden' (*mere'im*) der Philistergemeinde, denen er sein Rätsel vom Löwen und vom Honig aufgibt; in der Nacht schläft er offenbar mit seiner jungen Frau, die ihm dabei schließlich mit viel Tränen die Lösung des Rätsels entlockt. Welches ist der Ort der Intimität? Das Haus

60 *Hachmann*, Kamid el-Loz 1968–1970, 88f, T. 26/27.
61 Vgl. *Dothan*, Philistines.

des Brautvaters – die Dorfgenossen drohen das Mädchen samt Vater zu verbrennen (14,15) – oder doch ein separates Brautgemach? Die Zechgenossen sagen ihm schließlich die Lösung des Rätsels, 'ehe er in die Kammer ging' (14,18) – dieser Text ist konjiziert, *hachadrah* statt unverständlichem *hacharsah.*[62] Ich werde dafür nicht *halliškah* vorschlagen. Doch ein *lechestroterion* für den fremden Bräutigam in der Philisterstadt ist auf jeden Fall vorausgesetzt. Die Erzählung braucht genau die Organisation, die Dosiadas für Kreta beschreibt, das ἀνδρεῖον fürs gemeinsame Tafeln, und das κοιμητήριον. Ist es Zufall, daß – jedenfalls nach der einen Tradition – die Philister aus Kreta gekommen sein sollen (Ri. 16,25; Jer. 47,4; Am. 9,7; Ze. 2,5)? Daß sie griechisch sprachen, möchte ich aber auf keinen Fall behaupten. Aber vielleicht sollte man doch das βωμός-Problem unter dem gleichen Gesichtspunkt mit einbeziehen: Hängt beides sogar zusammen, geht es letzlich um den Typ des kretischen Höhenheiligtums mit seinem Nebengebäude?

Das Fragezeichen wird bestehen bleiben. Daß die Philister griechische Kulttermini aus Kreta ans Alte Testament vermittelt haben, bleibt immerhin eine Möglichkeit – die den einen einleuchten, anderen als abenteuerlich erscheinen wird. Das Spiel des Kling-Klang ist, wie gesagt, nicht auszuschließen. Im Grunde ist es wohl wichtiger, daß die etwas verschlungenen Wege entlang den Weisungen der Etymologie und der Belege vielerlei Ausblicke auf lebendige, farbige Details des religiösen Lebens aufgezeigt haben und dabei immer wieder vergleichbare Strukturen in den Blick rücken, auch wenn wir den Punkt des eigentlichen, auch sprachlichen Kontakts nicht definitiv festlegen können. *[35]*

Bibliographie

Akurgal, E./Hirmer, M., Die Kunst der Hethiter, München 1972

Albright, W.F., Archaeology and the Religion of Ancient Israel, Baltimore 1946

Amadasi Guzzo, M.G., Sacrifici e banchetti: Bibbia ebraica e iscrizioni puniche, in: *C. Grottanelli/N.F. Parise*, Sacrificio e società nel mondo antico, Rom 1988, 97–122

Arnaud, D., Emar. Recherches aux pays d'Aštata VI 4: Textes sumériens et accadiens, Paris 1987

Aura Jorro, F./Adrados, F.R., Diccionario Micénico, Madrid 1985

Banti, L. → *Pernier, L.*

Baumgartner, W. → *Koehler, L.*

Bechtel, F., Die historischen Personennamen des Griechischen bis zur Kaiserzeit, Halle 1917

---

62 HAL 281 und 341. – Für wichtige Hinweise danke ich Peter Frei und Fritz Stolz.

Bergquist, B., The Archaic Greek Temenos. A Study of Structure and Function, Lund 1967
– Heracles on Thasos, Uppsala 1973
– Was there a dining-room, sacred or civic, on the acropolis of Acquarossa?, OpRom 9 (1973) 21–34
Bischoff, H., Kalender, in: RE X 1568–1602
Börker, Ch., Festbankett und griechische Architektur, Konstanz 1983
Bourguet, E., Lesche → *Daremberg/Saglio*, Dictionnaire III 2, 1103–1107
Brown, J.P., The Mediterranean Vocabulary of the Vine, VT 19 (1969) 146–170
– The Sacrificial Cult and its Critique in Greek and Hebrew (II), JSSt 25 (1980) 1–21
Burkert, W., Griechische Religion der archaischen und klassischen Epoche, Stuttgart 1977
– Structure and History in Greek Mythology and Ritual, Berkeley 1979
– Die orientalisierende Epoche in der griechischen Religion und Literatur, Sitzungsberichte der Heidelberger Akademie der Wissenschaften, Phil.-hist. Kl. 1984,1
Busink, Th.A., Der Tempel von Jerusalem. Von Salomo bis Herodes I/II, Leiden 1970/80

Chadwick J./Killen, J.T./Olivier, J.P., The Knossos Tablets, Cambridge ³1971
Chantraine, P., Dictionnaire étymologique de la langue grecque, Paris 1968–1980
Crain, M., Über die Bedeutung und Entstehung des Namens Πελασγοί, Philologus 10 (1855) 577–590
Curtius, G., Das Verbum in der griechischen Sprache I, Leipzig ²1877

Daremberg, Ch./Saglio, E., Dictionnaire des antiquités grecques et romaines, Paris 1877–1917
Davies, M., Epicorum Graecorum Fragmenta, Göttingen 1988
Deneken, F., De Theoxeniis, Berlin 1881
Dentzer, J.M., Le motif du banquet couché dans le Proche Orient et le monde grec du VIIe au IVe siècle avant J.-C., Rom 1982
Dothan, T., The Philistines and their material culture. New Haven/London 1982
– → *Gitin, S.*
Dragoumis, S.N., Περὶ λεσχῶν καὶ τῆς ἐν Ἀθήναις ἀνακαλυφθείσης, MDAI (Athen) 17 (1892) 147–155
Drerup, H., Griechische Baukunst in geometrischer Zeit (Archaeologia Homerica II O), Göttingen 1969
Dümmler, F., Delphika, Basel 1894 = *ders.*, Kleine Schriften II, Leipzig 1901, 125–154

Fehr, B., Orientalische und griechische Gelage, Bonn 1971 *[36]*
Flückiger-Guggenheim, D., Göttliche Gäste. Die Einkehr von Göttern und Heroen in der griechischen Mythologie, Bern 1984
Fontenrose, J., Philemon, Lot and Lycaon, University of California Publications in Classical Philology 13 (1945) 93–119

Fohrer, G., Ezechiel (HAT I/13), Tübingen 1955
Fraser, P.M. (ed.), A Lexicon of Greek Personal Names I, Oxford 1987
Frisk, H., Griechisches Etymologisches Wörterbuch, Heidelberg 1954–1970

Gallavotti, C./Sacconi, A., Inscriptiones Pyliae ad Mycenaeam aetatem pertinentes, Rom 1961
– Scritture arcaiche della Sicilia e di Rodi, Helikon 15/16 (1975/6) 76f
Galling, K., Biblisches Reallexikon (BRL^2), Tübingen 1977
Gérard-Rousseau, M., Les mentions religieuses dans les tablettes mycéniennes, Rom 1968
Gese, H./Höfner, M./Rudolph, K., Die Religionen Altsyriens, Altarabiens und der Mandäer, Stuttgart 1970
Gitin, S./Dothan, T., The Rise and Fall of Ekron of the Philistines, BA 50 (1987) 197–222
Graf, F., Apollon Delphinios, Museum Helveticum 36 (1979) 2–22
Graham, J.W., The Palaces of Crete, Princeton 1962
Gruben, G., Die Tempel der Griechen, München ^{3}1984

Hachmann, R., Bericht über die Ergebnisse der Ausgrabungen in Kamid el-Loz in den Jahren 1968–1970 (Saarbrücker Beiträge zur Altertumskunde 22), Bonn 1980
– Bericht über die Ergebnisse der Ausgrabungen in Kamid el-Loz in den Jahren 1971–1974 (Saarbrücker Beiträge zur Altertumskunde 32), Saarbrücken 1982
Hägg, R. → *Marinatos, N.*
Haran, M., Temples and Temple-Service in Ancient Israel, Oxford 1978
Herzog, R., Heilige Gesetze von Kos, Berlin ^{6}1928
Hoftijzer, J., Religio Aramaica, Leiden 1968
– → *Jean, C.F.*
Horovitz, Th., Vom Logos zur Analogie, Zürich 1978

Jean, C.F./Hoftijzer, J., Dictionnaire des inscriptions sémitiques de l'ouest, Leiden 1965
Jeffery, L.H., The Local Scripts of Archaic Greece, Oxford 1961, ^{2}1990
Judeich, W., Topographie von Athen, München ^{2}1931

Karetsou, A., The Peak Sanctuary of Mt. Juktas, in: *R. Hägg, N. Marinatos*, Sanctuaries and Cults in the Aegean Bronze Age, Stockholm 1981, 137–153
Kautzsch, E., Die Apokryphen und Pseudepigraphen des Alten Testaments I/II, Tübingen 1900
– Die Heilige Schrift des Alten Testaments übersetzt, Tübingen ^{4}1922/23
Kern, O., Inscriptiones Graecae, Berlin 1913
Klein, E., A Comprehensive Etymological Dictionary of the Hebrew Language, Jerusalem 1987
Klinz, A., Ἱερὸς γάμος, Diss. Halle 1933

Koehler, L./Baumgartner, W., Hebräisches und aramäisches Wörterbuch zum Alten Testament, Leiden ^{3}1967–1990 (HAL)
Krummen, E., Pyrsos Hymnon, Festliche Gegenwart und mythisch-rituelle Tradition als Voraussetzung einer Pindarinterpretation, Berlin 1990

Latte, K., Römische Religionsgeschichte, München 1960
Laum, B., Stiftungen in der griechischen und römischen Antike, Leipzig 1914 *[37]*
Lewy, H., Die semitischen Fremdwörter im Griechischen, Berlin 1895
- Griechische Etymologien, ZVS 55 (1928) 24–32

Marinatos, N./Hägg, R., On the ceremonial Function of the Minoan Polythyron, Opuscula Atheniensia 16,6 (1986) 69f
Marinatos, S., Excavations at Thera IV, Athen 1971
Meissner, B., Babylonien und Assyrien I/II, Heidelberg 1920/5
Meister, R., Die griechischen Dialekte II, Göttingen 1889
Messerschmidt, F., Untersuchungen zur tomba del letto funebre in Tarquinia, Stud. Etr. 3 (1929) 519–524
Meuli, K., Gesammelte Schriften, Basel 1975
Meyer, E., Geschichte des Altertums I 2, Stuttgart ^{2}1913
Milani, C., Osservazioni su lat. lectisternium, Rend. Ist. Lomb. 110 (1976) 231–242
de Moor, J.C., An Anthology of Religious Texts from Ugarit, Leiden 1987
von Müller, I., Die griechischen Privataltertümer. Handbuch der klassischen Altertumswissenschaft IV 1,2 (2. Aufl.), Nördlingen 1893

Ogilvie, R.M., A Commentary on Livy, Books I–V, Oxford 1965
Ottoson, M., Temples and Cult Places in Palestine, Uppsala 1980
– Sacrifice and Sacred Meals in Ancient Israel, in: Gifts to the Gods ed. *T. Linders/G. Nordquist*, Uppsala 1987, 133–136

Pernier, L./Banti, L., Il palazzo minoico di Festos II, Rom 1951
Pott, A.F., Latein und Griechisch in einigen ihrer wichtigsten Lautunterschiede, ZVS 26 (1883) 113–142

Risch, E., Griechische Komposita vom Typus μεσο-νύκτιος und ὁμο-γάστριος, Mus. Helv. 2 (1945) 15–27 = *ders.*, Kleine Schriften, Berlin 1981, 112–124
Rudolph, K. → *Gese, H.*
Rutkowski, B., The Cult Places of the Aegean, New Haven 1986

Säflund, G., Sacrificial Banquets in the 'Palace of Nestor', Opuscula Atheniensia 13,6 (1980) 237–246
– Beds of the *Nymphe*, Opuscula Romana 13,3 (1981) 41–56
Samuel, A.E., Greek and Roman Chronology, München 1972
Schober, F., Delphoi, in: RE Suppl. V 140
Schrader, O., Linguistisch-historische Forschungen zur Handelsgeschichte und Warenkunde, Jena 1886

– Sprachvergleichung und Urgeschichte, Jena ²1890
Schwyzer, E., Dialectorum Graecarum exempla epigraphica potiora, Leipzig 1923
– Griechische Grammatik I, München 1939
Selivanov, S., Inscriptiones Rhodiae ineditae, MDAI (Athen) 16 (1891) 107–126
Smith, W.R., Lectures on the Religion of the Semites, Edinburgh 1889, ²1894
Sokolowski, F., Lois sacrées des cités grecques, Paris 1969
Soggin, J.A., Judges. A Commentary, London 1981
Starcky, J., Salles de banquets rituels dans les sanctuaires orientaux, Syria 26 (1949) 62–67
Stolz, F., Das erste und zweite Buch Samuel, Zürich 1981 *[38]*
Streck, M., Assurbanipal und die letzten assyrischen Könige bis zum Untergange Niniveh's, Leipzig 1916

Tichy, E., Semantische Studien zu idg. 1 *deiḱ "zeigen" und *dei̯ḱ "werfen", Münchner Studien zur Sprachwissenschaft 38 (1979) 171–228
Trümpy, C., Nochmals zu den mykenischen Fr-Täfelchen. Die Zeitangaben innerhalb der Pylischen Oelrationenserie, SMEA 27 (1989) 217–234

Vernant, J.P., Mythe et société en Grèce ancienne, Paris 1974

Wackernagel, J., Miszellen zur griechischen Grammatik, ZVS 33 (1895) 1–62 = *ders.*, Kleine Schriften I, Göttingen 1953, 680–741
Wahrmann, P., Literaturbericht für das Jahr 1926, Glotta 17 (1929) 191–271
Watrous, L.V., Ayia Triada. A new Perspective at the Minoan Villa, AJA 88 (1984) 123–134
von Wilamowitz-Moellendorff, U., Pindaros, Berlin 1922

Yavis, C.G., Greek Altars. Origins and Typology including the Minoan-Mycenaean Offertory Apparatus, St. Louis 1949

Erschienen in: S. Döpp, Hg., Karnevaleske Phänomene in antiken und nachantiken Kulturen und Literaturen, Trier 1993, 11–30.

10. Kronia-Feste und ihr altorientalischer Hintergrund

Für die karnevaleske Verkehrung der Lebensordnungen liefern seit langem die römischen Saturnalien das Paradigma;[1] sie heißen auf Griechisch Kronia. Die Gleichung Kronos-Saturnus ist verhältnismäßig alt, sie läßt sich mindestens bis auf Apollodor von Athen und Accius im 2. Jh. v. Chr. zurückverfolgen;[2] doch steht für uns fest, daß die griechischen Feste zunächst unabhängig vom Römischen zu sehen sind; Griechen haben von den Römern doch erst seit etwa 200 v. Chr. ernsthaft Notiz genommen. Heikler ist die Frage, seit wann die Griechen Kronos den Kinderfresser in einem semitischen Gott wiederfanden, dessen Kult durch Kinderopfer berüchtigt war, die sogenannten Moloch-Opfer. Es heißt, daß bereits Gelon nach seinem Sieg bei Himera im Vertrag mit Karthago den Verzicht auf diese Opfer festschreiben ließ.[3] Sophokles und sein athenisches Publikum wissen von solchen Opfern.[4] Archäologische Funde von Kinder-Brandbestattungen in Karthago, Sizilien, Sardinien schienen die antike Überlieferung zu bestätigen, bis Sabatino Moscati in neuer Interpretation der Befunde die ganze Opfer-These als griechische Verleumdung zu erweisen versuchte.[5] Auf diese Kontroverse ist hier nicht einzugehen.

---

1 J.G. Frazer, The Golden Bough IX, London 1913³, 306–411; ‚saturnalienartige Feste' Nilsson 1906, 35–40. Zu den römischen Saturnalia sei auf Graf 1992 verwiesen; über ihre Einführung Liv. 22,1,19f., dazu Ch. Guittard, Recherches sur la nature de Saturne des origines à la réforme de 217 av. J.-C., in: R. Bloch, ed., Recherches sur les religions de l'Italie antique, Genf 1976, 43–71.

2 Apollodor FGrHist 244 F 118 mit Jacoby z.d.St., vgl. Meuli 1975, 1039; zu Accius u. Anm. 28. Der ‚alte Dichter Euxenos', den Dion.Hal. ant. 1,34 in diesem Zusammenhang nennt, ist für uns nicht faßbar, er ist weder bei Davies, Epicorum Graecorum Fragmenta noch im Supplementum Hellenisticum aufgenommen.

3 Theophrast Fr. 586 Fortenbaugh im Schol. Pind. Pyth. 2,2; Plut. Reg. et imp. apophth. 175a, De Sera 552a. Nach Iustin 19,1,10 wollte bereits Dareios Karthagos Menschenopfer untersagen. Man hat längst auch die Phalaris-Tradition mit den ‚Moloch'-Opfern assoziiert, RE XIX 1649–52.

4 Soph. Fr. 126 Radt. Zu den karthagischen Opfern dann Plat. Minos 315c; Demon FGrHist 327 F 18 (Sardinien); Theophrast Fr. 584 A Fortenbaugh bei Porph. abst. 2,27,2; Diod. 5,66,5; 13,86; 20,14; Dion.Hal. ant. 1,38; Porph. abst. 2,56 und bei Euseb. P.E. 4,16,11 = Philon Bybl. FGrHist 790 F 3; hier wird El als phönizischer Name des Kronos angegeben; in Ugarit wiederum ist El mit Kumarbi gleichgesetzt. – Auf Tyros beziehen sich die Angaben über Kronos bei Phylarchos FGrHist 81 F 33 = Menandros FGrHist 783 F 6 = Lydos Mens. 4,154, wie sich aus Menandros' Titel ergibt.

5 Moscati 1987 und Moscati / Ribichini 1991 mit Bibl.

Für den griechischen Kronos und die Kronia-Feste hat H.S. Versnel unlängst eine vorbildliche Behandlung vorgelegt;[6] hier nur eine knappe Zusammenfassung des Materials: Der Name Kronos trotzt bekanntlich griechischer Etymologie. Im Mythos ist Kronos seit der Ilias etabliert als Vater des herrschenden Himmelsgottes Zeus, der formelhaft Κρονίδης, Κρονίων, Κρόνου πάις ἀγκυλομήτεω heißt. Kronos befindet sich, offenbar gestürzt, inmitten der Titanen der Unterwelt. Zentral sind die Passagen innerhalb der theogonischen Thematik der *Dios Apate*: Hera schwört bei den ‚Göttern unten, die um Kronos sind', und ‚die Titanen heißen'.[7] Das stehende Beiwort des Kronos, ἀγκυλομήτης, setzt doch wohl eine Form des hesiodeischen Sukzessionsmythos voraus; da es stets im ionischen kontrahierten Genetiv erscheint, ἀγκυλομήτεω, kann es im Rahmen der epischen Sprache nicht sehr alt sein.

Durch Hesiods Theogonie im Detail bekannt ist eben der Sukzessionsmythos, der Kronos zwischen Uranos und Zeus setzt, jener Schauer-Mythos von der Trennung von Himmel und Erde, Uranos und Gaia, durch Kronos *[12]* mit dem Kastrations- und dem Verschluckungsmotiv. Eine Variante, mit Betonung der Himmel-Erde-Trennung, liegt in der orphischen Theogonie vor, die im Derveni-Papyrus allegorisiert wird.[8] Die Verbindung mit dem in der Bronzezeit bezeugten hurritisch-hethitischen Kumarbimythos ist, seit dieser entdeckt wurde, unbestritten, trotz der Unterschiede in Details und verschiedener Akzentsetzungen. So fallen Kastrations- und Verschluckungsmotiv bei Kumarbi zusammen; der Schluß des Mythos, die ‚Geburt' des Wettergottes, ist verloren.[9] Es bleibt nicht nur die Übereinstimmung im allgemeinen Gerüst eines Sukzessionsmythos – wie er in anderen Varianten auch bei Babyloniern und Phöniziern bezeugt ist –, sondern die Gemeinsamkeit in den besonders auffallenden, merkwürdigen Motiven.

Dabei haben die orientalisch-griechischen Parallelen vor allem aufgezeigt, daß die Konzeption der ‚alten', der gestürzten Götter eine weit verbreitete mythologische Grundidee ist; sie kann eben darum nicht historisch, insbesondere nicht innergriechisch-historisch ausgewertet werden. Für viele der früheren Forscher stand es fest, daß der gestürzte Gott der Gott einer früheren Bevölkerung oder Religion sein müsse, „one of the figures of a lost and defeated religion", wie etwa Farnell formulierte.[10] Im Gegensatz dazu wissen wir jetzt: Die Antithese von alten Göttern und

---

6 Versnel 1987; zum allgemeinen Typ des ‚Festival of Reversal' bes. 135–139 mit Lit.

7 οἱ ἔνερθε θεοὶ Κρόνου ἀμφὶς ἐόντες Il. 14,274, ganz ähnlich 15,225; Τιτῆνες 14,279; Iapetos und Kronos im Tartaros: 8,478f.; ‚tiefer als die οὐρανίωνες' 5,898.

8 ZPE 47 (1982) Anhang 1–12; M.L. West, The Orphic Poems, Oxford 1983; ich kann seiner Behandlung des Verschluckungsmotivs, 85f., nicht zustimmen, vgl. Burkert 1987, 38 Anm. 57 *[= Nr. 4 in diesem Band]*.

9 Verwiesen sei auf M.L. West, Hesiod: Theogony, Oxford 1966, 18–31; P. Walcot, Hesiod and the Near East, Cardiff 1966; W. Burkert, Structure and History in Greek Mythology and Ritual, Berkeley 1979, 20–22.

10 Farnell 1896, 25, vgl. Pohlenz 1922, 1990, Deubner 1932, 155, 4. Anders Wilamowitz 1929; verwirrend Fauth 1975.

neuen Göttern, den Unteren und den Oberen, den gefesselten und den herrschenden, ist eine Struktur, die in Kleinasien und Mesopotamien und wohl auch in Syrien so gut wie bei den Griechen gilt. Die ‚alten Götter' sind im Hethitischen wie im Akkadischen recht allgemein bezeugt, im Mythos und im Ritual, sie können beschworen werden – wie auch Hera in der *Dios Apate* bei den Titanen schwört. Gerade bei den Hethitern sind vielerlei Zeugnisse auch ritueller Art bekannt geworden, in denen die ‚alten Götter' ihre Rolle spielen, und auch in der akkadischen Literatur gibt es in wechselndem Kontext die ‚gebundenen' oder ‚überwundenen' Götter.[11] Dabei tritt eine vergleichbare Doppelung oder Unbestimmtheit im orientalischen Material wie im Griechischen auf: Wie der einzelne Kronos merkwürdig unverbunden der Gesamtheit der Titanen gegenübersteht,[12] so ist auch die Kumarbi-Geschichte nicht in Einklang gebracht mit der Vielzahl von ‚unteren' oder ‚alten Göttern', die andernorts als Kollektiv erscheinen.

Doch bleiben wir vorerst beim Griechischen. Kronos also ist samt den Titanen in der Unterwelt gefesselt. Bereits bei Hesiod ist Kronos aber auch, als Vorgänger des Zeus, der Herrscher des Goldenen Zeitalters (Erga 111); dies stand, wie berichtet wird, auch in der altepischen Alkmaionis *[13]* (Fr. 7 Davies). Der ‚alte Gott' ist in die Weltalterspekulation in der Weise eingesetzt, daß über die vier oder fünf Stufen des dicht gewobenen Systems hinweg die Polarität herausspringt: Einst gegen Jetzt, Goldene Zeit und Alter Gott gegen diese unsere Welt. Damit gewinnt der Begriff einer Epoche ‚unter Kronos' Valenzen, die aus dem Sukzessionsmythos nicht zu entnehmen sind.

Noch weiter führt dann eine alte Variante im Kontext des hesiodeischen Weltaltermythos: Kronos sei jetzt und auf Dauer König auf den Inseln der Seligen, wo die Heroen sorgenfrei ‚wohnen'. „Zeus selbst hat seine Fesseln wieder gelöst."[13] Es steht außer Zweifel, daß Pindar diesen Text gekannt hat, wenn er die Seligen „den Weg des Zeus zum Turm des Kronos" wandeln läßt. Nachdem im Weltaltermythos die Reihe der vier Metalle nicht ungeschickt, doch eigentlich systemwidrig durch Einschaltung des Heroengeschlechts erweitert worden war, die auf den Inseln der Seligen weiterleben, faßt man hier die weitergehende Arbeit am Mythos: In einer neuen Polarität, ‚dort-hier' in Ergänzung zu ‚damals-jetzt', kontrastieren die Heroen mit unserer Epoche, und wieder markiert der Alte Gott den Pol des ‚anderen'. So bestätigt sich die besondere Valenz eines ἐπὶ Κρόνου βίος.

Im klassischen Athen steht Kronos als mythisches Symbol im Zwielicht der so geprägten Tradition: Er repräsentiert das hoffnungslos Überholte einerseits,[14] ein

---

[11] Vgl. E. Laroche in Anatolian Studies pres. to H.G. Güterbock, Istanbul 1974, 175–185; J. Cooper, Analecta Orientalia 52, 1978, 141–154; Burkert 1984, 90f.; V. Haas, Magie und Mythen in Babylonien, Gifkendorf 1986, 45f., 91–93; Solmsen 1989.

[12] Den ‚Widerspruch' sah schon Wilamowitz 1929, 43.

[13] Hes. Erga 173a–e, vgl. Pindar Ol. 2,70–77, Pyth. 4,291.

[14] Aristoph. nub. 398, 929, 1070, Plut. 581; Κρόνου πυγή Hsch. s.v., Paroemiographi Graeci, Diogenian 5,64 etc.

nostalgisch-fernes Ideal der Glückseligkeit andererseits: das ,Leben unter Kronos', das war einmal und ist nicht mehr, zumindest nicht hier im Diesseits, selbst wenn der Begriff dann historisierend auf das *merry old Athens* unter Peisistratos übertragen wird.[15] Man kann demnach die Kronos-Gestalt gerade in Antithesen fassen: der alte, gestürzte und doch der ,glückliche' Gott, der Gott der Unterwelt und der Gegenwelt; Fesseln und Lösen. Es ist bezeichnend für den Paradigmenwechsel in unserer Wissenschaft, daß Wilamowitz meinte, der ,Widerspruch' müsse historisch zu ,lösen' sein,[16] während Versnel eben hier das Wesentliche findet, die Struktur charakteristischer Spannung, die, wie er zeigt, auch Mythos und Kult verbindet.

Im Kult spielt Kronos eine sehr eigentümliche Rolle in Olympia, wo der Hügel Κρόνιον oder Κρόνιος πάγος die alte Opfer- und Wettkampfstätte markant überragt. Einzigartig und doch wohl alt ist dabei der Name der Priester oder Beamten, die dem Kronos auf seinem Hügel ein Opfer darbringen, βασίλαι, auch wenn die Fixierung auf die ,Frühjahrs-Tag-und-Nachtgleiche', von der unser Zeugnis spricht, wiederum nicht so alt sein kann.[17] Dies weiter zu interpretieren fehlt uns jeder Anhaltspunkt. Sicher *[14]* ist, daß Kronos in Olympia bereits im 5. Jh. im Rahmen der Zwölfgötter zusammen mit Rhea seinen Altar hat.[18] Einen Tempel von Kronos und Rhea in Athen, bezeichnenderweise beim Olympieion, nennt Pausanias; dies könnte aus Olympia stammen.[19] Die übrigen Details führen nicht viel weiter. Ein Opfer für Kronos erwähnt eine späte, synkretistische Lex sacra aus Athen.[20] Außerhalb Athens erfahren wir noch, daß die Höhen in Kreta dem Kronos heilig seien (Diodor 3,61; cf. 5,66); Kronos hat ferner Opfer und Statue beim Trophonios-Orakel in Lebadeia, man opfert ihm dort vor Zeus (Paus. 9,39). Ob die eigentümliche Kronos-Münze von Himera aus dem späten 5. Jh. – der Name ist beigeschrieben – mit Olympia oder etwa mit Karthago zu verbinden ist, bleibt of-

---

[15] Pohlenz 1922, 2006f., 2009f.: Plat. Polit. 271f., Hipparch. 229b, Arist. Ath.Pol. 16,7, Dikaiarchos Fr. 49 Wehrli.

[16] „Diese Vorstellungen sind unvereinbar", Wilamowitz 1929, 36 vgl. 38: „Die Vorstellung hat sich also geändert"; anders Versnel 1987, 126f.

[17] Βασίλαι nur Paus. 6,20,1, er nennt den Monat Elaphios und zugleich die Frühlings-Tag- und Nachtgleiche; vgl. 8,2,2 (Kronos ringt mit Zeus); Dion.Hal. ant. 1,34,3. Das Wort βασίλαι fehlt in LSJ einschließlich Suppl.; ein Mißverständnis des Pausanias von (inschriftlich bezeugtem) elischem βασιλᾶες vermutete Wilamowitz 1929, 36,3, vgl. dens., Pindaros, Berlin 1922, 214. Anders A. Heubeck, Kleine Schriften 375, zu dem von βασιλεύς vorausgesetzten Grundwort; möglich scheint ein Abstraktum *βασίλα, cf. die attische Βασίλη, dazu *βασίλας, vgl. A. Leukart in: Flexion und Wortbildung, Wiesbaden 1975, 175–191, bes. 184–190.

[18] Herodor FGrHist 31 F 34 = Schol. Pi. Ol. 5,10a u.a.m., cf. Weinreich RML VI 782; die Zwölfgötter von Olympia erwähnt auch Pindar Ol. 5,5; 10,49. Anders Et.M. 426,16: gemeinsamer Altar für Helios und Kronos in Olympia.

[19] Paus. 1,18,7, vgl. Anecd.Bekk. I 273,20 Κρόνιον τέμενος; Wilamowitz 1929, 36.

[20] F. Sokolowski, Lois sacrées des cités grecques, Paris 1969, nr. 52,23. – Lykophron 202 setzt die Schlange von Aulis an den βωμὸν τοῦ προμάντιος Κρόνου; falls dies eine kultische Anspielung ist, entgeht sie uns.

fen.[21] Daß die Solymer, Nachbarn der Lykier, den Kronos besonders verehren, ist für uns ein Detail ohne Kontext.[22] Für sich stehen auch die Überlieferungen, die Kronos nach dem fernen Westen oder Nordwesten verweisen und ihn schließlich im Eismeer gefesselt sein lassen.[23]

Über das Fest Kronia, auf das es hier ankommt, haben wir nur wenige verstreute Nachrichten,[24] vor allem für Athen. Demosthenes (24,26 mit Schol.) liefert das Datum, 16. Hekatombaion, und hält fest, daß an diesem Tag die *Boule* nicht tagt. Das Hauptzeugnis stammt von Macrobius, der Philochoros zitiert (328 F 97 = Macr. Sat. 1,10,22): „Für Kronos und Rhea habe als erster in Attika Kekrops einen Altar errichtet, er habe diese Götter an Stelle von Zeus und Gaia verehrt, und er habe eingeführt, daß die Familienväter nach Einbringung der Feld- und Baumfrüchte allenthalben mit ihren Sklaven zusammen ein Essen veranstalten, mit denen sie die geduldige Arbeit bei der Bestellung des Landes durchgestanden hatten: Denn der Gott erfreue sich an der Ehrung der Sklaven in der Betrachtung der getanen Arbeit.“ Das ist wenig Information, durchmischt zudem mit Spekulation; immerhin: Wir erfahren von dem offenbar zentralen Ritus, dem festlichen Essen im Familien- oder ‚Oikos‘-Kreis, und zwar zusammen mit den Sklaven. Κρόνια δειπνεῖν ist ein charakteristischer Ausdruck auch bei Plutarch.[25] Übrigens festen auch die Hetären an diesem Tag miteinander in einem Aphrodite-Heiligtum (Machon Ath. 581a). Der ‚Abschluß der Ernte‘ entspricht dem durch Demosthenes bezeugten Datum, an dem von Baumfrüchten freilich nur Feigen zur Verfügung stehen. In Kyrene bekränzt man sich am Kronia-Fest mit Feigen (Macr. Sat. 1,7,25). Feigen haben in der griechischen Symbolwelt etwas Ambivalentes, Marginales; sie werden der Urzeit, der Vor-Getreidezeit zugerechnet.[26] Mit dem ‚Altar für Kronos und Rhea‘ dürfte das

---

21 RML II 1553; R.V. Head, Historia Numorum, Oxford 1911², 145; Pohlenz 1922, 2014; LIMC Kronos 1. Beischrift ΚΡΟΝΟΣ, Diadem; die andere Seite zeigt den Blitz (Zeus) zwischen Getreidekörnern – ein einmaliges Motiv. Die Münze wird auf 413/408 datiert (LIMC a.O.). Vgl. auch BMC Sicily (1876) 81, nr. 46/47: Kronos? – Kronos-Münzen gibt es dann in Mallos, 385/340 v. Chr., Head 723, C.M. Kraay, Archaic and Classical Greek Coins, Berkeley 1976, 285, LIMC Kronos 2; eine vierflügelige Gestalt, wie von Philon FGrHist 790 F 2 = Euseb. P.E. 1,10,29 beschrieben und als El identifiziert, wechselt mit dem Himera-Typ, Pohlenz 1922, 2014; vgl. auch eine Münze von Byblos, 2. Jh., Head 791 (6 Flügel). – Anders, römisch bestimmt, die Münzen der Kaiserzeit, Kronos mit Sichel = Saturnus, z.B. Korinth, Head 405, LIMC Kronos 3; 3a; Alexandreia, Head 862; Tarsos, LIMC Kronos 20.

22 Plut. Def.or. 421d.

23 Theopomp FGrHist 115 F 335 = Plut. Is. 378e: Kronos = Winter. Kronos schlafend: Plut. fac. 941f.; Κρόνιον πέλαγος (Eismeer) Plin. n.h. 4,95; Dion.Per. 32; 48; (Ionisches Meer) Ap.Rh. 4,548.

24 Farnell 1896, 23–34; Nilsson 1906, 35–40 in der Gruppe ‚saturnalienartige Feste‘, was freilich Auswahl und Interpretation vorbestimmt; Deubner 1932, 152–155; Bömer 1961, 173–181, repr. Bömer 1990² mit bibliographischen Nachträgen 287–289.

25 Non posse 1098b; vgl. allgemein Ath. 639. Ob der Schlaraffenland-Text Telekleides Fr. 1 Kassel-Austin sich auf die Kronia bezieht, ist leider nicht sicher, vgl. Kassel-Austin z.d.St.

26 Paus. Att. η 1 = Phot. Hes., zur παλάθη ἡγητηρία· ἡμέρης τροφῆς πρώτης ταύτης ἐγεύσαντο. Dem Phytalos schenkt Demeter den Feigenbaum noch vor der Wiederkehr der Kore, Paus. 1,37,2; Feige und Titanenkampf in einem Mythos aus Kilikien Androtion 324 F 76 = Ath.

Heiligtum am Olympieion gemeint sein. Damit *[15]* ist die Nähe zu Zeus gegeben, worauf auch ausdrücklich der Text des Macrobius verweist, freilich mit der mehrdeutigen Präposition *pro*: ist hier eine Gleichsetzung gemeint, eine spekulative Deutung, oder wird ein griechisches πρό des Philochoros damit wiedergegeben?[27] Jedenfalls ist mit ‚Kekrops' die athenische Urzeit angesprochen, die Assoziation mit dem ἐπὶ Κρόνου βίος, bevor Zeus herrschte, liegt insofern nahe. Bemerkenswert auch, daß es um ein Fest der Familien, nicht der Polis geht: Auch dies läßt sich als ein Konzept des Noch-Nicht interpretieren. Es folgen ja im Festkalender die *Synoikia*, die Vereinigung der οἶκοι also, und dann die Panathenäen.

Hinzu kommt eine Passage aus Accius, der bereits Kronia und Saturnalia vergleicht:[28] Im größten Teil Griechenlands, besonders in Athen, feiert man die Kronia, auf den Feldern und in der Stadt veranstaltet man fröhliches Festessen, man läßt den Sklaven Sorge angedeihen und speist mit ihnen – ebenso wie ‚bei uns' in Rom. Das Festessen und die Sonderstellung der Sklaven dabei sind offenbar die Elemente, die Saturnalien und Kronia gemeinsam haben. Anderwärts hören wir noch von Geschenken, die man anläßlich der Kronia einander macht, Essensgaben: Kuchen in Kyrene (Macr. Sat. 1,7,25), besondere Brote auch in Alexandreia (Ath. 110b). Kronia gab es im übrigen auch in Theben ([Plut.] Hom. 1,4,3 Kindstrand), dazu nach Ausweis der Monatsnamen in Samos mit Perinthos und Amorgos, ebenso in Naxos, in Notion / Kolophon und in Magnesia am Maeander, ohne daß wir Einzelheiten von den Festbräuchen erfahren. Dazu kommen noch Texte, die von Menschenopfern sprechen mit Bezug auf Rhodos[29] und Kreta[30]; sie sollen hier nicht diskutiert werden. Man kann im übrigen bemerken, daß nie von einem Kronia-König die Rede ist, der den berühmt-berüchtigten Angaben über einen Saturnalienkönig entspräche, ungeachtet der Tatsache, daß vom ‚Königtum' des Kronos mit gewisser Betonung gesprochen wird.

Die Festmotive, die wir fassen, kreisen also um Essen statt Arbeiten, neidloses Spenden, vorübergehende Aufhebung der Knechtschaft; ein Ambiente von ἀρχαῖος βίος scheint gegeben. Wir dürfen also gewiß den ἐπὶ Κρόνου βίος des Mythos dazunehmen und damit den Mythos zugleich als Reflex der Festessstimmung verstehen: Leben ohne Arbeit, als die Erde freiwillig ihre Frucht spendete, im ewigen Fest des Goldenen Zeitalters, das auf den Inseln der Seligen, unter König Kronos fortbesteht. Mythos und Ritual fügen sich in dieser Weise wohl zusammen und erklären sich gegenseitig. Es gibt vergleichbare Riten und Motive allerdings auch an an-

---

78b. Vgl. zu den Feigen M.M. Mactoux, Esclaves et rites de passage, MEFR 102 (1990) 53–82, bes. 57–64.

27 Vgl. Wilamowitz 1929, 36; Deubner 1932, 152,9.

28 Accius, Annales bei Macr. Sat. 1,7,37; wichtig die Formulierung *famulosque procurant quisque suos*, man ‚umsorgt' sie, vgl. *nutrices pueros infantis minutulos domi ut procurent* Plaut. Poen. 28/9.

29 Porph. abst. 2,54; D.D. Hughes, Human Sacrifice in Ancient Greece, London 1991, 124f.

30 Istros FGrHist 334 F 48 und Et.M. s.v. Arkesion (einen Xenion zitierend). Der Kureten-Mythos deutet auf Initiations-Zusammenhang, Hughes a.O. 128f.

deren Orten in anderen Bräuchen, gekoppelt mit anderen Fest- und *[16]* Götternamen, einschließlich der Idee der Wiederkehr eines ἀρχαῖος βίος, wie es vor Begründung der jetzt gültigen Ordnung der Welt im Schwange gewesen sei. Dazu gehören etwa die Peloria von Thessalien, mit Bewirtung der Sklaven und Entfesselung der Gefangenen,[31] und auch die sizilischen Bukoloi kann man von fern einbeziehen, jene Bettel- und Maskenumzüge, die den Einzug der goldenen Zeit verheißen.[32]

Für den Historiker ergeben sich zusätzliche Informationen und zusätzliche Probleme aus dem Monatsnamen Kronion.[33] Unser Wissen über die griechischen Monatsnamen ist durch Linear B insofern revolutioniert worden, als nunmehr feststeht, daß es bronzezeitliche Monatsnamen gegeben hat und auch eine gewisse bronzezeitliche Kontinuität in der Zeitrechnung, entgegen der These Nilssons und anderer, wonach die griechischen Monatsnamen generell erst im 7. Jh. eingeführt wären.[34] Zugleich sieht man aber auch deutlicher, was nachmykenisch ist. Es gibt im vielfältigen und verwirrten Feld der griechischen Monatsnamen ein System, das durch eine gewisse Schlüssigkeit und Konstanz auffällt, und dies ist das ionisch-attische. Nur hier haben die Monatsnamen die bekannte Endung, das oxytonierte -ών, das seinerseits Umakzentuierung eines Festnamens im Genetiv ist: Anthesteria - μὴν Ἀνθεστηρίων - Ἀνθεστηριών bzw. μηνὸς Ἀνθεστηρίων - Ἀνθεστηριῶνος. Feste mit dem Suffix -τηρια sind bereits im Mykenischen bezeugt, Monatsnamen dieses Typs dagegen nicht. Ionische Monatsnamen sind aus insgesamt 61 Poleis bekannt, vollständig überliefert sind die Kalender von Athen, Milet, Delos und Smyrna; die einzelnen Namen und insbesondere auch ihre Reihenfolge ist im ganzen recht einheitlich, trotz einzelner Variationen. So läßt sich mit hinlänglicher Sicherheit ein ‚urionischer' Kalender rekonstruieren, bestehend aus Hekatombaion, Metageitnion, Boedromion, Pyanopsion, Apaturion, Posideon, Lenaion, Anthesterion, Artemision, Taureon, Thargelion, Panemos. Athen weicht in 5 Monatsnamen

---

31 Baton von Sinope FGrHist 268 F 5 = Ath. 639d–640a, vgl. Meuli 1975, 1039f.; der Mythos spricht in diesem Fall vom Auftauchen des Landes aus der Flut. Hyakinthia, Sparta: Polykrates FGrHist 588 F 1; Hermaia, Kreta: Karystios Ath. 639b, vgl. Ephoros FGrHist 70 F 29 über ein ungenanntes Fest der Sklaven-Befreiung in Kydonia; Troizen: Ath. ib. Zu den aitiologischen Erzählungen von der Bewirtung der ‚karischen' Sklaven an den Anthesteria, die ‚früher' Bewohner Attikas waren, und ihrer Vertreibung vgl. Burkert, Homo Necans, 1972, 250–255. In einen karnevalesken Zusammenhang gehört offenbar auch das Risus-Fest in Hypata, Apul. Met. 3,1–11.

32 Dies führt auf die seinerzeit von Karl Meuli behandelten ‚Bettelumzüge', Meuli 1975, 33–68, vgl. dazu auch D. Baudy, Heischegang und Segenszweig, Saeculum 37 (1986) 212–227.

33 Vgl. schon Wilamowitz 1929, 36. Ich stütze mich auf eine unveröffentlichte Heidelberger Habilitationsschrift von Cathérine Trümpy, Untersuchungen zum altgriechischen Kalenderwesen, 1991. [Zusatz 2001: Siehe jetzt C. Trümpy, Untersuchungen zu den altgriechischen Monatsnamen und Monatsfolgen, Heidelberg 1997.]

34 M.P. Nilsson, Die Entstehung und religiöse Bedeutung des griechischen Kalenders, Lund 1918; die 2. Auflage, 1962, nennt die mykenischen Zeugnisse, nimmt aber an, die Monatsnamen seien in den dunklen Jahrhunderten „vergessen worden" (30).

ab.[35] Der ‚Urkalender' ist offenbar nachmykenisch, muß aber doch bis ins 11. Jh. zurückgehen, vor die sogenannte ionische Kolonisation, auch wenn bislang offen bleibt, wo genau Ursprung und Zentrum dieser Organisation des Jahres lag.

Alle ionisch-attischen Monatsnamen setzen entsprechende Feste voraus, zumeist Apollon- und Dionysosfeste. Der Monatsname Kronion aber ist in diesem System offensichtlich sekundär, ein Eindringling, der nicht zum ‚Urkalender' gehört. Kronion tritt auf in Samos mit Perinthos und Amorgos, in Naxos, in Notion / Kolophon und in Magnesia am Maeander.[36] In Samos *[17]* wissen wir, daß Kronion der letzte, Pelysion der erste Monat des Jahres ist.[37] Für Naxos steht nur eine isolierte Inschrift zur Verfügung;[38] auch für Kolophon gibt es keine weiterführenden Informationen. In Magnesia folgt Kronion auf Heraion und fällt in die Saatzeit; der Kalender von Magnesia hat aber auch sonst sekundäre Züge.[39]

Bei Plutarch heißt es, in Athen habe der Monat Hekatombaion ursprünglich Kronion geheißen.[40] Nach der Rekonstruktion dcs ‚urionischen' Kalenders kann diese Behauptung nicht richtig sein: Der erste Monat heißt in diesem System seit je Hekatombaion; Kronion paßt auch gar nicht zum ersten Jahresmonat. Plutarchs Behauptung steht im Zusammenhang mit der Rückkehr des Theseus aus Kreta, am ‚8. Kronion'. Es gibt da eine ganze Kette kalendarischer Theseus-Aitiologien, Abfahrt im letzten, Wiederkehr im ersten attischen Monat, wobei über das Fest der Verkehrung, eben die Kronia, vier Tage später die Synoikia erreicht werden, die mit dem Synoikismos des Theseus zusammengesehen werden, und schließlich die Panathenaia.

Der Befund scheint also darauf hinzuweisen, daß das Kronia-Fest sekundär durch Diffusion in einem begrenzten Gebiet sich durchgesetzt hat. In Naxos-Samos-Kolophon erschien das Fest so gewichtig, daß man den ererbten Monatsnamen durch den des Kronos-Festes ersetzt hat. Ohne den Monatsnamen zu verändern, hat es sich in Athen und Rhodos etabliert. Eine solche Ausbreitung und Verteilung könnte in die ‚orientalisierende Epoche' des 8./7. Jh. passen; so etwa hatte es seinerzeit auch Wilamowitz gesehen. Doch andere Rekonstruktionen sind nicht ausgeschlossen.

Eine Nebenbemerkung noch zum Planetennamen Kronos = Saturn: Im Gegensatz zu den Göttern der anderen vier Planeten ist diese Bezeichnung nicht direkt der babylonischen Tradition entnommen; dort gilt der langsamste der Planeten als der

---

[35] In Athen steht statt Apaturion Maimakterion, der Monat der Lenäen heißt Gamelion, und die Artemis-Monate heißen Elaphebolion und (lokal) Munichion; eigentümlich dazu Skirophorion.

[36] Priene (Inschriften von Priene 111, 202) ist unsicher, Samuel 1972, 119.

[37] Samuel 1972, 121.

[38] IG XII 5,45; Samuel 1972, 105.

[39] So das Ergebnis von Trümpy; vgl. Samuel 1972, 121f.

[40] Plut. Thes. 12, Et.M. 321,4; ernst genommen Wilamowitz 1929, 36,2, mit der Annahme, daß „in den echten solonischen Gesetzen der alte Name noch vorkam"; danach Deubner 1932, 152; anders Nilsson RE XI 1976. Zu den Theseus-Aitia vgl. jetzt C. Calame, Thésée et l'imaginaire Athénien, Lausanne 1990.

Stern des Ninurta, und Ninurta als Bekämpfer der Ungeheuer und Sohn des Herrschaftsgottes Enlil wäre, wenn schon, am ehesten mit Herakles zu vergleichen.[41] Die anderen vier Gleichungen in den Planetennamen, Marduk-Zeus-Jupiter, Nergal-Ares-Mars, Nabu-Hermes-Merkur und vor allem Ishtar-Aphrodite-Venus sind dagegen evidente Übersetzungen. In der älteren Überlieferung heißt aber der Planet Saturn vielmehr der ‚Stern des Helios'; so im Zusammenhang mit Eudoxos und in der Platonischen Epinomis.[42] Dies wiederum stimmt zu babylonischer Tradition. ‚Stern des Kronos' steht immerhin bereits im Λ der Aristotelischen Metaphysik. Offenbar war es für die Griechen einleuchtend, im kosmischen Modell über ‚Zeus' seinen Vater kreisen zu lassen,[43] während *[18]* darunter in den engeren Sphären die jüngere Generation, Ares bis Hermes, eingeordnet ist.

Die orientalische Perspektive auf Kronos ist seit dem Kumarbi-Fund oft erörtert worden. Auch von der allgemeinen strukturellen Entsprechung der ‚alten Götter' mit Kronos und den Titanen war schon die Rede. Aufmerksam machen möchte ich aber auf einen bronzezeitlichen Neufund, der das Motiv der ‚Alten Götter' mit einem Fest der ‚Freilassung' verbindet und damit eine eigentümliche Parallele zu der Rolle der Sklaven in den Kronia-Festen schafft.

Es handelt sich um eine 1983 in Hattuša-Boghazköy gefundene hurritisch-hethitische Bilingue. Autographien sind in den ‚Keilschrifttexten aus Boghazköi' Band XXXII, 1990 veröffentlicht worden. Erich Neu hat den Text in vorläufiger Weise vorgestellt und seine Bearbeitung und Übersetzung des ganzen Textes angekündigt.[44]

Es handelt sich um eine große Komposition in mindestens 6 Tafeln. Der Text ist ursprünglich hurritisch verfaßt, mit gegenüberstehender hethitischer Übersetzung. Paläographisch ist er der mittelhethitischen Periode, etwa 1400 v. Chr., zuzuweisen, die hurritische Urfassung wird älter sein: Die Stadt Ebla, die darin genannt ist, scheint nach ca. 1700 v. Chr. zur Bedeutungslosigkeit herabzusinken.[45]

Der Text ist bezeichnet als das ‚Lied der Freilassung'. Dabei ist ‚Freilassung' die Übersetzung Erich Neus für hethitisch *para tarnumar*, hurritisch *kirenzi*; als akkadi-

---

41 Vgl. Burkert 1987, 14–19 *[= Nr. 4 in diesem Band]*.

42 Simpl. cael. 495,28 = Eudoxos F 124 Lasserre; Plat. Epin. 987c (Φαίνων und Κρόνος sind sekundäre Varianten einiger Codices); vgl. W. Burkert, Lore and Science in Ancient Pythagoreanism, Cambridge, Mass. 1972, 301,9. Κρόνου (ἄστρον) Arist. Met. 1073b35 = Eudoxos D 6 Lasserre; vgl. auch Tim.Locr. 214,13 Thesleff, Aet. 2,15,4; 2,32,1; Diod. 2,30.

43 Vgl. auch die Ähnlichkeit in den konkurrierenden Planetennamen: Φαίνων (Saturn) neben Φαέθων (Jupiter).

44 Neu 1988, vgl. AA 1984, 372ff.; Jb. d. Ak. Göttingen 1985, 50ff.; ich danke E. Neu besonders dafür, daß ich auch einen noch unveröffentlichten Vortrag von 1990 benützen darf. – Vgl. auch Haas / Wegner 1991 mit weiterer Detailliteratur. Haas hält es für möglich, daß Teššub Gefangener der Unterweltsherrin wird, insofern ein späterer Passus, in anderem Kontext, von einer Schuldknechtschaft des Teššub spricht, vgl. u. Anm. 50. [Zusatz 2001: E. Neu, Das hurritische Epos der Freilassung I, Wiesbaden 1996.]

45 Reallexikon der Assyriologie V (1976/80) 9–13 s.v. Ibla.

sches Äquivalent hat Erich Neu *anduraru* ermittelt,[46] dem wiederum hebräisch das Wort *deror* entspricht. *Anduraru/deror* findet sich verwendet für die Freilassung von Sklaven, Befreiung von Frondiensten, Erlaß von Schulden; hierauf wird zurückzukommen sein.

Das ‚Lied von der Freilassung' beginnt mit der Erzählung von einem großen Fest: „Erzählen will ich von Teššub von Kummi, dem großen König, preisen will ich die Frau an den Riegeln der Erde, Allani ..." Allani ist offenbar ein hurritischer Name, der ‚die Herrin' überhaupt bezeichnet. Hethitisch steht hier der Name ‚Sonnengöttin der Erde'; dies ist eine im Hethitischen sehr bekannte Göttin, die Göttin der Unterwelt. Sie also lädt ein zu einem Fest in ihrem Palast ‚an den Riegeln der Erde' – diese ‚Riegel der Erde' trennen offenbar Oberwelt und Unterwelt.[47] Die Göttin hat 10000 Rinder und 30000 Fettschwanzschafe schlachten lassen, dazu ungezählte Zicklein und Lämmer; Bäcker, Mundschenken, Köche sind tätig.[48] Ehrengast aber ist Teššub, der Wettergott, der ‚große König von Kummi'. *[19]* Teššub ist begleitet von einem anderen Gott, der hethitisch Šuvalijaz heißt; er scheint dem sonst oft den Wettergott begleitenden Tašmišu zu entsprechen, Hermes sozusagen. „Der Wettergott und Šuvalijaz gingen hinab in die dunkle Erde". Bei der Sonnengöttin der Erde aber, hinter ihren Riegeln sind die ‚uralten Götter' anzutreffen.[49] Teššub nimmt Platz auf einem Sessel, einem Sessel mit Schemel – ganz ‚homerisch' –, und als die Essenszeit gekommen ist, nehmen die ‚uralten Götter' Teššub zur Rechten Platz. Es ist kaum zu bezweifeln, daß zu den ‚uralten Göttern' auch der von Teššub gestürzte Kumarbi gehört; Kumarbi ist seinem Namen nach eine Gestalt der hurritischen Mythologie. Allani reicht dem Teššub ein Trinkgefäß, in dem sich ‚Güte, Qualität' (heth. aššuu̯atar) befindet. Dann bricht die Tafel ab.

Auf die Fortsetzung des, wie gesagt, umfangreichen und komplexen Textes ist hier nicht weiter einzugehen. Nach Erich Neus Inhaltsübersicht folgen ganz andersartige Textpassagen: Fallbeispiele für zwischenmenschliches Verhalten, zum Teil in Gestalt der Tierfabel, dann allgemeine Aufforderungen zur Hilfe am Nächsten, schließlich eine Erzählung um die Stadt Ebla, wobei dem König von Ebla ‚Freilassung' dringend empfohlen wird. Mit der Nennung von ‚Ebla' bestätigt sich die Lokalisation des Textes im hurritischen Bereich Nordsyriens, der in der Großreichszeit der hethitischen Herrschaft unterstand.

Die mythische Erzählung vom gewaltigen Fest am Rande der Unterwelt besagt offenbar – ich folge auch hier Erich Neus Interpretation –: Die Trennung der ‚oberen' und der ‚unteren' Götter wird vorübergehend aufgehoben, ja die Trennung von Himmel und Erde – von der unter anderem der Kumarbi-Mythos berichtet – ist

---

[46] Neu 1988, 10f.; 14. Zu *anduraru* W. von Soden, Akkadisches Handwörterbuch (1965) 50f.; Chicago Assyrian Dictionary A II (1968) 115–117; zur genaueren Wortbedeutung Charpin 1987.

[47] Neu 1988, 25f.

[48] Neu, Manuskript 15–16 [Neu 1996, 222f.].

[49] Neu, Manuskript 13f. [Neu 1996, 222f.].

rückgängig gemacht. Der sieghafte Gott, der Wettergott Teššub, begibt sich in die Unterwelt, der neue Gott und die uralten Götter sitzen gemeinsam zu Tisch. Ihr Konflikt scheint vergessen; so trinkt man das ‚Gute' in Reinkultur. Dies ist die Einleitung eines Liedes von der ‚Freilassung', Freilassung aus Schuldknechtschaft, Schuldenerlaß.[50] Was zunächst überrascht, läßt sich doch unschwer deuten: Indem der Wettergott die Oberwelt verlassen hat, verzichtet er vorübergehend darauf, seine Herrschaft auszuüben. So werden die Rechtsordnungen der Oberwelt außer Kraft gesetzt. Wenn Marduk, der oberste Gott im babylonischen Pantheon, seinen Thron verläßt, bricht das Chaos aus: Dies kann eine Katastrophe bezeichnen, wie in dem – sehr viel späteren – Gedicht von Erra, dem Gott von Krieg und Pest.[51] Es gibt die katastrophale, es gibt aber auch die befreiende, die glückhafte Inversion. Im neuen *[20]* Text erscheint die Aufhebung der Grenzen, das Fest an den Riegeln der Erde mit üppigstem Schmaus, ja dem ‚Guten' schlechthin verbunden. ‚Freilassung' ist ein außergewöhnliches Ereignis gegenüber unserer normalen Welt, in der Herrschaft die Zwänge aufrechterhält. Wie lange das Fest dauert, scheint der Text nicht zu sagen. Sicher ist allerdings, daß jedes Fest einmal zu Ende geht. *Non semper Saturnalia erunt.*[52]

Die Ähnlichkeit zu Kronos und Kronia-Festen liegt auf der Hand: Das Thema der ‚Freilassung' aus Knechtschaft verbindet sich nicht nur mit einem großen Festessen, sondern mit dem Gang des Wettergottes zu den ‚uralten Göttern', der Aussöhnung des herrschenden Gotts mit seinen Vorgängern. Man sieht: Es geht dabei nicht um eine punktuelle Motiv-Berührung zwischen Anatolien bzw. Syrien und Griechenland, sondern um eine allgemeinere Parallelität in einem mythisch-rituellen Komplex. Die Ähnlichkeit liegt nicht im eigentlich Mythischen – es gibt keine entsprechende Erzählung, die etwa Zeus mit Kronos tafeln ließe, bei den Griechen –, sie liegt auch nicht im rein Rituellen – wir wissen bislang nichts über ein reales Fest dieser Art bei den Hurritern –, sondern eben in der mythisch-rituellen Idee, mit der ein höchst reales Problem bewältigt wird: Es geht um vorübergehende Außerkraftsetzung der Herrschaftsordnung, um ‚Freilassung', die insbesondere die Unfreien betrifft; dies wird überhöht durch das mythische Motiv der rückgängig gemachten Göttersukzession, der Wiederbegegnung mit den Alten Göttern, und vollzogen im gemeinsamen Festschmaus.

Von einem Fest solcher Art ist, wie gesagt, in Syrien oder Anatolien anscheinend nichts direkt bekannt. Man könnte auf anderes, weit Früheres verweisen, auf das Fest der Tempelweihe Gudeas von Lagash um 2000 v. Chr.: In der festlichen Ausnahmezeit, als Gudea seinen Ningirsu-Tempel weiht, werden 7 Tage lang Skla-

---

[50] In einem anderen Teil des Textes (C nach Neu) wird der Gott Teššub selbst als in Schuldknechtschaft geraten vorgestellt. „Wenn Teššub ohne Silber ist, wollen wir – jeder von uns – einen Schekel Silber geben …" (Neu 1988, 16f.) [Neu 1996, 288f.].

[51] L. Cagni, L'epopea di Erra, Rom 1969.

[52] Sen. Apoc. 12,2.

vinnen und Sklaven wie Herren behandelt, es gibt keinen Streit und keine Strafe.[53] Daß es bei den Hurritern Ähnliches gab, ist nicht auszuschließen. In ihrer Nachbarschaft jedenfalls, in Ugarit an der Küste des Mittelmeeres, wo dem Kumarbi El entspricht, trifft man auf einen eigentümlichen Text: El lädt alle Götter ein zu üppigem Schmaus und Trunk und wird dann in seiner Bankettthalle (*marza'u*) selbst als total betrunken dargestellt.[54] Dies scheint verwendet als Beschwörung gegen die peinlichen Folgen des Alkoholkonsums, aber es ist vielleicht doch bezeichnend, daß gerade dem Alten Gott, dem eher im Ruhestand befindlichen Vater des herrschenden Baal, bei ‚seinem' Fest solches *[21]* widerfährt. Gab es so etwas wie ugaritische Kronia um El, den ‚Vater der Menschen'?

Sicher jedenfalls ist, daß der hurritische Festmythos auf einen gewichtigen Realitätsaspekt im Rahmen der altorientalischen Welt zielt. Die nicht-mythischen, reflektierenden Teile des neuen Textes weisen klar darauf hin, insbesondere aber führt der vorausgesetzte akkadische Begriff *anduraru* mit seinem hebräischen Äquivalent *deror* auf historisch festen Grund.

„Ich habe Freilassung (*anduraru*) gesetzt" ist das Schlußwort der Muttergöttin im akkadischen Atrahasis-Text – einem der ältesten und interessantesten akkadischen Mythentexte –, nachdem die Muttergöttin die menschlichen Roboter erschaffen und damit die Götter für immer von der lästigen Arbeit an den Deichen befreit hat.[55] *Anduraru* ist hier also das Ende der Fronarbeit. Doch geht es nicht nur um Mythen. Es gibt aus altbabylonischer Zeit königliche Erlasse, die realen, radikalen Schuldenerlaß und Befreiung aus Schuldknechtschaft mit dem Begriff *anduraru* verkünden; so der Hammurapi-Nachfolger Samsuiluna und etwas später Ammiṣaduka. Da heißt es: „Die Schuldtafeln … habe ich zerbrochen, Gerechtigkeit (*mišaru*) habe ich im Land gesetzt", oder auch: „Zu begleichende Rückstände … sind erlassen, weil der König Gerechtigkeit gesetzt hat."[56] Das Wort für ‚Gerechtigkeit', *mišaru*, bezeichnet dabei eigentlich den geradeaus führenden, freien, ungehemmten Gang. Der Kö-

---

[53] Gudea Zylinder A, A. Falkenstein / W. v. Soden, Sumerische und Akkadische Hymnen und Gebete, Zürich 1953, 150; Zylinder B, ib. 180. Vgl. auch die 7-monatige Festzeit beim Regierungsantritt des Caligula, die Philon als Kronos-Fest ausmalt, Leg. 11–14.

[54] KTU 1,114, erstmalig in Ugaritica V (Paris 1968) 541–551 veröffentlicht, vgl. J.C. de Moor, An Anthology of Religious Texts from Ugarit, Leiden 1987, 134–137 [Zusatz 2001: vgl. Aufsatz 8. in diesem Band, 121ff.]

[55] Atrahasis I 243, p. 60f. Lambert-Millard.

[56] F.R. Kraus, Königliche Verfügungen in Altbabylonischer Zeit, Leiden 1984, 66f.: Brief des Samsuiluna, DUB *hubulli … ehtepi, mišaram ina mati aštakan*; cf. ANET 627; Kraus 54f.: Edikt des Samsuiluna, darin: „zu begleichende Rückstände … sind erlassen, weil der König Gerechtigkeit gesetzt hat" (LUGAL *mi[šaram] iškunu*). – Kraus 80: Brief des Ammiṣaduqa: „… erließ die Schulden seines Landes"; Kraus 168–183: Edikt des Ammiṣaduqa, mit der gleichen Formel, daß „der König Gerechtigkeit im Lande gesetzt hat", und detaillierten Anweisungen über den Erlaß der Forderungen und die Unmöglichkeit, zurückzufordern. Zu *mišarum šakanum* vgl. Kraus 6f.; zu *mašutu* ‚Vergessen' der Schulden in Elam vgl. Chicago Assyrian Dictionary s.v.; E.F. Weidner, Ilušunas Zug nach Babylonien, Zeitschrift für Assyriologie 43 (1936) 114–123, hier 120–123.

nig richtet ‚Gerechtigkeit' eben durch ‚Befreiung' ein.[57] Dies ist zugleich Neubegründung eines ‚ursprünglichen' Zustandes: Das Sumerogramm für *anduraru* ist AMA-AR-GI_4, und das heißt sumerisch: ‚Rückkehr zur Mutter'.[58] Dieses sumerische Wort scheint allerdings nur in Wörterlisten, nicht in urkundlichem oder literarischem Kontext belegt zu sein; man kann also nur vermuten, welche Formen von Fronarbeit oder Schuldknechtschaft ursprünglich die Sehnsucht nach einer ‚Heimkehr zu Muttern' erwachsen ließen. Wie gut diese Idee einer ‚Heimkehr zur Mutter' sich im Prinzip mit Neujahrsfesten und den dazugehörigen kosmogonischen Mythen bzw. Sukzessionsmythen verbinden läßt, sei nur eben angedeutet.

Anduraru-Erlasse hat es, wie Keilschrifttafeln bezeugen, auch in dem hurritischen Kleinstaat Arrapha – bekannter durch den Lokalnamen Nuzi – gegeben.[59] Auch in Mari wird darüber diskutiert,[60] auch der Hethiterkönig tritt als ‚Befreier' auf.[61] Regeln der ‚Freilassung' kennt später besonders das Alte Testament. Voran steht das sprichwörtliche ‚Jubeljahr' – eigentlich Jobel-Jahr;[62] unser deutsches Wort ist durch Überlagerung mit lateinisch *iubilare* verformt –. Der Text steht Leviticus 25: Nach Ablauf von *[22]* 7 × 7 Jahren, im 50. Jahr also, soll Israel „Freilassung ausrufen für alle seine Bewohner" (10); „da soll ein jeder wieder zu seinem Besitz und ein jeder wieder zu seinem Geschlecht kommen"; also ‚Heimkehr zur Mutter' auch hier.[63] Nun spricht allerdings nichts dafür, daß diese Bestimmung jemals realiter durchgeführt wurde.[64] Es scheint sich um einen rein utopischen Entwurf, vielleicht aus der Exilszeit, zu handeln. Realitätsnäher und wohl älter ist die weniger weit gehende Bestimmung im Deuteronomium 15: Nach 7 Jahren soll ein jüdischer Sklave freigelassen werden, sofern er es selbst nicht anders wünscht; vorausgesetzt ist offenbar Schuldknechtschaft. Man weiß freilich auch hier nur von

---

57 Vgl. dazu J. Assmann, Ma'at. Gerechtigkeit und Unsterblichkeit im Alten Ägypten, München 1990, 245: „Ägypten teilt mit dem ganzen Vorderen Orient die Auffassung, daß Staat und Recht um der Armen und Schwachen willen da sind und daß es die Aufgabe des Herrschers ist, den Schwachen vor der Unterdrückung und Ausbeutung durch den Starken zu schützen." ‚Gerechtigkeit' ist darum, was uns als Aufhebung des Rechts erscheint.

58 Vgl. zur genaueren Verwendung im Sinn von ‚retour au statut originel' Charpin 1987, 36–41.

59 M. Müller, Sozial- und wirtschaftspolitische Rechtserlässe im Land Arrapha, in H. Klengel, Beiträge zur sozialen Struktur des alten Vorderasien (Schriften zur Geschichte und Kultur des alten Orients 1), Berlin 1971, 53–60, bes. 56ff.

60 Charpin 1987, 41.

61 Neu 1988, 21.

62 Ausgerufen durch das Widderhorn, *jobel*; Kautzsch übersetzt darum ‚Halljahr'; anders (zu *jbl*, akk. *wabalu* ‚bringen') E. Kutsch, Die Religion in Geschichte und Gegenwart III^3 (1959), 799, Weinfeld 1990, 46.

63 R. North, Sociology of the Biblical Jubilee, Rom 1954 (mit Bibliographie); R. de Vaux, Les institutions de l'Ancien Testament, Paris 1958, I 267–270; K. Elliger, Leviticus (Handbuch zum alten Testament), Tübingen 1966, 351–354; A. Cholewiński, Heiligkeitsgesetz und Deuteronomium, Rom 1976, 216–251, hier bes. 224–232; er betrachtet Lev. 25 als Neufassung gegenüber Dt. 15; vgl. Weinfeld 1990.

64 De Vaux 268. Wahrscheinlich nimmt Ezechiel 46,17 darauf Bezug, ein nicht weniger utopischer Text.

einer realen Anwendung der Bestimmung, unter König Zedekia in der Bedrängnis des Krieges.[65] Eine allgemeine Schuldenbefreiung hat dann Nehemia einmal in Jerusalem durchgeführt, in der Restaurationsepoche der Perserzeit (Nehemia 5).

Solche ,Befreiungs'-Akte setzen sich immerhin in gewisser Weise fort bis in die hellenistische Zeit, bis zu den φιλάνθρωπα-Erlassen ptolemäischer Könige.[66] Auch der spartanische König erläßt, laut Herodot, zu Amtsantritt die königlichen und die Staatsschulden, der Perserkönig erläßt bei gleichem Anlaß die geschuldeten Tribute (Hdt. 6,59); voraus geht, heißt es, in Persien jeweils eine fünftägige *Anomia.*[67] Wie man seit langem gesehen hat, stellt sich auch Solons berühmte σεισάχθεια in diese Tradition; auch hier geht es um Befreiung aus Schuldsklaverei und Erlaß von Grundpfand-Schulden.[68] Dabei stilisiert sich auch Solons Neuordnung in gewissem Sinne als ,Rückkehr zur Mutter', wird doch Mutter Erde befreit von der hypothekarischen Belastung. Die Ordnung ist veränderbar.

Soweit also steht Realität hinter dem ,Lied von der Befreiung', harte Realität, möchte man sagen; denn jede solche ,Befreiung' bedeutet ja zugleich einen gröblichen Eingriff in bestehendes Eigentum, bedeutet Aufhebung der Rechtssicherheit, sie geht auf Kosten der Etablierten, Besitzenden; Expropriation der Expropriateure, hat man sehr viel später gesagt. „Wer wird uns zu essen geben, wenn wir jene freilassen", heißt es in dem neuen Text, und die vage Antwort auf in Aussicht stehende kriegerische Erfolge von Ebla wird kaum voll befriedigen.[69] Es ist bezeichnend – und beweist damit eben die reale Dimension dieser Bestimmungen –, daß man alsbald und immer wieder Klauseln vorgekehrt findet, die genau diese Expropriation einschränken oder verhindern wollen: Bei akkadischen Schuldverschreibungen wird von vornherein festgehalten, daß sie „nach dem *anduraru*" abgeschlossen sind bzw. gelten, oder daß sie „beim *anduraru* nicht einbezogen werden", daß „das Silber, sollte *anduraru* gemacht *[23]* werden, nicht frei wird", das Guthaben also nicht verfällt. Solche Texte gibt es gerade auch aus dem hurritischen Arrapha.[70] Beim Jobeljahr nach Leviticus wird der Besitz eines Hauses in der Stadt ausgenommen und nicht in Frage gestellt, die Bürgerschaft also in ihrem Eigentum geschützt (Lev. 25,29).[71] Wie einschneidend und problematisch die ,Freilassung' ist, zeigt gerade

---

65 Jeremia 34, vgl. Weinfeld 1990, 39–42.

66 Stein von Rosette OGIS 90. Ptolemaios VI. im Jahre 163 v.Chr.: L. Koenen, Eine Ptolemäische Königsurkunde, Wiesbaden 1957; ders., Die ,Demotische Zivilprozeßordnung' und die Philanthropa vom 9. Okt. 186 v.Chr., Archiv für Papyrusforschung 17 (1960) 11–16.

67 Sextus Adv.Math. 2,33; Serenus Stob. 4,2,26.

68 D. Asheri, Leggi greche sul problema dei debiti, Pisa 1969, 9–14 (n.z.); M.M. Austin / P. Vidal-Naquet, Gesellschaft und Wirtschaft im alten Griechenland, München 1984, 191–193.

69 Vgl. Haas / Wegner 1991, 387 [Neu 1996, 292f.].

70 *tuppu ina arki andurari*, Weinfeld 1990, 44,22 nach Müller o. Anm. 59, oder *ina andurarum ul inandar*, Alalakh Tablets 65,6f., Weinfeld 59,85; Mari, Chicago Assyrian Dictionary A 116 = Akkadisches Handwörterbuch 163, ARM 8,33,13; Charpin 1987, 39: „Dieses Silber wird, sollte *anduraru* gemacht werden, nicht frei."

71 Zu einer anderen Ausnahme vgl. Weinfeld 1990, 60,94.

auch der neue hurritische Text, besonders in den hier nicht näher besprochenen Passagen: Nur darum muß so viel mit Weisheitslehren, Fabeln, Beispielen und Zureden gearbeitet werden, weil es so viele naheliegende, gute, praktische Gründe gibt, ‚Freilassung‘ doch lieber nicht durchzuführen oder wenigstens aufzuschieben. Es bedarf der Anstrengung eines langen und komplizierten Liedes, die Lösung der *kirenzi*, des *anduraru* wenigstens literarisch plausibel zu machen.

Um zu den Griechen zurückzukehren: Für sie hat die σεισάχθεια Solons mit den Kronia-Festen offenbar nichts zu tun; darf man sagen: nichts mehr zu tun? Das orientalische Paradigma, auf das der neue Text geführt hat, liefert anscheinend eher ein Gegenbild als eine Parallele oder gar den Ursprung für die griechischen Feste und Mythen. Aber auch das Gegenbild ist interessant genug: Was von den alten Hochkulturen her ein realer Eingriff war, möglich dank monarchischer Macht und mit dem Anspruch, die ‚rechte Bahn‘ wiederherzustellen, erscheint von der anderen Seite als nicht akzeptabler Bruch des Rechts; was demgegenüber bleibt, ist ein unverbindlicher Karneval, der nur einen Tag lang gilt und die Ordnung *e contrario* bestätigt, ohne sie zu gefährden. Freilich, auch der Karneval mit seinen anomischen Herausforderungen kann ein ‚gefährliches Spiel‘ sein, worauf neuere Studien die Aufmerksamkeit gelenkt haben.[72] Aber die wirtschaftliche Sicherheit wird kaum je prinzipiell in Frage gestellt.

Bei den Griechen spielt für diese andersartige Ausgestaltung gewiß eine Rolle, daß es den Monarchen und damit auch die Chance des willkürlichen oder heilsamen Gnadenerlasses nicht mehr gab. Der Archon beginnt sein Amtsjahr, laut Aristoteles (Ath. Pol. 56,2), mit der Proklamation: „Was ein jeder hatte, ehe er sein Amt antrat, das solle er haben und besitzen bis zum Ende seines Amtes.“ Das ist die Feststellung des Rechtsfriedens mit der Garantie des Besitzes, wobei die Alternative, die Neuordnung der Besitzverhältnisse, doch eben als möglich erscheint, indem sie ausgeschlossen wird. Aber ebenso wichtig wie der ‚demokratische‘ Ansatz dürfte die Entwicklung der Geldwirtschaft mit neuen Formen der Anhäufung wirtschaftlicher Macht gewesen sein; da läßt sich mit ‚Rückkehr zur Mutter‘ nichts mehr anfangen. Vor allem hat sich im Bund mit der Geldwirtschaft *[24]* auch die Rolle der Sklaverei grundlegend verändert: Sklaven wurden in ganz anderem Maße als zuvor Handelsware, Sklavenmärkte entstanden. Die bronzezeitliche ‚Sklaverei‘ war offenbar weithin eine ‚freiwillig‘ eingegangene Schuldknechtschaft, auf Grund eines persönlichen Vertrags. Genaue Exemplare solcher Verträge sind z.B. kürzlich aus den Archiven von Emar in Nordsyrien, um 1300 v.Chr., veröffentlicht worden. Entsprechendes ist im Alten Testament vorgesehen.[73] Doch schon die Odyssee kennt

72 „A dangerous game“ Versnel 141. Vgl. bes. E. Le Roi Ladurie, Le Carnaval des Romans, Paris 1979.

73 D. Arnaud, Emar. Recherches au pays d’Aštata VI: Textes sumériens et accadiens, Paris 1985/87. – Lev. 25,39.

gekaufte Sklavinnen.[74] Mit dem Aufblühen des mediterranen Handels nehmen jene Geschäfte zu, für die die großen und kleinen Kriege und die blühende Piraterie fortdauernd die Ware lieferten. Wir wissen, daß die erstaunliche Blüte der Insel Aigina im 6. Jh. v.Chr. maßgeblich mit der Rolle Aiginas als zentraler Sklavenmarkt zu tun hatte[75] – ein unschöner, aber nicht ganz zu unterdrückender Gedanke angesichts des Tempels der Aphaia. Um ein Haar wäre in Aigina auch Platon zum Sklaven geworden. Daß auf dem Hintergrund der wirtschaftlichen Entwicklungen von Rhodos bis Athen in der Epoche vor Solon die Kronia-Feste eine besondere Funktion bekamen und darum sich, wie gezeigt, ausbreiten konnten, ließe sich immerhin vermuten; bei der Vermutung muß es wohl bleiben.

Um zusammenzufassen: Hier sei weder eine Ursprungs- noch eine Übertragungshypothese verfochten; und doch dürfte der neue Text beitragen, auch den Kronia-Festen ein deutlicheres Relief zu geben. Die Parallele aus dem bronzezeitlichen Orient ist beachtenswert, in ihrer Ähnlichkeit wie in ihrer Verschiedenheit. Der neue Text entwirft das Bild des großen Festes, das die Trennung von Oben und Unten aufhebt, indem man sich zu den Alten Göttern begibt, und dies als Hintergrund einer allgemeinen ‚Freilassung', wie sie realiter besonders in Bezug auf Schuldknechtschaft wiederholt durchgeführt worden ist, eben darum freilich auch in ihrer Problematik erlebt und diskutiert war. Wir können Kronia und Saturnalia nicht direkt daran anknüpfen, verstehen sie aber besser als verwandte Antworten auf Probleme der Ungleichheit und Unfreiheit, die fortbestehen oder immer wiederkehren.

Denn daß die menschliche Gemeinschaft die Verkehrung braucht, daß Gerechtigkeit in der Aufhebung des Rechtes bestehen kann, daß Gewinn aus dem Schuldenerlaß kommt, wie der neue Text behauptet – das sind Ideen, die heutzutage inmitten eines aus dem Wohlstand wachsenden wirtschaftlichen Infarktes beinahe schon als allzu aktuell erscheinen können. *[25]*

---

74 14,202 vgl. 1,430. Vgl. AT Joel 4,6: „Habt ihr … Judäer und Jerusalemer an die Ionier verkauft …".

75 Th.J. Figueira, Aegina. Society and Politics, New York 1981, 205–214.

Literatur

F. Bömer, Untersuchungen über die Religion der Sklaven in Griechenland und Rom III: Die wichtigsten Kulte der griechischen Welt, Abh. Mainz 1961, 4; III², Stuttgart 1990

W. Burkert, Die orientalisierende Epoche in der griechischen Religion und Literatur, Sitzungsber. Heidelberg 1984, 1

–, Oriental and Greek Mythology: The Meeting of Parallels, in J. Bremmer, ed., Interpretations of Greek Mythology, London 1987, 10–40 *[= Nr. 4 in diesem Bd.]*

D. Charpin, Les Décrets Royaux à l'époque Paléo-Babylonienne, Archiv für Orientforschung 34 (1987) 36–44

L. Deubner, Attische Feste, Berlin 1932

L.R. Farnell, The Cults of the Greek States I, Oxford 1896

W. Fauth, Art. Kronos, Der Kleine Pauly III (1969) 355–64

F. Graf, Römische Aitia und ihre Riten. Das Beispiel von Saturnalia und Parilia, Museum Helveticum 49 (1992) 13–25

V. Haas, ed., Hurriter und Hurritisch, Konstanz 1988

V. Haas/I. Wegner, Rez. zu Keilschrifttexte aus Boghazköi 32, Orientalische Literaturzeitung 86 (1991) 384–391

M. Mayer, Kronos, RML II (1890/94) 1452–1573

K. Meuli, Gesammelte Schriften, Basel 1975

S. Moscati, Il sacrificio punico dei fanciulli: Realtà o invenzione? Accademia Nazionale dei Lincei, Quaderno 261, Rom 1987

S. Moscati/S. Ribichini, Il sacrificio dei bambini: Un aggiornamento. Accademia Nazionale dei Lincei, Quaderno 266, Rom 1991

E. Neu, Das Hurritische: Eine altorientalische Sprache in neuem Licht, Abh. Mainz 1988, 3

–, Zur Grammatik des Hurritischen auf der Grundlage der hurritisch–hethitischen Bilingue aus der Boğazköy-Grabungskampagne 1983, in Haas 1988, 95–115

M.P. Nilsson, Griechische Feste von religiöser Bedeutung mit Ausschluß der attischen, Leipzig 1906

H. Otten/C. Rüster, Die hurritisch-hethitische Bilingue und weitere Texte aus der Oberstadt. Keilschrifttexte aus Boghazköi 32, Berlin 1990

M. Pohlenz, Kronos und die Titanen, Neue Jahrbücher 37 (1916) 549–594

–, Kronos, RE XI (1922) 1982–2018

A.E. Samuel, Greek and Roman Chronology, München 1972

F. Solmsen, The Two Near Eastern Sources of Hesiod, Hermes 117 (1989) 413–422

H.S. Versnel, Greek Myth and Ritual: The Case of Kronos, in J. Bremmer, ed., Interpretations of Greek Mythology, London 1987, 121–152

M. Weinfeld, Sabbatical Year and Jubilee in the Pentateuchal Laws and their Ancient Near Eastern Background, in: T. Veijola, ed., The Law in the Bible and its Environment, Göttingen 1990, 39–62

U. v. Wilamowitz-Moellendorff, Kronos und die Titanen, Sitzungsber. Berlin 1929, 35–53 (Nachdruck Darmstadt 1964)

Zur Veröffentlichung vorgesehen in: E.J. Stafford, J. Herrin, ed., Personification in the Greek World, Aldershot: Ashgate

11. Hesiod in Context: Abstractions and Divinities in an Aegean-Eastern Koiné

Personification is a meeting of linguistics, morality, and religion in the house of rhetoric. Such a statement is, of course, highly rhetorical in itself. *Personificatio* is a post-medieval translation of Greek προσωποποιία; it makes a chapter in the schoolbooks of rhetoric. It enjoyed high esteem and produced characteristic texts, from the *Pinax* of Kebes and the *Psychomachia* of Prudentius down to *The Pilgrim's Progress* of John Bunyan (1678), and to baroque iconography. It has suffered from the general debunking of rhetoric in consequence. In the age of romanticism, at the threshold of the modern world, rhetoric appeared 'cold', simplistic, and superfluous. It has been recovering in the last decades though, as it is becoming part of the advertising industry and the selling business.

In Classical studies it has always been clear that personification could not be disregarded, and that it was not secondary or 'late' by any standards. Personification is right there with Homer and Hesiod, it constitutes an integral part of poetic craft in Pindar, it dominates the pronouncements of wisdom, and it is hardly less productive in later texts of poetry and philosophy; it expands into public manifestations of iconography and cult. It demands respect on any count.

Personification is a complex phenomenon which unfolds at several levels, linguistic and poetic, speculative and religious; it is the interaction or confusion of these aspects that makes the fascination. From the linguistic side, personification has to do with abstracts, and this may hurt romantic feelings about religion; so there has been a tendency to search for deeper roots. Hermann Usener, in his book *Götternamen*, asked the question whether language originally had any abstracts:[1] Shouldn't we think of gods or demons instead, powers experienced in some primitive 'mentality'? The idea of demons prior to abstracts has been taken up now and again.[2] Yet while the constructs of primitive mentality have lost favour in more modern anthropology, linguistics leaves no doubt that there are abstracts not only in Indoeuropean, but also in Semitic, and in Egyptian, with explicit linguistic forms to characterize these. For Indoeuropean, think of the formations on -tus and -tas, -τυς

1 Usener 364–375: "Abstrakte Gottesbegriffe"; 371: "Ob die sprache überhaupt ursprüngliche abstrakta besitzt".

2 See Kretschmer.

and -της in Greek – φιλότης, sanitas –, and the forms in -ία, such as φιλία, ὁμόνοια, concordia. In Semitic there are other equally well established suffixes or prefixes for abstracts; even the preponderance of female forms for abstracts is characteristic in both language groups, Semitic and Indoeuropean. To search beyond abstracts means to go beyond attested and reconstructible linguistics. The emergence of human language lies far back in the mist of prehistory, and the creation of gods too antedates Homer and Hesiod by several thousands of years. Usener's question how a personal god originated had definitely been answered by Egyptians and Sumerians. Thus the questions surrounding personification will be less about the origins of either abstracts or gods than about forms and functions of a widely accepted use.

Max Müller spoke of mythology as a 'language disease'. It is possible to approach personification from such an angle: Language has substantives of various categories, and verbs which are normally based on human activities: to give, to get, to go, to come, to run, to hit, to make sex, to give birth. 'Personification' occurs, if abstracts meet with anthropomorphic verbs: fear has stricken me, or sorrow eats my heart, while time is running. As abstracts come alive, a fantasy world of roaming significations comes into being which makes its impact on mentalities, and on religion in particular. Parallel and often overlapping are personifications of natural forces, and the introduction of plants and animals into tales, commonly called 'fables'. But we shall keep to personifications of abstracts here. Note that the abstract meaning does not disappear in these cases – whereas etymological meaning does disappear in a personal name –; it stays there. Thus language keeps pursuing a delicate path between normal reality and linguistic fantasy, with a chance to plunge either into abstrusity, or into the ridiculous. There are restrictions of compatibility in natural language, which are sometimes debatable: 'The foot of time', a metaphor of Euripides, seemed ridiculous rather than sublime to Aristophanes;[3] 'the tooth of time', 'der Zahn der Zeit' is common in English and German, though absent from Greek, as it seems.[4] The secret of personification is that a clash of semantics should produce new sense, not nonsense.

There has been quite a line of reflections and profound studies of personification ever since Jacob Grimm and Hermann Usener. Pride of place still goes to Ludwig Deubner's magisterial article in *Roschers Mythologisches Lexikon* of 1903.[5] Theoretical discussions are not to be pursued here; this study is to show, what is less well known, that Hesiod, in his use of personifications, is neither isolated nor an absolute beginning, but rather part of a Near Eastern-Aegean *koiné*. Parallels are clearly attested in adjacent cultures of the ancient world. Personification thus proves

3 Eur. Fr. 42, Ba. 889, cf. Aristoph. Ran. 100; 311.

4 But *tempus edax rerum* Ov. Met. 15,234; 'tooth of time' Shakespeare, Measure for Measure V 1.

5 See Grimm 733–748; Usener l.c.; Deubner; Nilsson I 812–815: "Abstrakte Gottheiten"; note also Pötscher's 'Person-Bereich-Denken'.

to be older than expected, and more common, common even to quite different languages in comparable forms.

I shall adduce, first, some parallels in what I call the rhetoric of wisdom, and some examples of more elaborate imagery; there shall be a brief look at the interplay of symbolism and iconography in allegorical representation; finally the religious history of personifications will be explored to some extent.

I.

To begin with Mesopotamia: In Sumerian, Akkadian, and Hittite, the Sun God, Shamash, is a great god, celebrated in various hymns and rituals; his constant companions are Kittu and Misharu, which means 'Order' and 'Right'. The evidence covers more than a millennium.[6] Both *kittu* and *misharu* are common Akkadian words, clearly understandable, derived from current roots meaning 'to stabilize' and 'to set in order' respectively, both are marked as abstracts by common, if different suffixes resp. prefixes. Misharu is the 'beloved messenger' or 'satellite' of Shamash,[7] even Ishtar "loves Misharu",[8] and Kittu is also called "the daughter of the Sun God".[9] It can also be said that Kittu is the Sun God's satellite to the right, and Misharu is his satellite to the left.[10] Satellites characterize a ruler, as he proceeds or drives his chariot with the appropriate retinue. That the Sun God, who sees everything and brings light to everything, is linked to Right and Order, and Right and Order thus have their supreme guardian, this is the continuing message; of course this can be expressed in other forms of discourse, too.[11]

As a first parallel, an Old Testament Psalm may be quoted, addressing Jahwe:[12] "Justice (*ṣädäq*) and Right (*mishpat*) are the props of your throne, Grace (*chäsäd*) and Faithfulness (*ämät*) go before your face". Here Justice has got Grace as its complement, and the image of the throne is added to the image of the procession; the common rhetoric is unmistakeable, even if 'objectification' is added to personification.

---

[6] Van Buren 90 f.; cf. Tallqvist 342; 374; AHw 494 f.; 659 f.; B.C. Dietrich, Acta Classica 8 (1965) 17,22 first referred to Kittu and Misharu in the context of Hesiod, without indication of sources. See also Güterbock 114 f.

[7] Castellino 712 f.: "Mesharu your dear messenger may prepare everything" (for your rest); A. Schollmeyer, Sumerisch-babylonische Hymnen und Gebete an Šamaš, Paderborn 1912, 59 f.; For Hittite, see Lebrun 123; 128 f. (CTH 793): Bunenu und misharu as 'satellites', after "les terreurs" have been named.

[8] R.E. Brünnow, Zeitschrift f. Assyr. 5 (1890) 67; 69 line 10.

[9] AHw 495 a.

[10] KUB IV 11,3: list of sukalle; S.H. Langdon, Oxford Editions of Cuneiform Inscriptions 6, Paris 1927, 51 ff.

[11] See the 'Great Shamash hymn', BWL 121–138, SAHG 240–247. A trilingual hymn to the Sun God in E. Laroche, Revue d'Assyriologie 58 (1964) 69–78.

[12] Psalm 89,15; cf. 97,2.

Now take a solemn proclamation in Plato's *Laws* (715e): "God, comprising beginning, end and middle of everything, according to an ancient *logos*, is proceeding on his straight way, pursuing a natural circle; upon him Justice (*Dike*) is following, meting out punishment to those who fall behind the divine Law". Plato's God assumes the characteristics of a celestial body, following a 'natural circle' – we know the image from Plato's *Phaedrus*, where the gods move across the cupola of heaven. The Cretan city to be construed in the *Laws* is to worship Apollon-Helios as their central god. Anyhow *Dike*, 'Justice', is seen moving in the retinue of the heavenly god. I am not arguing for influence. At least there is Orpheus in between: We know that the "ancient *logos*" referred to by Plato is the theogony of Orpheus; the Derveni papyrus has restored just the relevant verse about beginning, middle and end;[13] instead of 'God' Orpheus has 'Zeus'; the Orphic verse about Dike is extant, too, from another quotation:

Τῶι δὲ Δίκη πολύποινος ἐφέσπετο πᾶσιν ἀρωγός,

"Upon him Dike, much-punishing, was following, asserting the right for all";[14] note that we get the past tense, as befits a theogony of the Derveni type. The verse is echoed in the prooem of Parmenides (B 1,14), as he describes the Gate of Day and Night: "of these, Dike, much-punishing, holds the alternate bolts",

Τῶν δὲ Δίκη πολύποινος ἔχει κληῖδας ἀμοιβούς.

to open and to shut the gate in the 'just' rhythm of day. Justice personified, in Parmenides as in Orpheus and in Plato, appears within a cosmic scenery. I am not arguing for direct dependence of 'Orpheus' on Akkadian literature either, nor would I totally exclude it. The common background is the 'going forth' of the heavenly ruler with his retinue, and the key role of Justice in the process.

Another hymn to the Sun God in Hittite brings out the less serene side of the god; "At your right side Anxieties are running, and Terrors at your left".[15] We are back with the satellites on either side of the ruler, going forth in procession or riding his chariot. But Justice is changing place with Terror. The ancients were wont to see the collaboration rather than any conflict of justice and violent force. Another Hittite text has both Terrors and Misharu among the satellites of the Sun God.[16]

But terrors may well be active within their special sphere: In Homer, Ares the god of war has got his chariot, and as he goes to fight, Phobos and Deimos, 'Terror' and 'Anxiety', are harnessing the chariot, together with Eris, 'Strife'.[17] In

[13] Pap. Derv. col. 17,12 (new numeration), cf. A. Laks, G.W. Most, ed., Studies on the Derveni Papyrus, Oxford 1997. Plato's source had been indicated by Schol. ad loc. = Orph. Fr. 21.

[14] Orph. Fr. 158 (not indicated in Orph. Fr. 21). There may be doubt whether this is exactly the verse Plato has in mind, or some later construct.

[15] Ishtanu-Hymn 59–61, Lebrun 96; 103 (CTH 372); TUAT II 797; Friedrich 148; J. Puhvel, Analecta Indoeuropaea, Innsbruck 1981, 379–81; West 359.

[16] Lebrun 123; 128 f. (CTH 374).

[17] Il. 4,439–45; only Deimos and Phobos in 15,119 f.

another verse (Il. 13,299 f.), as Ares is introduced, "On him Terror, his beloved son, powerful and fearless, was following",

> τῶι δὲ Φόβος φίλος υἱὸς ἅμα κρατερὸς καὶ ἀταρβὴς
> ἕσπετο.

The god is going forth with his satellite; the wording is similar to the Orphic verse about Dike. We are inclined to think the verse of Homer the older one. Be that as it may, 'abstracts' make good satellites for gods.

Another field of imagery comes out in speculative cosmogony. As reflection tries to grasp the universe, certain aspects or powers are named or rather created by language to make up the 'world', earth and heaven and all the living beings, and to keep it in order. We have 'order' again, and a start from the counter-image, non-order, not-yet-order.

Most sophisticated among Egyptian cosmogonies is the cosmogony of Hermopolis, not extant in one great text, but in many references and quotations. The system of Hermopolis introduces an Ogdoad to account for the creation of the world; this means to name eight abstracts that come in pairs: Nun and Naunet, 'moisture'; Heh and Hehet, 'Infinity'; Kek and Keket, 'Darkness'; Amun and Amaunet, 'Hiddenness'.[18] Nun, primordial water, is at the beginning in other cosmogonies, too, and Amun, 'the hidden one', is the normal name of the supreme god of Thebes. But Hermopolis has made up its special universe of meanings, a great Not-Yet in contrast to our own manifest universe. This means to accumulate negative concepts and to supplement them by secondary feminine forms. Such abstraction immediately leads to myth, with a situation of 'mating' and 'begetting'; the Egyptians were not prudish about that. Linguistic constructs and mythological fantasies make up a happy union.

Compare Hesiod at the beginning of his cosmogony (Theog. 123 ff.): He starts with Chaos, the one great Gap, a neutrum by linguistics, but after this, he introduces couples as soon as possible: From Chaos, Darkness sprang in the double aspect of gender, Erebos, masculine, and Night, feminine; Hesiod chooses a noun which is not very common, and he has to change its grammatical gender: normally τὸ ἔρεβος would be neutrum – but Hesiod has to make male meet with female. Night, happily, is a female from the Indoeuropean stock. As a next generation, the mating of Darkness and Night will produce the light of day, again in double gender, *Aither*, 'Brightness of Day', masculine, and *Hemere* 'Day', feminine. Thus 'personification' is turning grammatical gender into sex and gets cosmogony started.

Let us still have a look at another Near Eastern text which, if not cosmogonical, is at least cosmic in scope. It has the personification of cosmic powers *in statu nascendi*, as it were. It is the beginning of an Akkadian magical charm which invokes the gods of night; "I have called the gods of Night. I have called Night, the

[18] Schöpfungsmythen 72 f.

veiled bride; I have called Dusk, Midnight, and Dawn".[19] Prayer is addressing gods who should 'hear', react, and help. In this case the priest or sorcerer is intending not to reach one personal god but to grasp and to dominate the whole situation, the realm of night where his charm will work. This brings 'Night' herself to anthropomorphic status, darkness turns into a 'veil', and desires of night are vaguely stimulated: "Night, the veiled bride". The three aspects or 'hours' of night, Dusk, Midnight, and Dawn, turn into living beings, too, which can be 'called', as if they were hearing. Note that it is just the common, understandable words of Akkadian that are used in the ceremony. Here personification is a means of magic; it remains none the less rhetorical.

Some personifications may appear just as momentary flashes of metaphor, 'Augenblicksgötter' as it were, to use a term of Hermann Usener. Yet there is the possibility of further elaboration into playful scenes, nay into whole stories, including attempts at myth. My examples for this are confined to Greek and Hebrew; this could be due to the accidents of transmission. The Hebrew Bible is fraught with insoluble problems of dating. A growing group of Old Testament scholars, as far as I see, is prepared to date sizeable parts down to Achaemenid and post-Achaemenid times, i.e. the Hellenistic epoch, and to reckon with direct influences of Greek literature – which, in contrast to the Hebrew texts, is comparatively well datable. I cannot decide this. But I find it worth while to remember that even in this aspect Greek is not isolated in the Eastern Mediterranean world.

Getting back to Justice, *Dike*, we find the impressive and well-known scene in Hesiod, the "noise of Dike being dragged along" by greedy men, weeping bitterly (Erga 220–222); later on we hear that Dike is hidden in the mist, and that she brings evil to those who do not wield out justice in the right way. The first image, the female outraged in the streets, has been replaced by another one, a fairy in the mist, and a third one, an avenging demon. Of course the primary and abstract signification, 'Justice', has never been forgotten and may get a new accent at any moment. A little bit later Dike has become a maiden, daughter of Zeus, who will sit down with her father to complain and to tell him about the unjust minds of people; and Zeus is going to punish these (256–60). The charm of a family scene results in quite unsentimental threats of Justice.

In the Iliad (Il. 9,502–512), there is the famous 'allegory of *Litai*'. The 'prayers of repentance' are introduced by Phoinix to influence relentless Achilles. These *Litai* all of a sudden have become daughters of Zeus, too; they are lame, unseemly and squinting, they slowly walk behind swift Mischief (*Ate*), trying to make good what this demon has ruined. If they are not respected, they will go to inform father Zeus. This has often been judged a piece of 'Hesiodic' style in the Iliad, but it comes at one of the key pieces of the great poem.[20]

---

[19] Maqlû 1,1 ff.; West 270.

[20] See M. Noé, Phoinix, Ilias und Homer, Leipzig 1940.

In a more dramatic scene *Ate*, Mischief wrought, comes out in the speech of Agamemnon later in the Iliad, as he has to confess his fault in his dealings with Achilles (Il. 19,91–131): Agamemnon embarks on a long tale about *Ate* who once even caught Zeus. Hence *Ate* was hurled down from Olympus by Zeus to stay all the more with men. *Ate* has got a 'head' and even a hairstyle (λιπαροπλόκαμος) at this moment (126), to be properly grabbed by the angry god. In the background we may see other myths, older traditional stories, about partners thrown out of the company of the gods, Hephaestus for example; it happened even to Satan, according to some apocryphal tradition.[21] The message is clear; and Agamemnon's tactics to take recourse to a 'fable' to forestall or mitigate conflict is old and common, too.[22] In such a context personification will make good figure.

We find Justice personified in Hebrew, too; remember the preponderance of female forms for abstracts in both Semitic and Greek. "Grace (*chäsäd*) and Faithfulness (*ämät*) meet each other, Justice (*ṣädäq*) and Peace (*shalom*) have kissed", a famous passage in a Psalm records,[23] meeting developing into an intimate corporeal encounter. More can be said about wisdom (*hakmah*) in the *Proverbs* attributed to Solomo: Wisdom is "raising her voice in public places", in the streets, at the gates, addressing the "fools" and summoning them to "knowledge" and, of course, to the "fear of the Lord".[24] Wisdom, speaking in the first person, even claims prominence in a cosmic setting: "The Lord created me at the beginning of his works ... When he set the heavens in their place, I was there ... I was at his (Jahweh's) side each day, his darling and delight, playing in his presence continually"[25] – here Wisdom has become a lovely girl, 'playing', dancing and singing to her father's delight.

The scene becomes more serious, and lively, in chapter Nine of the *Proverbs*: "Wisdom has built her house ... she has spread her table, she has sent out her maidens to proclaim from the highest part of the town: Come in, you simpletons. Come, dine with me" (9,1–5). And for contrast: "The Lady Stupidity ... sits at the door of her house, on a seat in the highest part of the town, to invite the passers-by indoors ... Come in, you simpletons, she says ... stolen water is sweet ..." (9,13–17).

Everyone will realize how close this is to the famous allegory of Herakles at the crossroads, between *Arete* and *Kakia*. This is a text of Prodikos the sophist which survives in the version of Xenophon.[26] Direct influence in either way is difficult to

---

21 Gen. 6,1–4; Luk. 10,18; 22,31; Apk. 12,10. Akkadian texts about the demoness Lamashtu sent from Heaven to Earth are unclear, RLAss VI 445.

22 See K. Meuli, Herkunft und Wesen der Fabel, in Gesammelte Schriften, Basel 1975, 731–756.

23 Psalm 85,11.

24 Prov. 1,20–33.

25 Prov. 8,22–30; O. Keel, Die Weisheit spielt vor Gott, Fribourg 1974; U. Mann, Der Ernst des heiligen Spiels, Eranos Jahrbuch 1982, 9–58: 41–50; for the family situation see Aesch. Ag. 243–247.

26 Xen. Mem. 2,1,21–34 = Diels-Kranz 84 B 2.

prove. Parallel self-organization, on the basis of antithesis in moral injunction and of female personification, is not excluded. Let us be content to notice the closeness of two adjacent Mediterranean societies, in spite of the difference of the social context – theocracy versus democracy – and the linguistic gap which keeps them apart.

II.

Imagery seems to imply images. But there is a far step from rhetorical metaphors to actual art, be it pictorial or sculptural, especially as this sector of culture has its own conventions and lines of development. Making pictures of abstracts means a very special bridge between representative art and linguistic clarification. Greeks have been uniquely prolific in this field, at least since the middle archaic epoch. Likewise it is only the Greeks who developed dramatic theatre, which meant a further option how to produce images by masks. Greek abstractions do occur as pictures, as statues, and on stage.[27]

Take a counter-example from the Iranian side: There is a remarkable Avestan text about the fate of the soul after death, called *Hadoxt Nask*. This is what the soul of the pious will experience after death: "His own Religion (*Daena*) appears in the form of a girl, beautiful, radiant, white-armed, strong … and tall, with high breasts … fifteen years of age, as she looks, so beautiful of form as the most beautiful of beings created."[28] This female will speak to the soul of the deceased, console him and guide him to paradise. You see how the description of this girl goes into details, breasts and all; happily *daena*, 'religion', is feminine in Avestan. But as far as I know there has been no attempt ever to paint this; the anthropomorphous abstract remains imagination, and text.

Still language and pictures are not totally separate. There are antecedents to their meeting or mixture even within the older cultural koiné, abstractions on the verge of becoming representations, of entering a visual canon. This means symbolism – I shall not try to define 'symbol' here; it may be agreed that it has to do with special bridges between things and meanings, as something is made to stand for something else.

Let us start once more from the sphere of power, with sovereigns, satellites, and their emblems. Sovereignty must manifest itself in a visible, nay palpable way to make the ruler 'high', 'great', and strong: Means of old to demonstrate this are staff

---

[27] *Dike* in Aesch. Fr. 218a, *Lyssa* Fr. 169; Erinyes called '*Arai*' Eum. 417; *Thanatos* in Eur. Alk. 24 ff., *Lyssa* Herc. 422 ff.; for Aristophanes, see H.J. Newiger, Metapher und Allegorie, München 1957. Suffice it to mention New Comedy Prologues. See also Pollux 4,142.

[28] Hadoxt Nask 9–11, in G. Widengren, Iranische Geisteswelt, Baden-Baden 1961, 172 f., cf. the Pahlavi text in Menok i Khrat, R. Zaehner, The Teaching of the Magi, New York 1956, 134 f.

or sceptre, throne, and crown.[29] Loss of sovereignty means to lose the sceptre, the throne, the crown. The abstract concept of power is bound to its insignia.

The prologue to the law code of Hammurapi says that Anu and Enlil "determined Enlil-ness for Marduk". 'Enlil-ness' is an abstract made out of the god's common name. Marduk, in turn, "commissioned me to guide the people", Hammurapi says; the relief of the stela has Shamash the Sun God handing ring and staff to the king.[30] Shall we say that the 'sceptre of kingship' is the symbol, that it 'means' kingship, or how else does 'kingship' appear in the picture?

In a Hebrew psalm quoted already, Jahweh is praised by the proclamation: "Right and Justice are the foundation (*mekom* 'place') of his throne".[31] Real thrones have their special iconography. One idea was to have the throne sustained by men. In this way the throne of Sennacherib is represented at Nineveh: The king's men are the props of his throne. The image is made more impressive at Persepolis where we see the king's throne lifted up by all his peoples.[32] More sublime are abstracts, as used in the Hebrew text: Not crowds of subjects, but "righteousness and justice" as the throne's foundation. It would be a problem to represent this by art. Or could one just give the name 'Righteousness' and 'Justice' to the sphinxes or carnivores who are usually represented as guarding a throne? Clearer and undisputed, as far as I see, is the Egyptian symbol for 'Life', *Ankh*: Gods are commonly holding 'life' in their hands, and they promise to present it to their favourites.

Another case of incipient iconography seems to occur in a Hittite text. It is the ending of the Telepinu-text, myth and ritual concerning a god of fertility who disappears and is retrieved.[33] When everything has been restored, purified and brought to order, "before Telipinu there stands an eyan-tree. From the eyan is suspended a hunting bag ... In it lies Sheep Fat. In it lies ... Animal Fecundity and Wine. In it lie Cattle and Sheep. In it lie Longevity and Progeny." The tree with the bag, and fat therein, this seems to be quite realistic ritual, somewhat reminding of a may pole in a European village, which used to be adorned with various figures, 'symbols' of fertility too. Telepinu has come back, he is here, and there is the tradi-

---

29 Akkadian *hattu*, *agu*, *kussu*; 'sceptre of power', *hattu sharruti* AHw 337b: 'to take away sceptre and crown' AHw 337.

30 ANET 164; ANEP 246; 515. A special emblem of rulership appears in later Assyrian iconography, a solar disk with wings, with a bearded image inside, variously interpreted as a god, a tutelary divinity or the king himself; it is taken over by the Achaemenid rulers, so that Ahura Mazda becomes a further possible name. Avestan tradition has a special designation of 'the king's splendor', *xvarena*, which may migrate from one ruler to another; is the winged disk *xvarena*?

31 Psalm 97,2 (see note 12), cf. Brown 42–47; "Heaven is my throne and earth my footstool," Jes. 66,1.

32 Niniveh, Sanherib: ANEP 371; Persepolis: K. Koch in P. Frei, K. Koch, Reichsidee und Reichsorganisation im Perserreich, Fribourg 1996², 159–197.

33 Version 1, Hoffner 17; ANET 128; transscription: J. Friedrich, Hethitisches Elementarbuch II, Heidelberg 1967², 53–55; cf. Burkert 1979, 124.

tional object to mark his presence and his blessings. Yet 'cattle and sheep' will not go into a real bag, and 'Fecundity' is an abstract, as are 'Longevity' and 'Progeny' that make the resounding finale. How are they 'lying' in a bag? We are left to speculate what was really done, to figure out 'symbols' of Fecundity, Longevity, and Progeny, together with 'symbols' of cattle and sheep. Should they be figurines, drawings, or even written signs? No doubt we must presume that 'abstracts' had been transposed from the spoken word to recognizable representation.

Compare a well-known text of Homer, about Aphrodite's girdle, the *Kestos*, leased from Aphrodite by Hera in order to beguile Zeus (Il. 14,214 f.): "In it there are Love, and Longing, and Fond Discourse, nay Allurement":

> ... κεστὸν ἱμάντα ...
> ἔνθ' ἔνι μὲν Φιλότης, ἐν δ' Ἵμερος, ἐν δ' Ὀαριστὺς
> Πάρφασις ...

κεστὸς seems to mean 'embroidered': There is reference to visible representation; but how would you do Friendship, Love and Talk by embroidering, at the epoch of Homer, or even of Troy? The poet did not feel obliged to answer this question. He is rather using a traditional means how to describe abstract powers as if they were visible, placeable things.

Take Agamemnon's shield, in the eleventh book of the Iliad: It not only has Gorgo – we know what Gorgo looks like since the 7th century –, but also Deimos and Phobos: How to represent these?[34] Athena's *Aigis* has even more: *Eris* 'Strife', *Alke* 'Prowess', *Ioke* 'Pursuit', and a Gorgon's head in addition, and Phobos is spread as a rim around it.[35] Once more we visualize the Gorgon, but how should Phobos be spread around? A magical power, of course – but also a strategy of the poetic text with slight regard for the manners of contemporary art.

Still another pair of texts from the Eastern and from the Greek side: In a Babylonian tablet, the gods, after creating man, go on to create the King as the very summit of creation; and all the gods bring their gifts: "The great gods gave Battle to the king, Anu gave him his crown, Enlil his throne, Nergal gave him his weapons, Ninurta his Splendour, The Lady of the Gods gave him his Handsome Appearance".[36] Visible objects with symbolic functions, crown, throne and weapons are transferred, but they are coupled with 'abstracts', Battle, Splendour, Handsome Appearance. It is quite similar with Pandora in Hesiod: Charites and Peitho, personifications themselves, adorn Pandora with golden bracelets – from abstract to object, as it were –; the Horai bring a floral crown, and Hermes 'puts' into her breast "Lies and enticing speech and a wily character",

34 Il. 11,37; on Gorgo see LIMC IV (1988) s.v. Gorgo, Gorgones; Burkert 1992, 82–87; Phobos: LIMC VII (1994) s.v.

35 Il. 5,739 f.

36 W.R. Mayer, Ein Mythos von der Erschaffung des Menschen und des Königs, Orientalia 56 (1987) 55–68.

ψεύδεά θ' αἱμυλίους τε λόγους καὶ ἐπίκλοπον ἦθος

less visible but more powerful than the adornment. Thus all the gods gave her gifts (Erga 72–81); the difference of categories is glossed over by epic language.

It is still a special enterprise to fabricate anthropomorphic pictures. In Egypt this is done with Ma'at, 'Order', but there remains a complicated interplay of meanings and allusions.[37] In Babylonia, an often reproduced relief of king Nabuaplaiddin of the 9th century, reused by the Neobabylonian king Nabupolassar about 600 B.C., shows the temple of the Sun God at Sippar, with the god sitting inside, and with a huge Sun-Wheel pulled by strings in front of him; the inscription to the left says: "Image of Shamash the Great Lord, sitting in Ebabbar in the midst of Sippar." There are two figures to be seen at the top, driving the machinery. These, in all probability, should be Kittu and Misharu, or Bunenu and Kittu.[38] This is a unique example of picturing abstracts.

In Greek there has been a breakthrough since the late 7th century. Just a few hints: We are on firm ground with the chest of Kypselos as described by Pausanias, dated to the beginning of the 6th century (Paus. 5,18,1 f.), with a plethora of abstracts and epigrammatic texts, *Thanatos*, *Hypnos*, *Nyx*, *Dike* and *Adikia, Eris*; *Hebe* 'Youth' appears as the spouse of Heracles already in a 7th century monument.[39] We get further examples in 6th century vase painting, identified by writing, such as *Eris* and *Dike*, and *Nike*.[40] There is an interesting testimony from literature, too: Epimenides the Cretan seer, according to his *Theogony* which may date from the 6th century, recorded his initiatory dream: He met, in the cave of Zeus, with 'Truth' and 'Justice', *Aletheia* and *Dike*.[41] Epimenides evidently was outdoing Hesiod. Hesiod's Muses have become abstracts, but evidently visible abstracts, visible in a dream. The Athena Parthenos of Pheidias was holding Nike as a solid statue in her hands. Actual cult statues of abstracts appear in the 4th century; epoch-making was the Eirene of Kephisodotos.[42] Later there was no halt for all those less then exciting females, wrapped or unwrapped, that fill pages and

---

[37] See Assmann.

[38] H.C. Rawlinson, The Cuneiform Inscriptions of Western Asia V, London 1880, pl. 60; L.W. King, Babylonian Boundary Stones and Memorial Tablets in the British Museum, London 1912, 120–127, pl. 98–102; M. Jastrow, Die Religion Babyloniens und Assyriens. Bildermappe, Giessen 1912, Sp. 65–67, fig. 94; M.A. Beek, Bildatlas der assyrisch-babylonischen Kultur, Gütersloh 1961, fig. 37.

[39] LIMC s.v. Herakles nr. 3331; A.F. Laurens in C. Jourdain-Annequin, C. Bonnet, ed., Héraclès, les femmes et le féminin, Bruxelles 1996, 240.

[40] C. Isler-Kerényi, Nike. Der Typus der laufenden Flügelfrau in archaischer Zeit, Erlenbach-Zürich 1969; Shapiro; *Eris* Isler-Kerényi pl. 1; LIMC III (1986) s.v. nr. 1.

[41] Max. Tyr. 10, p. 119 Hobein = Diels-Kranz 3 B 1. Epimenides B 2 evidently echoes Hesiod Theog. 26. M.L. West, The Orphic Poems, Oxford 1983, 49 argues for a 5th century date of Epimenides' poem.

[42] Nilsson I 814; LIMC III (1986) s.v. nr. 8.

pages of the *Lexicon Iconographicum Mythologiae Classicae*. The relation of statue and name still remains problematic in some cases.

III.

That abstracts should be considered 'gods' appears both clear, even too clear, and secondary. The process was commented upon by the ancients, for example by Cicero: "The thing itself in which there is some major power is nominated in a way that the thing itself is called 'god'," *res ipsa, in qua vis inest maior aliqua, sic appellatur ut ea ipsa vis nominetur deus, ut Fides et Mens*.[43]

This does not apply to abstracts alone. Things with power, *vis maior aliqua*, are also encountered in our real environment, Earth and Heaven, Sun and Moon, Winds and Rivers. These duly play their role in various pantheons.[44] They have their overcrossings with 'abstracts'. But there are no simple pedigrees or lines of evolution.

A sign of decline of old faith, this is Martin Nilsson's judgment about divinized abstracts; "the bastard descendant of 'power' and the god" had been his earlier and more rhetorical formulation.[45] It has been stressed that these abstracts often appear in the retinue of 'true' gods; hence they should be secondary to these. At least some of them first show up as epithets of 'true' gods, such as Athena Nike, to become independent 'Nike' later on.[46] This too assigns priority to 'true' gods. Hence the Hesiodic genre can be interpreted as dependent upon the 'Homeric' background.[47]

Wilamowitz pertinently noted that θεός is currently used in Greek as a predicate.[48] A model example is the Hesiodic verse which some think was the finale of the original composition, the reference to *Pheme*, 'Saying', 'Rumor': θεός νύ τίς ἐστι καὶ αὕτη (Erga 764). Nilsson notes this to have been the first deified abstract.[49] Yet playful and easy productivity of this kind[50] is not the whole story.

Some abstract divinities have deep roots in the history of religion, they are surprisingly old, and absolutely serious, as regards criteria such as prayers, votive

43 Cic. n.d. 2,61, cf. leg. 2,19; 2,28; Plin. n.h. 2,14.

44 Especially in oath ceremonies, Burkert 1998, 206–208.

45 Nilsson I 812: "Ein Zeichen der Aushöhlung des alten Glaubens in gebildeten Kreisen"; M.P. Nilsson, A History of Greek Religion, Oxford 1925, 172.

46 In the Themistocles decree, R. Meiggs, D. Lewis, A Selection of Greek Historical Inscriptions, Oxford 1969, nr. 23, line 39, 'Athena and Nike' probably is an error for original 'Athena Nike', H. Berve, Zur Themistokles-Inschrift von Troizen, Sitzungsber. München 1961, 5,18 f.

47 This is done by Reinhardt 11.

48 Wilamowitz-Moellendorff I 17.

49 Nilsson I 479.

50 Even cult enters poetic imagery: murder as 'sacrifice' to *Dike* and *Ate*, Aesch. Ag. 1431 ff.; comic parody e.g. Plato comicus Fr.188 Kassel-Austin: females sacrificing to *Lordon* und *Kyptasos*.

gifts, temples, hymns, and also myths. There is remarkable evidence within the Near Eastern-Aegean koiné:

First, Egypt: Here we meet with Ma'at, something like 'Order'.[51] Ma'at it is an abstract by word formation; but 'she' is not only a key word in hymns and wisdom texts, Ma'at definitely has the rang of a goddess. Normally she is called the daughter of Re the Sun God – although she can also appear as his Mother, as the Sun God is "sitting in the lap of Ma'at".[52] In the complicated ways of Egyptian theology, Ma'at can be identified with other goddesses such as Tefnut and Isis, identifications expressed also by iconography. Still the linguistic sense of Ma'at is never forgotten. It remains obligatory 'to do Ma'at', 'to speak Ma'at'.[53]

Second example, Akkadian Kittu and Misharu once again, attested across one thousand years. In a Babylonian Ritual for the Sun God, Kittu and Misharu get their offerings as full partners of the group headed by Shamash.[54] At Ugarit, at the coast of Syria, 'Justice' and 'Order', *ṣdq* and *msr* appear in a list of gods;[55] we met *ṣädäq* as one of the props of Jahweh's throne in Hebrew (note 12; 31). Ṣädäq appears as a god also in old South Arabian, and in Phoenician theophoric names. A much later source of the imperial age, Philon of Byblos in his *Phoenician History*, while presenting a Euhemeristic genealogy of gods and divine powers, has Μισώρ and Συδύκ among the offspring of Titans; his translation is Εὔλυτος and Δίκαιος.[56] From *Misor*, he writes, Toth-Hermes was generated, from *Suduk* the Dioscures or Korybants. Through the variants of interpretation we are confronted with an astounding continuity from Ugarit to imperial Byblos, with the still older Near Eastern koiné in the background.

More impressive is Iranian Mithras. This god has remained famous especially through his mysteries of late antiquity – which are not in evidence before about 90 A.D –, but it is the prehistory of this god that must be in focus here: Mithras is an Indo-Iranian god who appears both in the Veda and in the Avesta, and later in Persia, Anatolia, and Rome.[57] He is attested already in the Bronze Age, in a Mitanni text preserved in the Hittite archives. By the Achaemenid epoch, Mithradates is a current name. But this old and important god's name has its fully transparent Indoeuropean meaning: 'treaty', 'contract', related to the root of 'middle', *medium*; Plutarch correctly translates μεσίτης.[58] What is more: A treaty is concluded by the

---

51 See Assmann.

52 Assmann 161,2.

53 Assmann 160–167.

54 H. Zimmern, Beiträge zur Kenntnis der babylonischen Religion, Leipzig 1901, 105–110, lines 127 ff.; the group of gods concerned is Shamash, Hadad, Marduk; Aia (wife of Shamash) and Bunene; Kittu and Misharu.

55 KTU 1,123,14.

56 FGrHist 790 F 2.10,13. A.I. Baumgarten, The Phoenician History of Philo of Byblos, Leiden 1981, 175 f. Theophoric names: HAL 943; on Hebrew *mishor*, HAL 547.

57 For a survey, see R. Turcan, Mithra et le mithriacisme, Paris 1993^2.

58 Plut. Is. 46,369e.

grasp of right hands; hence still in those late Mithras mysteries, the initiates are *syndexioi*, those connected by their right hand in allegiance.[59] We are confronted with an abstract acted out in ritual and worshipped through more than two thousand years.

There is more in the Iranian field: In the religion of Zarathustra, the high god, Ahura Mazda – which means 'the Wise Lord of Life' – is surrounded by six powers – 'archangels', some preferred to say – who are 'venerated' in all the Avestan liturgies and called the 'immortal Saints', *amesha spentas*; these are Vohu Manah 'Good Sense', Asha 'Truth', Xshathra 'Sovereignty', Armaiti 'Order', Haurvatat 'Health', and Ameretat 'Immortality' (directly related to Greek *ambrotos*). A system of abstractions makes the center of worship. That these six 'immortals' were, in turn, Zarathustrian transformations, conceptual masks of older 'true gods' of the Iranian pedigree, this is a problematic thesis of Dumézil which we need not discuss here.[60]

Let us still have a look at the Latin world: At Rome, 'abstract' gods appear in the very first strata which are available to investigation. There are Ops and Salus, and especially Fides.[61] The temple of *Fides in Capitolio* was built around 250 B.C., but the cult was traced back to Numa. And there was a remarkable ritual of 'right hands': The three *flamines maiores* would drive to the Capitolium to sacrifice with their right hand veiled in a white cloth. In the words of Livy, the right hand as the seat of promise and contract shoud be preserved uncontaminated, *fidem tutandam sedemque eius etiam in dexteris sacratam esse*. This is not 'late' nor any form of 'decline'.

Another special and interesting case is Fortuna at Praeneste. The grand sanctuary there is Hellenistic, but Fortuna Primigenia is not just a variant of Hellenistic Tyche. She has got a special foundation legend, referring to her oracle by lots, she is called *Iovis puer primigenia*, which is absolutely outside Roman pontifical religion; Iuppiter is also represented as a child in her lap at Praeneste.[62] In Rome, Fortuna's temple at the Forum Boarium was attributed to Servius Tullius, and archaeology has confirmed such an early date for the cult in this place.

If we finally come back to the Greeks, there are two goddesses who give the impression of being more than passing strokes of word play, Themis and Nemesis.

---

59 Firm. Mat. err. 5; R. Merkelbach, Mithras, Meisenheim 1994², 107.

60 G. Dumézil, La Naissance d'Archanges, Paris 1945, accepted by G. Widengren, Die Religionen Irans, Stuttgart 1965, 79 f.

61 G. Wissowa, Religion und Kultus der Römer, München 1912², 327–338; Otto RE VI 2281–2286. Fides in Capitolio Cic. n.d. 2,61, Wissowa 133; K. Latte, Römische Religionsgeschichte, München 1960, 237. Attributed to Numa: Dion. Hal. ant. 2,75,3; Plut. Numa 16; The ritual: Liv.1,21,4. See also A. Dieterich, Kleine Schriften, Leipzig 1911, 440 f. That Greeks could misunderstand the imperialistic implications of Roman *fides* (Polyb. 20,9,10 f.), is another story.

62 Wissowa 256–268, esp. 259 f.; C. Koch, Der römische Juppiter, Frankfurt 1937, 47–49; J. Champeaux, Fortuna I, Paris 1982; Cic. div. 2,85–7.

Not by chance they occupy two adjacent temples at Rhamnus, Attica, where Nemesis clearly is the older Lady of the sanctuary. Both names have their clear meanings, though less clear etymologies. It is inviting to connect their names with two of the most ubiquitous roots of the Greek language, *the-* and *nem-*, but the word formation is strange; so is the semantic development. Themis has also been analyzed as *themi-sta*, 'standing in the earth'.[63] And what about the suffixes in Nemesis?[64] Themis designates what is allowed by right or by use; it makes a pronouncement on certain situations or behaviour: 'it is *themis*', or 'it is not *themis*'. This is attested by the Mycenaean epoch: *outemi*.[65] Themis, in a way, means a reassuring 'Yes', and Nemesis an equally resounding 'No', a negative reaction to some action or situation. The negated form *ou nemesis* appears as a predicate on a special situation, too; it has become famous as the jugdment of the Trojan seniors on Helena in the *Teichoskopia* (Il. 3,156). Nemesis is called the messenger of Dike by Plato (Plat. Leg. 717d). She puts her foot on Hybris.[66] Nemesis must be placated, because she is so powerful – hence her temple.

Themis gets into Hesiodic myth: She is the second wife of Zeus (Theog. 901), after Metis; in other words, *themis* is a foremost concern of what a ruler should observe. There are three children of hers, the *Horai*, called *Eunomia*, *Dike*, and *Eirene*, 'Good Order', 'Right', and 'Peace' (Theog. 902). We find a double metabasis in the Hesiodic construct, from abstract to nature and from nature to abstract: *Horai*, a word of Indoeuropean provenience, means the marks of the year, the 'seasons'; in the Greek world there are three seasons, Spring, Harvest, and Winter, ἔαρ, θέρος, χειμών. Their regular and unchangeable sequence is the basis for human life, and the paradigm of cosmic order. But Hesiod once more makes a jump from the natural to the social level: What makes the basis of human life is the social rather than the natural order, hence *Horai* become 'Good Order', 'Right', and 'Peace'.[67] Abstracts are 'good to think'. How far this enters ritual worship, is another question. We have no information about the 'origins' of the cults at Rhamnus. Themis intrudes into personal names at an early date, Themistokles and Themistios (Cyprus, 6th cent.), also Themistodoros, and there is a month Themistios in Thessaly, whereas names such as Nemesios etc. belong to an imperial date, when Nemesis had her worship mainly in the circus.

Nemesis though has an old and interesting mythology, which makes her, instead of Leda, the mother of Helen. This version appears in the old epic *Kypria*.[68]

---

63 E. Risch, Kleine Schriften, Berlin 1981, 183.

64 On *nemesis* see Gruber 65–72.

65 M. Gérard-Rousseau, Les mentions religieux dans les tablettes mycéniennes, Rome 1968, 158 f.

66 See LIMC VI (1992) s.v.

67 See Rudhardt 1999. For Iconography of Themis, see LIMC VIII 1199 ff.; Olympia, Heraion: Paus. 5,17,1.

68 Fr. 9 Bernabé; Burkert 1977, 287.

Nemesis is pursued, to her disdain, by Zeus; this looks like a variant of the myth of Demeter Erinys, or just Erinys, raped by Poseidon, and of the 'marriage' or rape of Thetis the sea-goddess by Peleus. The motif of metamorphosis at mating may even go back to Indoeuropean tradition.[69] It is strange how the abstract Nemesis has entered the pattern.

Other cases where cult of abstracts appears to be ancient and irreducible are the Charites at Orchomenos, celebrated by Pindar (Ol. 14), and Eros at Thespiai. Eros there is worshipped in the form of a stone,[70] which does not necessarily refer to the stone age, but certainly transcends simplistic word games. And if the name Ares originally is an abstract,[71] one of the 'twelve gods' would enter this category in Greece, too.

To conclude: It is remarkable how many of the examples discussed enter one specific semantic field: that of justice, order, treaty, law, resentment, and punishment: Ma'at, Misharu, Ṣädäq, Mithras, Asha, Fides, Themis, Nemesis, Dike. This does not detract from the role of rhetoric, but rather shows its necessity: It is the sphere of power and justice, of moral admonition and intensive pleading, where personification becomes most prominent, because it is here that we most intensively try 'to do things with words', to get a message to dumb or inobedient partners; and images of power are definitely preferable as against sheer violence. It is worth while trying to give impact to language, using all possible auxiliaries, be it ritual, or imagery. 'Do respect' what is being said – this brings about gods and abstracts simultaneously.

For a finale, I wish to draw attention to one case where we see how the worship of an abstract is installed by an individual within a Greek city, with pertinent motifs and strategies. This is Artemidoros of Perge who settled at Thera and left his monuments there, dated about 260 B.C.[72] He must have been well-to-do; at any rate he began to establish a sacred area, a *temenos* of his own, with altars hewn from the rock; the niches and the epigrams survive, even if the original *anathemata* have disappeared.

Artemidoros, following a dream, decided to set up a conspicuous altar for Homonoia, 'Concord'; he claimed to do this 'on behalf of the polis':

> "An immortal altar of Homonoia for the city has erected here
> Artemidoros, from Perge his father-city, according to a dream,"
> Ἀθάνατον βωμὸν πόλει εἵσατο τῇιδ' Ὁμονοίας
> πατρίδος ὢν Πέργης κατ' ἐνύπνιον Ἀρτεμίδωρος (1342).

Of course he let the city know what he was doing, and this was not in vain:

69 Burkert 1979, 127.

70 Paus. 9,24,3; 27.

71 Nilsson I 518; Burkert 1977, 262 f.; the Mycenaean evidence is inconclusive.

72 IG XII 3 Suppl. 1333–1350 (1904, p. 294–298); see Wilamowitz II 387 ff.; Nilsson II 189 f.

At the festival of Queen Arsinoe, Artemidoros was presented in public with an olive crown, a big one, on account of his religious activities:

> "The people of Thera have crowned, at the Arsinoa-Festival, with the springs of an olive tree Artemidoros, who founded the eternal altars,"
>
> Θηραῖοι ἐστεφάνωσαν ἐν 'Αρσινόοισιν ἐλαίας
> ἔρνεσιν 'Αρτεμίδωρον, ὃς ἀενάους κτίσε βωμούς (1343).

And Homonoia the Goddess did react:

> "She, Homonoia the Goddess, gave due thanks for the altar, she gave the crown from the city, a large one, to Artemidoros",
>
> ἡ δ' Ὁμόνοια θεὰ βωμοῦ χάριν ἀνταπέδωκε
> τὸν στέφανον παρὰ τῆς πόλεως μέγαν 'Αρτεμιδώρωι (1341, 3/4).

Thus in the experience of Artemidoros Homonoia is not just a concept but a power that makes herself felt, she answers, she pays her thanks. The experience of success plays a central role in religion anyhow. In this case, the goddess continued to work on the polis: Artemidoros was naturalized, he was granted full citizenship of Thera:

> "The community of Thera elected Artemidoros and honoured him with a crown, to be citizen without blame."
>
> Δῆμος ἐχειροτόνησεν ὁ Θηραῖος 'Αρτεμίδωρον
> καὶ στεφάνωι τίμησεν ἄμεμπτον ἐόντα πολίτην (1344).

And his prestige persisted: After his death, Artemidoros was proclaimed a hero by no less an authority than the Delphic oracle.[73] Whoever arranged this, his family or his heirs, it was a public fact.

We see how worship of an abstract concept interacts with the personal status and with the social field: The founding of an altar is recognized as a conspicuous activity 'for the city', with personal consequences at the level of civic rights, which in turn is interpreted as the 'favour' of the goddess. This of course meant ritual activity at those altars which were to 'stay forever'. Artemidoros could not but sacrifice regularly, at his own expence, we guess, celebrating and reconfirming his bond with the city. The proclamation of a 'goddess Concord' within a city was not too original. About the time of Artemidoros there was a cult association at Plataiai worshipping 'Zeus Eleutherios and Homonoia' in memory of the Persian war.[74] In the city council, nobody would oppose the move of Artemidoros. We do not know whether there was a special political crisis at Thera at the time, nor should we muse about the effect which the installation of an altar could have in such a case. But note the personal experience, the dream, the act, the goddess' thanks, and the claim of

---

[73] IG XII 3 Suppl. 1349; J. Fontenrose, The Delphic Oracle, Berkeley 1978, 256, H 37.

[74] See B. Dreyer, Untersuchungen zur Geschichte des spätklassischen Athen (322 – ca. 230 v. Chr.), Stuttgart 1999, 250.

permanence of the 'immortal altars'. It is not just the use or misuse of language that makes divine abstracts, but the necessity to master the complexity of life situations by finding the pertinent names. Homonoia, Concord, is such a name, badly needed even in later times, from Place de la Concorde at Paris to Omonoia Square in contemporary Athens.

Abbreviations

AHw W. v. Soden, Akkadisches Handwörterbuch, Wiesbaden 1965–81

ANEP J.B. Pritchard, ed., The Ancient Near East in Pictures relating to the Old Testament, Princeton 1969[3]

ANET id., Ancient Near Eastern Texts relating to the Old Testament, Princeton 1969

BWL W.G. Lambert, Babylonian Wisdom Literature, Oxford 1960

CTH E. Laroche, Catalogue des textes hittites, Paris 1971

HAL Hebräisches und Aramäisches Lexikon zum Alten Testament von L. Koehler und W. Baumgartner, dritte Auflage neu bearbeitet von W. Baumgartner, Leiden 1967–90

KTU M. Dietrich, O. Loretz, J. Sanmartín, Die Keilalphabetischen Texte aus Ugarit I, Kevelaer 1976

KUB Keilschrifturkunden aus Boghazköi, Berlin 1921–44

LIMC Lexicon Iconographicum Mythologiae Classicae, Zürich 1955 ff.

Maqlû G. Meier, Die assyrische Beschwörungssammlung Maqlû, Berlin 1937

RlAss Reallexikon der Assyriologie, Berlin 1932 ff.

SAHG A. Falkenstein, W. v. Soden, Sumerische und Akkadische Hymnen und Gebete, Zürich 1953

TUAT O. Kaiser, ed., Texte aus der Umwelt des Alten Testaments II, Gütersloh 1986–1991

Bibliography

Chr. Aellen, À la recherche de l'ordre cosmique: Forme et fonction des personnifications dans la céramique italiote, Kilchberg-Zürich 1994

J. Assmann, Ma'at. Gerechtigkeit und Unsterblichkeit im Alten Ägypten, München 1990

J.P. Brown, Israel and Hellas II, Berlin 2000

E.D. van Buren, The Ṣalmê in Mesopotamian Art and Religion, Orientalia 10 (1941) 65–92

W. Burkert, Griechische Religion der archaischen und klassischen Epoche, Stuttgart 1977, 286–288

–, Structure and History in Greek Mythology and Ritual, Berkeley 1979

–, The Orientalizing Revolution, Cambridge, Mass. 1992

–, Kulte des Altertums: Biologische Grundlagen der Religion, München 1998

G.R. Castellino, Testi Sumerici e Accadici, Turin 1977

L. Deubner, Personifikation, RML III (1903) 2068–2169

B.C. Dietrich, Divine personality and personification, Kernos 1 (1988) 19–28

J. Duchemin, ed., Actes du 2e Colloque de mythologie. Mythe et personnification, Paris avril 1977, Paris 1980

J. Duchemin, Personnification d'abstractions et éléments naturels. Hésiode et l'orient, in: Mythes grecs et sources orientales, Paris 1995, 105–125 (urspr. 1977)

J. Friedrich, Angst und Schrecken als niedere Gottheiten bei Griechen und Hethitern, AOF 17 (1954/5) 148.

E.H. Gombrich, Personification, in: R.B. Bolgar, Classical Influences on European Culture A.D. 500–1500, Cambridge 1971, 429–542

J. Grimm, Personificationen, in: Deutsche Mythologie II^4, Berlin 1876 (repr. 1953)

J. Gruber, Über einige abstrakte Begriffe des frühen Griechischen, Meisenheim 1963

H.G. Güterbock, Kumarbi. Mythen vom churritischen Kronos, Zürich 1946

F.W. Hamdorf, Griechische Kultpersonifikationen der vorhellenistischen Zeit, Mainz 1964

H.A. Hoffner, G.M. Beckman, Hittite Myths, Atlanta 1990

P. Kretschmer, Dyaus, Ζεύς, Diespiter und die Abstrakta im Indogermanischen, Glotta 13 (1924) 101–114

R. Lebrun, Hymnes et Prières Hittites, Louvain-la-Neuve 1980

F. Matz, Die Naturpersonifikationen in der griechischen Kunst, Diss. Göttingen 1913

M.P. Nilsson, Geschichte der griechischen Religion I^3, München 1967; II^2, München 1974

–, Kultische Personifikationen, Eranos 5 (1952) 31–40 = Opuscula III, Lund 1960, 233–242

L. Petersen, Zur Geschichte der Personifikation in griechischer Dichtung und bildender Kunst, Würzburg 1939

W.W. Pötscher, Das Person-Bereichdenken in der frühgriechischen Periode, WSt 72 (1959) 5–25

–, Person-Bereich-Denken und Personifikation, Literaturwiss. Jahrbuch 19 (1978) 217–231

W. Porzig, Die Namen für Satzinhalte im Griechischen und im Indogermanischen, Berlin 1942

K. Reinhardt, Personifikation und Allegorie, in: Vermächtnis der Antike, Göttingen 1960 (1966²), 7–40

J. Rudhardt, Thémis et les Hôrai, Geneva 1999

Die Schöpfungsmythen, Einsiedeln 1964

H.A. Shapiro, Personifications in Greek Art. The Representation of Abstract Concepts 600–400 B.C., Zürich 1993

E. Stafford, Worshipping Virtues, Personification and the Divine in Ancient Greece, London 2000

F. Stoessl, Personifikationen, RE XIX (1937) 1042–1058

K.L. Tallqvist, Akkadische Götterepitheta, Helsinki 1938

H. Usener, Götternamen, Bonn 1895, Frankfurt 1948³

M.L. West, The East Face of Helicon. West Asiatic Elements in Greek Poetry and Myth, Oxford 1997

U. v. Wilamowitz-Moellendorff, Der Glaube der Hellenen I/II, Berlin 1931/2

Erschienen in: Rhein. Mus. 106, 1963, 97–134.

12. Iranisches bei Anaximandros

1.

Herodot wurde im späteren Altertum φιλοβάρβαρος gescholten,[1] und man spürt schon da eine gewisse klassizistische Ängstlichkeit, der die Einzigartigkeit des alten Hellenentums zugleich mit seiner Eigenständigkeit bedroht erscheint. Dabei ist es eine erstaunliche, echt griechische Leistung der herodoteischen Geschichtsbetrachtung, daß sie, indem sie den Kampf von Griechen und Barbaren zum Thema nimmt, ebenso unbefangen wie selbstverständlich der Gegenseite den gleichen menschlichen Rang zuerkennt, so daß hier wie dort von Großem und Gemeinem zu berichten ist, von Glück und Leid, von Weisheit und Torheit. Ein Satz Herodots freilich formuliert den Unterschied von Griechen und Barbaren in so überraschender Weise, daß es angebracht erschien, durch eine Textänderung den Sinn ins Gegenteil zu verkehren. Es handelt sich um die bekannte Geschichte von der ersten Rückkehr des Peisistratos, als dieser ein Mädchen als Athena kostümierte und sich von der 'Göttin' in die Stadt geleiten ließ – für Herodot ein πρῆγμα εὐηθέστατον, ὡς ἐγὼ εὑρίσκω, μακρῷ, ἐπεί γε ἀπεκρίθη ἐκ παλαιτέρου τὸ βάρβαρον ἔθνος τοῦ Ἑλληνικοῦ ἐὸν καὶ δεξιώτερον καὶ εὐηθίης ἠλιθίου ἀπηλλαγμένον μᾶλλον, εἰ καὶ τότε γε οὗτοι ἐν Ἀθηναίοισι τοῖσι πρώτοισι λεγομένοισι εἶναι Ἑλλήνων σοφίην μηχανῶνται τοιάδε· (1,60). Daß dies der ursprüngliche Text ist, steht fest:[2] die Barbaren zumindest jener Zeit *[98]* sind für Herodot 'schlauer und törichter Einfalt fernerstehend' als die Griechen, wenn bei den Athenern so etwas möglich war. Eine alte Konjektur jedoch änderte τὸ βάρβαρον ἔθνος τοῦ Ἑλληνι-

---

[1] Plut. De malign. Herod. 12 f., 857b ff.

[2] Diesen Text bieten die Codices APc, d.h. die stirps Florentina (Codex B hat 1,42–68 eine Lücke); die entgegengesetzte Lesart übernahmen nach H. Stein (Berlin 1869) auch C. Hude (Oxford 1927³) und Ph.-E. Legrand (Coll. Budé 1932), obwohl schon Wilamowitz (Aristoteles und Athen II, Berlin 1893, 10,3) sich mit Selbstverständlichkeit für den Text von APc entschied; vgl. R. Lamacchia, Erodoto Nazionalista?, Atene e Roma 4. S. 4, 1954, 87–89. Die Richtigkeit dieses Textes ergibt sich vor allem aus dem Gebrauch von εἰ καὶ τότε, das den speziellen Beleg für einen zuvor formulierten allgemeinen Satz einführt, der seinerseits aus dem Beispiel abstrahiert ist; vgl. 5,78; 97²; 9,68; 100. Der textus receptus zwingt, εἰ καὶ konzessiv zu fassen, was dem herodoteischen Sprachgebrauch nicht entspricht, oder an εὐηθέστατον anzuschließen, wodurch der inhaltlich so eng damit verknüpfte ἐπεί γε-Satz zur Parenthese wird (so nach Stein auch Hude und Legrand). Gegen die ältere Auffassung, daß die Spaltung der Herodotüberlieferung in die Antike zurückgehe (vgl. Jacoby RE Suppl. II 515 ff.), wendet sich A.H.R.E. Paap, De Herodoti reliquiis in papyris et membranis Aegyptiis servatis, Leiden 1948, 95 ff.

κοῦ in τοῦ βαρβάρου ἔθνεος τὸ Ἑλληνικόν, so daß nun vielmehr die Griechen als die gemeinhin klugen mit Barbarendummheit kontrastieren, wobei nur eben die Peisistratosepisode eine merkwürdige Ausnahme bildet. Wenn die Herausgeber durchweg diesen Text übernahmen, dessen sprachliche und gedankliche Schwierigkeit sie nicht übersahen, so darum, weil die Aussage der anderen Lesart nahezu unfaßlich erschien; hatten doch die Griechen des 6. Jahrhunderts, als längst die griechische Kultur den ganzen Mittelmeerraum durchdrang und die neue, rationale Weltsicht der Griechen sich entscheidend formte, offenbar allen Grund, sich anderen Völkern überlegen zu fühlen. So gibt es auch bei Herodot selbstbewußtes Kopfschütteln über Barbarenaberglauben, nicht nur wenn es sich um Thraker (4,95), sondern auch wenn es sich um Ägypter (2,46; 122 f.) oder Perser (3,84 ff.; 129 f.) handelt. Die Behauptung, daß die Griechen an Klugheit, an Rationalität den Barbaren nicht etwa nur gleichgeordnet, sondern geradezu unterlegen seien, scheint die Dinge auf den Kopf zu stellen.

Verständlich wird die Aussage, sobald man die besondere Art jener athenischen εὐηθίη ins Auge faßt: die Athener waren bereit, zu glauben, die Gottheit, die über ihre Stadt walte, habe die Gestalt einer hochgewachsenen gewappneten Frau und könne als solche sich augenfällig offenbaren. Es geht um die Menschengestalt der Götter. In diesem Betracht sind nach Herodot in der Tat zumindest die Perser den Griechen weit voraus: „Götterbilder, Tempel und Altäre zu errichten, ist bei ihnen nicht der Brauch, vielmehr werfen sie sogar denen, die so etwas tun, Torheit vor, meiner Ansicht nach darum, weil sie nicht an die Menschengestalt der Götter glauben, so wie die Griechen“ (1,131). Die μωρίη, die hier Perser den Griechen vorhalten, ist identisch mit der εὐηθίη ἠλίθιος, die jene Athener an den Tag legten. Barbaren sind durch alten Brauch vor jenem Irrtum bewahrt, den bei den Griechen erst Xenophanes anprangern *[99]* sollte. „Sie haben die Sitte, dem Zeus, auf die Gipfel der Berge steigend, zu opfern; sie nennen nämlich das ganze Rund des Himmels ‘Zeus’; sie opfern auch der Sonne, dem Mond, der Erde, dem Feuer, dem Wasser und den Winden“.[3]

Götter sind demnach für die Perser nicht geheimnisvoll sich offenbarende menschengestaltige Wesen, sondern Himmel, Sonne, Mond und die vier Elemente. Für Herodots Zeitgenossen muß dies heißen: die persische Religion entspricht der aufgeklärten Theologie der griechischen Naturphilosophie. Empedokles hat ja in seinem so einflußreichen Lehrgedicht die vier Elemente in der Form prophetischer Rede als Götter eingeführt,[4] womit er zu verstehen gab, daß den überlieferten Götternamen eben diese von ihm verkündete Wirklichkeit zugrundeliege. Wenn der Teiresias der ‘Bacchen’ das Wesen von Demeter und Dionysos verständlich machen will, kann er diese Götter nur als ‘Erde’ und ‘feuchtes Element’ deuten (Eurip.

---

[3] Vgl. Deinon FGrHist 690 F 28 θεῶν ἀγάλματα μόνα τὸ πῦρ καὶ ὕδωρ νομίζοντας ... und Strabon 15 p. 732, der sich eng an Herodot anschließt.

[4] Empedokles VS 31 B 6,2 und A 33, dazu – stark zerstört – B 142,1. Vgl. auch Menander Fr. 614 Koerte: ὁ μὲν Ἐπίχαρμος τοὺς θεοὺς εἶναι λέγει ἀνέμους ὕδωρ γῆν ἥλιον πῦρ ἀστέρας ...

Bacch. 274 ff.). Daß Zeus nichts anderes sei als der Himmelsraum, war gemeinsame Überzeugung der φυσικοί, strittig war nur, ob diese höchste Macht eher als Feuer – so Empedokles – oder als Luft – so Diogenes von Apollonia – zu fassen sei.[5]

Auch für Herodot kann die homerische Auffassung von den menschengestaltigen Olympiern, wörtlich verstanden, nur noch Torheit heißen. Dabei sieht er jedoch – gewiß nicht als einziger Grieche – in der φυσιολογία seiner Zeitgenossen nicht eine spezifische griechische Errungenschaft, bestimmt, die Weltsicht der Barbaren zu überwinden, sondern eine Einsicht, die bei Barbaren früher und umfassender zur Geltung kam als in Hellas. Wenn er gleich darauf (1,132) von einer θεογονίη spricht, die ein Magier beim Opfer zu rezitieren pflege, so muß dieses Lied nach seiner Auffassung von der Entstehung des Himmels und der Erde, der Luft, des Wassers und der Winde *[100]* handeln,[6] es muß eine merkwürdige Affinität besitzen zu einem Lehrgedicht περὶ φύσεως im Stil des Empedokles.

2.

'Griechentum und Orient' ist nach wie vor ein heikles Thema im Kreuzfeuer zwischen Phantastik und Hyperkritik. Und doch ist es heutzutage auch bei der Frage nach dem Ursprung der griechischen Philosophie nicht mehr möglich, das Problem orientalischer Einflüsse aus methodischer Vorsicht und zuständigkeitshalber beiseitezuschieben.[7] Die mathematischen Keilschrifttexte haben gelehrt, daß die griechische Mathematik, nicht nur die Astronomie wichtige Ergebnisse aus Babylon be-

---

[5] Diogenes von Apollonia A 8, dazu Euripides Tro. 886; Fr. 839; 877; 941; Demokrit B 30; vgl. auch Διὸς αἰθήρ Hdt. 7,8. Die späteren Belege bei A.S. Pease im Kommentar zu Cic. nat. deor. 2,4 (Cambridge / Mass. 1958).

[6] Vgl. Diog. Laert. 1,6: die Magier lehren περί τε οὐσίας καὶ θεῶν γενέσεως, οὓς καὶ πῦρ εἶναι καὶ γῆν καὶ ὕδωρ (zur Interpretation des Diogenes-Laertios-Proömiums O. Gigon, Horizonte der Humanitas [Festschr. W. Wili], Bern 1960, 37 ff.), dazu Hekataios von Abdera FGrHist 264 F 3 als Lehre der Magier: γενητοὺς τοὺς θεοὺς εἶναι. Zu der Frage, inwieweit Herodots Angaben über die persische Religion sachlich zutreffend sind, vgl. u. Abschn. 7. Zur Religiosität Herodots M.P. Nilsson, Geschichte der griech. Religion I^2, München 1955, 759 ff.; 7,129 gibt Herodot zu verstehen, daß 'Poseidon' ein mythischer Name fürs Erdbeben, σεισμός, ist.

[7] Die entschiedene Ablehnung orientalischer Einflüsse in der frühgriechischen Philosophie geht auf Eduard Zellers Standardwerk zurück (Philosophie der Griechen I^7, Berlin 1923, 21 ff.; 37 ff.); dieser Abschnitt wurde im wesentlichen in der 2. Auflage (1856, S. 18 ff.) formuliert, in Auseinandersetzung mit E. Röth, Geschichte unserer abendländischen Philosophie I, Mannheim 1846. Röth hatte eine gewisse Kenntnis der heiligen Bücher der Parsen und konnte dank Champollions Entdeckungen auch Hieroglypheninschriften heranziehen, doch von einer wirklichen Erschließung der ägyptischen oder iranischen Geisteswelt konnte noch keine Rede sein, und von der Kultur des Zweistromlandes war noch nichts zu ahnen; so werden willkürlich herangeholte Einzelheiten in ein System gepreßt, bei dem Hermes Trismegistos Pate gestanden hat. Recht hatte Zeller natürlich mit dem Nachweis, daß die Angaben der Griechen selbst über orientalische Weise als Lehrer der Philosophen sehr problematisch sind; vgl. auch Th. Hopfner, Orient und griechische Philosophie, Leipzig 1925.

zog, etwa die Kenntnis des 'pythagoreischen' Lehrsatzes.[8] Uvo Hölscher wies überzeugend nach, daß der Satz des Thales, wonach die Erde auf Wasser schwimmt, den kosmologischen Mythen des Alten Orients entnommen ist.[9] Nach Hölschers *[101]* These bot überhaupt der kosmische Mythos der Orientalen die entscheidende Anregung, ja das Grundschema für die Weltentstehungslehren der Naturphilosophen, während Kurt von Fritz[10] mehr die Suche nach einfachen Grundlagen angesichts der verwirrenden Fülle orientalischer Einzelerkenntnisse und mythischer Aussagen als entscheidenden Anstoß wertet. Auf jeden Fall scheint es eben die innigere Berührung mit orientalischem Gedankengut gewesen zu sein, die die griechische Philosophie hervortrieb. Grundlage dieser These sind nicht mehr allgemeine Wahrscheinlichkeiten und konstruierte Systeme, sondern festumgrenzte Einzelergebnisse. Entscheidend sind die Übereinstimmungen in scheinbar nebensächlichen Einzelheiten; dabei muß die orientalische Geisteswelt aus den nichtgriechischen Originalquellen belegt werden, nicht aus den Angaben der Griechen selbst, die das Fremde doch stets in umgeschmolzener, dem Griechischen adaptierter Gestalt darbieten.

Wie immer man die besonderen Probleme der Thalestradition beurteilt,[11] fest steht, daß ein entscheidender Fortschritt, ja die eigentliche Grundlegung der griechischen Naturphilosophie bei Anaximandros faßbar wird.[12] Anaximandros fixierte, wohl als erster, seine Lehre in einer Prosaschrift,[13] womit die griechische Wissenschaft die ihr gemäße literarische Form gefunden hatte. Anaximandros verstand die Welt als *[102]* das Gegeneinander und die übergreifende Ordnung elementarer Naturmächte, ein Prinzip, das alle späteren φυσικοί variierend übernahmen.[14] Anaxi-

8 Vgl. zusammenfassend O. Neugebauer, The exact sciences in antiquity, Providence 1957²; B.L. van der Waerden, Erwachende Wissenschaft, Stuttgart 1956.

9 U. Hölscher, Anaximander und die Anfänge der Philosophie, Hermes 81, 1953, 257–277; 385–418. Vgl. G.S. Kirk-J.E. Raven, The Presocratic Philosophers, Cambridge 1957, 90 ff.

10 Der Beginn universalwissenschaftlicher Bestrebungen und der Primat der Griechen, Stud. Gen. 14, 1961, 548 f. Vgl. allgemein zur Frage orientalischer Einflüsse auch Kirk-Raven 8 ff., Schwabl RE Suppl. IX 1436; 1484 ff.; mit reichem Material jetzt F. Lämmli, Vom Chaos zum Kosmos, Basel 1962.

11 Hyperkritisch neuerdings wieder D.R. Dicks ClQ 53, 1959, 294 ff.; vgl. dagegen von Fritz a.O. und Arch. f. Begriffsgesch. 2, 1955, 77 ff.; O. Becker, Das mathematische Denken der Antike, Göttingen 1957, 37 ff.

12 Vgl. zu Anaximandros nach Hölscher a.O. und Kirk-Raven 99 ff. vor allem Ch.H. Kahn, Anaximander and the origins of Greek cosmology, New York 1960, der die fundamentale Bedeutung des Anaximandros für alle folgende Naturphilosophie gebührend herausstellt (199: „Anaximander's conception of the world is … the prototype of the Greek view of nature as a cosmos ..."); ferner C.J. Classen, Anaximander, Hermes 90, 1962, 159–172 (mit ausführlicher Bibliographie); P. Seligman, The Apeiron of Anaximander. A study in the origin and function of metaphysical ideas, London 1962.

13 Theopomp FGrHist 115 F 71 nannte als ersten Prosaautor vielmehr Pherekydes von Syros, der aber von Anaximandros abhängig zu sein scheint, obwohl seine theogonische Spekulation im Typ altertümlicher ist, vgl. von Fritz RE XIX 2030 f.; Kahn 240.

14 In der Nachfolge Reinhardts bestreitet Hölscher 266 ff., daß die Denkform der Gegensätze vor Parmenides bestimmend sein konnte, während Kahn 119 ff.; 159 ff. unbedenklich von „oppo-

mandros entwarf vor allem in kühnem Ausgreifen über alles Verifizierbare ein Bild vom Bau der Welt, dessen Grundstruktur für Jahrtausende bestimmend blieb: die Erde frei schwebend im Zentrum des Universums; die Kreisbahnen der Gestirne konzentrisch geordnet; das göttliche περιέχον, das die Welt umfängt. So wunderlich und korrekturbedürftig die Einzelheiten waren – die Erde als Säulentrommel, Mond und Sonne jenseits der Sternenbahnen, keine Berücksichtigung der eigentlichen Planeten –, alle späteren Berichtigungen und Ergänzungen hielten sich im Rahmen des einmal festgestellten Weltbaues. Beispielhaft blieb der Gedanke eines 'Weltmodells', eines räumlich-anschaulichen, geometrisch-mechanischen Systems, wie es an einem realen Modell erläutert werden kann – Anaximandros soll die erste Σφαῖρα hergestellt haben.[15]

Der plastische Sinn, die geometrische Grundkonzeption erweisen dieses Weltmodell als wesensmäßig griechisch; man könnte geneigt sein, Anaximandros als den Durchbruch griechischen Geistes zu verstehen, nachdem bei Thales fremde Anregungen noch nicht ganz assimiliert waren. Doch gerade für Anaximandros sind neue Orientkontakte nachweisbar. Wenn die Griechen, wie Herodot versichert (2,109), die astronomischen Instrumente πόλος und γνώμων von den Babyloniern übernahmen, so war nach doxographischen Zeugnissen eben Anaximandros der Vermittler.[16] Ebenso muß die Entdeckung der Schiefe der Ekliptik, die Anaximandros zugeschrieben wird, *[103]* babylonischer Astronomie entstammen.[17] Doch auch zur Erdkarte des Anaximandros – kreisrund, wie abgezirkelt – fand sich ein berühmtes babylonisches Gegenstück.[18] Vielleicht ist sogar der vom Griechischen her ganz überraschende Plural οὐρανοί bei Anaximandros von semitischem Sprachgebrauch angeregt.[19]

---

sites" spricht; unbedenklich ist jedenfalls seine Formulierung: „this view of nature as a dynamic interplay between conflicting powers" (133).

15 Diog. Laert. 2,2; Plin. n. h. 7,203; vgl. O. Gigon, Der Ursprung der griechischen Philosophie, Basel 1945, 86: „seine Schrift war wesentlich die Erläuterung dieses Himmelsglobus". Zum Modellcharakter des griechischen Weltbildes W. Schadewaldt, Das Weltmodell der Griechen, in: Hellas und Hesperien, Stuttgart 1960, 426–450.

16 Vgl. zum folgenden Hölscher 415 f.; Favorinus bei Diog. Laert. 2,1, parallel Plin. n. h. 2, 187, der – wohl irrtümlich – Anaximenes nennt; ferner Euseb. Praep. Ev. 10,14,11 (VS 12 A 4) und Suda s. v. Anaximandros (VS 12 A 2); zur Sache Rehm RE VIII 2417 ff.

17 VS 12 A 5; A 22; vgl. van der Waerden, History of the Zodiac, Arch. f. Orientforschung 16, 1953, 216 ff.; eine andere Frage ist, ob die exakte Einteilung der Ekliptik in 12 Zeichen zu je 30° babylonischen oder erst griechischen Ursprungs ist, vgl. Neugebauer a.O. 102; 140.

18 Zur Erdkarte des Anaximandros Diog. Laert. 2,2 und Eratosthenes VS 12 A 6; der Spott über die kreisrunde Karte Hdt. 4,36. Zu der babylonischen Tontafel im British Museum B. Meissner Klio 19, 1925, 97 ff.; abgebildet auch bei G. Sarton, A history of science I, London 1953, 84.

19 Die Deutung der Anaximandroszeugnisse ist umstritten. Nach Theophrast ließ Anaximandros aus dem Unbegrenzten τοὺς οὐρανοὺς καὶ τοὺς ἐν αὐτοῖς κόσμους entstehen (so Simplikios, VS 12 A 9, vgl. Hippolytos, 12 A 11), worin die Ausdrucksweise des Anaximandros selbst anzuklingen scheint (vgl. Kahn 33 ff.; 46 ff.). Die Doxographen verstanden diese so, als sei von einer Vielzahl koexistierender Welten die Rede; dagegen trat nach Zeller (I 306 ff.) F.M. Cornford dafür ein, daß Anaximandros nicht koexistierende Welten im Sinn der Atomisten, sondern nur im Zyklus von Werden und Vergehen viele aufeinanderfolgende Welten angenommen habe

Ein wichtiger Einzelzug des Weltmodells läßt sich indessen nicht aus altorientalischer Tradition herleiten: die Anordnung der Gestirne in verschiedenen Abständen von der Erde. Wohl tauchen auch in babylonischer Spekulation drei übereinandergelagerte Himmel auf, doch bleiben sämtliche Gestirne am unteren, sichtbaren Himmel angeordnet, die Fixsterne bestimmen den Ort von Sonne, Mond und Planeten.[20] Und doch *[104]* wird erst durch den Gedanken der verschiedenen Gestirnabstände der griechische Kosmosentwurf konstituiert als eine räumlich-geometrische Ordnung meßbarer Größen, während für die Babylonier nach wie vor Irdisches und Himmlisches als zwei Ebenen gegeneinanderstehen, wobei mythisch-bildhaftes Denken nach den Entsprechungen für Irdisches am Sternenhimmel sucht. Wohl konnten auch die Babylonier die Erscheinungen der Sternen-Ebene mit bewundernswertem Scharfsinn vorausberechnen, doch Anaximandros schuf eine ganz neue Art von Astronomie, indem er 'die Berechnung von Größen und Abständen' der Gestirne entdeckte (Eudemos Fr. 146 W.). Dabei sind die Angaben des Anaximandros im einzelnen überaus seltsam: der Erde am nächsten seien die Sterne, darüber der Mond, zuhöchst die Sonne – eine Anordnung, die so offenbar verkehrt ist, daß hier zuerst jene Korrekturen der Späteren einsetzten, schon mit Anaximenes.[21] Und nun hat Robert Eisler vor mehr als 50 Jahren darauf hingewiesen, daß eben diese abstruse Gestirnordnung der iranischen Kosmologie eigentümlich ist.[22] Nachdem jedoch kürzlich Charles H. Kahn sich energisch gegen einen iranischen Einfluß auf Anaximandros ausgesprochen hat, wobei er auf die späte Abfassungs-

---

(ClQ 28, 1934, 1 ff.; so auch Hölscher 270; 415; Seligman 125 ff.); darüber hinaus bestritt Kirk auch eine Vielzahl sukzessiver Welten bei Anaximandros (ClQ N.S. 5, 1955, 28 ff.; Kirk-Raven 121 ff.), vgl. Anm. 65. So bleibt ungewiß, was Anaximandros mit οὐρανοί meinte: die Vielzahl selbständiger Welten (so J. Kerschensteiner, Kosmos, München 1962, 29 ff.) oder die Teile je einer Welt, die 'Räder' von Sternen, Mond und Sonne als drei Himmel (so nach Zeller I 307 auch Kahn 50): in diesem Fall ist semitische Anregung sehr wahrscheinlich; 'Himmel' ist im Westsemitischen eine Pluralform, οὐρανοί kehrt dann wieder als Lehnübersetzung in der Septuaginta (vgl. auch Kittels Theol. Wörterb. V 496 ff.).

[20] Vgl. B. Meissner, Babylonien und Assyrien II, Heidelberg 1925, 108: der unterste Himmel, der sichtbare Sternhimmel, bestehe aus Jaspis, der zweite Himmel aus saggilmut-, der dritte aus luludanitu-Stein ... Die babylonische Astronomie interessiert sich vor allem für das Sichtbarwerden der einzelnen Gestirne, wofür komplizierte Tabellen angelegt werden; die Vorstellung eines räumlich-mechanischen Modells spielt keine Rolle. Hölscher 415 behauptet babylonischen Ursprung der anaximandrischen Gestirnordnung mit Verweis auf Diod. 2,30,6: nach babylonischer Lehre stünden 30 Fixsterne 'unter' der Bahn der 5 Planeten; doch abgesehen von der Problematik dieser späthellenistischen, synkretistischen Quelle (Poseidonios nach Schwartz RE V 672) spielen bei Anaximandros die 5 eigentlichen Planeten keine Rolle, es geht um die Stellung von Sonne und Mond, und Diod. 2,31,5 ist der Mond ausdrücklich als erdnah bezeichnet.

[21] Anaximenes VS 13 A 7 § 6: die Fixsterne seien am weitesten entfernt. Dagegen ist noch für Parmenides (A 40a), Empedokles (A 50), Leukippos (A 1 § 33), Metrodor von Chios (VS 70 A 9) und Krates von Mallos (Aet. 2,15,6) die Sonne das höchste Gestirn. Die besondere Erdnähe des Mondes jedoch scheint nie mehr in Frage gestellt worden zu sein.

[22] Weltenmantel und Himmelszelt I, München 1910, 90,3; danach Boll RE VII 2565; W. Kranz NGG 1938, 156; Gigon a.O. 92; F. Cumont, Lux Perpetua, Paris 1949, 143. Zurückhaltend J. Duchesne-Guillemin East and West 13, 1962, 199 ff.

zeit der iranischen Texte verwies,[23] lohnt es sich, der Frage genauer *[105]* nachzugehen, handelt es sich dabei nicht nur um das Verhältnis von Orient und Griechentum, sondern überhaupt von mythischer Überlieferung und rationalem Denken in der Anfangsphase griechischer Naturphilosophie.

3.

Die Frage nach iranischen Einflüssen im frühen Griechentum führt freilich auf noch schwierigere Probleme als sie das altorientalische Material stellt. Während Tontafeltexte schon durch archäologische Kriterien historisch einigermaßen fixiert sind, ist die Auswertung der iranischen Schriften, die die Religion der Parsen erhalten hat, mit all den mannigfachen Unsicherheitsfaktoren behaftet, die eine sehr lange und wechselvolle Überlieferungsgeschichte mit sich bringt.[24] Das Avesta, dessen älteste Teile, die Gathas des Zarathustra, spätestens im 6. Jahrhundert v. Chr. verfaßt sind,[25] ist erst in sassanidischer Zeit endgültig aufgezeichnet worden, und nur ein Bruchteil des sassanidischen Corpus ist in nachsassanidischer Redaktion erhalten. Die Pahlavi-Texte, großenteils in sassanidischer Zeit verfaßt, sind erst im 9. Jahrhundert n. Chr. abschließend redigiert worden. Sie zeigen sich stark beeinflußt von hellenistischer Philosophie, schöpfen aber andererseits weithin aus älterer iranischer Überlieferung, besonders aus verlorenen Avestateilen. Gerade im Pahlavi-Schrifttum pflegt man nach Resten ältester, vorzarathustrischer Überlieferungen zu suchen, nicht ohne *[106]* überzeugende Ergebnisse; doch kann sich die Untersuchung stets nur auf innere Kriterien stützen, und auf diese Weise wird die Priorität von iranischem gegenüber griechischem Geistesgut nie durch ein äußeres Zeugnis erhärtet. Vor allem aber ist die Religion Zarathustras und mit ihr die Avestatradition von Ostiran ausgegangen; erst allmählich drang sie bei den westiranischen Völkern durch,

---

[23] Kahn 90, 1; für ihn ist Anaximandros primär ein 'mathematical physicist' (97), er sucht daher eine physikalische Überlegung, die die Gestirnordnung erklären soll: Feuer steigt nach oben, das größte Feuer steht am höchsten (vgl. auch H. Diels Arch. f. Gesch. d. Philos. 10, 1897, 229 f.). Natürlich schließen sich orientalische Anregung und physikalische Deutung keineswegs aus, religiöse Überlieferung erhält einen neuen Sinn (vgl. Abschn. 7); doch ist zu betonen, daß Anaximandros die Vorstellung von oben und unten prinzipiell überwunden hat (vgl. Kahn 53 ff.); das Feuer wird offenbar gewaltsam nach außen gedrängt, indem die Flammenrinde 'abreißt' (A 10); die natürliche Aufwärtsbewegung des Feuers hat hier keinen Platz.

[24] Für mannigfache Beratung auf dem Gebiet der Iranistik bin ich Prof. Dr. Karl Hoffmann zu großem Dank verpflichtet. Ich nenne an allgemeiner Literatur: W. Geiger, Grundriß der iranischen Philologie II, Straßburg 1896/1904; Handbuch der Orientalistik I, 4: Iranistik, hgg. v. B. Spuler, Leiden 1958; Jan Rypka, Iranische Literaturgeschichte, Leipzig 1959. Zur Religion H.S. Nyberg, Die Religionen des alten Iran, Leipzig 1938; G. Widengren, Stand und Aufgaben der iranischen Religionsgeschichte, Numen 1, 1954, 16–83; 2, 1955, 47–134; R.C. Zaehner, The dawn and twilight of Zoroastrianism, London 1961; R. Frye, Persien, Zürich 1962.

[25] Zu Zarathustra nach Nyberg Rel. 188 ff. E. Herzfeld, Zoroaster and his world, Princeton 1947; J. Duchesne-Guillemin, Zoroastre, Paris 1948; W.B. Henning, Zoroaster, politician or witch-doctor?, Oxford 1951; W. Hinz, Zarathustra, Stuttgart 1961.

mit denen naturgemäß die Griechen allein in Kontakt kommen konnten, bei Medern und Persern.[26] Westiranische Überlieferungen, die den Griechen zur Zeit des Anaximandros bekannt sein konnten, werden also gerade in der iranischen Tradition nicht direkt faßbar, sie lassen sich nur vermutungsweise rekonstruieren aus ostiranischen Parallelen, aus etwaigen westiranischen Einflüssen im jüngeren Avesta und in Pahlavischriften und aus den von den Griechen selbst bewahrten Notizen. Man mag zurückschrecken vor Untersuchungen, die sich so weitgehend im leeren Raum bewegen, doch leer ist der Raum ja nur durch den Zufall der Traditionsgeschichte. Der Schluß, wo unsere Überlieferung zu versagen scheint, habe nie etwas existiert, wäre offensichtlich falsch.

Die Reihenfolge Erde–Sterne–Mond–Sonne, die so auffällig an die Ordnung des Anaximandros erinnert, ist im Iranischen ein Stück Jenseitslehre: nach dem Tod steigt die Seele des Frommen von der Erde auf zum Thron Ahura Mazdas, Sterne–Mond–Sonne sind die Stationen ihres Wegs. Ausführlich wird dies in Pahlavitexten dargestellt. Ich stelle – ohne Anspruch auf Vollständigkeit – zusammen:[27] *[107]*

1. Bundahišn 30,11, ed. Anklesaria p. 199 ff., dt. Übers.: Widengren 179 f.

   Die Seele des Guten geht zum Paradies „mit drei Schritten, die das Gut-Gedachte, das Gut-Geredete und das Gut-Getane sind. Der erste Schritt geht bis zu den Sternen, der zweite bis zum Mond, der dritte bis zur Sonne, wo das lichte Paradies (Garōδmān) liegt."

2. Kleiner Bundahišn 12,1, engl. Übers.: West SBE 5,34

   Der mythische Berg Alburz „ever grew till the completion of eight hundred years; two hundred years up to the star station (pâyak), two hundred years to the moon station, two hundred years to the sun station, and two hundred years to the endless light".

[26] Vgl. E. Benveniste, The Persian religion according to the chief Greek texts, Paris 1929, und Nyberg pass.; die Kontroversen um Zarathustra (vgl. vor. Anm.) und die vielumstrittene Frage, inwieweit die Achämenidenkönige Zoroastrier waren (negativ etwa Widengren Numen 2, 86 ff.; positiv Duchesne-Guillemin, The western response to Zoroaster, Oxford 1958, 52 ff.), können darum außer Betracht bleiben. Nach der isolierten, vielleicht apokryphen Notiz des Xanthos (FGrHist 765 F 32) sind genauere Nachrichten über Ζωροάστρης bei den Griechen seit der Mitte des 4. Jh. faßbar, vgl. J. Bidez-F. Cumont, Les mages hellénisés, Paris 1938.

[27] Die Avestatexte sind im folgenden zitiert nach der Übersetzung von Fritz Wolff, Straßburg 1910, jedoch die Yašts nach der Übersetzung von H. Lommel, Göttingen 1927, die Gathas nach H. Humbach, Heidelberg 1959; Übersetzungen von Pahlavischriften bei E.W. West, The Sacred Books of the East ed. M. Müller (SBE), Oxford, vol. 5 (1880), 18 (1882), 24 (1885), 37 (1892), 47 (1897); Nyberg Journ. Asiat. 214, 1929, 193 ff.; R. Zaehner, Zurvan, Oxford 1955; Widengren, Iranische Geisteswelt, Baden-Baden 1961.

Etwas verwirrt erscheint die gleiche Grundstruktur in der Erzählung von der Weltschöpfung:

3. Bundahišn 3,7, ed. Anklesaria p. 32 f., Transskr. u. franz. Übers.: Nyberg JA 1929, 230 f., engl. Übers.: Zaehner 333 f.

   Ohrmazd schuf „the sky in six stations; first the station of the clouds, second the firmament of the stars, third the stars exempt from contamination, fourth heaven – the Moon is that station –, fifth Garōδmān called the Endless (anaγr) Light – the Sun is that station –, sixth the place of the Amahraspands, seventh the Endless (asar) Light, the place of Ohrmazd".

Den gleichen Weg der Seele legt Ardai Viraz in der Ekstase zurück:

4. Ardāi Virāz Nāmak 7–10, ed. M. Haug, The Book of Arda Viraf, Bombay-London 1872, mit engl. Übers. S. 157 ff.; dt. Übers.: Widengren 237 ff.

   (7) „Dann setzte ich den ersten Schritt in das Stern-Gefild, nach Humat (»das Gut Gedachte«)..." (8) „Als ich den zweiten Schritt tat, war es das Mond-Gefild in Huxt (»Das Gut Geredete«)..." (9) „Als ich den dritten Schritt tat, gelangte ich nach Huvaršt dorthin, wo das Gut Getane (huvaršt) Gastfreiheit besitzt... Dies ist das Sonnen-Gefild..." (10) „Den vierten Schritt setzte ich ins Licht des Paradieses..."

Weitere Beschreibungen der Seelenreise: *[108]*

5. Dātastān-i-Dēnīk 34,3, engl. Übers.: West SBE 18,76

   „The righteous souls pass over the *K*inva*d* bridge ... they step forth up to the star, or the moon, or to the sun station, or to the endless light".

6. Saddar 87,11, engl. Übers.: West SBE 24,352

   „One step reaches to the star station, the second step reaches to the moon station, the third step to the sun station, and with the fourth step it reaches the *K*inva*d* bridge". (Die 'Brücke des Büßers' muß nach der sonstigen Tradition vielmehr vor dem ersten Schritt ins Sterngefild überschritten werden).

Umgesetzt in Beschreibung des Kosmos:

7. Mēnōk-i-Xrat 7,1 ff., engl. Übers.: West SBE 24,29 f.

   „Heaven is, first, from the star station unto the moon station; second, from the moon station unto the sun; and third, from the sun station unto garodman, whereon the creator Aûharmazd is seated".

8. Pahlavi Rivāyat zu Dātastān-i-Dēnīk, engl. Übers.: Zaehner 365

„From the station of the stars to the station of the Moon is a distance of thirty-four thousand parasangs; from the station of the Moon to the station of the Sun it is thirty-four thousand parasangs; from the Sun to the sky it is thirty-four thousand parasangs; from the station of the stars to this place it is thirty-four thousand parasangs".

In umgekehrter Richtung schwebte der göttliche Glanz zur Erde nieder, damit Zarathustra geboren werden konnte:

9. Dēnkart 7,2,3, engl. Übers.: West SBE 47,17 f.

„...from the light which is endless it fled on, on to that of the sun; from that of the sun, it fled on, on to the moon; from that of the moon it fled on, on to those stars; from those stars it fled on, on to the fire which was in the house of Zôis" (Zarathustras Großvater).

Die Reihenfolge der Himmelsstationen von den Sternen über den Mond zur Sonne ist also eine feststehende Überlieferung, die in den Pahlavischriften im wesentlichen gleichförmig wiederholt wird. Sie entstammt nicht hellenistischer Kosmologie; hellenistisch ist vielmehr der Gegensatz der sieben Planeten, *[109]* die Ahriman zugeordnet sind, zu den zwölf göttlichen Tierkreiszeichen, überhaupt die speziell astrologischen Lehren, die in den Pahlavischriften eine bedeutende Rolle spielen. Die naive Einteilung der Himmelskörper in Sterne, Mond und Sonne ist demgegenüber offenbar älter, sie liegt den Einflüssen babylonischer und griechischer Astronomie voraus.[28] Tatsächlich findet sich die gleiche Himmelsordnung bereits im Avesta, freilich der Eigenart dieser Texte entsprechend nicht in erzählender Darstellung, sondern eingeschmolzen in liturgische Formeln:

10. Yašt 13,57 (Fravaši-Yašt), dt. Übers.: Lommel 119

„Die guten ... Schutzgeister der Frommen verehren wir, die den Sternen, dem Mond, und der Sonne, den anfangslosen Lichtern die rechten (= wahrhaftigen) Bahnen gewiesen haben..."

11. Yašt 12,25 ff. (Rašn-Yašt), dt. Übers.: Lommel 100 f.

„Auch wenn du, o frommer Rašnu, auf dem Gipfel der hohen Harati bist, um den rings Sterne, Mond und Sonne kreisen, rufen wir an, erfreuen wir den kraftvollen Rašnu... (26) Auch wenn du, o frommer Rašnu, auf dem vom Weisen geschaffenen Stern Vanant

---

[28] Die iranische Himmelsordnung taucht in der griechischen Tradition ganz selten auf: 'Zoroaster' bei Lydos mens. 2,4 (Bidez-Cumont II 228); vielleicht hängt Paulus 2. Kor. 12 damit zusammen. Die Mithrasmysterien haben die 7 Planetensphären der griechischen Astronomie übernommen.

bist, rufen wir..." (27–32: Aufzählung weiterer Sterne) (33) „Auch wenn du, o frommer Rašnu, dort auf dem Mond, der den Samen des Rindes enthält, bist... (34) Auch wenn du, o frommer Rašnu, bei dem König Sonne, der schnelle Rosse hat, bist... (35) Auch wenn du, o frommer Rašnu, bei den anfangslosen selbstgeschaffenen Lichtern bist..."

12. Yasna 1,16, dt. Übers.: Wolff 8

„Ich widme (es), ich vollziehe (es) für ... die Erde hier und den Himmel dort und für den ašaheiligen Wind; für die Sterne, den Mond, die Sonne, den anfangslosen unvergänglichen Lichtraum."

13. Yasna 22,18, dt. Übers.: Wolff 57

„Zu verehren hole ich her ... die Erde hier und den Himmel *[110]* dort und den ašaheiligen Wind; die Sterne, den Mond, die Sonne, den anfangslosen unvergänglichen Lichtraum."

14. Yasna 71,9, dt. Übers.: Wolff 100

„Die ganze Erde verehren wir und den ganzen Himmel verehren wir; und alle Sterne und den Mond und die Sonne verehren wir; den ganzen anfangslosen Lichtraum verehren wir".

15. Gāh 3,6, dt. Übers.: Wolff 148

„Die Sterne und den Mond und die Sonne, die [himmlischen] Leuchten, verehren wir, den anfangslosen Lichtraum verehren wir".

16. Vidēvdāt 11, dt. Übers.: Wolff 391 f.

„Es fragte Zaraθuštra... Wie soll ich das Haus läutern? ... wie die Sterne, wie den Mond, wie die Sonne, wie den anfangslosen Lichtraum... (2) Da sagte Ahura Mazdāh: ... so werden ... die Sterne geläutert, der Mond geläutert, die Sonne geläutert, der anfangslose Lichtraum geläutert..." (10) „Ich gehe dir, o arglistiger Aŋra Mainyav, zu Leibe ... von den Sternen aus, vom Mond aus, von der Sonne aus, von dem anfangslosen Lichtraum aus."

[Zusatz 2001:
M.L. West, Early Greek Philosophy and the Orient, Oxford 1971, 89 weist darauf hin, daß Text nr. 9 gemäß der Einleitung

„As it is said in revelation:..."

ein Avesta-Fragment ist, und er fügt als weitere Belege hinzu:

16a. Šāyast Lā-Šāyast 12,5, engl. Übers.: West SBE V 341 f., aus Dāmdāt Nask, d.h. ein Avesta-Fragment (M.L. West 67):

„when they sever the consciousness of men it goes out to the nearest fire, then out to the stars, then out to the moon, and then out to the sun"

16b. Vidēvdāt 7,52, dt. Übers.: Wolff 362 (M.L. West 90.1)

„,Stracks gehe weiter zum Paradies' (so) werden ihn, o Zaraθuštra, willkommen heißen die Sterne und der Mond und die Sonne."]

Damit ist der Hinweis Kahns auf die späte Entstehung etwa des Bundahišn hinfällig geworden: die Reihenfolge Sterne–Mond–Sonne–anfangsloser Lichtraum ist bereits in den Liturgien des Avesta eine ganz feste Formel. Der Fravaši-Yašt gilt als einer der ältesten Yašts.[29] Allgemeine Überlegungen führen somit an die Zeit des Anaximandros zumindest nahe heran. Weiter zurückzugehen nötigt die innere Geschlossenheit der iranischen Lehren: der Aufstieg der Seele von der Erde zum himmlischen Lichtreich ist ein sehr altes Stück religiös-ritueller Überlieferung; er findet sich ganz ähnlich in der vedischen Literatur,[30] muß also indoiranisches Erbe sein. Sicher ist *[111]* er älter als Zarathustras Reform: nebenbei und selbstverständlich spielen die Gathas auf die Činvat-Brücke, die 'Brücke des Büßers' an, wo die Seelen der Guten von denen der Bösen geschieden werden.[31] Wenn sich dabei Zarathustra erbietet, er selbst werde mit den Guten die Brücke des Büßers überschreiten (Yasna 46,10), so hört man den Schamanen sprechen, der in der Ekstase die Jenseitsreise antritt, der ihre Stationen kennt und die Seelen sicher ans Ziel zu geleiten versteht.[32] Daß der Weg zum Paradies von den Sternen über den Mond zur Sonne geht, ist durchaus sinnvoll: die Sonne ist das eigentliche Himmelstor, aus dem der Glanz des Jenseits strahlt – auch dies vielleicht eine Vorstellung, die auf indoiranisches Erbe zurückgeht.[33]

---

[29] Nyberg Rel. 291 f.; Widengren Numen 2, 48 Anm.

[30] Vgl. S. Wikander, Vayu I, Leipzig 1941, 42 ff.; Widengren Numen 1,34 ff. Verlockend wäre es, auch die 'drei Himmel' der vedischen Überlieferung in diesen Zusammenhang zu stellen; die Sonne scheint dabei im höchsten Himmel gedacht zu sein (vgl. W. Kirfel, Die Kosmographie der Inder, Bonn 1920, 23; 41 ff.; H. Lüders, Varuna, Göttingen 1951/9, I 57 ff.; 294 ff.; II 589 ff.); doch ist das Zustandekommen und der ursprüngliche Sinn der Veda-Formulierungen zu kompliziert, als daß man in diesem Punkt schlechtweg indoarisches Erbe konstatieren könnte.

[31] Yasna 46,10; 51,13; vgl. Nyberg Rel. 179 ff.

[32] Zum iranischen Schamanismus Nyberg Rel. 160 ff.; Widengren Numen 2, 62 ff.; zurückhaltend Duchesne-Guillemin, The western response 31 f.; die spöttische Ablehnung von Henning, Zoroaster 19 f.; 29 ff. stützt sich vor allem auf das Argument, die Griechen hätten solch primitive Sitten, hätten sie bestanden, gewiß zur Zielscheibe ihres Witzes gemacht; doch liegt die Sache bei den Griechen selbst komplizierter, vgl. RhM 105, 1962, 36 ff., und immerhin kennt die griechische Tradition die μάγοι als Nekyomanten, vgl. das Satyrspiel Agen TGF² p. 811, Lukian Menipp. 6, Bidez-Cumont I 180 ff.

[33] Vgl. J. Hertel, Die Himmelstore im Veda und im Awesta, Leipzig 1924, mit Verweis auf Yasna 57,21: der Himmel 'selbstleuchtend aus seinem inneren Teil, sterngeschmückt von sei-

So spricht alles dafür, daß die Folge Sterne–Mond–Sonne–Paradies ihren Ursprung im schamanistischen Ritual der Seelenreise hat; die Pahlavitexte zeigen den alten Zusammenhang, der auch hinter den Avestaformeln steht. Dann aber ist gegenüber dem iranischen Seelenmythos der Weltbau des Anaximandros sekundär. Es ist doch nicht zu glauben, daß ein gerade in Griechenland sogleich überholtes astronomisches System den Rahmen für den Jenseitsglauben der Iranier geliefert haben sollte. Andererseits wagt auch Kahn nicht anzunehmen, daß eine solche Übereinstimmung im einzelnen, "this curious parallel", ganz ohne gegenseitige Einflüsse zustandegekommen sei. Ein Ausweg wäre noch, altgriechische, letztlich indogermanische Überlieferungen zu postulieren, denen Anaximandros folgen konnte – eine Hypothese, die sich nicht stützen läßt. So bleibt nur der Schluß: Anaximandros entnahm *[112]* das Gerüst für seinen kosmischen Entwurf iranischer Mythologie.

4.

Doch weiter: die Seelenreise endet nicht bei der Sonne, ihr Ziel ist das himmlische Paradies, das in iranischer Lehre mit einer festen Formel bezeichnet wird: die 'anfangslosen Lichter', anagrā raočå[34] Bei Anaximandros aber liegt jenseits des Sonnenrades das ἄπειρον, das die Welt umgibt. Τὸ ἄπειρον, der entscheidende Grundbegriff in der Kosmologie des Anaximandros, gewinnt damit eine merkwürdige Entsprechung in der iranischen Spekulation.

Zunächst das iranische Material: die 'anfangslosen Lichter' jenseits der Sonne sind genannt in den zitierten Avestatexten Nr. 10–16, in den Pahlavitexten Nr. 2, 8, 9, verwirrt Nr. 3, vgl. auch Nr. 1; 4. Dazu kommt

17. Hadōxt-Nask 2,15, dt. Übers.: Widengren 174

> „Den ersten Schritt vorwärts tat damit die Seele des gerechten Mannes und setzte den Fuß nieder im Gut Gedachten. Den zweiten Schritt vorwärts tat damit die Seele des gerechten Mannes und setzte den Fuß nieder im Gut Geredeten. Den dritten Schritt vorwärts tat damit die Seele des gerechten Mannes und setzte den Fuß nieder in den anfangslosen Lichtern."

18. Pūrsišnīhā 38, Transskr. u. franz. Übers. bei Darmesteter, Le Zend-Avesta III 69 f. nennt als Ziel des Frommen „le Paradis, la lumière infinie et la félicité imméritée".

---

nem äußeren Teil'. Die Tore in der Sonne, die sich auf Beschwörungen hin öffnen, erscheinen auch in der 'Mithrasliturgie' Pap. Gr. Mag. 4,575 ff.; 620 ff.

[34] raočah- (es-Stamm) zu leuk- 'leuchten', lat. lux usw.; an-aγra- zu aγra 'das Erste, Höchste, Spitze, Anfang'; in der Verbindung anaγra-raočah- sind stets Pluralformen gebraucht; Wolff übersetzt etwas freier 'Lichtraum'.

Ferner wird der „unvergängliche anfangslose Lichtraum" in den liturgischen Gebeten Vidēvdāt 19,35 (Wolff 431), Yasna 16,6 (Wolff 45), Sīh rōčak 1,30; 2,30 (Wolff 301; 305) genannt.

Dieses 'unendliche Licht' (Pahlavi: asar rōšnīh) gehört innig zu Ahura Mazda:

19. Bundahišn 1,2, ed. Anklesaria p. 2f., Transskr. u. frz. Übers.: Nyberg JA 1929, 206f.; dt. Übers.: Widengren 58

> „Die Unbegrenzte Zeit hindurch war er (Ōhrmazd) immerwährend im Lichte. Jenes Licht ist Ōhrmazds Thron und Ort. Einige nennen es »das Unendliche Licht«." *[113]*

20. Bundahišn 28,7, ed. Anklesaria p. 191, dt. Übers.: Widengren 51

> „Wie Ōhrmazd seinen Thron im unendlichen Lichte und sein Dasein im Paradiese hat..."

Im mazdaischen Kalender gehört der letzte, 30. Tag des Monats den 'anfangslosen Lichtern' (mittelpersisch: anaγrān), nach Himmel (27.), Erde (28.) und Gottes Wort (29.), als dem „Inbegriff der ganzen göttlichen und menschlichen Welt",[35] der zugleich vorausweist auf Ahura Mazda, dem der erste Tag des folgenden Monats wieder heilig ist. Auch in der Verkündigung Manis, der darin iranischer Lehre folgte, stand am Anfang das Licht als Reich Gottes, ungeschaffen und unendlich.[36]

Der mazdaische Kalender, im 5. Jahrhundert v. Chr. eingeführt, ergibt einen äußeren Terminus ante quem für die Vorstellung von den 'anfangslosen Lichtern'; sie darf als wesentlich älter gelten, als fester Bestandteil der ganzen Lehre von der Seelenreise, wie schon die Avestaformeln erkennen lassen. Auch im Altindischen ist vom Aufstieg in ein übersinnliches Lichtreich jenseits des sichtbaren Himmels die Rede.[37] Zugrunde liegt wohl weniger die Anschauung des strahlenden Tageshimmels als vielmehr ein eigentümliches Erlebnis der Ekstase. Vielfach ist bezeugt, wie Mystiker im beseligenden Hereinbrechen eines übersinnlichen Lichtes die göttliche Gegenwart erleben; es genügt der Hinweis auf die Hesychasten, jene Mönche vom Berg Athos, die das 'ungeschaffene Licht' vom Tabor zu schauen sich bemühten.[38] So mag der iranische Schamane am Ziel der Seelenreise, auf der letzten Stufe der Versenkung die 'anfangslosen Lichter' erblickt haben.[39] Die Gewißheit, das Abso-

---

[35] Nyberg Rel. 379; vgl. Sīh rōčak 1,30; 2,30; Afrīnakān 3,9; 10 (Wolff 301; 305; 311); Datierung des mazdaischen Kalenders auf 441 v. Chr.: S.H. Taqizadeh, Old Iranian Calendars, London 1938 (vgl. Widengren Numen 2, 87 f. Anm.), gegen J. Marquart, Untersuchungen zur Geschichte von Eran II, Leipzig 1907, 192 ff., der 485 v. Chr. erschloß.

[36] Vgl. Widengren, Mani und der Manichäismus, Stuttgart 1961, 50 ff.

[37] rocaná, vgl. Lüders a.O. I 66 ff.

[38] Vgl. H.G. Beck, Kirche und theologische Literatur im Byzantinischen Reich, München 1959 (Handbuch der Altertumswiss.) 322 ff.; 364 ff.; V. Lossky, Die mystische Theologie der morgenländischen Kirche, Köln 1961, 271 ff.

[39] Der andere Name des Paradieses ist garō dəmāna, 'Haus des Lobliedes'; zum Sehen tritt das Hören, das eine nicht minder große Rolle im ekstatischen Erlebnis spielt.

lute *[114]* erreicht zu haben, das nichts mehr über sich hat, drückt sich in den Epitheta aus: anaγra- und x^{v}aδāta-, 'anfangslos' und 'selbstgeschaffen'.[40]

Von hier aus wird auch die kosmologische Funktion dieses 'unendlichen Lichts' verständlich: es ist der Ursprung der Welt, alle Schöpfung ist von ihm ausgegangen, wie die Pahlavitexte schildern:

21. Bundahišn 1,29, ed. Anklesaria p. 12, Transskr. u. frz. Übers.: Nyberg JA 1929, 216 f.; engl. Übers.: Zaehner 316, dt. Übers.: Widengren 64

> Ohrmazd „brachte die unendliche Form[41] aus dem Unendlichen Licht hervor und schuf die ganze Schöpfung aus der anfangslosen Form".

22. Bundahišn 1,41, ed. Anklesaria p. 17, Transskr. u. frz. Übers.: Nyberg JA 1929, 220 f.; engl. Übers.: Zaehner 318, dt. Übers.: Widengren 67

> „Aus dem Unendlichen Licht brachte er (Ohrmazd) das Feuer hervor, aus dem Feuer den Wind, aus dem Wind das Wasser, aus dem Wasser die Erde, die materielle Welt".

23. Pahlavi Rivāyat zu Dātastān-i-Dēnīk 46, engl. Übers.: Zaehner 364 f.

> „There was an implement like a flame of fire, pure in light; it was fashioned from the Endless Light; and from it all creation was made".

24. Dātastān-i-Dēnīk 64,3 ff., franz. Übers.: S. Hartmann, Gayomart, Uppsala 1953, 43

> „Ohrmazd ... produisait de la lumière infinie le corps d'un prêtre dont le nom était celui d'Ohrmazd, dont l'éclat était celui du feu ... et, dans ce corps d'un prêtre, il créa l'homme".

25. Dēnkart ed. Madan p. 282 f., engl. Übers.: Zaehner 391

> „... so much Knowing was necessary for the Creator to *[115]* rise up for the creative act. The first result of this rising up was the Endless Light." Hier ist das 'anfangslose Licht' selbst geschaffen, doch vor aller anderen Schöpfung.

---

40 x^{v}a-δāta-, gebildet aus dem Reflexivstamm s$^{u̯}$e- und Wurzel *dhē- (τίθημι), 'selbstgeschaffen' (Lommel), 'eigener Bestimmung unterstehend', von Wolff etwas freier 'unvergänglich' übersetzt (o. Text 11–13).

41 Andere Lesart 'eine Priestergestalt', vgl. Text Nr. 24; nach Duchesne-Guillemin East and West 13,204 f. ist vielmehr zu lesen: 'a form of fire'.

26. Dēnkart ed. Madan p. 347, engl. Übers.: Zaehner 373

„He who formed the x^{v}arr[42] is the creator Ohrmazd. The seed from which it derives is the Endless Light".

27. Dēnkart ed. Madan p. 349, engl. Übers.: Zaehner 373

„The instrument which the Creator fashioned from the Endless Light ..."

Vgl. auch Mēnōk-i-Xrat 8,6, engl. Übers.: Zaehner 368

„The Creator Ohrmazd fashioned his creation ... from his own light".

Über das Alter dieser Weltschöpfungslehren muß man vorsichtig urteilen. Zumindest im Bundahišn liegt der Einfluß hellenistischer Elementenlehre auf der Hand.[43] Doch daneben stehen ganz andere Vorstellungen, in denen die Welt im Urzustand, wie sie aus dem 'Unendlichen Licht' hervorging, offenbar ein riesiger Menschenleib ist, der einmal – Text Nr. 24 – auch Ohrmazd heißt, und hierin sieht man wohl mit Recht einen hochaltertümlichen Zug.[44] Gemeinsam aber ist den verschiedenen Versionen der Ursprung aus dem 'Unendlichen Licht', und diese Lehre kann damit gleichfalls als alt gelten. Und wirklich spielt schon ein Avestatext darauf an, wenn die Gläubigen beten: „Möchten wir des schöpferischen Schöpfers schöpferisches Licht, das des Ahura Mazdah, zu sehen bekommen".[45] Der Lichtraum des Paradieses, zu dem die Seele zurückkehrt, ist zugleich der 'schöpferische' Ursprung der Welt.

Wenn die Folge von Sternen, Mond und Sonne Anaximandros mit iranischer Überlieferung verbindet, dann ist das ἄπειρον von den 'anfangslosen Lichtern' nicht zu trennen. Die Entsprechung erstreckt sich auf vier bezeichnende Einzelzüge: die Benennung durch Negation der Grenze, die Göttlichkeit, die doppelte Funktion als Ursprung der Welt und als weltumschließendes περιέχον. *[116]*

Was Anaximandros mit ἄπειρον präzise gemeint und warum er den Ursprung des Alls so benannt hat, ist ein immer wieder neu diskutiertes Problem. Einleuchtend scheint die Überlegung, der Ursprung müsse der Bestimmtheit und gegenseitigen Abgrenzung der Einzeldinge vorausliegen, heiße also ἄπειρον als das 'Unbestimmte', wenn nicht als streng qualitätslos vorgestellt, so doch vielleicht als innige Mischung der Gegensätze.[46] Dagegen steht die philologische Beobachtung, die

---

[42] Zaehner 128 f. übersetzt 'Fortune'; funktionell entspricht das 'implement' oder 'instrument' Text Nr. 23; 27.

[43] Text Nr. 22, Duchesne-Guillemin RE Suppl. IX 1589.

[44] Vgl. A. Olerud, L'idée de macrocosmos et de microcosmos dans le Timée de Platon, Uppsala 1951; Duchesne-Guillemin a.O. 1585 f.

[45] Yasna 58,6, Wolff 81: daθušō ... dadūžbīš raočəbīš.

[46] 'indefinite' übersetzen Kirk-Raven; vgl. W.K.C. Guthrie, In the beginning, London 1957, 31; H. Fränkel, Dichtung und Philosophie des frühen Griechentums, München 1962², 300: „Hintergrund von unbestimmten Möglichkeiten ..., die unabgegrenzt miteinander verschwimmen,

zwingt, den räumlichen Aspekt des ἄπειρον in den Vordergrund zu rücken.[47] Dann scheint eher die andere Überlegung bestimmend zu sein, die Aristoteles anführt und Doxographen dem Anaximandros zuweisen: 'unendlich' müsse der Ursprung sein als unerschöpflicher Vorrat für alles Werden.[48] Widersprüche jedoch ergeben sich dann daraus, daß, wenn die Dinge ins ἄπειρον zurückkehren, der Vorrat stets ergänzt wird, auch ohne unendlich zu sein; wenn aber die Dinge auseinander entstehen und ineinander übergehen, 'einander' Buße zahlend nach dem Wortlaut des Fragments, dann ist das ἄπειρον nicht nur in seiner Bestimmtheit als 'Unendliches', sondern überhaupt letzten Endes überflüssig.[49] Denn wie man sich vorstellen soll, daß das ἄπειρον 'alles lenkt', bleibt dunkel.[50] *[117]*

---

so wie auch ihre Summe unabsehbar und ohne Grenzen ist". F.M. Cornford, Principium Sapientiae, Cambridge 1952, 178: ἄπειρον 'indistinct', darin die Dinge 'fused, like wine and water'; vgl. die Kritik von Seligman 28 ff.; 40 ff.

47 Kahn 232 f.; Classen 161 ff.

48 Arist. phys. 203 b18, 208 a8; Aet. 1,3,3 (VS 12 A 14); vgl. Zeller I 274 f.; W. Jaeger, Die Theologie der frühen griechischen Denker, Stuttgart 1953, 35; Kahn 38; G. Calogero Gnomon 34, 1962, 321 f.

49 W. Kraus RhM 93, 1950, 364–379 nahm an, daß Anaximandros ein Vergehen ins Nichts, keine Rückkehr ins ἄπειρον lehrte; dann ist der unerschöpfliche Vorrat notwendig; der erste Satz des 'Fragments' B 1 muß dann nicht nur in der Formulierung modernisiert, sondern inhaltlich falsch sein; dagegen beziehen Kirk (ClQ 1955, 35; Kirk-Raven 118 f.) und Kahn (178 ff.) ἐξ ὧν δὲ ἡ γένεσις... nicht auf das ἄπειρον, sondern auf die auseinander entstehenden Gegensätze, es gehe nicht um Weltuntergang, sondern die 'fluctuating balance' (Kirk) in unserer einen Welt (vgl. Anm. 19); die 'unerschöpfliche Quelle' wird dann überflüssig (Classen 163 f.). Doch ist – gegen Kahn – festzuhalten, daß Theophrast-Simplikios eindeutig von Entstehen aus dem ἄπειρον und Vergehen ins ἄπειρον sprechen: wenn das ἄπειρον erst als ἀρχή τε καὶ στοιχεῖον τῶν ὄντων, dann als φύσις ..., ἐξ ἧς ἅπαντας γίνεσθαι τοὺς οὐρανούς bezeichnet ist, kann ἐξ ὧν δὲ ἡ γένεσις im nächsten Satz nichts anderes meinen als Entstehung aus dem ἄπειρον, von der auch der folgende Satz, den Kahn (166 ff.) nicht mehr behandelt, noch spricht; vgl. auch von Fritz a.O. 551,18; Seligman 78 ff.; so bleibt nur die unbehagliche Behauptung, Theophrast habe Anaximandros gründlich mißverstanden (Kirk); vgl. auch Anm. 65.

50 Vgl. Kirk-Raven 115 f.; darauf gestützt verwirft Classen 168 f. die Notiz des Aristoteles (τὸ ἄπειρον) περιέχειν ἅπαντα καὶ πάντα κυβερνᾶν (phys. 203 b 11), in der man gemeinhin einen Grundgedanken, ja den Wortlaut des Anaximandros findet (vgl. Diels zu VS 12 A 15; Kahn Festschrift Ernst Kapp, Hamburg 1958, 19 ff. und a.O. 44). Classens Bemerkung zu Aristoteles: „sein δοκεῖ (b 11) läßt keinen Zweifel, daß er hier eigene Vermutungen äußert", ist jedoch unzutreffend: Aristoteles referiert die Argumente, auf Grund deren frühere Denker ein ἄπειρον als ἀρχή annahmen; er selbst akzeptiert den Beweisgang nicht voll und ganz, da für ihn ἄπειρον ja nur δυνάμει existieren kann; wenn er also schreibt: διὸ ... οὐ ταύτης ἀρχή, ἀλλ'αὕτη τῶν ἄλλων εἶναι δοκεῖ καὶ περιέχειν ἅπαντα καὶ πάντα κυβερνᾶν, ὥς φασιν ..., so distanziert er sich mit δοκεῖ vom fremden Beweisgang, περιέχειν καὶ κυβερνᾶν dagegen sind nähere Bestimmungen, die die früheren auf ihre ἀρχή anwandten, vom aristotelischen Zusammenhang nicht unmittelbar gefordert, also Zitat (ὥς φασιν); nichts stützt die Hypothese, daß Aristoteles hier Formulierungen von Heraklit (B 41) oder Parmenides (B 12,3) einfließen ließe (Classen a.O.), bei denen ἄπειρον keine Rolle spielt; allenfalls kommt Diogenes von Apollonia (B 5) in Frage, der aber kaum prinzipiell Neues brachte. Wenn indessen dem ἄπειρον eine religiöse Konzeption zugrundeliegt, wird das Problem des κυβερνᾶν verwandelt: *wie* das Göttliche eingreift, ist immer eine schwer zu beantwortende Frage, aber *daß* es eingreift und ‚alles lenkt', ist eine vorgegebene Gewißheit; Sokrates war noch von der Art, wie Anaxagoras den Νοῦς 'alles lenken' ließ, höchst unbefriedigt (Pl. Phd. 97 b). Vgl. jetzt auch F. Solmsen Arch. f. Gesch. d. Philos. 44, 1962, 109–131; er gewinnt für Anaximanders ἄπειρον das weitere Prädikat πάντα

Anders wäre die Lage des Interpreten, wenn sich genauer bestimmen ließe, was Anaximandros vorgegeben war, wenn sich überhaupt erweisen ließe, daß der Gedanke des ἄπειρον nicht durch Schließen und Abstrahieren gleichsam im leeren Raum konstruiert, sondern aus älterer Überlieferung herauskristallisiert ist. Längst hat Cornford[51] gefordert, die frühgriechische Philosophie und insbesondere Anaximandros zu begreifen als "restatement in rational terms of a prescientific view of the world", und Seligman, der die 'metaphysische' Funktion des ἄπειρον als des schlechthin jenseitigen Beziehungspunktes herausstellt, von dem aus die innerweltlichen Gegensätze in ihrer Bedingtheit und ihrer Ordnung durchsichtig werden, sucht gleichwohl nach 'antecedents' dieser Vorstellung *[118]* in vorphilosophischer Tradition.[52] Unter diesem Aspekt verdient das iranische Vergleichsmaterial besondere Beachtung.

Zwar ist ἄπειρον keine genaue Übersetzung der 'anfangslosen Lichter'; wörtliches Äquivalent zu anaγra- wäre eher ἄναρχος, und von 'Licht' hat Anaximandros in diesem Zusammenhang nicht gesprochen, hat er doch nach dem ausdrücklichen Zeugnis der Doxographen sein Prinzip nicht näher bestimmt.[53] Doch könnte sein, daß das Ausgesagte als bewußte Verknappung eines viel reicheren Vorstellungsgehaltes zu verstehen ist; man ist sich darüber einig, daß τὸ ἄπειρον bei Anaximandros nicht den Begriff der Unendlichkeit, sondern ein unendliches Etwas meinte,[54] und Spätere bezeichnen nicht selten das περιέχον als Feuer oder αἰθήρ.[55] Dem Wort ἄναρχος, das zudem in der Bedeutung 'führerlos' vorbelastet war, fehlt der räumliche Aspekt, der für das Weltmodell so wichtig war. Dabei ist bemerkenswert, daß als Beschreibungen des ἄπειρον zwar ἀθάνατον und ἀγήρων sicher bezeugt sind, nicht dagegen ἀγένητον: die 'Anfangslosigkeit' war in ἄπειρον offenbar schon mitgedacht und darum nicht eigens ausgesagt.[56]

Entscheidend jedoch ist, daß die iranische Lehre das Modell liefert für eine Eigentümlichkeit, die weder aus griechischer noch aus altorientalischer Tradition befriedigend erklärt werden kann: der Ursprung, negativ benannt, als das Göttliche,

---

ἐν ἑαυτῷ ἔχει und vermutet, das ἄπειρον 'lenke alles', indem es die Himmelsbewegungen hervorbringe und erhalte.

51 From religion to philosophy, London 1912 (repr. New York 1957), 6.

52 Seligman 134 ff. vergleicht dabei das ἄπειρον vor allem mit der Okeanos-Vorstellung.

53 Diog. Laert. 2,1; Aet. 1,3,3; die vieldiskutierten Notizen des Aristoteles über ein Element 'zwischen' den Elementen müssen beiseitebleiben, obwohl Kahn 44 ff. sie wieder auf Anaximandros beziehen möchte; vgl. Zeller I 283 ff.; Hölscher 274 ff.; Kirk-Raven 110 ff., Classen 164, Seligman 35 ff.; Arist. phys. 187 a14 bleibt für Kahn (45 f.) eine schwer zu eliminierende Gegeninstanz. Vermutlich ist die Theorie vom Zwischenelement eine voraristotelische Interpretation des anaximandrischen ἄπειρον.

54 Vgl. schon Zeller I 272; Classen 162.

55 αἰθὴρ ἄπειρος Anaxagoras B 1 (als Luft aufgefaßt), αἰθὴρ als περιέχον Hippokr. Carn. 2 (VS 64 C 3), Feuer als περιέχον Philolaos A 16. Vgl. Eurip. Ba. 293; Fr. 919; 941.

56 Classen GGA 1959, 41 f., vgl. a.O. 161 vermutet ansprechend, daß Anaximandros das epische Paar ἀθάνατον καὶ ἀγήρων gebrauchte, ἀνώλεθρον und ἀίδιον spätere Umschreibungen sind.

das zugleich die Welt umgibt und lenkt.[57] Im Griechischen führt *[119]* kein Weg vom ἄπειρον zum θεῖον. Auch wenn der 'Finitismus' des griechischen Geistes gelegentlich übertrieben wurde,[58] bleibt doch bestehen, daß für griechisches Empfinden Vollkommenheit und Grenze, τέλος und τέλειος zusammengehören; Parmenides ist insofern griechischer als Anaximandros. 'Απείρων heißen bei Homer Erde, Meer und Nacht, oder auch der δῆμος – nicht aber Himmel oder Olympos;[59] das Undurchdringbar-Unerforschliche bedeutet einen Mangel an Klarheit und Gestaltung, widerspricht dem plastischen, aristokratischen Sinn der Griechen. Man hat das ἄπειρον seit je mit dem Chaos Hesiods verglichen, dem uranfänglichen Abgrund,[60] insbesondere mit dem in der Titanomachie beschriebenen χάσμα, wo Erde, Tartaros, Meer und Himmel ihre Quellen und Grenzen haben;[61] doch dazu ist ausdrücklich gesagt: τά τε στυγέουσι θεοί περ (739). Von hier führt nicht eine einfache Umsetzung ins Begriffliche zum ἄπειρον des Anaximandros, sondern eine geradezu revolutionäre Umwertung; was 'äußerste Ferne zum Olymp' war (Hölscher 398), tritt an die Stelle des Olymps selbst.

Doch auch die babylonischen, phönikischen und ägyptischen Kosmogonien, auf die Hölscher so nachdrücklich hingewiesen hat, können gerade diesen Sprung nicht erklären. Wenn im babylonischen Weltschöpfungsepos die Wasser der Tiefe am Anfang stehen, Apsu und Tiamat, wenn diese Wasser in gewisser Weise den Kosmos 'umfassen', insofern vom Wasser unter der Erde und über der Himmelsfeste die Rede ist, so stehen sie doch im offenen Gegensatz zu den herrschenden Göttern: erst indem Apsu und Tiamat erschlagen werden, kann der Kosmos entstehen, der Marduk untertan ist. Auch die phönikische Kosmogonie nach Philon von Byblos betont die abstoßenden Züge des *[120]* Urgrundes: dunkle Luft, schlammiges Chaos,[62] und ebenso fassen die ägyptischen Kosmogonien in ihrer so weit vorangetriebenen Begrifflichkeit den Urzustand immer als ein Noch-nicht, das mit dem Auftreten der Kultgötter überwunden ist.[63]

---

57 Nach Zeller I 293 zweifelt Classen 161 daran, daß Anaximandros selbst das ἄπειρον als θεῖον bezeichnet hat; es liege ein Schluß des Aristoteles (phys. 203 b 13) vor; doch vgl. auch cael. 284 a2 ff.; selbst wenn indessen Anaximandros das ἄπειρον nur ἀγήρων καὶ ἀθάνατον nannte, gab er unmißverständlich zu verstehen, daß es göttlich ist; vgl. auch Jaeger a.O. 41 ff. Problematisch sind die Angaben der Doxographen über die οὐρανοί als Götter, Kahn 47 f.

58 Die angebliche Scheu der Griechen vor dem Unendlichen sucht R. Mondolfo zu widerlegen, L'infinito nel pensiero dell'antichità classica, Florenz 1956^2, seinerseits nicht ohne Übertreibung.

59 Vgl. die Belege bei Classen 163,3; 165.

60 Zur Interpretation des hesiodeischen Chaos Hölscher 398 f.; Fränkel a.O. 112; 116 ff.

61 Hes. Theog. 736 ff., vgl. G. Vlastos Gnomon 27, 1955, 74 f. Anm.; Classen 162: „Tò ἄπειρον ist die Prosaübersetzung jener zwei Verse, mit denen uns das χάσμα geschildert wird"; Vlastos hält es für möglich, daß das Wort θεσπέσιον V. 700 als aufs Chaos bezogen verstanden wurde; doch abgesehen davon, daß es nicht einfach 'göttlich' heißt, stellt φλὸξ ἄσπετος V. 697 f. klar, daß θεσπέσιον zu καῦμα gehört.

62 FGrHist 790 F 2 = Euseb. Praep. Ev. 1,10,1: ἀὴρ ζοφώδης, χάος θολερόν.

63 Vgl. Hölscher 387 f. – J. Pirenne, L'influence égyptienne sur la philosophie ionienne, Annuaire de l'inst. de philol. et d'hist. orient. et slaves de l'univ. Bruxelles 15, 1958/60, 77 behaup-

Anders die 'anfangslosen Lichter', in denen Ahura Mazda thront: sie sind nicht vorweltliches, überholtes Chaos, sondern Ursprung der Welt, Stätte des höchsten Gottes und das dem Menschen zugedachte Ziel zugleich. Und eben darin entspricht ihnen das ἄπειρον des Anaximandros: nicht gottverhaßter Abgrund oder urweltliches Monstrum, sondern göttlicher Ursprung, der die Welt aus sich hervorgebracht hat, sie umfaßt und lenkt – ein Ausdruck religiöser Gewißheit[64] – und sie schließlich wieder in sich aufnehmen wird. Anaximandros scheint in der Tat eine echte Zerstörung der Welt, ein dem Entstehen entsprechendes Vergehen des ganzen Kosmos angenommen zu haben;[65] und eben dies erinnert abermals an iranische Überlieferungen. Während für die alten Stadtkulturen am Nil und im Zweistromland die Aufrechterhaltung der kosmischen und staatlichen Ordnung, der Fortbestand des Bestehenden das zentrale, religiös gefaßte Anliegen war, hatten die iranischen Völker offenbar seit alters eschatologische Vorstellungen ausgeprägt: die Welt wird und soll nicht so bleiben, wie sie ist, sie hat sich vom Göttlichen entfernt, doch steht ein endgültiger Sieg des Göttlichen zu erwarten.[66]

5.

Strabon stellt fest, die Perser hätten bei den Griechen von allen Barbaren am meisten Ruhm gewonnen, weil sie die Herrschaft über die Griechen in Kleinasien errangen (15 p. 735). *[121]* Doch schon ehe Kyros das Lyderreich stürzte, müssen die Meder einen festen, bestimmenden Platz im Bewußtsein der Ionier eingenommen haben. Noch zur Zeit der Perserkriege sprachen ja die Griechen vielmehr von Μῆδοι, Μηδικά, μηδισμός, hatten also insofern von der Usurpation der Achämeniden gar keine Notiz genommen. Die Kontakte zu den Medern müssen so alt oder jedenfalls so intensiv gewesen sein, daß der Name der 'Māda', dem ionischen Lautbestand assimiliert, zu Μῆδοι werden konnte.[67] Seit Kyaxares Ninive erobert und

tet, das ἄπειρον des Anaximandros sei nichts anderes als das 'chaos primordial' der Ägypter; doch sind seine Ausführungen, ohne alle Belege, viel zu allgemein und unbestimmt, um irgend etwas beweisen zu können.

64 Vgl. Anm. 50.

65 Zum Weltenuntergang bei Anaximandros o. Anm. 19; 49; Seligman 73 ff.; 81; VS 12 A 27; A 17.

66 Überblick über eschatologische Vorstellungen bei den Iraniern bei Widengren Geisteswelt 165 ff., Numen 1, 39 ff.; zum damit verschlungenen Problem des Zurvanismus u. Anm. 75.

67 Vgl. zur Frühgeschichte der iranischen Völker A. Christensen, Die Iranier, München 1933, 207 ff.; A.T. Olmstead, History of the Persian empire, Chicago 1948, 16 ff.; R. Ghirshman, Iran, Pelican books, Harmondsworth 1954, 73 ff.; H.S. Nyberg, Historia Mundi III, 1954, 56 ff. Der Wandel Māda – Μῆδοι ist ein sprachgeschichtliches Problem: der lautgesetzliche Wandel ᾱ>η muß um 700 v. Chr. abgeschlossen gewesen sein, während nähere Bekanntschaft der Ionier mit Medern – in assyrischen Urkunden seit dem 9. Jh. nachweisbar – kaum vor 600 wahrscheinlich ist. Es ist damit zu rechnen, daß fremde Eigennamen außerhalb der lautgesetzlichen Entwicklung den Aussprachegewohnheiten angepaßt wurden; vgl. E. Schwyzer, Griech.

das Lyderreich angegriffen hatte, waren die Meder für die Griechen Kleinasiens in erregende Nachbarschaft gerückt.

Ein Eroberervolk lenkt die Aufmerksamkeit der Umwelt gewaltsam auf sich und entwickelt dadurch auch im kulturellen Bereich eine gewisse Gravitationskraft. Es ist im Nachhinein nicht ganz leicht, sich klarzumachen, daß bei den Griechen vor Marathon und Salamis ein Bewußtsein vom welthistorischen Gegensatz von Orient und Okzident, Asien und Europa keineswegs vorauszusetzen ist. Eher mochten sie eine gewisse Verwandtschaft fühlen zu den iranischen Völkern, wie ja noch Herodots Darstellung von Sympathie für die ritterliche Art der Perser durchdrungen ist. Zwar die indogermanische Gemeinsamkeit war längst im Dunkel der Vorzeit versunken; doch gleich den Iraniern waren auch die Griechen Neulinge, Eindringlinge im Strahlungsbereich der alten Hochkulturen, noch nicht ganz zu Hause in der Schrift- und Stadtkultur, noch immer geprägt von Erinnerungen ans Jäger- und Nomadenleben. Während ihnen die Ägypter ihr Ἕλληνες ἀεὶ παῖδες zuriefen, waren Meder und Perser eher ihresgleichen. Gerade der Komplex von Schamanismus und Eschatologie, der in der iranischen Überlieferung *[122]* noch faßbar wird, paßt nicht eigentlich zur gefestigten Stadtkultur.[68]

Es gibt im Griechischen ein iranisches Lehnwort, das schon im 5. Jahrhundert v. Chr. ganz geläufig ist, also spätestens im 6. Jahrhundert übernommen sein muß: μάγος. Die Bezeichnung für die medischen Priester hat sich im Griechischen in der verallgemeinerten Bedeutung 'Zauberer' durchgesetzt und das alte Wort γόης weithin verdrängt.[69] Eben das Wort μάγος zeigt zugleich den Unterschied westiranischer und ostiranischer Tradition: nur ein einziges Mal ist moγu- im jüngeren Avesta belegt,[70] mit der Reform Zarathustras in Ostiran hatten die medischen Magier zunächst nichts zu schaffen. Warum den Griechen die Religion der Meder solchen Eindruck machte, ob vielleicht einzelne μάγοι als wandernde Priester-Schamanen auch unter Griechen auftraten, ist schwer zu bestimmen. Jedenfalls zeigt die sprachliche Entlehnung, daß ein enger Kontakt eben in diesem Punkt bestand, der die religiösen Überlieferungen der Meder betraf.[71]

Grammatik I, München 1939, 187,1. H.B. Rosén, Laut- und Formenlehre der herodoteischen Sprachform, Heidelberg 1962, 53.

68 Natürlich darf die Bedeutung zumal Ägyptens für die griechische Geistesgeschichte nicht unterschätzt werden; vgl. F. Zucker, Athen und Ägypten bis auf den Beginn der hellenistischen Zeit, in: Aus Antike und Orient, Festschr. W. Schubart, Leipzig 1950, 146 ff. (m. Lit.); ägyptischem Einfluß in der Orphik gehen S. Morenz ebd. 64 ff. und S. Luria Eos 51, 1961, 21 ff. nach, vgl. auch Anm. 63. Ein 'Einfluß' schließt den anderen nicht aus: mannigfaltigen Strömungen ausgesetzt, konnten die Griechen doch die ihnen eigenen Strukturen herauskristallisieren.

69 Vgl. Verf., RhM 105, 1962, 36 ff.; älteste Belege für μάγος: Heraklit B 14; Soph. O. T. 387; Eurip. Hik. 1110; Hippokr. Morb. sacr. VI 354; 358; 396 L.

70 Yasna 65,7; vgl. Nyberg Rel. 334 ff.; Widengren Numen 1,68 ff. Für die Griechen dagegen war später Ζωροάστρης der μάγος.

71 Es gibt auch alte griechisch-iranische Kontakte an anderem Ort: mit den Skythen des Schwarzmeergebietes; E.R. Dodds, The Greeks and the irrational, Berkeley 1951, 135 ff. ist geneigt,

Griechisch-iranische Kontakte schon in der Zeit des Anaximandros sind also nicht einmal nur wahrscheinlich, sondern an Hand sicherer Indizien aufweisbar.[72] Das allgemeine Interesse *[123]* für Meder und Perser mußte höchste Aktualität gewinnen, als der Konflikt zwischen Kroisos und Kyros sich zuspitzte. Wenn die Angabe Apollodors Zutrauen verdient, ist das Buch des Anaximandros eben ein Jahr vor der Eroberung von Sardes erschienen.[73] Dies mag Zufall sein. Doch ist es keinesfalls überraschend, bei Anaximandros Reflexe iranischer Überlieferungen zu finden; sie lagen den Ioniern jener Zeit sogar näher als die altorientalischen Kosmogonien.

6.

Das Unbehagliche bei der Untersuchung fremder Einflüsse im Griechentum ist nicht das Abwägen der allgemeinen Möglichkeit oder Wahrscheinlichkeit solcher Beziehungen, sondern die Frage, wie weit man im Einzelfall gehen soll und darf. Wenn die Gestirnordnung und die Vorstellung vom göttlichen ἄπειρον bei Anaximandros sich aus iranischer Überlieferung erklären lassen, ist man geneigt noch weitere Übereinstimmungen zu suchen, doch unversehens gerät man in einen paniranistischen Strudel; wenn die Grenzen der Philosophie ins Fließen geraten und zugleich an der Grenzscheide zweier Völker mit halben und ganzen Mißverständnissen zu rechnen ist, kann ein unkontrollierbarer Beziehungswahn, gestützt auf unscharfe Assoziationen, sich Bahn brechen. Immerhin gibt es noch manche merkwürdige Ähnlichkeiten.

Gerade ein grundsätzlicher, tiefgreifender Einwand könnte sich in eine Stütze der Argumentation verwandeln: im Zentrum der iranischen Religion steht der Dualismus von Gut und Böse, von Ahura Mazda und Angra Mainyu; der göttlichen Schöpfung tritt die Gegenschöpfung des bösen Geistes entgegen, ihr Kampf ist der Kern des Weltgeschehens. Dabei ist Ahura Mazda der personenhafte Schöpfergott; schon die Keilinschriften nennen ihn den Schöpfer von Himmel und Erde. In bei-

---

die Wandlung der griechischen Seelenauffassung auf schamanistische Einflüsse aus diesem Bereich zurückzuführen. Wenn Anaximandros eine Kolonie nach Apollonia am Schwarzen Meer führte (Ael. var. hist. 3,17), könnten auch bei ihm skythische Traditionen in Frage kommen; doch lagen dem Milesier die medischen μάγοι näher, auch gibt es Indizien für Beziehungen zu Babylon (o. Anm. 16–19).

72 Schon unter Kyros lief der Einfluß auch in umgekehrter Richtung, griechische Handwerker waren im Achämenidenreich tätig (G. Richter AJA 50, 1946, 15–30).

73 Der Angabe Apollodors FGrHist 244 F 29 = Diog. Laert. 2,2, Anaximandros sei im Jahre 547/6 (Ol. 58,2) 64 Jahre alt gewesen, muß eine autobiographische Angabe des Buches zugrundeliegen (H. Diels RhM 31, 1876, 24 f.); ob Apollodor außer der Altersangabe einen festen Anhaltspunkt für seine Datierung fand oder diese auf Grund einer Kombination errechnete (nach F. Jacoby, Apollodors Chronik, Berlin 1902, 189 ff., indem er die Akme des Anaximandros 40 Jahre vor die des Pythagoras setzte), ist nicht zu sagen. Die Akme des Anaximenes setzte Apollodor ins Jahr der Eroberung von Sardes, 546/5, vgl. Jacoby a.O. 193 ff.

dem, im Schöpfungsgedanken und im Dualismus, könnte man einen so einschneidenden *[124]* Gegensatz zu den Lehren der ionischen Naturphilosophen sehen, daß jeder Zusammenhang fraglich wird. Doch sind die iranischen Überlieferungen nicht einheitlich im Sinn der mazdaischen Orthodoxie; die μάγοι waren ursprünglich keine Zarathustrier. Es gibt Spuren älterer Kosmogonie, in der Schöpfungsgedanke und Dualismus zurücktreten und die Welt als menschliches Wesen aufgefaßt wird, das im Leib des Urgottes ausgetragen wurde.[74] Im Zurvanismus sind Ohrmazd und Ahriman Zwillinge, die Zrvan, dem Zeitgott, geboren wurden, wobei der Zwillingsmythos gewiß ein sehr altes Motiv ist;[75] Ohrmazd und Ahriman schufen die Welt als weiß glänzendes Ei.[76] Eine offensichtlich iranisch beeinflußte orphische Theogonie hat diese Abfolge 'übersetzt': aus Χρόνος entstehen Αἰθήρ und Χάος, die das Weltei hervorbringen.[77] Auch Eudemos (Fr. 150 Wehrli) nennt als Urprinzip Χρόνος oder Τόπος und als daraus entsprungenen Gegensatz Oromasdes-Areimanios oder, gleichsam übersetzt, φῶς und σκότος; Hippolytos[78] beschreibt den Gegensatz von φῶς und σκότος näher: auf der einen Seite θερμόν, ξηρόν, κοῦφον, ταχύ, auf der anderen ψυχρόν, ὑγρόν, βαρύ, βραδύ. Nach Anaximandros aber entsteht aus dem ἄπειρον, das mit dem Τόπος Eudems offenbar verwandt ist, θερμόν und ψυχρόν, und die einleuchtendste Interpretation sieht darin einerseits das Feuer, andererseits ein Gemenge von Erde und Wasser: das Feuer wuchs um den feucht-kalten Kern herum 'wie die Rinde *[125]* um den Baum',[79] und damit ist die Welt im Urzustand dem 'glänzenden Ei' der iranischen Tradition äquivalent. Dann wären also die ersten Stufen der anaximandrischen Kosmogonie gleichfalls Umsetzung iranischer Mythen, ja die elementaren Gegensätze, mit denen alle griechische Naturphilosophie arbeitet, stünden an Stelle des Dualismus von gutem und bösem Prinzip.

Doch kann all dies nicht mehr als ein Gedankenspiel sein. Scharfe methodische Bedenken sind zu erheben: das Vergleichsmaterial ist hier so vielschichtig, uneinheitlich und kontrovers, daß kein Beweis zu führen ist. In den Einzelheiten sind die

---

74 Vgl. Olerud 128 ff.; Duchesne-Guillemin RE Suppl. IX 1585 f.

75 Zum Problem des Zurvanismus Zaehner a.O.; U. Bianchi, Zamān i Ohrmazd, Turin 1958; R. Frye HThR 52, 1959, 63 ff.; Duchesne-Guillemin Journ. of Near Eastern Stud. 15, 1956, 108 ff.; ACl 28, 1959, 285 ff.; RE Suppl. IX 1586 f.; der Mythos von Zrvan und seinen Zwillingskindern bei Widengren Geisteswelt 83 f.; die Gathas nennen die Urzwillinge als den Guten Geist und den Bösen Geist (Yasna 30,3 ff.), bereits eine Spiritualisierung eines älteren Mythos; nach Nyberg Rel. 102 ff. sind die Zwillinge ursprünglich Tag- und Nachthimmel, nach Widengren Numen 1, 19 vielmehr der gute und der böse Wind (Vayu).

76 Plut. Is. 47,369 d; vgl. auch Olerud 128 ff.; Duchesne-Guillemin RE Suppl. IX, 1585 f.

77 Die rhapsodische Theogonie, Fr. 60 ff. Kern; zur Analyse W. Staudacher, Die Trennung von Himmel und Erde, Diss. Tübingen 1942, 81 f., der auch (114 ff.) iranischen Einfluß sieht, den besonders entschieden van der Waerden Hermes 81, 1953, 481 ff. herausstellte; vorsichtig H. Schwabl RE Suppl. IX 1476 f.

78 Hippolytos Ref. 1,2,12, mit Berufung auf Aristoxenos (Fr. 13 Wehrli) und einen unbekannten Diodoros von Eretria; zur Analyse W. Spoerri REA 57, 1955, 267 ff.

79 Anaximandros A 10; vgl. Hölscher 266 f.; 272 f.; Seligman 17.

Übereinstimmungen zu unscharf oder zu allgemein; verblüffend wirkt nur die Gegenüberstellung der Gesamtstrukturen, eben diese aber muß für die iranische Seite ad hoc rekonstruiert werden aus ganz heterogenen Zeugnissen, die ebensogut eine andere Zusammenordnung zuließen. Die Übereinstimmung mit Anaximandros, die ja erst zu beweisen wäre, darf nicht zum Leitfaden der Rekonstruktion selbst gemacht werden. So findet man keinen Grund, auf dem sich bauen läßt.

Ähnliches gilt von einer anderen, vielleicht verlockenden Zusammenstellung: während nach orthodoxer mazdaischer Lehre die Weltschöpfung von oben nach unten, vom Göttlichen zum Irdischen fortschritt, referiert Plutarch eine iranische Kosmogonie, in der die Weltbildung vom Zentrum ausgeht und Ahura Mazda mit dem Himmel, der sich von der Erde trennt, nahezu gleichgesetzt erscheint: εἶθ' ὁ μὲν Ὠρομάζης τρὶς ἑαυτὸν αὐξήσας ἀπέστησε τοῦ ἡλίου τοσοῦτον ὅσον ὁ ἥλιος τῆς γῆς ἀφέστηκε, καὶ τὸν οὐρανὸν ἄστροις ἐκόσμησεν ... (De Is. 47, 370 a).[80] Man ist geneigt, das dreimalige Wachsen des Gottes mit den drei Himmelsbereichen der iranischen Kosmologie zu verbinden; daß nach Plutarch die Sonne in der Mitte zwischen Himmel und Erde steht, müßte dann sekundäre, vielleicht hellenistische Umbildung sein.[81] Nun hat auch Anaximandros möglicherweise von 'Wachsen' des Himmels gesprochen,[82] und *[126]* das 'Losbrechen' der 'Feuerrinde' könnte wohl sich in drei Phasen vollzogen haben, so daß Sternen-, Mond- und Sonnenringe in wachsender Größe entstanden. Daß die kosmischen Größenordnungen von Vielfachen der Zahl Drei bestimmt werden, hätte gleichfalls ein Analogon im Iranischen.[83] Doch wieder muß alles, was direkte Übereinstimmung herstellt, erst erschlossen werden; Plutarchs Bericht ist vom Iranischen her ganz isoliert. Es besteht die schwache Möglichkeit, die Weltentstehung nach Plutarchs Zoroaster und nach Anaximandros auf eine gemeinsame iranische Quelle zurückzuprojizieren, doch nicht mehr.

So bringt auch der Vergleich verstreuter Einzelheiten kaum weiteren Gewinn. Wenn für Anaximandros die sichtbaren Gestirne Flammen sind, die aus den dunklen Radfelgen herauslodern, könnte man an die alte Vorstellung von den Himmelstoren, aus denen Licht hervorstrahlt, erinnern (o. Anm. 33); doch der bezeichnende

---

80 Vgl. dazu C. Clemen, Die griechischen und lateinischen Nachrichten über die persische Religion, Gießen 1920, 165 ff.; Benveniste 95 ff.; Bidez-Cumont II 70 ff.; Bianchi 212 ff.; RE Suppl. IX 1583 f. Irrtümlich führen Nyberg Rel. 393, Widengren Geisteswelt 80 den gesamten Plutarchpassus auf Theopomp zurück, der offensichtlich nur für einen speziellen Teil (FGrHist 115 F 65) zitiert ist.

81 Vgl. Clemen, Benveniste a.O.

82 Arist. meteor. 355 a 21 τὸ πρῶτον ὑγρᾶς οὔσης καὶ τῆς γῆς, καὶ τοῦ κόσμου ... θερμαινομένου, ἀέρα γενέσθαι καὶ τὸν ὅλον οὐρανὸν αὐξηθῆναι ist VS 64 A 9 auf Diogenes von Apollonia bezogen, kann aber auch auf Anaximandros gehen, vgl. Theophr. phys. op. Fr. 23, Kahn 66 f.

83 Hertel a.O. deutet die nach Vidēvdāt 2 vom Urkönig Yima gebaute 'Vara' auf das Himmelsgebäude; es ist von drei Stockwerken die Rede mit 3, 6, 9 'Gängen'. Natürlich ist 'Drei' die häufigste Symbolzahl, und die Neunzahl bei Anaximandros läßt sich auch mit Hesiod Theog. 722 f. zusammennehmen (Nestle bei Zeller I 301).

Vergleich mit der 'Glutwind-Röhre' bei Anaximandros führt davon ab. Nach Pahlavitexten steht die Erde im Zentrum des Universums wie das Dotter im Ei, doch scheint da eher hellenistische Wissenschaft in die mythische Sprache vom Weltenei zurückübersetzt zu sein.[84] Aša, die Wahrhaftigkeit als Inbegriff ethischer Ordnung, manifestiert sich in der Regelmäßigkeit der Himmelsbewegungen,[85] wie für Anaximandros und seine Nachfolger der Rhythmus von Tag und Nacht, von *[127]* Sommer und Winter offenbar das Paradigma kosmischer Gerechtigkeit war; und der darin waltenden χρόνου τάξις[86] ließe sich die Zrvan-Spekulation gegenüberstellen. Doch sind diese Ähnlichkeiten so allgemein, die Grundgedanken so unmittelbar einleuchtend, daß die Hypothese eines äußeren Einflusses mehr Komplizierung als Erhellung bedeutet. Auch die Frage, inwieweit bei Anaximenes[87] oder Heraklit[88] iranische Überlieferungen wirksam geworden sind, sei nicht weiter verfolgt.

---

[84] Die Texte zusammengestellt bei H.W. Bailey, Zoroastrian problems in the ninth-century-books, Oxford 1943, 135, vgl. Olerud 128 ff.: Mēnōk-i-Xrat 44,7 (vgl. SBE 24,85; übers. Bailey): „The sky of above the earth and below the earth like an egg is established by the work of the creator Ohrmazd and the earth in the centre of the sky is just like the yolk in the centre of the egg"; Zatspram 34,20 (übers. Zaehner 349): „When I (Ohrmazd) established the earth in the middle of the sky so that it was nearer to neither side like the yolk of an egg in the middle of an egg"; Dātastān-i-Dēnīk 90 (übers. Bailey): „The sky is round and extended and lofty and within it equally extended like an egg". Vgl. Orph. Fr. 79 Kern.

[85] Yasna 44,3 (Gatha): „wer hat der Sonne und der Sterne Bahn geschaffen? Wer ist es, durch den der Mond bald wächst und bald abnimmt? ... Wer hält die Erde unten und bewahrt das Wolkengebäude vor dem Herabfallen … ?" – Ahura Mazdah, der Vater der Aša; vgl. RE Suppl. IX 1582; o. Text Nr. 10.

[86] Nach F. Dirlmeier RhM 87, 1938, 376 ff.; Hölscher 270,1 ist κατὰ τὴν τοῦ χρόνου τάξιν Anaximandros B 1 peripatetische Umschreibung von κατὰ τὸ χρεών; dagegen spricht, daß eben an χρόνου τάξιν sich das Stilurteil des Simplikios anschließt, vgl. Kirk-Raven 117; Seligman 123,1.

[87] Mythischer Tradition entstammt die Behauptung des Anaximenes, daß die Sonne und die übrigen Gestirne nicht unter der Erde sich hindurchbewegen, sondern, im Norden um die Erde herumlaufend, von Bergen verdeckt werden (A 7 § 6; A 14); im Iranischen ist von dem Ringgebirge Alburz die Rede, das die Welt umgibt (vgl. Widengren Geisteswelt 31), doch Entsprechendes kennen Ägypter (H. Schäfer Antike 3, 1927, 96 ff.) und Babylonier (Meissner a.O. 109 ff.), und schon Alkman kennt Ῥίπας ὄρος … νυκτὸς μελαίνας στέρνον (90 Page). Die Rolle des ἀήρ bei Anaximenes ließe sich mit dem iranischen Vayu, dem Wind, verbinden, dem „Anfang aller Dinge" (Widengren Numen 1,19); insbesondere entspricht die Menschenseele dem Weltenwind, „der Vayu des Menschen entspricht dem Vayu der Welt" (Widengren Geisteswelt 29), wie in dem (im einzelnen problematischen) Anaximenesfragment B 2. Vgl. zu Anaximenes auch Hölscher 413 f.

[88] Skeptisch S. Wikander in: Eléments orientaux dans la religion grecque ancienne, Paris 1960, 57–59; dagegen zeigt Duchesne-Guillemin, Le Logos en Iran et en Grèce, Turin 1962 (Quaderni della Biblioteca Filosofica di Torino 3) frappante Analogien der iranischen Aša-Vorstellung mit dem λόγος Heraklits.

7.

Vieles bleibt unsicher – auch hier ein Spiel, „das jedoch zu spielen unerläßlich ist, um es soweit wie möglich einzuengen".[89] Um so mehr gilt es, die wenigen Punkte festzuhalten, die dem Zugriff standhalten. Sie genügen für den Nachweis, daß gleich Thales auch Anaximandros sich östlichen Traditionen zugewandt hat und nicht nur technische Einzelkenntnisse übernahm, sondern in Grundvorstellungen seiner Kosmologie iranischen Mythen folgte. Es tut der Originalität der Leistung des Anaximandros keinen Abbruch, wenn man erkennt, daß der neue Bau über einem geborgten Gerüst errichtet war. *[128]*

Nicht durch Zufall oder aus bloßer Neugier waren die Griechen dieser Epoche empfänglich für die religiösen Überlieferungen des Ostens; es galt, einen leeren Raum zu füllen, der mit der Krise des homerischen Götterglaubens entstand. Einst hatte der homerische Mythos zugleich als neue, überlegene Form der Religion sich durchgesetzt – die als Religion zu verstehen vor allem Walter F. Otto wieder gelehrt hat –, in der die Götter zu anschaulich-plastischen, personhaften Gestalten ausgeformt waren; das Urtümlich-Amorphe, Geheimnisvoll-Mächtige war mit Entschiedenheit zurückgedrängt. Doch dem Gewinn an Klarheit und humaner Freiheit entsprach eine Minderung der göttlichen Nähe und Unmittelbarkeit. Eben die Menschlichkeit, die gestalthafte Vollkommenheit der Olympier bedeutete Distanz;[90] ihre Namen wurden zu echten, undurchsichtigen Eigennamen, ihre Beziehung zu den Mächten der Natur trat in den Schatten. Diese Götterwelt mochte einer leidlich gefestigten Adelsordnung mit ihren selbstverständlich eingehaltenen Spielregeln – die auch dem Spaß Raum lassen – adäquat sein; wenn das Individuum aus den Ordnungen ausbrach, wenn Kolonisten in neue Räume vordrangen oder Handel und Geldwirtschaft neue Lebensformen erschlossen, wenn Glück und Erfolg immer weniger von Abkunft, Sitte, hergebrachten Spielregeln abhing, dann wurden die homerischen Göttererzählungen schillernd, vieldeutig, unverbindlich. Gerade die dichterische Kunst, der sie ihre Form verdankten, erschien mehr und mehr als willkürliche Erfindung. Und doch war das Zusammenleben der Menschen mehr denn je auf eine Ordnungsmacht angewiesen, die über der immer selbstbewußter auftretenden menschlichen Willkür stand; man brauchte Δίκη, doch der Zeus, der sich von Hera überlisten läßt, erschien für sie als unzulänglicher Garant.

Da lernten die Griechen bei den Orientalen einen andersartigen Mythos kennen, weniger kunstvoll und anschaulich, doch elementarer und von absolutem Ernst: hier traten die Mächte des Kosmos als Götter einander entgegen, um sich nach Kämpfen

---

[89] K. Reinhardt Hermes 85, 1957, 14 zu seinen Ergänzungen von Pap. Heidelberg Nr. 185.

[90] Zur Distanz der homerischen Götter K. Reinhardt, Vermächtnis der Antike, Göttingen 1960, 18. Auf die redenden Namen der göttlichen Wesen in den orientalischen Kosmogonien weist Hölscher 387 f. hin: dort ist alles auf eine Spekulation angelegt, von der der homerische Mythos abführt.

endlich zu der Ordnung zusammenzufinden, die das Leben trägt. Dieser kosmische Aspekt der Götter war es, was den Griechen einleuchten mußte. Konnte man zweifeln, ob dieser *[129]* oder jener Dichter die Wahrheit gesprochen habe, ob Artemis in Sparta und Artemis in Ephesos wirklich dieselbe Gottheit sei – Himmel, Erde und Meer, Sonne und Winde waren überall und jederzeit die gleichen; wie sehr ein Menschenleben dem Zufall ausgeliefert war, wie sehr die Stadtgesetze von der Willkür abhingen, unveränderlich blieb der Rhythmus von Tag und Nacht, von Sommer und Winter, dem die Menschen zu folgen haben. Hier war eine schlechthin überlegene Ordnungsmacht; die orientalischen Mythen zeigten den Griechen die göttliche Natur.

Notwendigerweise kam dabei ein charakteristisches Mißverständnis ins Spiel. Berührungen fremder Völker bleiben gerade im Anfangsstadium meist an der Oberfläche; die Tiefenstrukturen der Seele bleiben einander fremd, nur das Äußerliche vermittelt den Kontakt. So tritt gerade im Kulturaustausch eine Reduktion auf das Sichtbare, Aufzeigbare, Greifbare, kurz aufs 'Natürliche' ein. Eben darum erscheint eine fremde Religion mit Vorliebe als 'Naturreligion'[91] – ein Mißverständnis, das auch in der modernen Religionswissenschaft nicht wenig Verwirrung gestiftet hat. Wenn Herodot behauptet, die Perser bezeichneten den Himmel schlechthin als Zeus, kann dies nicht richtig sein. Ahura Mazda wohnt zwar im 'anfangslosen Lichtraum' des höchsten Himmels, ist aber mit diesem nicht einfach identisch, sondern der personhafte Schöpfer von Himmel und Erde,[92] und wenn in nicht-zoroastrischer Spekulation Gott und Kosmos einander gleichgesetzt erscheinen, so ist doch nie der Gott ein bloßer Name für das Naturphänomen des Himmels, auch nicht bei dem Zeus-deus-dies-Komplex, den man der indogermanischen Vorzeit vindizieren kann. Der Gott als Gott ist mehr als der Kosmos, oder vielmehr: das 'Natürliche' tritt gar nicht als solches in den Blick. Der Gott kann Himmel sein und doch zugleich ein riesiger Mensch, oder der Blitz, der niederfährt, und der Gemahl der Erde, der Vater der Götter und Menschen und insbesondere des Königs – eins schließt das andere nicht aus, alles zusammen erst ergibt, was der Gott dem Menschen bedeutet. Es geht ja nicht um Feststellung eines Sachverhalts, sondern um Zuspruch und Anspruch an den Menschen in einer je besonderen Lebenssituation im Rahmen kultischer Ordnung. Von solcher vielschichtiger Bedeutung der fremden Götter, die sich auch kaum aussagen und übersetzen läßt, wußten und erlebten die Griechen nichts; sie ließen sich von den Persern den Himmel zeigen, wenn sie nach dem höchsten Gott fragten, und das leuchtete ihnen ein. So haben die Griechen aus dem wirren Knäuel orientalischer Mythen den einen Faden der Naturbeziehung der Götter halb durch Mißverständnis aufgegriffen und konsequent festgehal-

[91] Vgl. z. B. auch Hdt. 4,188 von den Libyern θύουσι δὲ Ἡλίῳ καὶ Σελήνῃ μούνοισι. Hekataios v. Abdera FGrHist 264 F 6 § 4 von den Juden: τὸν περιέχοντα τὴν γῆν οὐρανὸν μόνον εἶναι θεόν ...

[92] Vgl. den Kommentar von How-Wells zu Hdt. 1,131; RE Suppl. V 692; IX 1582. Zur Gleichsetzung von Gott und Kosmos o. Anm. 74.

ten. Denn das Natürliche erwies sich als das Gemeinsame, das die Unterschiede der Völker übergreift, so daß man darüber am ehesten sich verständigen und einigen kann.[93] Freilich konnte von der äußerlichen Anregung nur dadurch eine so bedeutende Wirkung ausgehen, daß ja im Grunde Uraltes, Vorhomerisches wieder zum Leben erweckt wurde. Ζεύς hatte ja wirklich einmal den strahlenden Tageshimmel bedeutet, was durch ein Wort wie εὐδία nie ganz in Vergessenheit geraten konnte.

Die griechische Naturphilosophie ist also in ihrem Ursprung Naturreligion, die erste und einzige echte Naturreligion. Alle φυσικοί handeln stets zugleich vom Göttlichen. Den ethisch-religiösen Sinn in Anaximanders Philosophieren beleuchtet blitzhaft deutlich das berühmte Fragment; man hat längst Solons Verse über die Macht der Δίκη zum Vergleich herangezogen;[94] was Solon fürs Menschenleben postuliert, findet Anaximandros im unabänderlichen Lauf der Natur gegeben. Der bewegende Gedanke der kosmischen Gerechtigkeit, der auch der Mensch als ein Glied des Kosmos unterworfen ist, bestimmt so die φυσιολογία von Anfang an. Und kaum weniger eng gehört zu ihr, was aus schlichter Naturbeobachtung und wissenschaftlichem Denken noch weniger ableitbar ist: eine Lehre von der Seele, wonach diese dem Himmel verwandt ist und beim Tod in den Himmel zurückkehrt. In verschiedener Ausprägung ist dieser Gedanke, der den griechischen Überlieferungen vom unterirdischen Hades wie von den Seligen Inseln jenseits des Ozeans zuwiderläuft, bei Heraklit, Anaxagoras, Diogenes von Apollonia und Euripides nachweisbar, ja er wird mit der bekannten *[131]* Inschrift auf die Gefallenen von Poteidaia offiziell rezipiert.[95] Was uns als Materialismus erscheint, empfanden die Griechen als religiösen Trost: θνῄσκει δ' οὐδὲν τῶν γινομένων (Eurip. Fr. 839). Man pflegt hier Einflüsse der 'astralen Unsterblichkeit' der Pythagoreer anzunehmen, die ihrerseits von iranischen Lehren beeinflußt seien.[96] Verständlicher wird die Ausbreitung und innige Verbindung dieser Lehren mit der φυσιολογία, wenn hinter dieser schon in ihrem Ursprung bei Anaximandros der iranische Glaube an den Aufstieg der Seele zum lichten Himmel stand.

Wenn die ionische Naturphilosophie in ihren Anfängen sich als Umsetzung fremder religiöser Schemata in eine neue Sprache begreifen läßt, dann erscheinen die Probleme von Orphik und Pythagoreismus unter einem neuen Aspekt. Weniger denn je läßt sich ein Gegensatz von Naturwissenschaft und Religion, Materialismus

---

93 Vgl. von Fritz a.O. 548 f.; Pirenne a.O. 79 ff.

94 Bes. Solon Fr. 24 D.; vgl. Jaeger a.O. 46 ff.; Kirk-Raven 120; Fränkel 305; verwandt sind auch die Gedanken des Mimnermos über Hybris und Fall der Städte, vgl. A. Dihle Hermes 90, 1962, 271 ff. Zur kosmischen Δίκη Parmenides A 37, B 8,14; Eurip. Phoin. 535 ff.; Fr. 910/ Anaxagoras A 30; hintersinnig parodierend Sophokles Aias 670 ff.

95 Heraklit A 15–17; Anaxagoras A 109; 112; Diogenes von Apollonia A 19 § 42; A 20; Eurip. Hik. 531 ff.; 1140; Hel. 1013 ff.; Fr. 839; 877; 971; IG I^2 945; vgl. Verf., Weisheit und Wissenschaft, Nürnberg 1962, 335 ff.

96 Vgl. die Veröffentlichungen F. Cumonts, zuletzt Lux perpetua 142 ff.; Cumont glaubte feststellen zu können, der Gedanke der Rückkehr der Seele zum Himmel sei „entirely strange even to the earliest Ionian thinkers“ (After Life in Roman Paganism, New Haven 1922, 95).

und Seelenlehre konstruieren, vielmehr ist eins im anderen enthalten: was die Naturphilosophie in einer neuen Sprache aussagt, erscheint in der orphischen, teilweise auch in der pythagoreischen Tradition in ursprünglicherer, unverhüllter Form. Dabei kann jedoch das morphologisch Ältere im griechischen Bereich durchaus das jüngere sein: die immer neu einströmenden orientalischen Überlieferungen wurden immer weniger 'mißverstanden', immer weniger verwandelt. „Nur wo eine starke Geisteskraft diesem Druck des Orients begegnete, wurde das Fremde als Philosophie bewältigt".[97]

Denn wenn die Griechen sich durch die Mythen ihrer östlichen Nachbarn auf die Natur verweisen ließen, wenn sie von fremder Spekulation ein Stück weit sich führen ließen, ist doch darum noch lange nicht die griechische Naturphilosophie 'persische Weisheit im griechischen Gewande'.[98] Eher kann man von einem geborgten Gerüst sprechen, das mit dem Fortschreiten des Baues überflüssig wurde; oder, wie Wilamowitz schon formulierte: „die Milesier benutzten die babylonisch-ägyptischen Lehren zum Sprungbrette in die Wissenschaft, die Philosophie",[99] nur daß neben den ägyptischen und babylonischen Überlieferungen die iranischen ihren Platz beanspruchen. Gleichsam im Sprung erreichten die Griechen eine neue Ebene des Weltverständnisses; die äußeren Einflüsse erscheinen von hier aus nebensächlich. Und doch wäre es für das geschichtliche Verstehen unbefriedigend, wenn der Anfang der griechischen Philosophie „plötzlich und ohne ersichtlichen Anlaß"[100] im Leeren schwebt. Erst auf dem geschichtlichen Hintergrund, aus dem sie erwuchs, tritt die Originalität der griechischen Philosophie ganz in Erscheinung. Nicht zu Unrecht haben die jüngsten Anaximandrosinterpretationen von Kahn und Classen die nüchterne, geometrisch-physikalische, kurz die wissenschaftliche Denkweise des Anaximandros hervorgehoben. Wenn Anaximandros statt der 'anfangslosen Lichter' τὸ ἄπειρον sagt, wird etwas ursprünglich Visionäres schon in der Sprachform versachlicht,[101] die Anschauung vom Licht wird unterdrückt zugunsten des Merkmals, das für die Funktion der welterzeugenden und weltumfassenden ἀρχή entscheidend ist. Echtes Denken folgt korrigierend den vom Mythos vorgezeichneten Wegen. So wird auch die Ordnung der Gestirne zu einer Aufgabe

---

97 Hölscher 404. Entschieden setzt Olerud die Orphik als Zwischenstufe und Vermittlung zwischen iranischer und griechischer Kosmologie an, doch viele der orphischen Texte widerstreben einer solchen frühen Datierung.

98 Dies der Titel eines berühmten Aufsatzes von A. Götze, Zeitschr. f. Indol. u. Iranistik 2, 1923, 60–98; 167–177 über das Verhältnis von Hippokr. Hebd. und Bundahišn 28; auf dieses Problem sei hier nicht eingegangen; kritisch Duchesne-Guillemin HThR 49, 1956, 115 ff.; The Western response 72 ff.

99 Die griech. Literatur und Sprache, Leipzig 1912^3, 54 (Kultur der Gegenwart I 8).

100 Fränkel a.O. 292.

101 Auf die Bedeutung des bestimmten Artikels und des Neutrums für die wissenschaftliche Sprache der Griechen wurde seit B. Snell (Die Entdeckung des Geistes, Hamburg 1955^3, 300 ff.) oft hingewiesen. Freilich ist gar nicht sicher, ob Anaximandros von Anfang an bewußt und programmatisch τὸ ἄπειρον sagte; er könnte begonnen haben: ἀρχὴ πάντων ἄπειρον – das Neutrum des Adjektivs als Prädikat –, dann freilich fortgefahren haben: ἐκ δὲ τοῦ ἀπείρου ...

des λόγος (Eudemos Fr. 146), es geht nicht mehr um Stationen der Jenseitsreise, sondern um vermeßbare Gegebenheiten dieser unserer Welt. Desgleichen folgte die Erdkarte offenbar ganz eng dem uralten archetypischen Schema des vollkommenen, viergeteilten Kreises,[102] doch will sie nicht mehr ein Symbol kosmischer *[133]* Ordnung sein, sondern direkte Aussage über die Erde, wie man sie 'umherfahrend' kennenlernen kann. Dazu gehört auch die neue Form des Prosabuchs. Es besteht kein Anlaß zu vermuten, daß die μάγοι je außerhalb der rituellen Ordnungen von Beten und Preisen, wie sie auch die Avestatexte zeigen, ihr Weltbild zusammenhängend formuliert hätten. Anaximandros dagegen, so aphorismenhaft sein Buch gewesen sein mag,[103] gab eine systematische, zusammenhängende Darstellung, losgelöst von konkreten Lebenszusammenhängen, als Aussage über das, was so und nicht anders ist.[104] Wissenschaft jedoch wurde die neue Art des Weltentwurfes vor allem dadurch, daß die allgemeine, direkte Aussage mit ihrem Wahrheitsanspruch die Diskussion auf den Plan rief, die Frage der Verifizierbarkeit hervortrieb. Das mythische Bild vom viergeteilten Weltkreis hat seinen Sinn in sich, doch als Weltkarte war es leicht als falsch zu erweisen. Die Seelenreise folgt aus innerer Notwendigkeit den wachsenden Lichtern, von den Sternen über den Mond zur Sonne, doch was die meßbare Ordnung des sichtbaren Himmels betraf, fand man rasch Kriterien, wonach vielmehr der Mond der Erde am nächsten, die Sterne am fernsten stehen. Und ebenso wurde immer neu gefragt, wie der 'Anfang' aufzufassen sei, damit von ihm aus die Welt verständlich werden kann. Eben weil der Entwurf des Anaximandros nicht autoritativ weitergereicht wurde, sondern immer neu kritisiert und modifiziert wurde, konnten sich diejenigen Erkenntnisse durchsetzen, die auch nach modernem Urteil leidlich 'richtig' sind. Die geborgten, fremden Schemata wurden dabei mehr und mehr wieder ausgestoßen; es blieb das Weltmodell des griechischen Geistes. *[134]*

Anaximandros hat diese Entwicklung eingeleitet durch die entschiedene Transposition fremder Strukturen auf die Ebene des 'Natürlichen', des Erfahrbaren, Verifizierbaren, Diskutierbaren. Diese folgenschwere Verwandlung hing zusammen mit einem produktiven Mißverständnis iranischer Mythologie, die in der religiösen Be-

[102] Zur viergeteilten Weltkarte des Anaximandros Gigon a.O. 89 f.; vgl. o. Anm. 18; zum 'archetypischen' Schema der viergeteilten Welt W. Müller, Die heilige Stadt. Roma quadrata, himmlisches Jerusalem und die Mythe vom Weltnabel, Stuttgart 1961, der jedoch, auf indogermanisches Erbe zielend, weder die altionische noch die babylonische Karte berücksichtigt.

[103] Die Angabe des Diog. Laert. 2,2 nach Apollodor (FGrHist 244 F 29) τῶν δὲ ἀρεσκόντων αὐτῷ πεποίηται κεφαλαιώδη τὴν ἔκθεσιν bedeutet nicht, daß je eine Epitome des gewiß nicht umfangreichen Anaximandros-Buchs existiert hätte (zweifelnd Kirk-Raven 101: „a later summary“), sondern enthält ein unschätzbares Stilurteil: nicht der gefällige Fluß späteren Prosastils, sondern abruptes Nebeneinander prägnanter, spruchhaft formulierter Thesen; im Gegensatz dazu steht das Stilurteil über Anaximenes Diog. Laert. 2,3 κέχρηταί τε λέξει Ἰάδι ἁπλῇ καὶ ἀπερίττῳ.

[104] Hölscher 271 konfrontiert in einprägsamer Weise die Weltentwicklung nach Anaximandros A 30 mit der Weltalterlehre Hesiods Erga 106 ff.: die Klage des Dichters – 'wäre ich doch nicht ein Glied der fünften Generation' – hat im Werk des Philosophen keinen Raum mehr.

unruhigung jener Zeit die Aufmerksamkeit auf sich zog. Je richtiger dann freilich in der Folgezeit die Einzelerkenntnisse der Naturphilosophie wurden, desto problematischer wurde das ursprüngliche Anliegen, in der Ordnung des Kosmos einen Halt für die menschliche Sittlichkeit zu finden. Die Wissenschaft zerstörte ihren eigenen Ursprung; so schob dann Sokrates alle bisher geleistete Arbeit beiseite. Und doch blieb die Naturphilosophie vor allem im Platonismus lebendig; und von ihrem Anfang her bewahrte sie bis an die Schwelle der Neuzeit eine Schranke, die kaum je einem wissenschaftlichen Angriff ausgesetzt wurde: die Fixsternsphäre als absolute Grenze des Kosmos, die Idee eines geheimnisvoll-göttlichen περιέχον.

Erschienen in: Wiener Studien, 107/108, 1994/5, 179–186.

13. Orientalische und griechische Weltmodelle von Assur bis Anaximandros

Hans Schwabl hat in seiner bedeutenden, über einen Lexikonartikel weit hinausgehenden Abhandlung ‚Weltschöpfung' seinerzeit auch den alten nicht-griechischen Texten gebührenden Raum gegeben und ihre Beziehungen zu den mythischen Kosmogonien der Griechen erläutert;[1] er hat dort auch dem Übergang von der mythischen zur naturphilosophischen Kosmogonie besondere Aufmerksamkeit gewidmet. So scheint es nicht unangebracht, in seinem Festband auf einen weiteren orientalischen Text hinzuweisen, der in diesem Zusammenhang von Gräzisten bisher kaum beachtet worden ist.[2] *[180]*

Dieser Text zeigt in überraschender Weise, wie bereits im östlichen, mesopotamischen Kulturbereich sich Ansätze bildeten, vom kosmogonischen Mythos zu bewußterer kosmologischer Spekulation voranzuschreiten. Dies erhellt zugleich den möglichen Hintergrund jener griechischen Texte, die wir seit Aristoteles als den Ursprung der Naturphilosophie zu begreifen gewohnt sind.

---

1 H. Schwabl, Weltschöpfung, RE Suppl. IX, 1962, 1433–1582, bes. 1484–1508, vgl. ders., Die griechischen Theogonien und der Orient, in: Eléments orientaux dans la religion grecque ancienne, Paris 1960, 39–56, und ders., Weltalter, RE Suppl. XV, 1978, 783–850; voraus gingen die Abhandlungen von A. Lesky, Hethitische Texte und griechischer Mythos, Anz. Österr. Akad. d. Wiss. 1950, 137–160 = Gesammelte Schriften, Bern 1966, 356–371; ders., Zum hethitischen und griechischen Mythos, Eranos 52 (1954), 8–17 = Gesammelte Schriften 372–378; ders., Griechischer Mythos und Vorderer Orient, Saeculum 6 (1955), 35–52 = Gesammelte Schriften 379–400 = Hesiod, hg. v. E. Heitsch, Darmstadt 1966 (WdF 44), 571–601; U. Hölscher, Anaximander und die Anfänge der Philosophie, Hermes 81 (1953), 257–277, 385–418, erweitert in: Anfängliches Fragen, Göttingen 1968, 9–89; A. Heubeck, Mythologische Vorstellungen des Alten Orients im archaischen Griechentum, Gymnasium 62 (1955), 508–525 = Hesiod, hg. v. E. Heitsch, Darmstadt 1966 (WdF 44), 545–570; wichtig dann vor allem M. L. West, Hesiod, Theogony, ed. with Prolegomena and Commentary, Oxford 1966, und ders., Early Greek Philosophy and the Orient, Oxford 1971; P. Walcot, Hesiod and the Near East, Cardiff 1966; vgl. auch W. Burkert, The Orientalizing Revolution, Cambridge, Mass. 1992.

2 Meine Aufmerksamkeit wurde durch P. Kingsley, Ezekiel by the Grand Canal: Between Jewish and Babylonian Tradition, Journal of the Royal Asiatic Society III 2 (1992), 339–346, geweckt, der den Text mit Hesekiel vergleicht; vgl. bei Anm. 18. Auch M. L. West hat in bisher unpublizierten Referaten auf die Bedeutung der von A. Livingstone, Mystical and Mythological Explanatory Works of Assyrian and Babylonian Scholars, Oxford 1986, behandelten Texte hingewiesen [Vgl. jetzt M.L. West in: A. Laks, G.W. Most, ed., Studies on the Derveni Papyrus, Oxford 1997,85–90].

Alasdair Livingstone hat unter dem Titel ‚Mystical and Mythological Explanatory Works of Assyrian and Babylonian Scholars‘ eine Gruppe akkadischer Texte zusammengefaßt und kommentiert, die zuvor nicht in ihrer Eigenart gesehen und behandelt worden waren. Es handelt sich um Notizen, die sich an traditionelle, ‚klassische‘ Texte mythischen, wissenschaftlichen oder auch magischen Inhalts anschließen und weiterführende Spekulationen entwickeln, mit Analogien, ‚mystischen‘ Gleichsetzungen, ja einer eigentlichen ‚myth-and-ritual‘-Theorie. Diese Texte stammen grob gesagt aus der Assyrerzeit, vom Ende des 2. Jahrtausends bis etwa 600 v. Chr.

Vorgestellt sei hier eine Tafel aus Assur mit dem Titel ‚Geheimnis der Großen Götter‘, geschrieben von Kiṣiraššur, dem Beschwörungspriester (mašmašu) am Tempel des Gottes Assur ebendort.[3] Er gehört einer ganzen Familie von Beschwörungspriestern an, deren Haus in Assur ausgegraben wurde; eine andere von ihm geschriebene Tafel ist offenbar ins Jahr 658 v. Chr. datiert.[4] Gekennzeichnet wird die Tafel als „Geheimnis der großen Götter. Der Wissende soll es dem Wissenden zeigen, der Unwissende darf es nicht sehen. Tabu der großen Götter.“ Der Text wurde bereits 1931 von Ebeling bearbeitet und ins Deutsche übersetzt, ohne daß dieser für die „krause Gedankenwelt der babylonischen Priester“ viel Sympathie aufbrachte.

Die folgende Übersetzung folgt Ebeling und Livingstone, versucht aber so wörtlich wie möglich zu bleiben:

> „Der obere Himmel, Luludanitu-Stein, des Anu; die 300 Igigu ließ er in seiner Mitte Platz nehmen. *[181]*
> Der mittlere Himmel, Saggilmut-Stein, der Igigu; Bel setzte sich in die Mitte auf einen Thron, in der Mitte im Heiligtum, von Lapislazuli-Stein; er ließ Glas und Kristall-Stein[5] darinnen aufleuchten.
> Der untere Himmel, Jaspis-Stein, der Gestirne; die Gestirne der Götter zeichnete er darauf.
> Auf der Feste der oberen Erde siedelte er die Seelen der Menschen in ihrer Mitte an.

---

3 VAT 8917 = KAR Nr. 307 = E. Ebeling, Tod und Leben nach den Vorstellungen der Babylonier I, Berlin 1931, Nr. 7, 33f. mit Kurzkommentar 29f., Livingstone (o. Anm. 2), 78–91.

4 Die subscriptio, der sog. Kolophon, bei Ebeling unvollständig wiedergegeben, bei Livingstone (o. Anm. 2), 260, H. Hunger, Babylonische und Assyrische Kolophone, Neukirchen-Vluyn 1968, Nr. 206; zur Priesterfamilie Hunger 19f., vgl. 10, Kolophone Nr. 191–220. Der Name des Jahresbeamten steht in Nr. 199, z. T. ergänzt; insofern ist die genaue Datierung nicht ganz sicher. Die Formel ‚Geheimnis der großen Götter‘ findet sich in den 30 subscriptiones dieser Familie nur hier.

5 buṣu und elmešu, Übersetzung nach Livingstone; vgl. W. von Soden, Akkadisches Handwörterbuch, Wiesbaden 1965–1981, 143. 205; nach B. Landsberger, Journal of Cuneiform Studies 21 (1967), 154 n. 165 (vgl. Kingsley, o. Anm. 2, 342), handelt es sich bei elmešu um Bernstein.

> Auf der mittleren Erde ließ er Ea, seinen Vater, in der Mitte Platz nehmen.
> <eine Zeile verstümmelt und unverständlich>
> Auf der unteren Erde schloß er die 600 Annunnaki in der Mitte ein."

Zum elementaren Verständnis ist anzumerken, daß Anu seit je der ‚Gott Himmel' mit seinem sumerischen Namen ist; Enki-Ea ist der Gott der Wassertiefe; die Gruppen der ‚Igigi' und ‚Annunnaki' sind nicht durchweg, wohl aber in diesem Text konfrontiert als die oberen und die unteren Götter. Zwischen Anu und Enki-Ea steht eigentlich und seit alters Enlil, der Gott der Souveränität. Ihn hat hier Bel-Marduk, Herr des Tempelturms von Babylon, offenbar verdrängt, wodurch es auch zur systemwidrigen Doppelung der Igigi-Götter kommt.[6] Ein älterer Text hat das einfachere System der drei Himmel:

> „Der obere Himmel, Luludanitu-Stein, des Anu, der mittlere Himmel, Saggilmut-Stein, der Igigu, der untere Himmel, Jaspis-Stein, der Sterne."[7]

Den Besonderheiten der verschiedenen Edelsteine sei nicht weiter nachgefragt; daß ein ‚steinerner Himmel' angenommen wird, ist immerhin bemerkenswert.[8] Das eigentlich Bedeutsame ist, daß hier Stockwerke des Kosmos angesetzt werden, vertikal getrennt nach den expliziten Kategorien ‚Oben – Mitte – Unten', und zwar so, daß in der Entsprechung von Himmel und Erde für beide je drei Etagen angesetzt werden.

Klar und wirklichkeitsnah ist dabei der irdische Bereich gefaßt: Unter *[182]* unserer festen Erde ist das Wasser mit seinem Gott, darunter wiederum die Unterwelt mit ihren Göttern. Daß unter der Erde Wasser sei, ist in Mesopotamien, wo Grundwasser überall leicht zu ergraben ist, eine naheliegende Vorstellung.

Kühner scheinen die Angaben über die drei Himmel: Über unserem Sternenhimmel, der als der ‚untere' genommen wird, ist ein strahlender Himmel, glas- und kristallartig; darüber und zuhöchst kommt erst der eigentliche Himmel, Anus Bereich. Im Glanz hat Marduk, der herrschende, aktive Gott, sein Heiligtum und seinen Thron. Hinzugefügt seien noch zwei Zeilen aus der Fortsetzung:

---

6 Vgl. Livingstone, 86f.

7 Text K 250, publiziert von E. Weidner, Archiv für Orientforschung 19 (1959/60), 110; Livingstone, 84.

8 Der ‚steinerne Himmel' indogermanischer Tradition wurde auf Grund der Gleichung ἄκμων – altindisch *asman* öfter behandelt, vgl. J. Peter Maher, JIES 1 (1973), 441–462.

> „40 Doppelstunden ist die Scheibe der Sonne. 60 Doppelstunden ist die Scheibe des Mondes. Innerhalb der Sonne ist Marduk. Innerhalb des Mondes ist Nabu.“[9]

Hier werden offenbar Größenangaben gemacht, deren astronomischer Sinn freilich problematisch ist; man kann sie als bloßes Zahlenspiel nehmen: 30 ist seit je die Zahl des Mondes, da ein Monat ungefähr 30 Tage hat; doch mit dem Begriff ‚Scheibe‘ ist Ausdehnung angedeutet, jenseits des Beobachtbaren.

Anliegen solcher Texte ist innerhalb des mesopotamischen Horizontes ganz offenbar, die religiöse Tradition mit den Tatsachen der natürlichen Welt in Ausgleich zu bringen.[10] Die Darstellung strebt über den erzählenden Mythos hinaus, ohne doch die Ausdrucksweise des Schöpfungsberichtes aufzugeben: Es ist der Gott Marduk, der ‚zeichnet‘, ‚ansiedelt‘, auf seinem Thron Platz genommen hat. Und doch zielt das ganze auf ein Stufenmodell, das als gegenwärtig bestehend angenommen wird und sich am einfachsten durch eine Zeichnung erläutern läßt.[11] Es geht nicht um die erzählbare, merkwürdige Geschichte, sondern um die Struktur, die schlechthin besteht: Die Welt ist, was der Fall ist. Dabei ist schon von der Überlieferungslage her klar, daß damit etwas Neues, Zusätzliches zu den älteren, seit langem als verbindlich tradierten Texten hinzutritt. *[183]*

Für den Gräzisten aber ist überraschend und eindrücklich, wie nah dieses Fortdenken des kosmogonischen Mythos dem kommt, was die ‚Vorsokratiker‘ im Verhältnis zu Hesiod geleistet haben. Details fallen auf, die man sogleich assoziieren wird: Daß die Erde auf Wasser schwimmt, ist die auffallende Lehre, die für Thales bezeugt ist; daß sie eher auf ‚orientalischem‘ als auf griechischem Hintergrund verständlich wird, hat Uvo Hölscher seinerzeit herausgestellt.[12] Darüber hinaus vernimmt man Anklänge an das, was von den ersten beiden Milesiern überliefert ist: Anaximenes nahm einen „eisartigen“ oder „kristallenen“ Himmel an, in dem die Sterne „gleichsam als Bilder“ befestigt sind; dies klingt nun fast schon wie eine Übersetzung: „Die Gestirne der Götter zeichnete er darauf“ – wäre nicht die innergriechische Überlieferung in sich so stufenreich und problematisch und die Ausdrucksweise durchaus naheliegend.[13] Anaximandros aber ließ drei Himmel über-

---

9 Rückseite 4–5 des gleichen Textes; Livingstone, 82f. (Text und Übersetzung) und 90f. (Kommentar). Die gleichen Größenangaben auch in einem anderen, astronomischen Text, Livingstone, 90.

10 Livingstone, 71: „to find ways of making existing theology accord more precisely with the facts of the natural world.“ Der bei Livingstone, 22–25, wiedergegebene Text (vgl. Kommentar 38–42) stimmt mit dem neuen Heraklitfragment über die Mondphasen in POx. 3710 (vol. 53 [1986] ed. M. W. Haslam; vgl. M. L. West, A New Fragment of Heraclitus, ZPE 67 [1987], 16; W. Burkert, Heraclitus and the Moon, ICS 18 [1993], 49–55) ganz eng überein.

11 Vgl. Livingstone, 81.

12 U. Hölscher (o. Anm. 1), 1968, 40–42; Vorsokratiker 11 A 13 = Simpl. phys. 23, 28. Im Orientalischen ist der deutlichste Text die Kosmogonie von Eridu (Schwabl, Weltschöpfung, 1504), dazu einige Psalmen (Hölscher, 41).

13 Aet. 2, 14, 3 = Anaximenes A 14 = Fr. 24 Wöhrle: κρυσταλλοειδές ... ὥσπερ ζωγραφήματα; vgl. Wöhrle, 27f., 72f., der Begriff κρυσταλλοειδές kehrt in der Empedokles-Doxographie wie-

einander entstehen, wobei er offenbar eben den im Griechischen ganz ungewöhnlichen Plural οὐρανοί verwendet hat; dies wurde später kaum verstanden oder mißverstanden.[14] Genauer sprach Anaximandros dann von drei ‚Rädern' wachsenden Umfangs, die als Sterne, als Mond und als Sonne erscheinen. Er machte spekulative Größenangaben über die Größe der Sonne und über diese Räder, mit einer Zahlenfolge 9 – 18 – 27, die offensichtlich an Hesiod anknüpft: Für Hesiod fällt ein Amboß neun Tage lang vom Himmel zur Erde und wiederum von der Erde bis in den Tartaros.[15]

Nun ließ sich für die dreifach gestuften Himmel des Anaximandros auf iranische Spekulation verweisen: In Zarathustras Religion sind es drei *[184]* Schritte, die zum Himmel führen, und zwar nacheinander zu den Sternen, zum Mond, zur Sonne, schließlich und endlich aber noch weiter zu den ‚Anfangslosen Lichtern', wo Ahura Mazda thront.[16] Gerade die nach unserem wie nach späterem griechischen Wissen so verkehrte Position von Sternen, Mond und Sonne findet sich ebenso bei Anaximandros, wie auch der Begriff der ‚anfangslosen Lichter' mit dem ἄπειρον zusammengehen dürfte. Der assyrische Text zeigt demgegenüber, daß einsträngige Herleitung problematisch ist: Auch assyrische Spekulation hat von drei Himmeln übereinander gesprochen, wohl noch ehe es intensivere Kontakte mit Iranern gab.[17] Kulturübergreifende Verständigung freilich ist selbst hier nicht ausgeschlossen; die Grenzen scheinen durchlässig zu werden.

Denn der assyrische Text von den drei Himmeln und Marduks Thron in der Mitte hat, wie Peter Kingsley gezeigt hat, Verbindung auch zu Hesekiels Vision vom Gottesthron auf dem Räderwagen, wobei besonders der dort beschriebene Bernstein-Thron an den assyrischen Text gemahnt.[18] Der Hesekiel-Text datiert sich selbst – umgerechnet – auf 593/592 v. Chr. Wie eng verwandt wiederum Hesekiels

---

der, Vorsokratiker 31 A 1, A 14, A 54, A 56. Das Wort ζωγραφήματα wird von H. Schwabl, Anaximenes und die Gestirne, WS 79 (1966), 33–38, durch ‚Schmuckbilder' wiedergegeben, vgl. Wöhrle, 27; auf die orientalischen Bezüge der Sternbilder hat Hölscher (o. Anm. 1), 82 hingewiesen.

[14] Vorsokratiker 12 A 9; die authentische Fassung der theophrastischen Doxographie bietet Simplikios phys. 24, 13: aus dem Unendlichen γενέσθαι ἅπαντας τοὺς οὐρανοὺς καὶ τοὺς ἐν αὐτοῖς κόσμους; vgl. J. Kerschensteiner, Kosmos. Quellenkritische Untersuchungen zu den Vorsokratikern, München 1962, 24–54; W. Burkert, Iranisches bei Anaximandros, RhM 106 (1963), 97–134 *[= Nr. 12 in diesem Band]*, 103. Kerschensteiner findet in den οὐρανοί eine Vielzahl von Welten, Burkert mit Ch. H. Kahn, Anaximander and the Origins of Greek Cosmology, New York 1960, die Stockwerke der Gestirne.

[15] Vorsokratiker 12 A 11 §5, A 21, A 22; Hesiod Theog. 722–725; vgl. C. J. Classen, Anaximandros, RE Suppl. XII, 1970, 30–39, 50f.

[16] Burkert (o. Anm. 14) nach R. Eisler; wichtige Ergänzungen bei West, Philosophy (o. Anm. 1), 89, der nachweist, daß unter den Zeugnissen mindestens ein Avesta-Fragment ist; Bedenken ob der späten Bezeugung des iranischen Materials (vgl. Burkert, o. Anm. 14, 104; Classen [o. Anm. 15], 50) sind damit hinfällig.

[17] Die früheste Erwähnung von Medern in assyrischen Texten fällt bereits ins Jahr 835, Reallex. d. Assyrologie VII 620.

[18] Kingsley (o. Anm. 2); AT Ezechiel 1.

kosmisches Rädersystem mit Anaximandros erscheint, hat Martin West herausgestellt.[19] Offenbar gingen die Beziehungen hin und her; Griechen in Milet waren alles andere als isoliert. Schließlich geht es um eben die Epoche, als ganz Kleinasien dem östlichen Großkönig untertan wurde, nachdem längst Gyges mit Assurbanipal dem König von Assyrien korrespondiert und Alkaios' Bruder in Babylon Söldnerdienst geleistet hatte.[20] Nach der Überlieferung hat Anaximandros sein Buch gerade im Jahr der Eroberung von Sardes geschrieben.[21]

Wichtiger als die Frage nach einzelnen Kontakten und etwaigen Übernahmen ist jedoch wohl die allgemeinere geistesgeschichtliche Konvergenz, die analoge Entwicklung in benachbarten und fast zeitgleichen Kulturen, so problematisch der seinerzeit von Karl Jaspers benutzte Begriff der ‚Achsenzeit' *[185]* auch geworden ist.[22] Der Neuansatz, der mit den Prosaschriften eines Anaximandros und Anaximenes zweifellos gegeben ist, steht nicht im Leeren. Offenbar treten die Ionier der längst bestehenden, ‚klassischen' kosmogonischen Dichtung, die im wesentlichen unter dem Namen des Hesiod steht, in ganz ähnlicher Haltung gegenüber wie die spekulierenden Priester der östlichen Schreiberschulen ihren älteren Epen. Es gab Hesiods Theogonie und Erga, eine hesiodeische Astrologia trat dazu;[23] sie wird verbessert durch die Nautike Astrologia des Thales[24] und vielleicht auch durch eine einschlägige Prosaschrift.[25] Das Gedicht des Kleostratos erweitert das Wissen durch Einführung des Zodiakos, im Anschluß an das östliche Vorbild.[26] Mit der Theogonie konkurrierte vielleicht schon Epimenides,[27] dann ‚Orpheus'.[28] Nun

---

19 West, Philosophy (o. Anm. 1), 88f.

20 Vgl. Burkert (o. Anm. 1), bes. 9–14 *[Nachtrag: vgl. auch Burkert, Königsellen bei Alkaios: Griechen am Rand der östlichen Monarchien, MH 53 (1996), 69–72 = Nr. 15 in diesem Band].*

21 Apollodor FGrHist 244 F 29 bei D. L. 2, 2 = Vorsokratiker 12 A 1, wozu neu die von D. M. Burnstein, The J. Paul Getty Museum Journal 12 (1984), 153–162, edierte Chronik kommt, vgl. SEG 33, 802.

22 Er zerfällt, insofern neuerdings Zarathustra sehr viel früher und Buddha später als damals angenommen datiert werden, vgl. einerseits M. Boyce, A History of Zoroastrianism I, Leiden 1975; G. Gnoli, Zoroaster's Time and Homeland, Neapel 1980, andererseits H. Bechert, The Date of the Buddha Reconsidered, Indologica Taurinensia 10 (1982), 25–36.

23 Fr. 288–293 und möglicherweise Fr. 394 Merkelbach-West.

24 Vorsokratiker 11 B 1.

25 Auf ein Prosawerk (Περὶ τροπῆς καὶ ἰσημερίας? Vorsokratiker 11 B 4) weisen die Angaben des Proklos in Eucl. 157, 15 (nach Eudemos), W. Burkert, Lore and Science in Ancient Pythagoreanism, Cambridge, Mass. 1972, 416.

26 Vorsokratiker 6. Tierkreiszeichen erscheinen auf einer Keilschrifttafel der Darius-Zeit: A. Aaboe – A. Sachs, Centaurus 14 (1969), 1–22.

27 Vorsokratiker 3; M. L. West, The Orphic Poems, Oxford 1983, 45–53, datiert die Theogonie des Epimenides ins 5. Jh., vor allem weil in 3 B 2 der Mond als eine Art Erde erscheint – was auf dem Hintergrund der assyrischen Spekulation zu überdenken wäre.

28 Maßgebend sind jetzt die Zitate im Derveni-Papyrus, ZPE 47 (1982), Appendix 1–12, vgl. West (o. Anm. 27), 68–115.

aber kamen Prosaschriften, ‚summarisch'-apodiktisch in ihrer Ausdrucksweise,[29] die ohne jeden poetischen Anspruch festhalten: So kam es, und so ist es.

Weit deutlicher noch als Anaximandros stellt sich Pherekydes von Syros in eine solche Tradition, ja sein Werk scheint überhaupt erst in solcher Perspektive verständlich zu werden: „Pherekydes, in short, meant to provide an alternative version to the Theogony; he probably felt his own version more consistently and accurately explained the origin of the world and the gods of myth" – so Hermann Schibli in der neuen, gründlichsten Behandlung dieser eigentümlichen Schrift,[30] eine Charakterisierung, die nicht zufällig *[186]* ganz eng übereinstimmt mit dem, was Livingstone zu den akkadischen Texten sagt: „Making existing theology accord more precisely with the facts of the natural world." Pherekydes hat die Götter beibehalten und doch etymologisierend ihren Sinn ins Spekulative verschoben; Anaximandros und Anaximenes gingen weiter.

So bleibt denn die Besonderheit der Weltentwürfe von Anaximandros und Anaximenes auf solchem Hintergrund durchaus bewahrt. Vom Thron Gottes ist bei Anaximandros nicht – nicht mehr – die Rede, nur ein neutrales ‚Umfassendes' (περιέχον) ist geblieben; wenn über die Größe der Sonne Angaben gemacht werden,[31] so ist doch kein Marduk in ihr zu suchen. Das Werden des Kosmos vollzieht sich wie von selbst, ohne einen gestaltenden Gott, der baut oder Plätze zuweist. Heraklit lehnt die Vorstellung von einem Gott, der die Welt ‚gemacht hat', explizit ab, scheint diese freilich eben damit vorauszusetzen.[32] Die Konzeption einer in sich geschlossenen, autonomen ‚Natur' (φύσις) bleibt eine sehr eigentümliche griechische Leistung. Wer will, mag weiterhin bei dem bekannten Bonmot des Philipp von Opus über die griechische Verbesserung aller Anleihen von ‚Barbaren' verharren und die Freude des sterbenden Platon an der Unterlegenheit der Fremden teilen.[33] Andere werden, gerade angesichts des fast totalen Verlustes der milesischen Originaltexte, die Chancen einer Erhellung des Hintergrundes griechischer Leistungen durch Umschau in den benachbarten, vergleichbaren und gleichzeitigen Kulturen gern ergreifen; um es mit Empedokles zu halten:

'Αλλ' ἄγε μύθων κλῦθι· μάθη γάρ τοι φρένας αὔξει.

---

29 So verstehe ich die Charakterisierung der Anaximandros-Schrift als κεφαλαιώδης, Apollodor FGrHist 244 F 29 = D. L. 2, 1.

30 H. S. Schibli, Pherekydes of Syros, Oxford 1990, 133, vgl. o. Anm. 10.

31 Vorsokratiker 12 A 1 = D. L. 2, 1.

32 Vorsokratiker 22 B 30 = Fr. 51 Marcovich. Nach einer Inschrift des Darius aus Persepolis ist es Ahura Mazda, der „Himmel und Erde geschaffen hat" (F. H. Weissbach, Die Keilinschriften der Achaemeniden, Leipzig 1911, 85), ganz wie Jahwe Gen. 1, 1.

33 [Plat.] Epin. 987de; Philodem, Acad. Index col. 5, p. 134 Dorandi; W. Burkert, Platon in Nahaufnahme, Stuttgart-Leipzig 1993, 54–56.

Erschienen in: R. Buxton, ed., From Myth to Reason? Studies in the Development of Greek Thought, Oxford 1999, 87–106.

14. The Logic of Cosmogony

It has often been assumed that cosmogonic myth, i.e. tales about the origin of the universe, are the very centre or even the essence of mythology. Take the definition of myth in the recent *Encyclopedia of Religion*:[1] 'A myth is an expression of the sacred in words; it reports realities and events from the origin of the world that remain valid for the basis and purpose of all there is.' 'Origin of the world', in relation to 'all there is': these are the central concepts of cosmogony, which would thus become the general matrix of myth as such. I, for one, would leave the notion 'sacred' out of the definition of myth, and would rather take 'traditional tale' as a starting point: myths are traditional tales with special relevance, traditional tales with a secondary but important reference.[2] For illustration we may refer to collections such as Hesiod's *Theogony* and *Catalogues*, Apollodorus' *Library*, and Ovid's *Metamorphoses*. In these corpora, however, cosmogonical myths make up only a very small section of the whole – for example, only 84 lines out of the 15 books of the *Metamorphoses*. Other topics are far more common: myths about genealogies, migrations, foundations of cities, the establishment of culture, and the origins of rituals, especially initiation and sacrifice. This is a rough enumeration of the themes of myth with regard to the tales' reference, the *signifié*; if we try to make distinctions by the *signfiant*, the tale types, we shall find the great favourite to be the quest, taken as *the* form of narrative by Vladimir Propp and his followers. Its most thrilling variety is the combat tale; in addition, there are tales about sex and progeny, tales of deceit and deception, 'trickster' stories; migration tales too may be a separate type.[3] What is the status of cosmogony *[88]* in this context? It is evidently not a tale type in its own right, rather an assemblage of different tale types, complete or fragmentary, held together by the greatest subject, 'everything' or 'all there is', which is itself a problem rather than something definite.

In fact one might doubt whether it is possible to define cosmogony at a general, transcultural level. 'Kosmos' is an artificial concept which we see evolving at the beginning of Greek philosophy.[4] Archaic languages do not usually have a word for

---

1 Kees W. Bolle, 'Myth: An Overview', in Eliade *et al.* (1987), 261–73, at 261.

2 Burkert (1979), 1–34.

3 On tale types, see Burkert (1996), 56–79.

4 On the development of the Greek term κόσμος, see Kerschensteiner (1962).

'world'; it remains to enumerate the basic constituents, above all 'heaven and earth',[5] or else 'gods and men', 'gods, men, animals, and plants'. There will still be a concept of 'all', 'everything', 'universe', which we may take to constitute 'cosmology', but we must be aware that this is a logical concept, not mythical intuition. If this is combined with the notion of 'first', of 'beginning', a hybrid of logical postulate and mythical determination takes the lead. Still, cosmogonical myth is not the basis, but rather a problem for myth as such. It is true that there is a psychological approach which makes 'kosmos' a metaphor for the inner world, the self-experience of the individual, and hence makes 'cosmogony' a mirror of psychic development from embryo to adult.[6] This would provide a natural basis and direct source for cosmogonic myth. But this is still not a general theory of myth, rather a very special and selective one.

It is easy to see where the preference for cosmogonic myth, among the many varieties of traditional tales, comes from: it was, first, philosophy which focused on the problem of *archē*, and, later, Christianity which insisted on the one creator god. Plato, in his *Sophist* (242c), refers to his predecessors, whom we call Presocratics, with the words: 'Each of them appears to be telling a myth (*muthos*) to us, as if we were children ...' (μῦθόν τινα ἕκαστος φαίνεταί μοι διηγεῖσθαι παισὶν ὡς οὖσιν ἡμῖν), and he presents his own cosmology, his *Timaeus*, as a cosmogonic myth, *eikōs muthos* or *logos*. Aristotle, in the famous résumé of *archē*-philosophy given at *Metaphysics* A, mentions 'very old theologians' anticipating the theory of Thales (983b27); the reference is *[89]* to Oceanus and Tethys in Homer.[7] In another famous context, in the argument of *Metaphysics* Λ, Aristotle has Orpheus, who 'generates from Night', and Anaxagoras side by side.[8] Damascius, last head of the Neoplatonic Academy at Athens, includes in his treatise *On Principles* a vast survey of mythical cosmogonies, including Orphic and Phoenician texts and even the Babylonian *Enuma elish*.[9] Pagan defence of myth as against Christian attacks would concentrate on the interpretation of *Timaeus*.[10] In other words, wherever there is interest in myth, it is cosmogonical myth. As philosophy turned Christian, it was a lasting challenge to correlate *Timaeus* to Genesis; the problem grew to unprecedented dimensions with the advance of modern science which made it impossible to accept the literal sense of the Genesis text. But there was also the practical work of Christian missionaries to whom the seminal reports on so-called primitives are due. They found it an easy starting point for preaching Christianity to ask their hearers: Do you know who made this world? – imprinting, as it were, the gospel of the one creator god on the pre-existing conglomerate of native traditions. The *Popol*

5 See Burkert (1992), 91 with n. 8, 93f.

6 See Bischof (1996).

7 Cf. Burkert (1992), 91–3.

8 Arist. *Metaph.* 1071b27.

9 Damasc. *Princ.* 123–5 (= i. 316–24 Ruelle), partly deriving from Eudemus, fr. 150 Wehrli.

10 A basic work is Proclus, *In Timaeum*; cf. Baltes (1976–8).

Vuh of the Quiché Maya was written by a convert, 'amid the preaching of God, in Christendom now', as the introduction says;[11] the *Gylfaginning* in the Prose Edda of Snorri Sturluson begins with the quotation of Genesis 1: 1.[12]

It would be in the post-modern spirit to conclude that cosmogony is a Western-Christian construct. But we may happily state that there are texts which are older and independent of these tendencies. If we leave out, for reasons of competence, the Old Indian texts – which anyhow are farther removed from antiquity – there may be agreement by now that there is a family of texts from the Near East, from Israel, and from Greece which should be considered together, since they are connected not only by similarity of structure and motifs but also, no doubt, by mutual influences; see the chapter of Damascius mentioned already. Classicists had difficulty in realizing the great advances in the *[90]* study of antiquity which occurred in the nineteenth century thanks to the decipherment of hieroglyphs and cuneiform, advances which have added to our cultural memory about 2'000 years of recorded history. Gradual change has come with the new discoveries made in the twentieth century, especially with the publication of the Hittite texts *Kingship in Heaven* (1946) and *Ullikummi* (1952). Their closeness to Hesiod was undeniable.[13]

It may be helpful to give a short survey of the relevant texts. The paradigm of oriental cosmogony is represented by the Babylonian text *Enuma elish.*[14] The date of composition has not been established definitely, but seems to lie in the second part of the second millennium; it was well known in the first millennium, when it was recited at the Babylonian New Year festival. There are other comparable Akkadian texts, but also much older Sumerian 'myths of origin'; these, however, usually concern special details, not 'everything', not the universe as such. In Egypt we do not find one representative text, in fact not even narrative texts in the full sense, but rather a system of notions about stages of 'creation', developed in the Old and Middle kingdoms, integrated in priestly theology:[15] how this state of the Egyptian evidence can be reconciled with the general concept of 'myth' is a problem which cannot be discussed here. In Hittite, we have the *Kumarbi* text, *Kingship in Heaven*, which is especially close to Hesiod in the sequence of the ruling gods and in the motif of the castration of 'Heaven'. In addition, there are the much longer, but lacunose, *Ullikummi* text and the *Illuyankash* text, both of which have relations to the Greek Typhoeus myths.[16] Ugaritic myth has generations and conflicts of gods, but not so far cosmogony in the full sense.[17] Phoenician cosmogonies, however, are

11 Tedlock (1985), 71.

12 Lorenz (1984), 43, 46, 50.

13 Cf. n. 16 below; Burkert (1991), 155–81.

14 Cuneiform text: Lambert and Parker (1967). Translations: Heidel (1951), 18–60; Bottéro and Kramer (1989), 604–53; Dalley (1989), 233–77.

15 Cf. Sauneron and Yoyotte (1959); Assmann (1977); Bickel (1994).

16 *ANET* 120f., 121–5, 125f.; Hoffner and Beckman (1991), 40–3, 52–61, 10–14.

17 See de Moor (1987); cf. n. 59 below.

referred to in various Greek sources, especially in the book of Philon of Byblos.[18] This is not to forget the beginning of our Bible, where, as is well known, cosmogony occurs in double form, Genesis chapters 1 and 2–3. The central Greek text is Hesiod's *Theogony*, but this is not unique; there are cosmogonical *[91]* allusions in the *Iliad*, especially in the context of the 'Deception of Zeus' (book 14),[19] and there are fragments of various parallel or competing texts, beginning with an epic *Titanomachia*.[20] Important details have become known from the theogony of Orpheus, in particular, through the Derveni papyrus.[21] In addition, the varying statements about the 'beginning' by the so-called Presocratic philosophers largely belong still to the same family.

All cosmogonic texts use the form of narrative in a naïve matter-of-fact way: these are typical 'just-so stories' – a term playfully introduced by Rudyard Kipling for children's stories and turned into a term of scorn for anthropologists by Evans-Pritchard.[22] The basic form is just a statement of sequence: 'In the beginning there was … then came … and then' – just so. Even the Presocratics did not disdain this form: 'Together were all the things,' Anaxagoras began, and then *Nous* began to move.[23] 'The earth was without form and void,' Genesis relates; … 'And God said: "Let there be light."' (1: 2–3). It is this form of narrative which makes cosmogony a myth – as stated already by Plato in the above-mentioned passage of the *Sophist*.

A speculative achievement still lingers in the concept of 'first', of 'beginning'. This is not the normal beginning of a tale, which is, 'Once upon a time, there was'. In Greek, this is ἦν ποτε or ἦν χρόνος;[24] in Akkadian, a tale just begins with 'When …'.[25] Thus the normal tale creates its own time; myth usually takes what has happened once as a model for what is now. Beyond this, in a more pointed way, cosmogony insists on a time which was the 'first' of all, the one beginning from which everything else is about to rise. 'In the beginning', *bereshit*, is the first word of the Bible; using the same word root, *Enuma elish* calls Apsu, the *[92]* watery Deep, 'the first one', *reshtu*;[26] later, the Presocratics spoke of *archē*, and

---

18 *FGrHist* 790; Baumgarten (1981); cf. West (1994).

19 See Burkert (1992), 91–3.

20 Davies (1988), 16–20.

21 *ZPE* 47 (1982), appendix; West (1983).

22 Evans-Pritchard (1965), 42, referring to Freud's *Totem and Taboo*; R. Kipling, *Just-So Stories for Little Children* (London, first pub. 1902).

23 Anaxag. B 1 DK.

24 Attested in Critias, *TrGF* 43 F 19, 1; Pl. *Prt.* 320c; Moschion, *TrGF* 97 F 6, 3; cf. *Amor and Psyche*, Apuleius, *Met.* 4. 28. 1; compare German 'es war einmal'.

25 *Enuma elish* means 'when above'; same beginning in *Atrahasis* – and in Hammurapi's *Laws*, too. *Gilgamesh and Huwawa* (D. O. Edzard, 'Gilgameš and Huwawa A', *Zeitschrift für Assyriologie*, 80 (1990), 165–203, and 81 (1991), 165–233) starts: 'Do you know, how …'.

26 *Enuma elish* I 3 (Dalley (1989), 233).

changed the meaning of the word in the process, from 'beginning' to 'principle'.[27] Hesiod asks, 'Which of these came into being first?' and then starts: 'First of all ...'[28] A dialectic of 'one' and 'many' is thus implicit from the start; but this is not at all made explicit in every exemplar of the family.

Further achievements of speculation are reversal and antithesis, a basic logical function. If you start to tell the tale about 'the beginning' of 'everything', you must first delete 'everything' from your mental view, i.e. our whole world of heaven and earth, sea and mountains, plants, animals, and humans: all this has to go. Thus the typical beginning of cosmogonic myth is performed by subtraction: there is a great and resounding 'Not Yet'. *Enuma elish* begins: 'When above skies were not named, nor earth below pronounced by name ... (when nobody) had formed pastures nor discovered reed-beds, when no gods were manifest, nor names pronounced, nor destinies decreed ...'[29] An Egyptian Pyramid Text says: 'When heaven had not yet been constructed, when earth had not yet come into being, when nothing yet had been constructed ...'[30] – what was there then? 'Darkness brooding over the face of the abyss', the Bible tells us; or a yawning gap, *chaos*, as Hesiod has it; Night, the theogony of Orpheus said; the Infinite, Anaximander seems to have written. 'Together were all the things', we read in Anaxagoras (B 1 DK). An alternative answer is: there was god – as we read in Egypt.

The most common response, though, is: in the beginning there was Water. This is not limited to the ancient world: it is also reported from America, e.g. the *Popol Vuh* of the Quiché Maya.[31] The Egyptians developed water-cosmogonies in diverse variants, having the yearly flood of the Nile before their eyes; but *Enuma elish* too has ground water and salt water, Apsu the begetter and Tiamat who bore them all, as the first parents of everything. Surprisingly enough, this recurs in the midst of Homer's *Iliad* with Oceanus and Tethys, 'begetting of everything'; this may be direct influence. (It was William Ewart Gladstone, better known *[93]* as British Prime Minister, who first saw this connection.)[32] The Bible has the spirit of God hovering on the waters, and Thales, the *archēgetēs* of *archē*-philosophy according to Aristotle,[33] posited water as his first principle.

The primeval role of water has attracted the theories of psychologists who try to translate myth into their own systems of interpretation. The more realistic variants recall the embryo floating in uterine water; Jungians find worlds emerging from 'the Unconscious' *tout court*; others try to imagine the newborn's world as an indistinct

---

27 Lumpe (1955).

28 Hes. *Th.* 115f.

29 *Enuma elish* I 1–8 (Dalley (1989), 233).

30 Pyramid Text 1040 a–d, cf. 1466 b–d, Sauneron and Yoyotte (1959), 46.

31 Tedlock (1985), 64.

32 Burkert (1992), 93 with n. 14.

33 Thal. A 12 DK = Arist. *Metaph.* 983b20. Cf. Hölscher (1953), revised and expanded in Hölscher (1968), 9–89.

'oceanic' whole in which 'everything' is diluted and merging, to take shape later.[34] I find it difficult to verify any of these interpretations. In the whole family of cosmogonic myths, 'water' appears to be just one option among others. 'Night' should be granted equal status, with parallel opportunities for interpretation – be it uterine night, or the Unconscious; combinations of the two will do just as well: 'darkness' and 'water', as they appear in Genesis. The 'yawning gap' of Hesiod does not fit so well, nor the Egyptian 'god'. At any rate, each of these formulas appears already embedded in a contextual system which is spelt out linguistically in the respective texts. Neither 'the Unconscious' nor 'oceanic feelings' produce texts by themselves. But they may be factors favouring the selection and conservation of particular versions amidst a richer palette of possibilities.

Togetherness is bound to dissolve: differentiation must come out of the one beginning. Every cosmogonical tale is bound to proceed on these lines. The most grandiose idea is that heaven was lifted from earth at a secondary stage of creation, that the world *qua* 'heaven and earth' came into being by splitting apart. Even this idea is not a speciality of the ancient world: parallels have been adduced from Africa, Polynesia, and Japan.[35] The Hittites and Hesiod have the violent myth of the castration of Heaven. There are even two versions in Hittite: according to the *Ullikummi* text, it was done with an 'ancient bronze knife', whereas *Kingship in Heaven* introduces the much more primitive proceedings of castration by biting and *[94]* swallowing.[36] Egyptians, though, have quite a peaceful development, as Shu, 'Air', lifts up the goddess of heaven, Nut, from earth, Geb.[37] According to Anaximander, a sphere of fire grew around the centre, which was apparently a form of slime; the sphere then burst into pieces, which formed into wheels, carrying openings of flames around the earth. This is still the separation of heaven and earth, which also lingers on in the atomistic cosmogony of Leucippus.[38]

In Hesiod – but not in the Hittite version – the castration of Heaven is made an act in a family drama: Cronos, son of Ouranos, rebels against the oppressive sexual power of his father, helped by his mother Gaia, Earth. It has been said that this is the gist of Oedipal wish-fulfilment;[39] we are back to interpretations on the basis of developmental psychology: separation of father and mother, discovery of the sex differentiation, the Oedipal phase which means the end of indistinct 'oceanic' experience. But it is difficult to impose this interpretation on all the variants of heaven-earth separation. Note that heaven is female in Egypt; and there is no trace of father-son antagonism in the oldest text, the Hittite *Kingship in Heaven*, where no family

34 See Bischof (1996).

35 Staudacher (1942).

36 *Ullikummi*: *ANET* 125; Hoffner and Beckman (1991), 59. *Kumarbi*: *ANET* 120; Hoffner and Beckman (1991), 40; cf. West (1966), 20–2; 211–13.

37 Sauneron and Yoyotte (1959), 47 § 9.

38 Anaximand. A 10 DK; Leucipp. A 1 § 32 DK.

39 Hes. *Th.* 154–81; Dodds (1951), 61.

relationship is stated between Alalu, Anu, and Kumarbi, who are kings in heaven in this sequence. Note also the reference to cultural evolution in Hesiod – Earth produces iron; and to ritual – Cronos throws the severed parts behind his back in Hesiod's text; this does not come from developmental psychology. There are other myths which seem to insist on a 'Freudian' perspective, implementing Oedipal motifs, especially one strange Akkadian text, now called the *Theogony of Dunnu*.[40] Into a primeval sequence of gods or powers this text routinely introduces father-killing and mother-son incest: 'The Cattle-god married Earth his mother, and killed Plough his father …' and so on. The motif is repeated about five times; this is beyond developmental psychology.

For further developments in cosmogony, there are two narrative options, two models: one might be called biomorphic, the other technomorphic. The biomorphic model introduces couples *[95]* of different sex, insemination, and birth; the technomorphic model presents a creator in the role of the clever craftsman. The first one follows the model of genealogical myth; the second means description rather than tale.

It is tempting to call the biomorphic model the Greek one, the technomorphic model the biblical one. It is true that Hesiod has fully opted for the biomorphic version, whereas Genesis is the 'book of creation': 'And God made …' and he carves Eve from a rib. Things are more complicated none the less: the second chapter of Genesis (2: 4) introduces the title *toledoth*, which means 'actions of birth', whereas Hesiod does resort to the technical process when Pandora the woman is fashioned.

Creation is in fact more rational, giving the author an opportunity to present objects in detail; description takes over, as against a dramatic tale. Listen to *Enuma elish*: Marduk

> made the crescent of the moon appear, entrusted night to it … 'Go forth every month without fail in a corona, at the beginning of the month, to glow over the land; you shine with horns to mark out six days; on the seventh day the crown is half. The fifteenth day shall always be the mid-point, the half of each month. When Shamash looks at you from the horizon, gradually shed your visibility and begin to wane …'[41]

The Old Testament is much more cursory: Elohim 'made the two great lights, the greater to govern the day and the lesser to govern the night, and with them he made the stars.'[42] Least precise is Hesiod: 'Theia gave birth to great Helios and resplendent Selene, and also to Eos who shines for all on earth, overcome in love by Hyperion; … and Eos, mated to Astraios, … gave birth to the Morning Star, and to the

40 *ANET* 517f.; Dalley (1989), 277–81.
41 *Enuma elish* IV/V (Dalley (1989), 254ff.).
42 Gen. 1: 16.

brilliant stars.'[43] Nobody would say Hesiod is more rational than the orientals; he just gives names to the concepts of 'divine' – Theia – and 'walking above', Hyperion; he is absolutely unsystematic in separating the Morning Star from the other stars, and it is just tautology to make Astraios father of the stars. What can be expressed in both models is the feeling of 'wonder' at the complicated beauty of the cosmos: Marduk 'created marvels' according to *Enuma elish*; Elohim, looking at his creation, found that 'everything was very *[96]* good' (Gen. 1: 31). Hesiod introduces Thaumas, bearing 'wonder' in his name, as father of Iris, the rainbow (*Th.* 265). If philosophy arises from *thaumazein*, as Aristotle holds, its roots are present in cosmogonic myth, though less in Hesiod than at Babylon.

There are also combinations of both models, of procreation and creation. This is characteristic of *Enuma elish*, and also of the Orphic cosmogony as known from the Derveni papyrus. In *Enuma elish*, we first get a sequence of generations, with a palace being built above the watery deep in the third generation, and storms arising to disturb the olden Sea with Marduk, the young god of the fourth generation; later, after slaying Tiamat, 'the Sea', Marduk builds our world in all its wonderful details, 'creating marvels'. In the Orphic cosmogony, we learn about Night and Aither first, and the deed of Cronos, castration and separation of Heaven from Earth. Later Zeus, who has become 'the only one', is seen to create everything from himself, to fashion the world with Oceanus, Rivers, Moon, and Stars through powerful 'planning'; *emēsato* ('planned', 'devised') is the interesting term.[44] Thus in both texts *genesis* dominates the first part, and technical construction the second. Evidently this means a kind of progress: the sequence could not be reversed. I would not insist on direct dependence, but rather on the availability of both models, and their essential difference.

The concept of 'creator of the world' is explicitly rejected by Heraclitus: 'This world order ... no one of gods or men has made'; he evidently presupposes the concept he is rejecting.[45] The statement that Zeus 'created' cosmic arrangements is common in Archaic Greece, usually expressed by the root *the-*: 'He created three seasons' – Alcman (20, 1 *PMG*); he created honey – Xenophanes (B 38 DK). Thus *the-* even becomes the foundation of an etymology of *theos*, as in Herodotus (2. 52. 1). Heraclitus, for one, seems to develop the 'biomorphic' model into a 'phytomorphic' model, the principle of growing according to inner laws, as plants do; this is *phusis*, which likes to hide (φύσις κρύπτεσθαι φιλεῖ, B 123 DK). And yet hardly any of Heraclitus' successors can do without the concept of creator: Parmenides *[97]* introduces a female *daimōn* who 'governs everything', and creates divine powers such as Eros;[46] Anaxagoras gives a similar function to *Nous*, 'Mind',

43 Hes. *Th.* 371–82.

44 Pap. Derveni (n. 21 above) col. 19 [new numeration: 23].

45 Heraclit. B 30 DK.

46 Parm. B 12/13 DK.

the leading power for all differentiation; Empedocles has 'Love' constructing organs and organisms in her workshop; it was only Democritus who, criticizing Anaxagoras,[47] tried to exclude 'mind' from the shaping of macrocosm and microcosm. The reaction came with Plato and Aristotle: Plato's *Timaeus* finally established the term 'creator', *dēmiourgos*.

The rival option, *genesis* in the biomorphic model, leads to a sequence of genealogies. It thus mirrors a form of tradition which is of basic importance in divers societies for constituting identity and rank through memory, with all the opportunities for continuity and conflict as known from history. There are 'histories' of families and tribes, usually a mixture of name lists and memorable events, which normally concern certain claims in the very real world and preserve continuity by recalling past conflicts.

In cosmogony, the sequence of generations takes a more compact form with the so-called 'succession myth'. This has three or four generations of gods, and ends with the establishment of the lasting power of the ruling god, in contrast to 'ancient gods', who thus become 'fettered gods'. The succession myth is evidenced from *Enuma elish*, from the Hittite text *Kingship in Heaven*, from Phoenician myth as transmitted by Philon of Byblos, and finally by Hesiod and Orpheus.[48] There is no doubt that these versions are related to each other, developing as they do in adjacent cultures with many interconnections; there must have been intermediate versions which are lost to us. Characteristic is the role of 'Heaven' as a predecessor of the ruling god, and a problematic or even mischievous god in between. In the Hittite text Kumarbi swallows the phallus of Anu, 'Heaven', and becomes pregnant with rivers and the Weather-god; in the cosmogony of Orpheus, according to the Derveni text, it is Zeus who swallows a phallus, probably the phallus of Ouranos, 'Heaven', and becomes fertile in consequence, with gods, rivers, and everything else;[49] in the later Orphic version Zeus swallows Phanes, an enigmatic first and *[98]* universal god, and produces 'everything' out of his belly.[50] The interpretation of the Derveni text has been called into question by Martin West and others; the very similarity to the Hittite version may seem suspicious; but it is the Derveni author himself, not the modern interpreter, who understands the mythical events in this way, and I trust he had the integral text before his eyes. If this is accepted, we are dealing with a model case of both continuity and change in the transmission of myth, both across cultural barriers and through long periods of time. There is transmission

---

[47] Democr. A 1 DK = Diog. Laert. 9. 35.

[48] Steiner (1959).

[49] Pap. Derveni col. 9 [13] and 12 [16]; contradicted by West (1983: 85f.), who combines δαίμονα κυδρόν col. 4 [8], 2 with αἰδοῖον col. 9 [13], 4; this is against the Derveni author's interpretation not only of αἰδοῖον, but also of δαίμονα κυδρόν, which he connects with ἐγ χείρεσσι λαβών twice in his paraphrase, col. 5 [9], 4; 10. See also W. Burkert, 'Oriental and Greek Mythology: The Meeting of Parallels', in Bremmer (1987), 10–40, at 22 with n. 57 *[= Nr. 4 in diesem Band]*.

[50] Kern (1922), fr. 168.

even of single motifs, but there is also reinterpretation and change, important modifications going on still within the Greek 'Orphic' tradition.

Within the theme of genealogies, a more general, nay a favourite tale type invades cosmogonic myth, beyond the problems of castration: the combat tale.[51] The combat tale needs a champion and an antagonist. The antagonist must be both imposing and disagreeable to provide the foil for the champion's triumph – and the hearer's identification with him. The ideal impersonation of the negative role is the snake, the dragon, feared and hated, devouring and poisoning, to be unfailingly overcome by the hero. Thus the god fighting the dragon gets an important part within cosmogonic myth.

The theme of the dragon fight seems to be present in Sumerian mythology by the middle of the third millennium, with the special image of the seven-headed snake being slain by the champion; but we have only the images, no text from this period.[52] Later there is an Akkadian myth about a gigantic snake threatening humanity, to be overcome by gods; yet the text is still hopelessly fragmentary.[53] The seven-headed snake reappears in Ugaritic myth, with Baal slaying Lotan the serpent of seven heads, a text which has left its trace even in the Old Testament, with Jahwe slaying Leviathan, even if the seven heads have been eliminated there.[54] In Hittite there is the battle of the Storm-god *[99]* with the dragon Illuyankas, in close relation to a special festival called Purulli; this myth in turn seems to have influenced or even created the Greek myth of Zeus fighting Typhon the snakemonster in Cilicia, a myth of which there are several variants, more or less Hittitizing.[55] A comparatively late seal from Mesopotamia offers the most impressive example of a god fighting the cosmic monster – one head only, in this case.[56] Later still is Pherecydes, who has Chronos pressing Ophioneus the Dragon into the ocean, Ogenos.[57]

Yet scholars must beware of the *fable convenue*. It has been common to speak of 'the dragon of chaos', *Chaosdrache*, since Hermann Gunkel's book *Schöpfung und Chaos*.[58] The god slaying the dragon would thus strive to eliminate chaos and to establish the world as a place of order, a 'kosmos'. It is largely correct, of course, to say that the snake represents the 'below', the 'chthonic' aspect as against

---

51 Cf. Burkert (1979), 18–20.

52 Burkert in Bremmer (1987), 18 with n. 35 *[= Nr. 4 in diesem Band]*.

53 Bottéro and Kramer (1989), no. 27.

54 *ANET* 138, de Moor (1987), 69; Isaiah 27: 1; Burkert in Bremmer (1987), 18 *[= Nr. 4 in diesem Band]*. From the Indo-European side, see Watkins (1995).

55 Cf. Burkert (1979), 7–9; *ANET* 125f., Hoffner and Beckman (1991), 10–14; Apollod. *Bibl.* 1. 6. 3; Nonnus 1. 154–2. 29. These texts have elements in common with the Hittite version that are missing in Hesiod; the same situation seems to obtain in relation to the phallus motif, n. 49 above. See also Hansen (1995).

56 Burkert in Bremmer (1987), fig. 2. 7, with n. 79 *[= Nr. 4 in diesem Band]*; reproduced also in West (1971), pl. II a.

57 Pherecyd. 7 B 4 DK; cf. Schibli (1990).

58 Gunkel (1895). Note that the very word 'dragon' was established through Revelation 12f.; 20: 2.

the heavenly splendour of the god. Snakes are also constantly associated with water. The great event in *Enuma elish* is Marduk slaying Tiamat, 'the Sea', as Ugaritic Baal too fights Yam, 'the Sea'.[59] Yet it is not at all clear that Tiamat, Marduk's antagonist, should be imagined in the form of a snake or 'dragon', although there are monsters with snake characteristics in her retinue. Yet the original water snakes mentioned in the first lines of *Enuma elish*, Lahmu and Lahamu, are not molested at all by Marduk. The Babylonian seal mentioned above most probably depicts a cosmic struggle, since the six dots in the picture seem to allude to constellations; as a matter of curiosity it may be noted that the picture was reused in Greece to depict Perseus and Andromeda fighting the *kētos* (sea monster) with stones.[60] But even Leviathan in Hebrew tradition is not *expressis verbis* a *Chaosdrache*; he may even be an edible fish.[61] The Hittite story of *[100]* Illuyankas is not set in a cosmic context, although it presents an interruption and grievous threat to the supreme god's rule, and ends with the god's reinstallation. The same is true of the Greek Typhoeus story – leaving aside the problem of whether it originally belonged to Hesiod's *Theogony*.[62] It is a sequel, not an integral part of the cosmogony proper. In short, not every cosmogony needs a dragon fight, nor does every dragon represent the original chaos. In Egypt, the aboriginal combat tale is the fight of Horus against Seth;[63] Seth may well be said to stand for chaos, but he never becomes a snake. In other words, the speculative energy of cosmogony and the narrative energy of the combat tale are not identical; they may meet but also separate again.

We spoke of two options: creation on the one side, procreation leading to generations in conflict on the other. It must be added that there is a strange meeting of both narrative lines in the idea of creation by killing. To repeat *Enuma elish*: 'The Lord rested and inspected her corpse: he divided the monstrous shape and created marvels ...'[64] It is from mortification, from the corpse, that the new and stable structure takes its beginning. It is killing that transforms a living and potentially dangerous partner into objective material, to be used for construction. The Vedic myth about Purusha, the 'Man' who is sacrificed and cut up to form the cosmos, and the tale of Ymir in the Snorra Edda, the giant out of whom the universe is made, have long been compared.[65]

Creation by killing is especially prominent, and troubling, in anthropogony. In *Atrahasis, Enuma elish*, and other Akkadian texts, in order to create humans from clay a god has to be killed, 'that the god's blood be thoroughly mixed with the

59 See *Baal* III in de Moor (1987), 29–44; cf. *ANET* 130f.

60 Burkert in Bremmer (1987), fig. 2.7/2.8 *[= Nr. 4 in diesem Band]*.

61 Syriac *Apocalypsis of Baruch* 29: 4; Kautzsch (1900), 423.

62 Hes. *Th.* 820–80, still athetized by F. Solmsen (Oxford text, 1970; 3rd edn. 1990); cf. the discussion in West (1966), 379–83.

63 Griffiths (1960); te Velde (1967).

64 *Enuma elish* IV 135f. (Dalley (1989), 254f.).

65 Olerud (1951).

clay'.[66] Life comes from killing. Less drastic is Adam's narcosis when Eve is carved from his rib; yet it still means cutting up a living body. Orpheus once more seems to be especially close to the oriental parallels, if the myth about the origin of men out of the Titans, *[101]* killed and burnt by Zeus after they have killed and eaten Dionysus, is accepted as an old tradition; I am still inclined to take it as such, in spite of the recent article by Luc Brisson.[67] Myths of this form remain puzzling; there is no simple tale pattern to account for them, and definitely not the sequence of individual psychological development, but rather uneasiness and feelings of conflict in view of the *condition humaine*, making use of cultural patterns such as magic or sacrificial ritual in order to deal with such uneasiness.

At any rate, the appearance of man must be the final and decisive part of any cosmogony told by humans. It is a strange omission in Hesiod that anthropogony is missing, although it seems to be announced.[68] There were various possibilities to account for the creation of man, even if one was not content with the simple statement 'and god made', or 'Zeus made ...', as Hesiod was in the myth of the Races. Once more it is impossible to assume one basic form: there is no *single* myth of anthropogony, but a large variety illustrating this or that aspect, problem, or interest in the human situation.[69]

So what finally is the message contained in cosmogonic myth? What is the *raison d'être* of this strange assemblage of motifs and micro-myths along the thread of a comprehensive just-so tale? It is difficult to say what the *Sitz im Leben* of Hesiod's *Theogony* was; the question is no more simple for, say, the book of Anaximander.

The answer is clearer if we keep to the Eastern paradigm, *Enuma elish.* In this poem the *skopos* evidently is the success and the power of Marduk, the supreme god of Babylon. The whole of the last tablet is filled with Marduk's inauguration, with fifty names proclaimed for him on the occasion: this is the creation of a cosmos of meaningful names, the authoritative *Sprachregelung* for a world in which a *zōon logikon* will have to dwell. Practically all *[102]* the names celebrate power and supremacy. Cosmogony ends in the installation of religious hierarchy which gives legitimation also to earthly power. Thus *Enuma elish* is incorporated in the New

---

66 *Atrahasis* I 208–17; Dalley (1989), 15. The interpretation of the passage is controversial; see Chiodi (1994).

67 Olymp. *in Phd.* 1. 3, p. 41 Westerink = Kern (1922), fr. 220, cf. Xenocr. fr. 219 Isnardi Parente = Damasc. *in Phd.* 1. 2, p. 29 Westerink; Burkert (1985), 298; Brisson (1992/1995) argues for a late alchemical context for the famous passage in Olympiodorus. But while he cannot explain (484 n. 13) why this text has 'four monarchies', as against six in the Orphic *Rhapsodies*, this very detail agrees with the Derveni theogony. This is an argument in favour of the point that Olympiodorus is preserving an old tradition; note also the reference to Xenocrates in Damascius.

68 Hes. *Th.* 50; cf. *WD* 108 as another misleading announcement.

69 See Luginbühl (1992).

Year's festival at Babylon, a complicated ritual[70] during which the king is deposed and dishonoured to be reinstalled again in all his splendour, in order to rebuild and to maintain the just and sacred order, including all the privileges of the god, the temple and the priests, and the city.

A parallel function of parallel texts is to accompany the rebuilding or merely the repair of a temple.[71] Start from the great 'Not Yet', the Flood, tell how fixed soil was produced, and mountains, and stones, and various gods, and humanity to serve the gods, and you have the context and the *raison d'être* of the temple which is to be established with toil, great expense, and permanent obligations.

There is still a further parallel function and use of cosmogony: healing magic. Sickness means that something has gone fundamentally wrong with the afflicted person; to recover, one should get at the 'root' of the evil. The most radical strategy is to begin with the beginning of everything. Thus in Akkadian we find cosmogonical texts used against sickness even of a rather banal sort, a headache or a toothache. But also the creation of mankind as told in *Atrahasis* can be used as a magical charm to help at childbirth, and the tale in the same text of how drought was overcome may become a rain-making charm.[72]

By contrast, we do not know of any ritual context for most of the other texts, including Hesiod's *Theogony*. As to the Orphic theogony, a different use comes into view, parallel to the last Akkadian example: Plato describes the mendicant priests who are offering 'release' from evil, both in this world and after death, through ritual, and they do this with reference to writings of Orpheus and his like.[73] Release from evil requires a search for the origin of evil; thus it makes sense to start with the origin of everything. Such tendencies or applications are not even fully overcome with the books of Presocratics – look at the promises of Empedocles' *Peri phuseōs* (*On [103] Nature*).[74] Even Plato plays with the function of Socratic *logoi* as a kind of healing magic, in *Charmides*.[75]

If, on the other hand, *Enuma elish* tends to reinstall the power of god and king, in Hesiod, too, kingship looms large. If Zeus is made king finally, in fact the 'first' king that ever was (*Th.* 881–5), kings have still been mentioned much earlier, real 'kings', apparently, who decide about other people's fate and status, whatever their exact powers and privileges were. In Hesiod's poem these kings are intimately related to Zeus – they are *diotrephees*, 'nourished by Zeus' (82); besides them, there are the Muses, daughters of Zeus. They are the singer's patrons, and it is they who guarantee prosperous relations between kings and singers (*Th.* 80ff.), thanks to the medium of song, which at this moment manifests itself as theogony. In other

70 See *ANET* 331–4.

71 Bottéro and Kramer (1989), nos. 38 and 34, pp. 497ff., 488f.

72 See Burkert (1992), 124f.

73 Pl. *Rep.* 364b–366a = Kern (1922), fr. 3.

74 Emp. B 111 DK; cf. the beginning of *Katharmoi* B 112.

75 Pl. *Charm.* 115b–157c.

words, Hesiod is very much creating his own world, the world of Zeus and Themis, of kings and Muses, and, in displaying his universal knowledge, secures his own position. The message has its aim and social context. The wonderful order of the world is the foil for the distribution of power and knowledge within society.

Through the consciousness of poets, another function seems to evolve: the wise man, the ideal singer, should know 'everything', 'what was, what is, what shall be' – this makes up the Muses' song for Hesiod,[76] including of course the 'beginning of everything'. As the opportunities offered by written records are recognized, a momentous transformation is bound to occur: the 'beginning' of everything, and the continuation through the unfolding of the world and the spreading of men, should follow each other as parts of one comprehensive book. The first example we have of such a written record is precisely Hesiod's *Theogony* plus *Catalogues*, even if the question of the original form of the latter work is unanswerable; the version of the *Catalogues* current in later antiquity cannot come from about 700 BCE, but only from the sixth century, although these may be modernizations of an original Hesiodic scheme.[77] The agglomerate called the Epic Cycle had a *Titanomachia* for its beginning (see note 20); among the early prose writers, Acusilaus had a theogony introducing his *[104]* mythical genealogies.[78] About contemporary, for all we know, is the Book of Genesis, leading from the 'beginning' to the death of Jacob and Joseph. The great difference is that Genesis became a sacred book, whereas the Greeks kept rewriting their 'introduction to everything' incessantly.

We should note yet another function of cosmogonic myth, especially in the form of the succession myth: starting from the great 'Not Yet', myth presents alternatives to the existing order which is confirmed, or rather petrified, by the installation of the ruling god. This need not be so: it was indeed otherwise once upon a time. Cosmogonic myth tends to denigrate the alternatives, introducing a problematic predecessor, primitive, crooked-minded, one among other unsuccessful, vanquished, and fettered gods in the deep below. Still, in the midst of praise of the established power, there remains the message that this has not always been so and hence does not need to remain so for ever; 'fettered gods' may be approached and used for certain goals; and it is imaginable that they could rise again. Even utopian alternatives may take their origin from there: crooked-minded Cronos has been released to rule the 'Islands of the Blest'; excellent men may hope to arrive there, definitively leaving the reign of Zeus.

So much has become clear: there is *logos* in cosmogonic myth from the start,[79] so that no simple change or progress 'from *muthos* to *logos*' is to be observed. The so-called Presocratics were still embedded in the older traditions and were using

---

[76] Hes. *Th.* 38 (cf. 32).

[77] See West (1985).

[78] Acus. *FGrHist* 2.

[79] It has been observed recently that Assyrian scholars were themselves progressing on the way to a more rational world picture; see Livingstone (1986); Burkert (1994).

them, at least as a kind of 'scaffolding';[80] their constructs were helped, though sometimes also somewhat twisted, by this pre-existing scaffolding. And yet there was a unique development that brought about Greek philosophy and science, something which arose nowhere else and at no other time in just this form, but which has been kept alive until the present day by an uninterrupted tradition of books and of 'schools' reading and discussing these very books.

For explanation, it hardly helps to appeal to a very special endowment of the 'Greek Mind'. One might rather recall the *[105]* different situation of the intellectual elite in the Near East, where the tradition of 'wisdom' and of literacy was linked to the temples with their 'house of tablets', under the supervision of a great king. In Greece, temples were not economically independent units to leed a priesthood, and monarchy was soon abolished, whereas alphabetic writing is so easy to learn that no class of distinction would emerge from elementary school. If there was to be a new elite of intellectuals, they had to invent new rules of the game.[81]

Let us take a brief look at Parmenides. With him a special form of proof, of conscious argumentation, comes to the fore. His famous paradox – the thesis that Being is, Not-Being is not, and hence there can be neither coming-to-be nor passing-away, neither birth nor death – can be seen to grow directly out of the verbal system of the Greek language. Greek has a marked contrast of aspects: the durative, expressed for instance by *es-* ('it is'), and the punctual, expressed e.g. by *phu-* or *gen-*. Εἰ γὰρ ἔγεντ', οὐκ ἔστιν ('if it came into being, it is not'), Parmenides wrote,[82] as if doing an exercise in Greek grammar. But the really strange and surprising fact is that with this formula and its consequences Parmenides was hitting at a principle which even now dominates our physical world view – the laws of conservation, conservation of the duality of mass and energy, as we put it today. Nothing can come from just nothing, and nothing can simply disappear – hence our modern problems with all kinds of refuse which cannot be annihilated. Speaking Greek, Parmenides proved to be right. We find at this crucial point, with Parmenides and his followers, a passion for unequivocal statements, for 'plain truth' in a context of argumentation; and we can state the remarkable success of this style of *logos* in consequence, both with regard to describing and analysing physical reality, such as phases of the moon and eclipses, and with regard to *peithō* ('persuasion') within a more and more changeable and competitive society.[83] In a parallel devel-

---

[80] For this metaphor see Burkert (1963), 131f.

[81] As to the writing system, the western Semites would have had the same opportunities; these were destroyed by the Assyrian, Babylonian, and Persian conquests. If Israel preserved its identity, this could only be done by clinging to a sacred Scripture. This meant literacy without the chances of freedom.

[82] Parm. B 8, 20 DK.

[83] Cf. G. E. R. Lloyd (1979).

opment, mathematics took the decisive step towards its definite 'Greek' form, the axiomatic-deductive system of geometry.[84] *[106]*
This may be just one hint at the 'Greek miracle' which was to dominate our tradition. At any rate this style of *logos* was to outgrow just-so stories – which are still dear to our mind. What was lost in the process was the charming simplicity of those earlier essays which had started from wonder, proceeded through tales, and ended with the message that 'everything is very good'. By now we are left to ourselves within a highly complicated cosmos which allows neither tale nor picture for description, but only the most abstract mathematics, with a Big Bang as its first beginning and possibly a Black Hole as its final singularity.

Bibliography

ASSMANN, J. (1977), 'Die Verborgenheit des Mythos in Ägypten', *Göttinger Miszellen*, 25: 7–43.

BALTES, M. (1976–8), *Die Weltentstehung des platonischen Timaios nach den antiken Interpreten*, i–ii (Leiden).

BAUMGARTEN, A. I. (1981), *The 'Phoenician History' of Philo of Byblos: A Commentary* (Leiden).

BICKEL, S. (1994), *La Cosmogonie égyptienne avant le Nouvel Empire* (Fribourg).

BISCHOF, N. (1996), *Das Kraftfeld der Mythen* (Munich).

BOTTÉRO, J., and KRAMER, S. N. (1989), *Lorsque les dieux faisaient l'homme: Mythologie mésopotamienne* (Paris).

BREMMER, J. N. (1987) (ed.), *Interpretations of Greek Mythology* (London).

BRISSON, L. (1992/1995), 'Le Corps "dionysiaque"', in: ΣΟΦΙΗΣ ΜΑΙΗΤΟΡΕΣ: *Hommage à Jean Pépin* (Paris, 1992), 481–99 (= *id.* (1995), *Orphée et l'orphisme dans l'antiquité gréco-romaine*, no. VII (Aldershot)).

BURKERT, W. (1963), 'Iranisches bei Anaximandros', *RhM* 106: 97–134 *[= Nr. 12 in diesem Band]*.

— (1979), *Structure and History in Greek Mythology and Ritual* (Berkeley and Los Angeles).

— (1985), *Greek Religion, Archaic and Classical* (Oxford; orig. *Griechische Religion der archaischen und klassischen Epoche* (Stuttgart, 1977)).

— (1991), 'Homerstudien und Orient', in J. Latacz (ed.), *Zweihundert Jahre Homer-Forschung* (Colloquium Rauricum, 2; Stuttgart), 155–81 *[= Kleine Schriften I, 30–58]*.

— (1992), *The Orientalizing Revolution: Near Eastern Influence on Greek Culture in the Early Archaic Age* (Cambridge, Mass.).

---

84 See van der Waerden (1961). Qualifications in Waschkies (1989), esp. 302–26.

— (1994), 'Orientalische und griechische Weltmodelle von Assur bis Anaximandros', *WSt* 107: 179–86 *[= Nr. 13 in diesem Band]*.

— (1996), *Creation of the Sacred: Tracks of Biology in Early Religions* (Cambridge, Mass.).

CHIODI, S. M. (1994), 'Le concezioni dell'oltretomba presso i Sumeri', *Atti dell'Accademia Nazionale dei Lincei: classe di scienze morali, storiche e filologiche. Memorie*, IX 4. 5 (Rome), 359–71.

DALLEY, S. (1989), *Myths from Mesopotamia: Creation, The Flood, Gilgamesh, and Others* (Oxford).

DAVIES, M. (1988), *Epicorum Graecorum Fragmenta* (Göttingen).

DE MOOR, J. C. (1987), *An Anthology of Religious Texts from Ugarit* (Leiden).

DODDS, E. R. (1951), *The Greeks and the Irrational* (Berkeley and Los Angeles).

ELIADE, M. *et al.* (1987) (eds.), *The Encyclopedia of Religion*, X (New York).

EVANS-PRITCHARD, E. E. (1965), *Theories of Primitive Religion* (Oxford).

GRIFFITHS, J. G. (1960), *The Conflict of Horus and Seth from Egyptian and Classical Sources: A Study in Ancient Mythology* (Liverpool).

GUNKEL, H. (1895), *Schöpfung und Chaos in Urzeit und Endzeit: Eine religionsgeschichtliche Untersuchung über Gen. 1 und Ap. Joh. 12* (Göttingen).

HANSEN, W. (1995), 'The Theft of the Thunderweapon: A Greek Myth in its International Context', *C&M* 46: 5–24.

HEIDEL, A. (1951), *The Babylonian Genesis: The Story of the Creation*, 2nd edn. (Chicago).

HOFFNER, H. A., and BECKMAN, G. M. (1991), *Hittite Myths* (Atlanta).

HÖLSCHER, U. (1953), 'Anaximander und der Anfang der Philosophie', *Hermes*, 81: 257–77, 385–418.

— (1968), *Anfängliches Fragen: Studien zur frühen griechischen Philosophie* (Göttingen).

KAUTZSCH, E. (1900), *Die Apokryphen und Pseudoepigraphen des Alten Testaments*, II (Tübingen).

KERN, O. (1922), *Orphicorum Fragmenta* (Berlin).

KERSCHENSTEINER, J. (1962), *Kosmos: Quellenkritische Untersuchungen zu den Vorsokratikern* (Munich).

LAMBERT, W. G., and PARKER, S. B. (1967), *Enuma elish: The Babylonian Epic of Creation. The Cuneiform Text* (Oxford).

LIVINGSTONE, A. (1986), *Mystical and Mythological Explanatory Works of Assyrian and Babylonian Scholars* (Oxford).

LLOYD, G. E. R. (1979), *Magic, Reason and Experience: Studies in the Origin and Development of Greek Science* (Cambridge).

LORENZ, G. (1984), *Snorri Sturluson, Gylfaginning: Texte, Übersetzung, Kommentar* (Darmstadt).

LUGINBÜHL, M. (1992), *Menschenschöpfungsmythen: Ein Vergleich zwischen Griechenland und dem Alten Orient* (Bern).

LUMPE, A. (1955), 'Der Terminus "Prinzip" (ἀρχή) von den Vorsokratikern bis auf Aristoteles', *ABG* 1: 104–16.

OLERUD, A. (1951), *L'idée de macrocosmos et de microcosmos dans le Timée de Platon* (Uppsala).

SAUNERON, S. and YOYOTTE, Y. (1959), 'La Naissance du monde selon l'Égypte ancienne', in *Sources orientales,* i: *La Naissance du monde* (Paris), 19–91.

SCHIBLI, H. S. (1990), *Pherekydes of Syros* (Oxford).

STAUDACHER, W. (1942), *Die Trennung von Himmel und Erde* (Tübingen; repr. 1968).

STEINER, G. (1959), *Der Sukzessionsmythos in Hesiods Theogonie und ihren orientalischen Parallelen* (Diss. Hamburg).

TEDLOCK, D. (1985), *Popol Vuh: The Definitive Edition of the Mayan Book of the Dawn of Life and the Glories of Gods and Kings* (New York).

TE VELDE, H. (1967), *Seth, God of Confusion: A Study of his Role in Egyptian Mythology and Religion* (Leiden).

VAN DER WAERDEN, B. L. (1961), *Science Awakening*, I, 2nd edn. (New York).

WASCHKIES, H. J. (1989), *Anfänge der Arithmetik im Alten Orient und bei den Griechen* (Amsterdam).

WATKINS, C. (1995), *How to Kill a Dragon: Aspects of Indo-European Poetics* (Oxford).

WEST, M. L. (1966), *Hesiod, Theogony: Edited with Prolegomena and Commentary* (Oxford).

— (1971), *Early Greek Philosophy and the Orient* (Oxford).

— (1983), *The Orphic Poems* (Oxford).

— (1985), *The Hesiodic Catalogue of Women* (Oxford).

— (1994), 'Ab ovo: Orpheus, Sanchuniathon, and the Origins of the Ionian World Model', *CQ* NS 44: 289–307.

Erschienen in: Mus. Helv. 53, 1996, 69–72.

15. 'Königs-Ellen' bei Alkaios: Griechen am Rand der östlichen Monarchien

Dank Strabons Zitat seit je bekannt ist das Begrüssungsgedicht des Alkaios für seinen Bruder Antimenidas, der nach Babylon als Söldner gegangen war, zur Zeit des Königs Nebukadnezar (605–562), wie man längst kombiniert hat. Er hat dort, wie Alkaios rühmt, eine rettende Heldentat vollbracht: Er erschlug einen riesengrossen Kämpfer, dem «nur eine Handbreit zu 5 Königs-Ellen fehlte»:[1]

> ... κτένναις ἄνδρα μαχάταν βασιλη⟨ί⟩ων
> παλάσταν ἀπυλείποντα μόναν ἴαν
> παχέων ἀπὺ πέμπων.

Die Namen Antimenidas und Babylon stehen bei Strabon ausserhalb des eigentlichen Zitats, müssen aber doch wohl dem Text des Gedichts entnommen sein.[2] Der Text ist ohne Probleme, nur die der Metrik konforme Orthographie βασιλη⟨ί⟩ων ist gegenüber den Handschriften herzustellen.[3]

Der Text war offenbar Herodot bekannt, der ihn in anderem Kontext verwendet: Er nennt Achaimenides, μεγάθεί τε μέγιστον ἐόντα Περσέων· ἀπὸ γὰρ πέντε πήχεων βασιληίων ἀπέλειπε τέσσερας δακτύλους. Diese Formulierung konnte nicht ohne Kenntnis des Alkaios-Textes zustandekommen.[4] Was aber eine 'Königs-Elle' ist, hat Herodot bereits in seinem Babylon-Exkurs erläutert; man hat diese Passage seit je mit dem Alkaios-Text verbunden: Die Babylonische Mauer,

---

[1] Fr. 350 Lobel-Page und Voigt = Fr. 33 Bergk = Fr. 50 Diehl, Strab. 13,2,3 p. 617. Die hier vorgelegten Überlegungen wurden angeregt durch eine Dissertation von Anne Broger, *Das Epitheton bei Sappho und Alkaios* (Zürich 1994). Für wichtige Hinweise danke ich Peter Frei.

[2] Antimenidas ist auch Alkaios 306A e; f; 470/1 genannt. Um des Metrums willen wäre der Name – zu 'Αντιμένης – doch wohl 'Αντιμενείδας zu schreiben; allerdings ist Εὐμενίδας inschriftlich belegt, IG XII 3 784 (Thera). – Ob das winzige Bruchstück *P.Oxy.* 1360,13 = Alkaios 59b Voigt mit einem Scholion ἀν(τὶ τοῦ) ἱεροσυλ[zu 350,4–6 gehört, ist unsicher; dass es auf Jerusalem verweist, hat Lobel entschieden bestritten. – 'Babylon' auch Alkaios 48,10.

[3] Die Strabon-Codices haben βασιλήων. K.O. Müller, «Ein Bruder des Dichters Alkäos ficht unter Nebukadnezar» *RhM* 1 (1827) 287–296, der die Kombination mit dem Zitat des Hephaistion (= Alkaios 350,1–2) vollzog, las βασιλήιον, was auch H.L. Jones (Loeb 1929) übernimmt; vgl. Anm. 5.

[4] Hdt. 7,117; H. Diels, *Hermes* 22 (1887) 424f. = *Kleine Schriften zur Geschichte der antiken Philosophie* (Darmstadt 1969) 107f.; 4 δάκτυλοι = 1 παλαστή.

schreibt Herodot, sei 50 Königs-Ellen breit und 200 Ellen hoch, ὁ δὲ βασιλήιος πῆχυς τοῦ μετρίου ἐστὶ πήχεος μέζων τρισὶ δακτύλοισι.[5] *[70]*

Statt den Alkaios-Text von Herodot aus zu verstehen, hat nun allerdings Ernst Diehl in der letzten Ausgabe seiner *Anthologia* vorgeschlagen, das Wort βασιλη⟨ί⟩ων zu μαχάταν zu ziehen, *e cohorte regia*, einen «Kämpfer» also «unter den königlichen (Soldaten)».[6] Max Treu hat dies aufgegriffen: «von des Königs Gefolg».[7] Ein Beleg für βασιλήιοι als «Königstruppen» wurde allerdings nicht beigebracht. So bleibt Herodots Verständnis der Stelle wegweisend. Denys Page hat in seinem Kommentar Diehls Vorschlag nicht zur Kenntnis genommen; gleich ihm übersetzt auch Campbell in der Loeb-Ausgabe «royal cubits».[8]

Ganz so selbstverständlich ist der Ausdruck freilich nicht, da sich denn doch die Frage stellen muss: Auf welchen 'König' verweisen denn die 'Königs-Ellen' bei Alkaios? Der βασιλεύς, der bei Herodot mit Selbstverständlichkeit im Hintergrund steht, existiert ja noch nicht in der Epoche des Alkaios, der Perserkönig, der so viele Griechen unterworfen hat und immer noch Griechenlands Geschicke mitbestimmt. Welchen König kennt Lesbos? Soll man an den Lyderkönig in Sardes denken, oder aber – entsprechend dem Kontext des Alkaios-Gedichts – gleich an den König von Babylon, zumal ja auch Herodot die 'Königs-Ellen' mit Babylon verbindet?

Die Antwort kommt von der anderen Seite: Die «Elle des Königs» ist eine Massangabe, die in Keilschrifttexten von der Assyrerzeit bis zum Perserreich offenbar geläufig ist.[9] Masse «des Königs» sind auch im Alten Testament bekannt – Absaloms Haar wog «zweihundert Schekel nach königlichem Gewicht».[10] Dabei geht es nun nicht um einen individuellen König, sondern um Königtum überhaupt: Es ist die Existenz und die Garantie des Königs, die Massen und Gewichten als Inbegriff der rechten Ordnung zugrundeliegt. Es gibt bereits Statuen des Königs Gudea, vom

---

5 Hdt. 1,178,3. Auf Alkaios verweist bereits Stein z.d.St. Grundlegend war seinerzeit A. Boeckh, *Metrologische Untersuchungen über Gewichte, Münzfüsse und Maasse des Alterthums in ihrem Zusammenhang* (1838); «Das Babylonische Längenmaass an sich und im Verhältniss zu den andern vorzüglichsten Maassen und Gewichten des Alterthums», *Ber. Akademie* Berlin 1854 = *Kleine Schriften* VI (Leipzig 1872) 252–292; vgl. auch F. Hultsch, *Griechische und römische Metrologie* (Berlin ²1882) 387f. 474; gute Übersicht auch im *Lexikon der Alten Welt* 3422f.

6 *Anthologia Lyrica Graeca* I 4 (Leipzig ²1936), «Appendicula Addenda» p. 226.

7 M. Treu, *Alkaios* (München 1952) 63 vgl. 163 (²1963, 179).

8 D. Page, *Sappho und Alcaeus* (Oxford 1955) 223; D.A. Campbell, *Greek Lyric I: Sappho and Alcaeus* (Cambridge, Mass. 1982) 386f.; «fünf Ellen nach Königsmass» H. Fränkel, *Dichtung und Philosophie des frühen Griechentums* (München ²1962) 221.

9 Rund ein halbes Dutzend Belege für *ammat sharri* aus der neuassyrischen Epoche in: *Chicago Assyrian Dictionary* 1,2 (1968) 74 s.v. *ammatu*; 17,2 (1992) 100f. s.v. *šarru*. Vgl. auch M.A. Powell, *Reallexikon der Assyriologie* VII (Berlin 1989) 417 s.v. Masse, der aber merkwürdigerweise den einen Beleg aus der Zeit des Dareios, den auch das *CAD* nennt, für ein *hapax* hält.

10 2. Sam. 14,26. Die gleiche Massbezeichnung – wörtlich 'Stein des Königs' – ist auch sumerisch-akkadisch geläufig. Bemerkt sei, dass auch die Bezeichnung 'Grosskönig' (ὁ μέγας βασιλεύς) akkadisch und hebräisch bekannt ist (2. Könige 18,19; 28; Jes. 36,4; 13).

Ende des 3. Jahrtausends, die eine Elle, mit Unterteilung in kleinere Masseinheiten, eingraviert haben.[11] So alt, so wichtig ist die 'Königs-Elle'. *[71]*

Herodots Erklärung zur 'Königs-Elle' ist von hier aus gesehen recht eigentlich irreführend: Bei ihm klingt es, als käme es darauf an, dass beim Grosskönig alles grösser ist, und sei der Überschuss nur drei Finger breit; da sind wir auf direktem Weg zu aristophanischen Phantasien über den übergrossen Grosskönig.[12] Gewiss, es gab ein kompliziertes Nebeneinander verschiedener Masse in den alten Zivilisationen, unter denen das 'Mass des Königs' dann nur eines war. Wesentlich am 'königlichen' Mass aber ist seine Geltung, die an der Autorität des Monarchen hängt.

Eben dies aber ist, wie nun deutlich wird, was Alkaios sagen will: Wie lang dieser Kerl war, das ist nicht wilde Phantastik, sondern geeichte Grössenangabe. In ähnlicher Weise wird Absaloms unglaubliche Haarfülle mit Standardmass gemessen. Dies allerdings ist nun wiederum erstaunlich, dass Alkaios mit Selbstverständlichkeit und ohne Kommentar einen Begriff einsetzt, der seinen eigentlichen Sinn in den östlichen Monarchien hat. Während Herodot mit scheinbarer Naivität eine Kuriosität berichtet und ausmalt, finden wir bei Alkaios den anerkannten Standard der alten Hochkultur.

In der Tat: Wie sehr Lesbos in der Epoche von Sappho und Alkaios nach Lydien orientiert ist, lassen die erhaltenen Texte immer wieder erkennen. Die grosse Welt findet in Sardes statt. Dort gibt es die schönsten Streitwagen (Sappho 16,19), von dort erwartet man aber auch neue und teure Modeartikel (Sappho 98a11); dorthin wird ein Mädchen verheiratet, um unter den lydischen Frauen grosse Dame zu sein (Sappho 96,6); Alkaios (69) wundert sich über die finanzielle Unterstützung durch 'die Lyder', die seiner Partei unerwartet zugute kommt – er scheint kaum einen Blick zu haben für die übergeordnete Politik einer östlichen Grossmacht; auch ein späterer βασιλεύς zögerte nicht, seine goldenen 'Bogenschützen' politisch einzusetzen.

Der König von Lydien seinerseits aber hatte von Anfang an direkte Beziehungen zum Assyrerreich aufgenommen, in einer Weise, die vom König der Könige als Vasallentum interpretiert wurde: Gyges schickte seine Gesandten, «meine Füsse zu küssen», liess Assurbanipal festhalten, und eine Zeit lang zahlte der König von Lydien Tribut.[13] Assurbanipal sprach dabei von Lydien als einem «fernen Land», «von dem meine Väter nichts wussten»; umgekehrt liegt für Alkaios Babylon an den «Grenzen der Erde». Aber die Kontakte bestanden, ja sie wurden entlang des

---

11 *Reallexikon der Assyriologie* VII 462f.

12 Aristoph. *Ach.* 80–84.

13 Bekanntlich beruht unsere Datierung des Gyges – gegen Herodot – auf den Annalen des Assurbanipal. Zu den wechselnden Einträgen, die das Hin und Her des diplomatischen Verkehrs zu Lydien spiegeln, M. Cogan / H. Tadmor, «Gyges and Ashurbanipal», *Orientalia* 46 (1977) 65–85; A.I. Ivantchik, *Les Cimmériens au Proche-Orient* (Freiburg 1993) 95–105 (der den Tod des Gyges 644 ansetzt). Vgl. auch W. Burkert, «Lydia between East and West or How to date the Trojan War: A Study in Herodotus», in: J.B. Carter / S.P. Morris, ed., *The Ages of Homer* (Austin, Texas 1995) 139–148 *[= Kleine Schriften I, 218–232]*.

nun funktionierenden 'Königsweges' *[72]* ausgebaut,[14] bis dann griechische Bildhauer in Persepolis tätig wurden und das Perserreich wenigstens für den Westen die Münzprägung nach lydisch-griechischem Stil übernahm.

Es scheint, dass erst die Ideologie der Perserkriege den Begriff des 'Barbaren' als Gegenbild festgelegt hat, des Asiaten, der statt rechter Ordnung Reichtum, Hybris und Verfall repräsentiert, dem die eigene griechische Art so klar überlegen ist. «Mit den Perserkriegen geht eine über mehrere Jahrhunderte fortdauernde, ungemein befruchtende Symbiose zwischen der Ägäis und Anatolien, Hellas und dem Orient, Europa und Asien zu Ende. Man darf sagen, dass eigentlich erst die Perserkriege Hellas definiert, Europa und Asien auf Dauer voneinander getrennt ... haben».[15]

Der Sonderweg der Griechen führte dazu, dass die Gewichts-, Mass und Münzsysteme in die Zuständigkeit der Polis fielen. Eines Monarchen bedurfte man nicht: Statt des βασιλήιος πῆχυς galt der δημόσιος πῆχυς. Dieser Begriff erscheint in einer Anekdote, die vielleicht nicht zufällig an den Anfang des 5. Jh. führt: Theano, Frau des Pythagoras nach dem Hauptstrang der Überlieferung, zeigte beim Anlegen des Mantels mehr als üblich von ihrem Arm. Καλὸς ὁ πῆχυς, bemerkte ein Mann; ἀλλ' οὐ δημόσιος, war die schlagfertige Antwort.[16] Hier ist eben der Begriff des πῆχυς δημόσιος als des staatlich garantierten Masses vorausgesetzt – darum πῆχυς, nicht etwa ἀγκών, δημόσιος, nicht etwa κοινός. In der Tat, es gab in den Städten Monumente, die die «öffentlichen Masse» vor Augen stellten, kaum anders als einst im Osten die Statuen eines Königs Gudea. Zumindest eines der erhaltenen Reliefs stammt aus dem 5. Jh.[17] Allerdings scheinen schon Plutarch und Clemens, die Theanos Spruch zitieren und kommentieren, den Begriff des πῆχυς δημόσιος nicht recht erfasst zu haben; und doch gibt erst er der Sittsamkeit die Pointe. Der δημόσιος πῆχυς, die Polis-Elle, hat die Königs-Elle, den βασιλήιος πῆχυς, erfolgreich verdrängt. Dass die Epoche des Alkaios dem vorausliegt, ist auch für die Gestaltwerdung der griechischen Polis nicht ohne Belang.

---

[14] Zum 'Königsweg' Hdt. 5,49–53; W. Burkert, *The Orientalizing Revolution* (Cambridge, Mass. 1992) 14,26. Der Name 'Königsstrasse' haftet auch an einer Karawanenstrasse, die Palästina östlich umgeht, Num. 20,17; 21,22; P. Amiet in: *Der Königsweg. 9000 Jahre Kunst und Kultur in Jordanien* (Mainz 1987) 15.

[15] W. Gauer in: E. Pöhlmann, Hg., *Griechische Klassik* (Nürnberg 1994) 9.

[16] Plut. *Coni. praec.* 142C, danach Stob. 4,23,49; Clem. *Strom.* 4,121,2 = Didymos p. 376 Schmidt (Zuweisung m.E. unsicher); *Paed.* 2,114,2. Vgl. zu Theano H. Thesleff, *The Pythagorean Texts of the Hellenistic Period* (Åbo 1965) 193–201, W. Burkert, *Lore and Science in Ancient Pythagoreanism* (Cambridge, Mass. 1972) 114.

[17] Ein Relief klassischer Zeit mit Klafter und Fuss in Oxford, ein undatiertes Relief mit Klafter, Elle, Hand und Fuss aus Salamis im Piräus-Museum, siehe E. Berger et al., *Der Entwurf des Künstlers* (Basel 1992) 25–31 mit Abb. (wobei Berger die rein metrologische Funktion bezweifelt). – Solon hat sich bei der Neuregelung der Polis auch der Masse und Gewichte angenommen, vgl. RE III A 976f. – Vgl. auch Heroldsstäbe aus Syrakus, 5. Jh., mit der Inschrift ΣΥΡΑΚΟΣΙΟΝ ΔΑΜΟΣΙΟΝ, SEG 29,940; 38,368; Bull. epigr. 1990 nr. 160.

Erschienen in: Convegno per Santo Mazzarino, Roma, 9–11 maggio 1991 (Saggi di Storia Antica 13), Roma 1998, 55–73.

16. La via fenicia e la via anatolica: Ideologie e scoperte fra Oriente e Occidente

Questa relazione prende le mosse dal capitolo VII di *Fra Oriente e Occidente* di Santo Mazzarino, intitolato *L'altra via fra Oriente e Occidente.*

È ormai un fatto accettato, credo, dalla maggioranza degli studiosi, che nella sorprendente ascesa della cultura greca intorno al 700 abbiano svolto un ruolo determinante stimoli e «influssi» delle culture del Vicino Oriente, culture che furono in un primo tempo certamente superiori.[1] La questione del come e del quando questi stimoli culturali si siano trasmessi da un'area all'altra resta affascinante e difficile. Due «vie», due territori geograficamente e storicamente delimitati entrano in considerazione quando si parla di relazioni fra la nascente cultura greca e le civiltà colte dell'Oriente: da una parte i contatti con le popolazioni dell'Asia Minore, dall'altra il commercio marittimo con la Siria. Per quanto riguarda quest'ultimo, Omero aveva tramandato da tempo la denominazione di «Fenici» per i commercianti stranieri che venivano in Grecia. Mazzarino parla anche di «via del mare» opposta alla «via di terra» (p. 285), la via microasiatica.

Mazzarino arriva alla conclusione che le due vie debbano essere distinte sia in base alla loro natura sia per gli effetti da esse prodotti: la via del mare, cioè il commercio fenicio, sarebbe stata solo un tramite per uno scambio di merci; le *[56]* parolechiave sono ἀθύρματα e ἁβροσύνη; la via microasiatica invece sarebbe quella del vero scambio culturale (p. 281 ss., 285). In questo processo un ruolo particolare spetta alla simbiosi fra la Lidia e la Grecia.

Per quanto rilevante il contributo di Mazzarino sia stato al suo tempo (1947), credo che oggi si rendano necessarie alcune correzioni al quadro da lui tracciato. Mi sembra che si debba operare, all'interno delle due «vie», una stratificazione di ordine temporale, e che i ritrovamenti più recenti abbiano reso più chiari lo sviluppo, la funzione e anche l'anteriorità e l'importanza della «via del mare». Credo anche che si debbano ammettere contatti molto più diretti con le civiltà del Vicino Oriente di quanto Mazzarino avesse ipotizzato.

---

1 Cf. le pubblicazioni di J. Boardman e le sintesi recenti di S. P. MORRIS, *Daidalos and the Origins of Greek Art*, Princeton 1992; W. BURKERT, *The Orientalizing Revolution*, Cambridge Mass. 1992.

Mazzarino, del resto, dava seguito ad una discussione avviatasi già dall'inizio del secolo. Ernst Loewy aveva posto a confronto nel 1909 la via attraverso «Creta» e quella attraverso la «Ionia», «pancretismo» contro «panionismo».[2] La questione derivava tuttavia da un problema più antico, più ampio e non privo di condizionamenti ideologici: ai «Fenici» è collegata la parola d'ordine «Semiti» e conseguentemente un ambito culturale di cui si conosce bene la lingua, ma i cui rappresentanti più noti sono gli Ebrei, collegati da quasi 2000 anni al nostro mondo cristiano in una simbiosi oltremodo difficile e problematica. Così la discussione sui «Fenici» è dal XIX secolo in poi legata in una certa misura alla problematica dell'antisemitismo. La portata e l'influenza di queste tendenze antisemitiche sono controverse; in ogni caso Julius Beloch, storico sagace e originale, era un antisemita, e fu lui a compiere il tentativo più radicale di rimuovere i Fenici dagli albori della storia greca in un celebre articolo del 1894, *Die Phöniker am ägäischen Meer*.[3] Non c'era alcuna presenza fenicia, sosteneva il Beloch, nel mare Egeo, a Corinto, a Tebe, a Taso, nessuna ceramica fenicia era rinvenibile nei periodi geometrico e arcaico. Egli richiamò invece l'attenzione sull'importanza dell'Asia Minore. L'idea che gli Ioni, i Greci *[57]* delle colonie asiatiche, fossero stati i popoli più progrediti della Grecia arcaica, era un'idea familiare già a Wilamowitz e sempre legata alla questione omerica.[4] E infatti circa venti anni dopo l'articolo di Beloch, nel 1915, avvenne la decifrazione dell'ittito, riconosciuto come lingua indoeuropea; la sorprendente scoperta di una tradizione indoeuropea proprio nel centro dell'Asia Minore necessariamente concentrò su di sé l'attenzione. L'utilizzazione vera e propria dei testi ittiti si ebbe negli anni Trenta: Mazzarino fu uno dei primi a cercare di integrare il nuovo materiale nel quadro più ampio della storia delle origini dei Greci.

È fuori discussione che i ritrovamenti di Boghazköy-Hattusa nel centro dell'Asia Minore hanno reso accessibile quella civiltà del II millennio, che è, per un certo riguardo, la più vicina alla Grecia e ai Greci; essa è inoltre documentata, per l'età del bronzo, da una invidiabile messe di testimonianze scritte. Che non sono state ancora pienamente utilizzate. È sicuro inoltre che almeno parte della tradizione ittita sopravvisse al crollo del grande regno, soprattutto nel luvio geroglifico della Cilicia, fino all'VIII secolo; che i Lici nell'Asia Minore sudoccidentale hanno una lingua affine a quella dei Luvi; e che anche i Lidi sono linguisticamente imparentati con la famiglia delle lingue ittite. I Lici e i Lidi avevano frequenti contatti coi Greci.

Mazzarino reagì a sua volta a queste scoperte, dedicandosi soprattutto allo studio dei rapporti fra l'ittito, il lidio e il greco. Da questa angolazione l'attenzione si concentrava di nuovo sugli Ioni dell'Asia Minore. Prima dei Lidi, prima dell'epoca di

---

2 E. LOEWY, *Typenwanderung*, in *JOEAI*, 12, 1909, pp. 243–304.

3 In *Rheinisches Museum*, 49, 1894, pp. 111–132. Sul problema dell'antisemitismo cf. M. BERNAL, *Black Athena. The Afroasiatic Roots of Classical Civilization*, 1, New Brunswick 1987; W. BURKERT, *The Orientalizing Revolution*, cit., pp. 2–4.

4 Cf. p. es. *Die griechische Literatur des Altertums*, Leipzig 1912^3, p. 11 s.; ID., *Der Glaube der Hellenen*, Berlin 1931, p. 318.

Gige, assumono, proprio nell'ottica dei Greci, un ruolo di centrale importanza i Frigi, stanziati intorno a Gordio, col famoso re Mida; i Frigi sono comunque immigrati da ovest e parlano una lingua indoeuropea di tipo occidentale. Resta da chiedersi in quale misura, e se direttamente o attraverso i Frigi o i Lidi, l'antica tradizione ittita abbia potuto raggiungere la Grecia. Un'altra questione di fondo è quella del collegamento fra queste popolazioni nel loro insieme e gli antichi centri di cultura della Mesopotamia.

In questo contributo saranno quindi presi in esame dapprima i fatti e i problemi delle relazioni culturali del mondo *[58]* greco nell'ambito dell'Asia Minore; si passerà poi alle più recenti scoperte riguardanti la «via del mare» e i contatti dei Greci coi cosiddetti Fenici e infine con la cultura mesopotamica.

1. Rapporti culturali di grande ampiezza fanno seguito all'apertura di vie commerciali. Per quanto riguarda i contatti della Ionia con l'Oriente in Asia Minore, una via è notoriamente d'importanza vitale, la «via reale», ἡ βασιλικὴ ὁδός. Il nome rimanda al periodo persiano, quando il gran re controllava il suo impero, ma la via era certamente più antica. Erodoto ne fornisce una descrizione (5, 49–53): essa porta da Sardi alla Frigia, piega poi nettamente verso sud e conduce attraverso la Cappadocia, la Cilicia e l'Armenia fino all'Eufrate, infine a Susa, nel centro amministrativo del regno persiano.[5]

L'elemento di questa «via reale» che più salta all'occhio è la deviazione attraverso la Frigia, vale a dire attraverso Gordio. L'anabasi di Ciro, secondo la descrizione che ne dà Senofonte, evitò tale deviazione in quanto giunse da Sardi direttamente a Kelainai e da qui in Cilicia. La conclusione che si impone è che questa via di collegamento non sia partita dalla Lidia, ma dalla Frigia, quando qui c'erano un centro commerciale e un centro di potere; tutto ciò rimanda alla Frigia di Mida, nell'VIII secolo; sullo sfondo potrebbe delinearsi addirittura il gran regno ittita del II millennio con Hattusa-Boghazköy legato da parte sua all'ambito della cultura cuneiforme di Siria e Mesopotamia.

È lecito comunque formulare subito tre considerazioni:

1) Dall'ottica della Frigia questa via assicura proprio il raccordo con le antiche civiltà orientali attraverso la Cilicia. Ciò dipende dalle condizioni geografiche: non esiste altra via più diretta dall'Anatolia verso la Mesopotamia, in quanto le catene montuose dell'interno dell'Anatolia sono assolutamente proibitive per il transito. Una conferma viene dalle vie utilizzate in seguito, da Alessandro fino alla ferrovia di Bagdad e, in questi giorni, dalla tragedia dei Curdi su quelle montagne impervie e inospitali.

2) Il collegamento dalla Lidia, cioè da Sardi, e più oltre dalla Ionia, cioè da Smirne e Mileto, con questa linea di *[59]* traffico commerciale, è secondario. Solo questo spiega la deviazione attraverso Gordio o Hattusa.

---

[5] Cf. W. BURKERT, *The Orientalizing Revolution*, cit., p. 14.

3) Nella Siria settentrionale, dove questa via raggiunge il «fertile crescent», confluiscono de facto «la via di terra» e la «via di mare».

Abbiamo però testimonianze scritte sul collegamento della Lidia con questa linea di traffico commerciale, e quindi con la Mesopotamia. I testi, da tempo conosciuti, provengono delle varie redazioni degli Annali di Assurbanipal. Dice dunque Assurbanipal: «Guggu re di Luddi, una provincia situata dall'altra parte del mare, una regione lontana, il cui nome i miei padri, i re che vennero prima di me, mai sentirono menzionare, – Assur, il dio che mi creò, gli rivelò il nome onorato della mia maestà in sogno dicendo: guarda la misura della sua altezza, Assurbanipal... Nello stesso giorno in cui ebbe il sogno, mandò il suo messo da me a chiedermi la pace». Il motivo del sogno del re è di coniazione mesopotamica; se gli ambasciatori di Gige avevano parlato in questo modo, si erano già assimilati allo stile diplomatico orientale. Dalla tradizione greca sappiamo che Gige era un usurpatore; sembra dunque che in questa situazione egli abbia cercato il contatto con la potenza centrale dell'Oriente, nel momento in cui le lotte contro i Cimmeri, che anche gli Assiri dovevano sostenere, avevano creato un comune interesse. La prima menzione di queste trattative diplomatiche viene datata al 665.[6] I testi assiri dichiarano espressamente che questo contatto con il territorio di Luddi era qualcosa di nuovo. Un frammento di Ninive descrive le difficoltà dei primi contatti in modo più drammatico: «Non c'era un interprete, il loro linguaggio era straniero, non intendevano la loro parola».[7] In seguito le relazioni diplomatiche fra Ninive e Sardi diventarono abituali. Da una prospettiva occidentale noi possiamo concludere che Gige aprì nel 665 la «via del re» da Sardi verso la Mesopotamia o prolungò fino a Sardi il collegamento con la vecchia via commerciale. *[60]*

Questo però significa che prima del 665 non esisteva per la Ionia microasiatica, cioè soprattutto per le città greche da Smirne a Mileto, nessun collegamento privilegiato con l'Oriente. L'ascesa della Ionia a zona più progredita della Grecia ebbe luogo solamente nel VII secolo e proprio dalla simbiosi con la Lidia. A conferma di ciò si può accennare al fatto che proprio in quel periodo si colloca il grande movimento di colonizzazione che si irradia da Mileto e che apre ai Greci la Tracia e il territorio del Mar Nero. Due generazioni dopo Gige, nel 600 circa, cogliamo nella poesia di Saffo e Alceo quel mondo greco-orientale rivolto a Sardi, coi sui generi di lusso, la mitra di Lidia, le donne di Lidia, con agganci anche con Babilonia, dove Antimenida, il fratello di Alceo, era mercenario. Nel frattempo la potenza assira era

---

6 D. D. LUCKENBILL, *Ancient Records of Assyria*, Chicago 1927, II, p. 351, § 909 ss., cfr. 326, § 849; M. STRECK, *Assurbanipal*, Leipzig 1916, p. 21; *Annales*, II, p. 95 ss. Per la datazione dei re lidi si veda H. KALETSCH, *Zur lydischen Chronologie*, in *Historia*, 7, 1958, pp. 1–41; per le varie recensioni degli «annali» di Assurbanipal M. COGAN-H. TADMOR, *Gyges and Ashurbanipal*, in *Orientalia*, 46, 1977, pp. 65–85.

7 M. STRECK, *Assurbanipal*, cit., p. 256 ss.

caduta, Ninive era stata distrutta nel 612. La catastrofe di Ninive è riflessa nelle sentenze di Focilide ed in un opera pseudo-esiodea.[8]

Il precedente orientamento del regno lidio proprio verso Ninive ha lasciato una traccia sorprendente nella genealogia dei re lidi prima di Gige, fornita da Erodoto (1, 7): il primo re di Sardi, dice Erodoto, era stato un figlio di Nino, figlio di Belos. Belos «il Signore» è il dio protettore di Ninua/Ninive. Non potrebbe darsi un più chiaro segno di sottomissione alla protezione di Ninive. Questa genealogia indubbiamente fittizia aveva un suo senso proprio nell'epoca di Gige, o forse anche del suo successore Ardys; deve dunque avere qui le sue origini. Il prolungamento della genealogia dei re lidi fino ad Eracle è un'aggiunta posteriore, probabilmente dell'epoca di Creso. Fu in ogni caso un'epoca di prosperità per Ioni e Lidi, fino all'arrivo dei Persiani nel 547.

Ma quale era la situazione prima di Gige, cioè prima del 700 circa? Questo era il periodo della dominazione frigia, il periodo del re Mida. Già allora la via da Gordio verso il sud, il collegamento della Frigia con la Cilicia e infine col Vicino Oriente doveva avere una sua importanza. Infatti si osservano in questo periodo due importanti esempi di travaso culturale dall'Oriente verso la Frigia: l'assunzione del culto della Grande Dea Madre con la relativa iconografia e *[61]* con il suo nome, Kubaba, e l'assunzione dell'alfabeto fenicio-greco.

Che Kubaba fosse il nome della dea principale di Karkemish sull'Eufrate è ben documentato fin dall'età del Bronzo; ci sono statue di pietra identificabili come di Kubaba, e sulla scorta di tali statue si può tracciare una mappa della diffusione del culto attraverso l'Anatolia meridionale fino alla Frigia, come ha fatto Kurt Bittel.[9] La via passa attraverso gli stati tardoittiti o luvi geroglifici del IX–VIII secolo. Tuttavia il rapporto fra il nome frigio *Matar Kubileya*, che diviene *Kybeleia*, Cibele in greco, e Kubaba è problematico; la forma semplice del nome Kubaba compare nella Lidia del VI secolo: lidio *Kuvav*, greco *Kybebe*. Non è chiaro se il nome frigio *Kubileya* sia una trasformazione di Kubaba o un nome indipendente, casualmente assonante con Kubaba. I Greci, tuttavia, accettavano la Madre preferibilmente come «la dea frigia», nonostante più tardi usassero anche il nome di Kybebe per la stessa dea.

L'altro fenomeno di prestito culturale dell'VIII secolo riguarda l'alfabeto frigio: I problemi sono in questo caso più complessi: l'alfabeto frigio è dipendente dall'alfabeto greco elaborato proprio in quel periodo, ma la via di trasmissione resta problematica. Si può ipotizzare una via attraverso l'Egeo e il territorio eolico oppure attra-

---

8 FOCILIDE 8,2 in M. L. WEST, ed., *Theognidis et Phocylidis Fragmenta*, Berlin 1978; ESIODO FR. 364, citato da ARIST., *Hist. Anim.*, 601a31.

9 K. BITTEL, *Phrygisches Kultbild aus Bogazköy*, *Antike Plastik*, II, Berlin 1963, pp. 7–21. Per *Matar Kubileya* e *Kuvav* si veda W. BURKERT, *Greek Religion Archaic and Classical*, Cambridge Mass. 1985, p. 177 ss.

verso la Cilicia.[10] Ma è chiaro che le più antiche attestazioni per l'alfabeto greco attualmente conosciute si trovano lungo la «via del mare», fra Siria – Eubea – Atene e Ischia; si deve quindi dedurre che l'alfabeto fosse penetrato in Frigia dal sud, per opera dei Greci a quel tempo presenti in Siria, Cilicia, e Cipro.

Per la Frigia di Mida il contatto con l'Oriente, attraverso la Cilicia, era dunque essenziale. Dalle fonti orientali, d'altra parte, è conosciuto il nome dei Mushki, un popolo citato nelle cronache assire e già da tempo identificato coi Frigi, dato che questi compaiono in connessione con la lotta contro i Cimmeri – Gimirra in assiro –, e che in uno dei testi assiri viene menzionato un re Mita dei Mushki, *[62]* identificato naturalmente con Mida. Questa identificazione è stata però recentemente respinta da G. Laminger-Pascher in un dotto studio;[11] preferisco lasciare la questione aperta.

Da parte dei Greci esistevano senza dubbio molteplici contatti coi Frigi nell'VIII secolo. Se crediamo ad Erodoto (1, 14, 2), il re Mida dedicò un «trono» nel santuario di Delfi. Ciò che la cultura greca più tarda mantenne di «frigio» fu soprattutto un determinato elemento della cultura musicale, l'armonia «frigia» che per i Greci fu sempre in qualche modo collegata col culto entusiastico della «Dea Madre». Le imponenti pareti rocciose frigie che per noi rappresentano il culto di «Matar», sono di datazione incerta;[12] forse risalgono solamente al VI secolo; stanno già in stretto collegamento con lo sviluppo dell'arte plastica greca al tempo del predominio lidio, la fioritura ionico-lidia.

La regione privilegiata dal contatto coi Frigi doveva essere la Troade. La Troade è adiacente alla «Frigia minore» o ne fa parte; nell'Iliade i Frigi sono presentati come alleati dei Troiani, e più tardi i Troiani possono figurare direttamente come «Frigi». Fu proprio nelle vicinanze di Ilion che i Greci Eoli dovettero confrontarsi con la grande potenza anatolica della Frigia. Si può porre qui solo per inciso la questione sul significato di questo fatto per l'elaborazione della poesia omerica, vale a dire per il concentrarsi dell'interesse della poesia epica greca sulle imponenti rovine della tarda età del Bronzo, che siamo soliti definire come Troia VI/VIIA, dove gli Eoli intorno al 700 avevano fondato la modesta città di Ilion. È tuttavia da rilevare la strana testimonianza di Aristotele[13] secondo cui la sorella di un Agamennone di Kyme era divenuta moglie del re Mida. È suggestivo che compaia qui il nome, altrimenti inusuale, di Agamennone. Presunti discendenti di Agamennone di Micene furono poi al tempo di Alceo, nell'eolica Lesbo, gli Archeanactidi.[14] Ma lasciamo da parte il problema della *[63]* tradizione troiana, che con queste testimonianze si sovrappone a

[10] A. HEUBECK, *Schrift, Archaelogia Homerica*, III, X, Göttingen 1979; cf. W. BURKERT, *The Orientalizing Revolution*, cit., p. 26.

[11] G. LAMINGER-PASCHER, *Lykaonien und die Phryger*, in *Sitzungsber. Wien*, 1989.

[12] C. H. E. HASPELS, *The Highlands of Phrygia*, Princeton 1971.

[13] ARIST. Fr. 611, 37 Rose; POLLUX 9, 83; cf. S. MAZZARINO, *Fra Oriente e Occidente*, cit., p. 248; H. T. WADE-GERY, *The Poet of the Iliad*, Cambridge 1952, p. 7 ss.

[14] ALC. Fr. 112, 24; 70, 6 Voigt.

quella dei contatti Frigi-Greci. In ogni caso si può affermare che nell'VIII secolo i Frigi rappresentavano agli occhi dei Greci, o almeno degli Eoli, il regno più noto, la monarchia di stile orientale. E la simbiosi eolico-frigia fu anteriore a quella ionico-lidia del VII secolo; Smirne, città eolica, fu presa dagli Ioni nel 690 a.C. circa.

Se dietro i Lidi si profilano i Frigi, dietro i Frigi si pone il problema della tradizione ittita. I Frigi occupavano il territorio ittita, inclusa la vecchia capitale Boghazköy-Hattusa; la loro mediazione poté dunque rappresentare una certa continuità con la cultura ittita del II millennio. Da Boghazköy proviene una famosa e molto discussa statua frigia di Cibele, o di un gallo di Cibele.[15] Inoltre il culto della Dea Madre a Pessinunte deve risalire all'età del Bronzo: il mito di Agdistis di Pessinunte sta in stretta corrispondenza col testo ittito-hurrita di Ullikummi.[16]

Ci si può domandare se non ci fossero rapporti più diretti dei Greci d'Asia Minore con l'eredità ittita. Almeno due imponenti monumenti dell'arte ittita, conservati ancora oggi, stavano davanti agli occhi degli Ioni: i rilievi dei guerrieri di Karabel e la cosiddetta «Niobe» del Sipylos presso Manisa/Magnesia, proprio sulla linea Smirne-Sardi.[17] Ambedue i monumenti sono corredati di iscrizioni in ittito geroglifico, ragione per la quale Erodoto considerava egiziani i rilievi dei guerrieri; l'iscrizione della cosidetta Niobe probabilmente non era visibile; così il più antico monumento di una «grande dea» presentato ai Greci fu inglobato nella mitologia eroica dei Greci, divenne «Nioba». Nessuna tradizione ittita è conservata al riguardo. Questi monumenti ben conosciuti sono rimasti enigmatici per gli storici moderni. Forse il gran regno degli Ittiti si estese così lontano verso ovest? Forse si costituì più tardi in questa regione un «piccolo regno» ittita in cui si scriveva in geroglifici? Finché non si saranno chiaramente interpretate le iscrizioni dei suddetti monumenti, la questione è destinata a rimanere *[64]* aperta. Ciò si collega col problema della localizzazione dei toponimi microasiatici presenti nei testi ittiti dell'età del Bronzo, Ahhijawa, Arzawa e soprattutto Wilusa.[18] Irrisolto rimane anche il problema se tutto questo si possa mettere in rapporto con l'affinità della lingua lidia con l'ittito.

Ittito-frigio-lidio: la molteplicità variegata del panorama microasiatico non si esaurisce qui. Fra Rodi e i Luvi-Lici del sud-ovest dell'Asia Minore, c'erano fin dall'VIII secolo rapporti tesi, i cui riflessi sono presenti nell'Iliade dove Tleptolemo di Rodi combatte contro il licio Sarpedone.[19] Ma un'altra etnia con cui i Greci soprattutto dovevano misurarsi erano i Cari; per noi questa continua a rimanere una cultura relativamente isolata. Gli studi più recenti hanno finalmente aperto la possi-

---

[15] K. BITTEL, *Phrygisches Kultbild*, cit.; la statua è interpretata come rappresentante un eunuco da I. M. DIAKONOFF, in *AAHung*, 25, 1977, p. 337 ss.

[16] W. BURKERT, *Von Ullikummi zum Kaukasus: Die Felsgeburt des Unholds*, in *WJA*, N.F., 5, 1979, pp. 253–261 *[= Nr. 6 in diesem Band]*.

[17] (*) E. AKURGAL, *Die Kunst der Hethiter*, München 1976^2, tav. XXII e XXIII, fig. 102; HDT. 2, 106, 2: rilievi provenienti da «Sesostri».

[18] Cf. H. G. GÜTERBOCK, *The Ahhijawa problem reconsidered*, in *AJA*, 87, 1983, pp. 133–141; ID., *Hittites and Akhaeans: A New Look*, in *PAPHS*, 128, 1984, pp. 114–122.

[19] *Il.*, 5, 632 ss. cf. 2, 659 ss.

bilità d'un collegamento coll'ambito indoeuropeo-anatolico, ittiteggiante. Ma sembra anche che i Cari potrebbero avere qualcosa a che fare con i portatori dell'antica cultura cicladica; tradizioni greche li collegano con la Creta di Minosse. I Cari, già da molto tempo si erano distinti come mercenari in Oriente. La loro presenza è documentata sia nel Vecchio Testamento sia, poco più tardi, in Egitto. Diversamente da quanto pensava Mazzarino,[20] essi erano quindi collegati piuttosto con la «via del mare» ed entrano assai poco in considerazione come portatori di vere e proprie tradizioni culturali microasiatiche.

2. Passiamo ora alla «via del mare». È fuor di dubbio che già nel II millennio esistessero contatti marittimi abituali fra Grecia e Siria. Perno del traffico e non raramente vittima dei conflitti era soprattutto l'isola di Cipro. Cipro conosce nel II millennio, in più varianti, una scrittura lineare senza dubbio strettamente imparentata con il lineare A di Creta e il lineare B di Micene – una scrittura poi continuatasi nella scrittura sillabica greca di Cipro fino al III secolo a.C. Tuttavia i documenti più dettagliati di questa scrittura ciprominoica sono stati rinvenuti proprio a Ugarit in Siria, un fatto che testimonia la stretta connessione dell'isola *[65]* con il continente antistante. Viceversa, lettere da Ugarit testimoniano di un traffico marittimo in direzione dell'Egeo. Il toponimo di Alasia, ricorrente a Ugarit e Amarna, sembra riferirsi a Cipro, anche se non è assolutamente chiaro se si tratti dell'isola o del suo capoluogo, oggi in neogreco denominato Enkomi.[21] Impressionante documento di un traffico marittimo non privo di rischi è la recente scoperta del relitto di una nave presso Kash / Ulun Burun, proprio nell'angolo sudoccidentale dell'Asia Minore. Il relitto è del XIII secolo. La nave aveva caricato soprattutto lingotti di rame. Ha fatto particolare sensazione il ritrovamento di una tavoletta scrittoria di legno in buono stato di conservazione, ma purtroppo senza alcuna traccia di scrittura.[22] Comunque il nome semitico della tavoletta scrittoria, *daltu*, è documentato ad Ugarit già nel II millennio, un fatto indicativo dell'ambito culturale cui primariamente si deve pensare.

Un traffico di metallo in quella zona è attestato anche più tardi dal toponimo di *Soloi* sia a Cipro sia in Cilicia; *solos* significa appunto lingotto di metallo, e sembra essere un prestito dall'ittito.[23] L'isola di Cipro ha svolto per molto tempo un ruolo decisivo nell'ambito dell'estrazione e del commercio del metallo: il fatto è testimoniato ancora oggi dal nome del rame, «Kupfer» in tedesco, o «copper» in inglese; dell'epoca tardo-micenea di Cipro sono conservate raffigurazioni del «dio sul lingotto» e «della dea sul lingotto di rame», statuette alla cui origine stava certamente

---

20 (*) S. MAZZARINO, *Fra Oriente e Occidente*, cit., 277.

21 Cf. L. HELLBING, *Alasia Problems*, Goeteborg 1979.

22 G. F. BASS-C. PULAK-D. COLLON-J. WEINSTEIN, *The Bronze Age shipwreck at Ulu Burun: 1986 campaign*, in *AJA*, 93, 1989, pp. 1–29.

23 W. BURKERT, *The Orientalizing Revolution*, cit., p. 39.

un legame fra amministrazione del tempio e il commercio del metallo.[24] Inoltre Cipro ha conosciuto proprio verso la fine dell'epoca micenea, nel XII secolo, una significativa immigrazione di Greci micenei, i quali vi fondarono un polo di cultura tardo-micenea, conservatasi per lungo tempo; è famoso soprattutto per gli importanti templi di Enkomi, Kition / Larnaka e Pafos; quest'ultimo, il tempio di Pafos, si conservò fino all'epoca romana.[25] Abbiamo già menzionato *[66]* la scrittura lineare che sopravviveva anch'essa a Cipro accanto all'uso dei *Phoinikeia*. Nel XII/XI secolo questi Greci di Cipro erano evidentemente gli unici Greci che potessero conservare una civiltà di alta cultura, che faceva uso della scrittura; nel I millennio essi furono poi superati dallo sviluppo della cultura greca vera e propria.

Si verifica infatti nel I millennio, sul versante asiatico, quell'espansione del commercio marittimo che noi mettiamo in relazione col nome dei Fenici. Essa si irradia sostanzialmente da Tiro – il nome greco Siri, Siria riproduce la pronuncia semitica occidentale del nome di questa città, Sur, contro la pronuncia aramaica Tur; la colonizzazione fenicia raggiunge Cipro al più tardi nel IX secolo, dove Kition, città micenea, diviene una città fenicia, e non molto più tardi raggiunge la Sardegna e Cartagine, la «città nuova» in Africa, la cui data tradizionale di fondazione è l'814.

Un fatto di cui si prese conoscenza con grande sorpresa nel 1936 è la spinta dei Greci nella direzione opposta, iniziata solo poco tempo dopo l'espansione dei Fenici: la spinta di mercanti greci verso la Siria nel IX e VIII secolo. Mazzarino fu uno dei pochi a prendere atto di questa scoperta,[26] senza cogliere però pienamente le prospettive che essa apriva. Nel nuovo studio che John Boardman ha pubblicato nel 1990, questa iniziativa dei Greci assurge ad elemento centrale delle loro relazioni con l'Oriente. Il luogo di ritrovamento più importante e più antico è rimasto finora Al Mina; tuttavia sono state scoperte ceramiche greche anche in altri luoghi, Tell Sukas, Rash-al-Bassid / Poseidonia, Tell Tainat, Tarso, Tiro, Hama.[27] L'iniziativa di questa espansione partì dall'Eubea ed ebbe una sua continuazione nella colonizzazione dell'Occidente, i cui ritrovamenti più significativi sono quelli di Ischia. Mazzarino non poteva ancora conoscere gli scavi di Giorgio Buchner a Lacco Ameno d'Ischia (una parte dei quali è tuttavia ancora inedita).[28] Nicolas Coldstream ha descritto l'itinerario *[67]* di un trafficante eubeo dell'VIII secolo, basandosi sulle tracce della ceramica: da Al Mina ad Amathous e Kourion di Cipro, poi a Samo, Delo, Zagora di Andro, ed infine a Pithekussai / Ischia.[29] Non ci sono più dubbi che in

---

[24] W. BURKERT, *Rešep-Figuren, Apollon von Amyklai und die «Erfindung» des Opfers auf Cypern. Zur Religionsgeschichte der «Dunklen Jahrhunderte»*, in *GB*, 4, 1975, p. 67.

[25] W. BURKERT, *Greek Religion*, cit., pp. 47, 49.

[26] S. MAZZARINO, *Fra Oriente e Occidente*, cit., pp. 261, 285; si veda adesso specialmente J. BOARDMAN, *Al Mina and History*, in *Oxford Journal of Archaeology*, 9, 1990, pp. 169–190.

[27] Cf. W. BURKERT, *The Orientalizing Revolution*, cit., pp. 11–13.

[28] (*) Cf. J. BOARDMAN, *The Greeks Overseas*, Oxford 1980^2, pp. 165–169; G. KOPCKE, *Handel, Archaeologia Homerica*, II, M, Göttingen 1990, pp. 101–110.

[29] Cf. G. KOPCKE, *Handel*, cit., p. 118.

questo contesto, sulla linea Al Mina–Eubea–Atene–Ischia, rientra anche l'assunzione dell'alfabeto fenicio, un avvenimento databile con sufficiente verosimiglianza tra la fine del IX e la metà dell'VIII secolo. Una conseguenza di questi contatti fu la «rivoluzione orientalizzante» – un'espressione di John Boardman – che verso la fine dell'VIII secolo soppiantò in Grecia lo stile geometrico e diede inizio alla rapida ascesa della cultura greca, dal 700 circa in poi.

Sullo sfondo di questa evoluzione sta, dal IX secolo, l'irrompere della potenza militare assira. Il vero fondatore del regno assiro, Assurnaṣirpal, si spinse fino al Mediterraneo già nell'877. L'espansione fu ripresa in grande stile nell'VIII secolo da Sargon II, il quale sottomise Cipro.[30] Probabilmente la politica catastrofica di conquista e di saccheggio condotta dagli Assiri determinò movimenti di masse di profughi: Boardman ha potuto segnalare a Creta le tracce di artigiani provenienti dalla Siria.[31] Non è questa l'occasione di ripercorrere in dettaglio la questione. Mi sembra in ogni caso che a questo punto si delineino due sostanziali correzioni al quadro proposto da Mazzarino nel 1947:

1) La «via del mare» non è da abbinare con un concetto ristretto dei «Fenici». Accanto ai Fenici in senso stretto, cioè gli abitanti di Tiro, Sidone e Biblo, un ruolo di primo piano spetta all'eredità ittita nel nord della Siria. Tra questi tuttavia, per un lungo periodo, si fa prepotentemente strada, nella lingua, nella scrittura e nella popolazione l'elemento aramaico. I luoghi oggi più accessibili grazie agli scavi sono Karkemish, Sam'al-Zincirli, Guzana-Tell Halaf, Tarso e Karatepe;[32] essi mostrano chiaramente, soprattutto nella statuaria, l'influsso ittita, mentre l'influsso semitico è evidente nella lingua e soprattutto nella scrittura. Karatepe e Guzana hanno geroglifici accanto al fenicio, mentre le altre città mostrano un'oscillazione fra fenicio e *[68]* aramaico, conoscendo però anche documenti accadici cuneiformi. Da questo si deduce che:

2) I contatti con l'Oriente rivelano, già in un periodo piuttosto antico una certa conoscenza delle culture fondamentali di quest'area, cioè di Assur e Babilonia, e tali contatti non sono limitati al periodo successivo al 650, come sosteneva Mazzarino.[33] Già nell'ottavo secolo, dalla Siria attraverso Cipro, cultura cuneiforme e cultura greca vengono a diretto contatto, sullo sfondo naturalmente della cultura aramaico-fenicia. Sappiamo, da una fonte greca, che nel 690 ci fu una battaglia navale presso Tarso fra Assiri e Ioni.[34]

---

30 W. BURKERT, *The Orientalizing Revolution*, cit., pp. 9–14.

31 J. BOARDMAN, *The Cretan Collection in Oxford. The Dictaean Cave and Iron Age Crete*, Oxford 1961.

32 W. BURKERT, *The Orientalizing Revolution*, cit., p. 9.

33 S. MAZZARINO, *Fra Oriente e Occidente*, cit., p. 274 ss.

34 ABYD. *FGrHist*, 685 F 5 § 6; W. BURKERT, *The Orientalizing Revolution*, cit., p. 13.

A questo proposito devono essere soprattutto ricordate due testimonianze che Mazzarino non poteva conoscere:

1) Nel 1963 è stato pubblicato un testo cuneiforme che menziona per la prima volta gli «Ioni». Il testo è databile proprio a poco dopo il 738.[35] Gli «Ioni» vengono ricordati come predoni invasori in Siria: «Sono arrivati gli Ioni. Hanno attaccato le città... sulle loro navi... in mezzo al mare». Questi Ioni erano forse gente di Al Mina? Evidentemente non si limitavano a pacifici insediamenti commerciali.

Che i Greci fossero chiamati in Oriente Ioni – accadico *Iauna*, ebreo *Jawan*; terra *Iaunaia* nel documento scritto più antico – è un fatto da tempo noto e discusso. Dagli Assiri e dai Babilonesi i Persiani hanno poi a loro volta preso il nome, che persiste tuttora in Arabia e Turchia. Mazzarino si è occupato dettagliatamente del problema nel terzo capitolo del suo libro;[36] ma la sua trattazione è inficiata dalla confusione allora corrente fra il toponimo assiro *Iadnana* per Cipro e *Iauna/Iamani* per gli Ioni. Gli *Iawan* compaiono nella «tavola dei popoli» della Genesi, dopo la descrizione del diluvio; ma la datazione di questo passo è oggetto di disputa. Per quanto riguarda il versante accadico il documento già citato offre un punto fermo. Ma è il versante greco di questa denominazione a porre seri problemi: *[69]* già il cambiamento di accento fra *Iawones* e *Iones* è difficile da spiegarsi; inoltre proprio il dialetto ionico abbandonò del tutto il *ϝ* che è presupposto dalle trascrizioni orientali. L'Iliade menziona una sola volta gli *Iaones*, in questa forma non contratta, fra i combattenti greci (13, 685). L'altra testimonianza epica sugli *Iaones*, quella dell'inno omerico ad Apollo, risalirebbe invece probabilmente al tempo di Policrate, all'anno 522. È stata avanzata l'ipotesi che *Iawones* sia una denominazione molto antica, già micenea e forse già a quel tempo recepita in Oriente. Per un'affermazione del genere manca qualsiasi riferimento, da Ugarit come da Hattusa. I Greci che nel primo millennio dilagarono in Siria erano, secondo le testimonianze archeologiche, principalmente Eubei. Quell'unico passo dell'Iliade ricorda gli *Iaones* in stretta relazione coi Locresi e con gli Ateniesi. L'ipotesi più plausibile che si può trarre da questo dato di fatto è che gli *Iawones/Iauna/Jawan* fossero proprio quei Greci dell'Eubea e forse anche delle altre isole e di Atene che esercitavano con successo il commercio – e occasionalmente anche la pirateria – sulle coste della Siria.[37] Il mar Ionio, *Ionios kolpos*, era anche la loro via, la via verso l'Occidente, verso Ischia – ma c'è ancora un problema linguistico nella relazione *Iaones/Ionios* –; furono poi estromessi da questa via a opera dei Corinzi, che occupando Corcira dominarono il commercio con l'Occidente. Vorrei tuttavia avanzare l'ipotesi che il nome orientale dei Greci, *Iawones/Iauna/Jawan*, sia stato introdotto proprio a quel tempo – nel momento in cui si sviluppavano in contrapposizione fra loro il commercio fenicio e quello «ionico» – per designare quel gruppo di Greci attivo nel commercio. Il pro-

---

35 H. W. F. SAGGS, *The Nimrud Letters*, 1952 – Part VI, *Iraq*, 25, 1963, pp. 70–80.

36 S. MAZZARINO, *Fra Oriente e Occidente*, cit., pp. 103–163 con le n. 357 e 369.

37 Si veda W. BURKERT, *The Orientalizing Revolution*, cit., p. 12 ss.; 160.

blema del *f* si può aggirare supponendo che furono degli abitanti di Cipro o anche della Cilicia che dicessero *Iawones*, e che i partners sirii regolassero su questo la loro pronuncia. Ci si può per altro chiedere se si tratti del nome di una stirpe o non piuttosto di un'organizzazione culturale o di una lega commerciale, di una «Ansa». Infatti qualcosa come una organizzazione panionica dovette esistere già intorno al 1000 a.C.: ciò risulta dal calendario ionico i cui elementi portanti sono ricostruibili con sicurezza e che doveva chiaramente preesistere alla fondazione *[70]* delle diverse città dell'Asia Minore.[38] Naturalmente permangono dei punti oscuri, dato che si tratta appunto dei «secoli bui».

2) A questo panorama sirio-ionico si attaglia splendidamente un reperto pubblicato soltanto nel 1988: si tratta di tre laminette bronzee appartenenti a finimenti di cavalli, ornate con rappresentazioni della «dea nuda» e del «signore degli animali». Due provengono dal terreno del tempio di Apollo di Eretria; in un caso si è potuta assegnare, dalla stratificazione archeologica, una datazione verso la metà dell'VIII secolo; la terza proviene dall'Heraion di Samo, da uno strato databile intorno al 600 a.C. o poco prima.[39] Tanto questo reperto quanto uno di quelli di Eretria recano una – identica – iscrizione aramaica, che riconosce l'ornamento come possesso del «signore nostro Hazaël». Il nome di Hazaël era già conosciuto da altre iscrizioni e anche dal Vecchio Testamento; designa un re di Damasco risalente alla seconda metà del IX secolo. Oggetti di lusso regale provenienti dalla Siria del IX secolo furono dunque fabbricati per un re di Damasco – o rubati per lui? – e poi dedicati piamente in templi greci dell'VIII secolo, ad Apollo e Era. Non furono oggetto di commercio. Kyrieleis ha suggerito che si tratti di doni tipici di società aristocratica; penserei piuttosto a parti di un bottino. «Gli Ioni sono arrivati», hanno preso ciò che hanno trovato e hanno poi dedicato nei loro santuari a questo preposti, quelli di Eubea e di Samo, qualche pezzo del bottino come pia offerta. Le lamine bronzee e il testo assiro ci offrono dunque notevoli testimonianze dirette dell'VIII secolo sulla «via del mare» da ambedue i versanti, quello greco e quello della letteratura cuneiforme. I caratteri aramaici chiaramente leggibili su quelle laminette bronzee fanno su di noi un effetto sensazionale: per la prima volta disponiamo di documenti in scrittura aramaica dell'VIII secolo, provenienti da un'area centrale del mondo greco. Non sappiamo, però, se i Greci *[71]* di quel tempo abbiano fatto caso a questi *grammata* praticamente identici ai propri «Phoinikeia».

Comincia dunque chiaramente ad emergere come, sotto l'influsso dell'Oriente, nell'VIII secolo la cultura greca abbia conosciuto la sua vera fase di trasformazione.

---

38 W. BURKERT, *Greek Religion*, cit., p. 226 ss.

39 A. CHARBONNET, *Le dieu aux lions d'Erétrie*, in *AION*, 8, 1986, pp. 117–173; G. H. KYRIELEIS-W. RÖLLIG, *Ein altorientalischer Pferdeschmuck aus dem Heraion von Samos*, in *MDAI(A)*, 103, 1988, pp. 37–75; F. BRON-A. LEMAIRE, *Les inscriptions araméennes de Hazaël*, in *Revue d'Assyriologie*, 83, 1989, pp. 35–44; I. EPH'AL-J. NAHVEH, *Hazael's Booty inscriptions*, in *IEJ*, 39, 1989, pp. 192–200; W. BURKERT, *The Orientalizing Revolution*, cit., p. 16 con le note 14 e 18.

Tale influsso non rimase superficiale, al livello degli ἀθύρματα, come Mazzarino suggeriva, ma giunse in profondità. È vero che le bottigliette di profumo, testimonianze di una industria fenicia in questo settore,[40] ebbero una loro importanza nel commercio fenicio, ma c'è di più. Proprio in quel periodo furono introdotti decisivi progressi tecnici nell'ambito della lavorazione del bronzo, del ferro, della pietra, della ceramica. Mazzarino stesso ha discusso (p. 277 ss.) la relazione fra l'armamento oplitico e l'arte militare assira.[41] È questo l'ambito dove anche i Cari svolsero un loro ruolo. Sembra che anche l'idea del tempio come «grande casa» della divinità in cui la statua del dio prende la sua «sede» stabilmente, sia arrivata in quel periodo dall'Oriente alla Grecia; rimane solo da stabilire in quali proporzioni fossero presenti elementi semitici occidentali, aramaici, tardoittiti, e anche urartei o frigi. Se la cultura greca fu chiamata una «cultura del Tempio», questa cultura ha le sue radici nel secolo orientalizzante.

In questo periodo, però, viene fondata la cultura scritta nella sua forma pratica e moderna, quella della scrittura alfabetica «fenicia», dove del resto, accanto al fenicio in senso stretto si deve prendere in considerazione anche e nuovamente l'aramaico: ambedue usano gli stessi caratteri.[42] All'ambito della cultura scritta appartengono, accanto alle lettere e ai loro nomi, le tavolette scrittorie con il loro nome semitico, *deltos*, e i rotoli di pelle, chiamati *diphtherai* dai Greci. L'epoca orientalizzante è l'epoca di Omero, con cui s'inaugura la letteratura greca, che presuppone la scrittura.

Ancora una volta dietro a questo fenomeno si profila la cultura mesopotamica, che possedeva già da tempo una tradizione di scuola, con testi classici. Ci sono analogie sorprendenti e dirette fra alcune scene omeriche e alcuni passi *[72]* dei classici accadici, Atrahasis, Enuma Elish e Gilgamesh.[43] Ma non voglio dilungarmi su questo tema trattato altrove.

Se qui si è parlato solo di Eubea non si dovrebbe comunque omettere il ruolo di altre regioni del già variegato mondo greco; sono state richiamate Samo e Rodi, e molto ci sarebbe da dire su Creta. Qui tuttavia non si tratta di fornire una rappresentazione onnicomprensiva, ma solo alcuni punti d'appoggio per controbilanciare i due ambiti «mare» e «Asia Minore».

Rimane ancora un'importante testimonianza dell'evoluzione degli «Ioni»: la notizia di Ione di Chio su Ettore di Chio.[44] La testimonianza viene da uno scrittore assai importante e originale del V secolo; il fatto menzionato da Ione dovrebbe risalire a circa duecento anni prima: Chio fu, secondo Ione, colonizzata, accanto ai Cari, da Abanti provenienti dall'Eubea; arrivarono poi altri Eubei da Istiaia, al comando di

[40] N. COLDSTREAM, *The Phoenicians of Ialysos*, in *BICS*, 16, 1969, pp. 1–8.

[41] S. MAZZARINO, *Fra Oriente e Occidente*, cit., p. 277 ss.

[42] Cf. W. BURKERT, *The Orientalizing Revolution*, cit., pp. 25–33.

[43] Ivi, pp. 88–120.

[44] *FGrHist*, 392 F 1 = PAUS., 7, 4, 8–10; cf. H. T. WADE-GERY, *The Poet of the Iliad*, cit., pp. 6–8.

Anficlo; Ettore, quattro generazioni dopo Anficlo, in qualità di re, avrebbe cacciato i Cari e gli Abanti da Chio; dopo la sua vittoria, si ricordò che «loro (gli abitanti di Chio) dovevano sacrificare con gli Ioni nella festa del Panionion», e avrebbe ricevuto come premio dalla comunità degli Ioni un tripode, quale segno di *andragathia.*

La notizia, come fa notare anche Felix Jacoby, potrebbe risalire, per un caso fortunatissimo, ad un'iscrizione incisa su quel tripode; ciò ci porterebbe al VII secolo. In ogni caso le informazioni di Ione di Chio devono essere prese sul serio. L'atto politico-religioso di Ettore si riferisce al santuario della lega ionica di Micale, a sua volta, attraverso il culto di Poseidone Eliconio, riconducibile agli Achei di Elice in Acaia. L'iniziativa di Ettore – far partecipare gli abitanti di Chio al sacrifico del Panionion – è, espressa in termini moderni, un cambio di rotta dell'isola di Chio da un legame con l'Eubea verso l'Asia Minore. È importante l'accenno ai concorrenti Abanti, gli Eubei cacciati da Ettore. Nella tradizione greca il loro nome accomunato appunto ai Danai di Argo: Abas è il figlio di Linceo e Ipermestra, il nipote di Danao. Abbiamo dunque anche qui tradizioni in qualche modo correlate con la tradizione epica, «omerica». Come abbiamo trovato un Agamemnon a Kyme eolia (nota 14) *[73]*, ora incontriamo a Chio un altro nome omerico, altrimenti raro, Ettore; più tardi abbiamo gli Omeridi di Chio. Come si combinano queste indicazioni? Lasciamo aperto il problema, lasciamo da parte le questioni omeriche. Constatiamo soltanto che il cambio di rotta di Chio dall'Eubea al Panionion, portato a termine da Ettore, si inquadra perfettamente nella situazione del VII secolo. Esso segna l'ascesa della Ionia e il regresso dell'Eubea. L'importanza dell'Eubea, che era stata così a lungo un centro commerciale del mondo greco proprio in relazione coll'Oriente, subì un crollo in questo periodo; questo dovette dipendere dalla «guerra Lelantina» fra Calcide ed Eretria, ma anche dal successo di Corinto, che sottrasse agli Eubei il commercio con l'Occidente. Proprio in questo periodo, tuttavia, cominciò il secolo degli Ioni d'Asia Minore: con la simbiosi constatata coi Lidi e col contatto diretto con l'Oriente, attraverso la «via del re», all'epoca del re Gige.

Riassumendo: contro i risultati proposti da Santo Mazzarino, appare oggi chiaro che gli stimoli culturali decisivi dovrebbero aver raggiunto i Greci per la «via del mare» nell'VIII secolo; in questo ambito l'attività marittima dei Greci stessi svolse un ruolo di primo piano. La via del mare perse importanza quando i Greci, non più dipendenti dal «dover imparare», vi trovarono mercati chiusi e le distruzioni operate dagli Assiri, mentre d'altra parte potevano espandersi verso Occidente, ma anche verso l'interno dell'Asia Minore e soprattutto verso il nord, verso il mar Nero, e stabilire relazioni fruttuose con quella cultura che poi tanto amiravano, quella dell'Egitto. Il periodo orientalizzante era ormai finito.

Abbiamo seguito una via aperta di Santo Mazzarino e preso atto dei progressi realizzati in più di 40 anni. Se alcuni risultati si allontanano dalle tesi da lui sostenute nel 1947, essi tuttavia nulla tolgono alla fecondità delle questioni da lui sollevate, e per nulla diminuiscono gli onori dovuti a questo studioso in memoria del quale ci siamo incontrati.

Addenda 2001:

Zu Anm. 17: Eine Lesung der Karabel-Inschrift hat jetzt J.D. Hawkins, Anat. Studies 48, 1998, 1–31; Würzburger Jahrbücher 23, 1999, 7–11 vorgelegt.

Zu Anm. 20: Die Sprache der Karer lässt sich jetzt der kleinasiatischen Sprachgruppe hethitischen Typs zuordnen, I.-J. Adiego, Studia Carica, Barcelona 1993; M.E. Gianotta, ed., La decifrazione del Cario, Roma 1994.

Zu Anm. 28: Edition aller Graffiti von Ischia durch A. Bartonek, G. Buchner, Die Sprache 37, 1995, 129–237; vgl. SEG 47, 1997, 1488.

Indizes

a) Stellen

b) Namen und Sachen

(Auswahl)

c) Griechische Wörter

Mykenische Wörter

d) Moderne Autoren

(soweit deren Forschungspositionen diskutiert werden)

Hypomnemata-Supplement

Band 1: Bernd Heßen (Hg.)

Lingua et Religio

Ausgewählte Kleine Schriften zur antiken Religionsgeschichte auf sprachwissenschaftlicher Grundlage

Hubert Petersmann zum 60. Geburtstag.
2002. 304 Seiten mit 10 Abbildungen, gebunden. ISBN 3-525-25231-5

Hubert Petersmann, Ordinarius für Klassische Philologie an der Universität Heidelberg, versteht es auf seltene Weise, religionsgeschichtliche Phänomene der Antike mit dem Instrumentarium sprachwissenschaftlichen Arbeitens neu zu beleuchten und bislang noch offene Fragen zu beantworten bzw. bereits gegebene Antworten zu korrigieren. „Gerade der sprachliche Terminus kann uns auch heute noch einen tiefen Einblick in Religion und Gottesverständnis der Antike vermitteln“ – so formuliert der Autor selbst in seiner Abhandlung „Beobachtungen zu den Appellativen für ‚Gott‘“. Seien es altrömische Opferrituale und Volksbräuche, seien es Geburtsgöttinnen oder Mütterkulte im alten Griechenland, seien es einzelne Gottheiten wie z.B. Athene oder Neptun – die sprachlichen Ausdrücke verraten uns nicht nur etwas über die Ursprünge antiker religiöser Vorstellungen, sondern erhellen auch deren Entwicklung im Prozess soziokultureller Veränderungen.

Band 3: Reinhart Herzog

Spätantike

Studien zur römischen und lateinisch-christlichen Literatur

Herausgegeben von Peter Habermehl.
Mit einem Beitrag von Manfred Fuhrmann.
2002. XXX, 412 Seiten mit 2 Abbildungen, gebunden
ISBN 3-525-25270-6

Das große Thema des Konstanzer Latinisten Reinhart Herzog († 1994) war die lateinisch-christliche Literatur der Spätantike. Neben seine Handbuchartikel und die beiden Monografien zu Prudentius und zur lateinischen Bibelepik treten vor allem die Aufsätze, die namentlich am Beispiel Prudentius, Paulinus von Nola, Orosius und Augustin Fragen christlicher Poetik und Ästhetik behandeln, die Auseinandersetzung mit den klassischen literarischen Gattungen, oder Prozesse der Text- und Geschichtsdeutung in Exegese, Allegorese und Typologie. Diese zum Teil Epoche machenden Arbeiten Herzogs sind hier das erste Mal vollständig versammelt, ergänzt um seine drei Essays zu den römischen Klassikern Horaz, Vergil und Petron.